"十三五"职业教育国家规划教材

获中国石油和化学工业优秀教材奖

无机化学
Inorganic Chemistry

王宝仁　主编

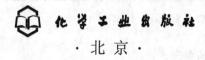

·北京·

《无机化学》体现中等职业教育的时代特点，突出能力培养，服务于专业培养目标，密切联系专业课及生产、生活，并与初中化学知识无缝衔接。

全书分为理论和实验两部分。理论部分包括：绪论，化学基本量和化学计算，碱金属和碱土金属，卤素，原子结构和元素周期律，分子结构，化学反应速率和化学平衡，电解质溶液，铝和碳、硅、锡、铅，电化学基础，氮和磷，氧和硫，配位化合物，过渡元素。实验部分包括：无机化学实验须知，无机化学实验及其基本操作。本书个别章节还附有阅读材料，以拓宽学生的知识面。

本书可作为中等职业学校工业分析与检验、化学工艺等专业的教材，也可作为其他各类学校师生及从事化工专业的技术人员的参考书。

图书在版编目（CIP）数据

无机化学/王宝仁主编．—3 版．—北京：化学工业出版社，2018.8（2021.9重印）
中等职业学校规划教材
ISBN 978-7-122-32173-2

Ⅰ.①无… Ⅱ.①王… Ⅲ.①无机化学-中等专业学校-教材 Ⅳ.①O61

中国版本图书馆 CIP 数据核字（2018）第 101922 号

责任编辑：旷英姿　林　媛　刘心怡　　　装帧设计：王晓宇
责任校对：边　涛

出版发行：化学工业出版社（北京市东城区青年湖南街 13 号　邮政编码 100011）
印　　装：北京虎彩文化传播有限公司
787mm×1092mm　1/16　印张 16½　彩插 1　字数 418 千字　2021 年 9 月北京第 3 版第 3 次印刷

购书咨询：010-64518888　　　　　售后服务：010-64518899
网　　址：http://www.cip.com.cn

凡购买本书，如有缺损质量问题，本社销售中心负责调换。

定　价：43.00 元　　　　　　　　　　　　　　　　　　　　　　版权所有　违者必究

前　言

《无机化学》(第三版)是中等职业学校规划教材,是获得中国石油和化学工业优秀教材奖教材。

本教材第二版自2009年出版以来,连续多次印刷,深受广大师生及读者欢迎。普遍认为教材体现中等职业教育特色,其知识结构合理,信息量合适,体现"必需"和"够用"。

本次教材修订注意吸收广大读者的意见和建议,在保持第二版教材优点和结构不变的基础上,注意体现中等职业教育的时代特点,突出能力培养,服务于专业培养目标,加强与专业课及生产、生活的密切联系,与初中化学知识进行良好的衔接。修订的主要内容有:

1. 查漏补遗,更新知识,体现教材的科学性、先进性。
2. 降低难度,删减偏深、偏难知识和理论及不常用元素及其化合物的性质。
3. 建立环保观念,删除部分有毒有害物质的实验内容。
4. 突出能力培养,明确每章能力目标和知识目标,为有目的地教与学提供参考。
5. 保留部分带"＊"内容,满足不同专业选择性教学及学生自学的需要。
6. 增补一些"知识拓展"和"阅读材料",为拓宽学生视野,建立化学意识提供参考。
7. 合理穿插"想一想""查一查""练一练"等内容,利于启发学生思考,训练学生及时运用所学知识分析问题、解决问题的能力。

本书由王宝仁主编与统稿。柳意编写第八章～第十一章和第十三章。其余章节由王宝仁编写。

教材修订过程中,参考和吸取一些相关资料的精华,同时化学工业出版社给予了大力支持,在此一并表示感谢。

限于编者水平,书中不妥之处在所难免,敬请读者批评指正。

编者

2018年4月

第一版前言

本书是根据1996年5月全国化工中专教学指导委员会颁发的《无机化学教学大纲》(四年制)编写的。

本教材力求体现职业教育特色，以建立基础、形成观点、训练方法、培养能力为基本原则，服从于培养专业应用型人才的需要。教材在保证科学性、思想性和先进性的同时，展现了无机化学的新理论、新成就，并简化或删除了一些可讲可不讲的内容，基础理论、基本知识、基本规律的阐述尽力做到通俗易懂、简明精练；元素部分保留了一定的系统性，但更侧重于元素化学知识的典型性和针对性，突出化学理论的应用及其与生产生活的密切联系，努力培养学生分析问题、解决问题的能力；教材内容注意与初中化学知识的衔接，深广度适当，以"够用"为度，其中带"*"号部分为选择内容，各校可选择讲授；为便于学生有目的的自学，各章首均设有内容提要；由于配套的《无机化学例题与习题》将同步出版，所以本书仅在各章后留有一定数目典型的、针对性强的思考题与习题；本书除配套的无机化学实验单列书后外，还配有一定数量的演示实验，一些离子鉴定的知识更适于工业分析专业的学习。

本书中有关的名词术语和计量单位均采用国家新标准。

本书适用于招收初中毕业生的中等专业学校化学工艺类和工业分析专业，也可作为其他中等专业学校、技工学校、职业中专及高等职业教育等有关专业的教材或主要参考书。

本书由辽宁省石油化工学校王宝仁主编。湖南化工学校陈杰山编写第八、九、十、十一章和实验五、六、七、八，辽宁省石油化工学校田凡编写第二、三、十三章和实验二、九、十，其余部分由主编编写。全书由王宝仁统稿。

本书由湖南化工学校林俊杰主审。参加审稿的有江苏省常州化工学校张文雯、上海市化工学校陈丽萍。初稿完成后，由编审人员共同审定。修改后，由林俊杰再次精心复审。本书在编审过程中自始至终得到全国化工中专教学指导委员会基础化学课程组蒋鉴平、朱永泰、李居参和化学工业出版社的关心和指导，在此一并表示衷心感谢。

限于编者水平，书中不当之处在所难免，恳请读者批评指正，以便修改。

编者
1999年4月

第二版前言

伴随职业教育改革的不断深入，中等专业学校教学指导方案也发生了很大变化，由教育部职业教育与成人教育司，教育部职业技术教育中心研究所编的《中等职业学校工业分析与检验专业教学指导方案》对无机化学教学提出了明确的基本要求，2004年教育部又提出"职业教育必须以就业为导向改革创新，要牢牢把握面向社会、面向市场的办学方向"，这些都为中等职业教学改革指出了新的方向。

本书根据中等职业学校教学改革的新要求，进一步体现"必需"、"够用"的原则，对第一版教材进行了如下修改：

1. 删减偏深、偏难及不影响教学目标完成的理论内容，如原子结构和分子结构部分中的电离能、杂化轨道理论等内容。

2. 突出为专业服务，更好地体现"必需"和"够用"为度的原则，删去了硬水及其软化，纯碱的生产，碳化物及氰化物，钛的重要化合物，化学电源，砷、锑、铋的重要化合物简介等内容及过渡元素的通性部分，其中一部分作为拓展知识，以阅读材料的形式进行简化介绍，又补充一些开阔视野的阅读材料。

3. 教材叙述更加简练，替换或增补一些直观、形象的插图或实物图；对部分同族元素的通性，采用简练的语言叙述，以便直奔主题，突出性质的介绍。

4. 每章增加了学习目标，明确学习目标和能力目标，以便有目的地教与学。

5. 把握教材的先进性，采用新标准，对原教材中陈旧的知识进行了更新。

6. 重新梳理，保留了部分带"*"的内容，以满足不同专业教学需要。

本书由王宝仁主编与统稿，并编写绪论、第一、四、五、十二章，无机化学实验须知，实验一、三、四和附录；田凡编写第二、三、十三章和实验二、九、十；马超编写第六、七章和实验三；王新编写第八、九章和实验六；马建华编写第十、十一章；张跃东编写实验五、七、八。

本书由胡伟光主审。

限于编者水平，书中不妥之处在所难免，敬请读者批评指正，以便修改。

编者

2008年11月

目 录

绪论 ··· 1
  一、无机化学的研究对象 ··· 1
  二、化学在国民经济及日常生活中的作用 ··· 1
  三、无机化学课程的任务和学习方法 ··· 2

第一章 化学基本量和化学计算 ··· 4
第一节 物质的量 ·· 4
  一、物质的量 ··· 4
  二、摩尔质量 ··· 5
  三、有关物质的量的计算 ··· 6
第二节 气体摩尔体积及计算 ··· 7
  一、气体摩尔体积 ··· 7
  二、有关气体摩尔体积的计算 ·· 9
第三节 溶液的浓度 ·· 10
  一、物质的量浓度 ··· 10
  二、有关物质的量浓度的计算 ·· 10
第四节 根据化学方程式的计算 ··· 13
  一、化学方程式 ·· 13
  二、根据化学方程式的计算 ··· 13
*第五节 热化学方程式 ··· 16
  一、热化学方程式的表示 ·· 16
  二、热化学方程式的书写注意事项 ·· 16
  习题 ··· 17

第二章 碱金属和碱土金属 ·· 18
第一节 氧化还原反应的基本概念 ·· 18
  一、氧化和还原 ·· 18
  二、氧化剂和还原剂 ·· 19
第二节 碱金属和碱土金属的性质 ·· 20
  一、碱金属和碱土金属的通性 ·· 20
  二、钠、钾、镁、钙的化学性质 ··· 21
  三、钠、钾、镁、钙的存在及制备 ·· 24
  四、钠、钾、镁、钙的贮存与用途 ·· 24
第三节 钠、钾、镁、钙的重要化合物 ·· 25
  一、氧化物 ·· 25
  二、过氧化物 ··· 26
  三、氢氧化物 ··· 26

四、氢氧化物 ……………………………………………………………… 26
　　五、重要的盐类 …………………………………………………………… 27
　第四节　离子反应和离子方程式 ……………………………………………… 29
　　一、离子反应和离子方程式 ……………………………………………… 29
　　二、离子互换反应进行的条件 …………………………………………… 30
　阅读材料　硬水及其软化 ……………………………………………………… 31
　习题 ……………………………………………………………………………… 33

第三章　卤素 ……………………………………………………………………… 34
　第一节　卤素的性质 …………………………………………………………… 34
　　一、卤素的通性 …………………………………………………………… 34
　　二、卤素的化学性质 ……………………………………………………… 35
　　三、卤素的存在与制备 …………………………………………………… 37
　　四、卤素的用途 …………………………………………………………… 39
　第二节　卤化氢和氢卤酸 ……………………………………………………… 39
　　一、卤化氢的制备 ………………………………………………………… 39
　　二、卤化氢和氢卤酸的性质及用途 ……………………………………… 41
　　三、卤离子的检验 ………………………………………………………… 42
　第三节　氯的含氧酸及其盐 …………………………………………………… 42
　　一、次氯酸及其盐 ………………………………………………………… 42
　　二、氯酸及其盐 …………………………………………………………… 43
　　三、高氯酸及其盐 ………………………………………………………… 44
　*四、氯的含氧酸及其盐的性质比较 ……………………………………… 44
　阅读材料　食用加碘盐 ………………………………………………………… 45
　习题 ……………………………………………………………………………… 45

第四章　原子结构和元素周期律 ………………………………………………… 46
　第一节　原子的构成和同位素 ………………………………………………… 46
　　一、原子的构成 …………………………………………………………… 46
　　二、同位素 ………………………………………………………………… 47
　第二节　原子核外电子的分布 ………………………………………………… 48
　　一、电子云 ………………………………………………………………… 48
　　二、核外电子的运动状态 ………………………………………………… 49
　　三、原子核外电子的分布 ………………………………………………… 50
　第三节　元素周期律和元素周期表 …………………………………………… 54
　　一、元素周期律 …………………………………………………………… 54
　　二、元素周期表 …………………………………………………………… 55
　阅读材料　稀土元素的应用 …………………………………………………… 56
　第四节　主族元素性质的递变规律 …………………………………………… 58
　　一、原子半径 ……………………………………………………………… 58
　　二、电负性 ………………………………………………………………… 59
　　三、化合价 ………………………………………………………………… 60

四、元素的金属性和非金属性 ································· 60
　习题 ··· 62

第五章　分子结构 ··· 64
　第一节　化学键 ·· 64
　　一、离子键 ··· 64
　　二、共价键 ··· 65
　　三、金属键 ··· 69
　第二节　分子间力和氢键 ·· 70
　　一、分子的极性和偶极矩 ······································· 70
　　二、分子间力及其对物质性质的影响 ···························· 71
　　三、氢键及其对物质性质的影响 ································ 72
　阅读材料　晶体的基本类型 ······································· 74
　习题 ··· 76

第六章　化学反应速率和化学平衡 ································· 77
　第一节　化学反应速率 ·· 77
　　一、化学反应速率的表示方法 ·································· 77
　　二、影响反应速率的因素 ······································ 78
　第二节　化学平衡 ·· 80
　　一、可逆反应与化学平衡 ······································ 80
　　二、平衡常数 ·· 81
　　三、有关化学平衡的计算 ······································ 83
　第三节　化学平衡的移动 ·· 84
　　一、影响化学平衡的因素 ······································ 84
　　二、勒夏特列原理 ·· 88
　第四节　化学反应速率与化学平衡原理的应用 ······················ 88
　习题 ··· 89

第七章　电解质溶液 ··· 90
　第一节　强电解质和弱电解质 ···································· 90
　　一、电解质和非电解质 ·· 90
　　二、电解质的电离 ·· 90
　　三、强电解质和弱电解质 ······································ 91
　第二节　弱电解质的电离平衡 ···································· 92
　　一、一元弱酸、一元弱碱的电离平衡 ···························· 92
　　二、有关电离平衡的计算 ······································ 95
　*三、多元弱酸的电离 ·· 96
　第三节　水的电离和溶液的 pH ··································· 96
　　一、水的电离 ·· 96
　　二、溶液的酸碱性 ·· 97
　　三、溶液的 pH ··· 97
　　四、酸碱指示剂 ·· 99

第四节　同离子效应及缓冲溶液 ································· 99
　　　一、同离子效应 ··· 99
　　　二、缓冲溶液 ··· 100
　　第五节　盐类的水解 ··· 101
　　　一、盐类的水解 ·· 101
　　　二、影响盐类水解的因素 ··· 104
　　　三、盐类水解的应用 ·· 105
　　第六节　难溶电解质的沉淀-溶解平衡 ···························· 106
　　　一、溶度积常数 ·· 106
　　　二、溶度积和溶解度的换算 ····································· 106
　　　三、溶度积规则 ·· 107
　　　四、沉淀的生成和溶解 ··· 108
　　　五、沉淀的转化 ·· 110
　*　六、分步沉淀 ··· 110
　　习题 ·· 112

第八章　铝和碳、硅、锡、铅 ·· 114
　　第一节　硼族元素 ·· 114
　　　一、硼族元素的通性 ·· 114
　　　二、铝及其重要化合物 ··· 115
　　第二节　碳族元素 ·· 118
　　　一、碳族元素的通性 ·· 118
　　　二、碳酸和碳酸盐 ··· 119
　*　三、硅及其重要化合物 ··· 120
　*　四、锡、铅及其重要化合物 ····································· 122
　　阅读材料　科学家侯德榜生平简介 ································ 125
　　阅读材料　纯碱的生产 ·· 126
　　习题 ·· 127

第九章　电化学基础 ·· 128
　　第一节　氧化还原反应方程式的配平 ····························· 128
　*　一、氧化数法 ··· 128
　　　二、离子-电子法 ··· 132
　　第二节　电极电势 ·· 134
　　　一、原电池 ·· 134
　　　二、电极电势 ··· 136
　　　三、标准电极电势的应用 ·· 139
　*　第三节　电解及其应用 ··· 141
　　　一、电解 ·· 141
　　　二、电解的应用 ·· 143
　*　第四节　金属的腐蚀与防腐 ······································· 144
　　　一、金属的腐蚀 ·· 144

  二、金属的防腐 ··· 146
 阅读材料 化学电源 ·· 147
 习题 ··· 149
第十章 氮和磷 ··· 150
 第一节 氮族元素的通性 ··· 150
  一、氮族元素的基本性质 ··· 150
  二、氮族元素氧化物及其水化物的酸碱性 ······································· 151
 第二节 氮的重要化合物 ··· 151
  一、氨和铵盐 ··· 151
 *二、亚硝酸及其盐 ·· 154
  三、硝酸及其盐 ·· 156
 第三节 磷及其化合物 ··· 159
  一、磷 ··· 159
  二、磷酸和磷酸盐 ·· 161
 习题 ··· 162
第十一章 氧和硫 ·· 164
 第一节 氧族元素的通性 ··· 164
 第二节 臭氧及过氧化氢 ·· 164
  一、氧和*臭氧 ··· 164
  二、过氧化氢 ··· 166
 第三节 硫化氢和金属硫化物 ··· 167
  一、硫化氢和氢硫酸 ·· 167
  二、金属硫化物 ·· 169
 第四节 硫的含氧酸及其盐 ··· 170
 *一、亚硫酸及其盐 ·· 170
  二、硫酸和硫酸盐 ·· 171
  三、硫的其他含氧酸盐 ··· 173
 习题 ··· 175
第十二章 配位化合物 ·· 176
 第一节 配合物的基本概念 ··· 176
  一、配合物的定义 ·· 176
  二、配合物的组成 ·· 177
  三、配合物的命名 ·· 179
  四、螯合物 ··· 180
 第二节 配合物在水溶液中的稳定性 ··································· 181
  一、配离子的离解平衡 ··· 181
  二、配位平衡的移动 ·· 182
 第三节 配合物的应用 ··· 184
 习题 ··· 186
第十三章 过渡元素 ·· 188

 第一节 过渡元素的一般性质ᆢᆢᆢᆢᆢᆢᆢᆢᆢᆢᆢᆢᆢᆢᆢᆢᆢᆢᆢᆢᆢᆢᆢᆢᆢᆢᆢᆢᆢᆢᆢᆢ 188
  一、原子的电子层结构和原子半径ᆢᆢᆢᆢᆢᆢᆢᆢᆢᆢᆢᆢᆢᆢᆢᆢᆢᆢᆢᆢᆢᆢᆢᆢᆢ 188
  二、过渡元素的一般性质ᆢᆢᆢᆢᆢᆢᆢᆢᆢᆢᆢᆢᆢᆢᆢᆢᆢᆢᆢᆢᆢᆢᆢᆢᆢᆢᆢᆢᆢ 188
 第二节 铜和银ᆢᆢᆢᆢᆢᆢᆢᆢᆢᆢᆢᆢᆢᆢᆢᆢᆢᆢᆢᆢᆢᆢᆢᆢᆢᆢᆢᆢᆢᆢᆢᆢᆢᆢᆢ 190
  一、铜族元素的通性ᆢᆢᆢᆢᆢᆢᆢᆢᆢᆢᆢᆢᆢᆢᆢᆢᆢᆢᆢᆢᆢᆢᆢᆢᆢᆢᆢᆢᆢᆢᆢ 190
  二、铜和银的重要化合物ᆢᆢᆢᆢᆢᆢᆢᆢᆢᆢᆢᆢᆢᆢᆢᆢᆢᆢᆢᆢᆢᆢᆢᆢᆢᆢᆢᆢᆢ 190
 第三节 锌和汞ᆢᆢᆢᆢᆢᆢᆢᆢᆢᆢᆢᆢᆢᆢᆢᆢᆢᆢᆢᆢᆢᆢᆢᆢᆢᆢᆢᆢᆢᆢᆢᆢᆢᆢᆢ 194
  一、锌族元素的通性ᆢᆢᆢᆢᆢᆢᆢᆢᆢᆢᆢᆢᆢᆢᆢᆢᆢᆢᆢᆢᆢᆢᆢᆢᆢᆢᆢᆢᆢᆢᆢ 194
  二、锌和汞的重要化合物ᆢᆢᆢᆢᆢᆢᆢᆢᆢᆢᆢᆢᆢᆢᆢᆢᆢᆢᆢᆢᆢᆢᆢᆢᆢᆢᆢᆢᆢ 194
 第四节 铬和锰的重要化合物ᆢᆢᆢᆢᆢᆢᆢᆢᆢᆢᆢᆢᆢᆢᆢᆢᆢᆢᆢᆢᆢᆢᆢᆢᆢᆢᆢ 197
  一、铬的化合物ᆢᆢᆢᆢᆢᆢᆢᆢᆢᆢᆢᆢᆢᆢᆢᆢᆢᆢᆢᆢᆢᆢᆢᆢᆢᆢᆢᆢᆢᆢᆢᆢᆢ 197
  二、锰的化合物ᆢᆢᆢᆢᆢᆢᆢᆢᆢᆢᆢᆢᆢᆢᆢᆢᆢᆢᆢᆢᆢᆢᆢᆢᆢᆢᆢᆢᆢᆢᆢᆢᆢ 199
 第五节 铁、钴、镍及其重要化合物ᆢᆢᆢᆢᆢᆢᆢᆢᆢᆢᆢᆢᆢᆢᆢᆢᆢᆢᆢᆢᆢᆢᆢ 201
  一、铁系元素的通性ᆢᆢᆢᆢᆢᆢᆢᆢᆢᆢᆢᆢᆢᆢᆢᆢᆢᆢᆢᆢᆢᆢᆢᆢᆢᆢᆢᆢᆢᆢᆢ 201
  二、铁、钴、镍的重要化合物ᆢᆢᆢᆢᆢᆢᆢᆢᆢᆢᆢᆢᆢᆢᆢᆢᆢᆢᆢᆢᆢᆢᆢᆢᆢᆢ 202
 阅读材料 钛的重要化合物ᆢᆢᆢᆢᆢᆢᆢᆢᆢᆢᆢᆢᆢᆢᆢᆢᆢᆢᆢᆢᆢᆢᆢᆢᆢᆢᆢᆢᆢ 205
 阅读材料 无机有害废物的防治与处理ᆢᆢᆢᆢᆢᆢᆢᆢᆢᆢᆢᆢᆢᆢᆢᆢᆢᆢᆢᆢᆢᆢ 206
 习题ᆢᆢ 210

无机化学实验ᆢᆢ 211

 无机化学实验须知ᆢᆢᆢᆢᆢᆢᆢᆢᆢᆢᆢᆢᆢᆢᆢᆢᆢᆢᆢᆢᆢᆢᆢᆢᆢᆢᆢᆢᆢᆢᆢᆢᆢᆢ 211
  一、无机化学实验的任务ᆢᆢᆢᆢᆢᆢᆢᆢᆢᆢᆢᆢᆢᆢᆢᆢᆢᆢᆢᆢᆢᆢᆢᆢᆢᆢᆢᆢᆢ 211
  二、无机化学实验的基本要求ᆢᆢᆢᆢᆢᆢᆢᆢᆢᆢᆢᆢᆢᆢᆢᆢᆢᆢᆢᆢᆢᆢᆢᆢᆢᆢ 211
  三、实验规则ᆢᆢᆢᆢᆢᆢᆢᆢᆢᆢᆢᆢᆢᆢᆢᆢᆢᆢᆢᆢᆢᆢᆢᆢᆢᆢᆢᆢᆢᆢᆢᆢᆢᆢᆢ 211
  四、安全守则ᆢᆢᆢᆢᆢᆢᆢᆢᆢᆢᆢᆢᆢᆢᆢᆢᆢᆢᆢᆢᆢᆢᆢᆢᆢᆢᆢᆢᆢᆢᆢᆢᆢᆢᆢ 211
  五、意外事故的处理ᆢᆢᆢᆢᆢᆢᆢᆢᆢᆢᆢᆢᆢᆢᆢᆢᆢᆢᆢᆢᆢᆢᆢᆢᆢᆢᆢᆢᆢᆢᆢ 212
  六、无机化学实验报告的一般格式ᆢᆢᆢᆢᆢᆢᆢᆢᆢᆢᆢᆢᆢᆢᆢᆢᆢᆢᆢᆢᆢᆢᆢ 213
  七、无机化学实验的基本仪器ᆢᆢᆢᆢᆢᆢᆢᆢᆢᆢᆢᆢᆢᆢᆢᆢᆢᆢᆢᆢᆢᆢᆢᆢᆢᆢ 214
 实验一 无机化学实验的基本操作与溶液的配制ᆢᆢᆢᆢᆢᆢᆢᆢᆢᆢᆢᆢᆢᆢᆢᆢ 214
 实验二 碱金属、碱土金属、卤素及其重要化合物的性质ᆢᆢᆢᆢᆢᆢᆢᆢᆢᆢᆢ 220
 实验三 化学反应速率和化学平衡ᆢᆢᆢᆢᆢᆢᆢᆢᆢᆢᆢᆢᆢᆢᆢᆢᆢᆢᆢᆢᆢᆢᆢᆢ 223
 实验四 电解质溶液ᆢᆢᆢᆢᆢᆢᆢᆢᆢᆢᆢᆢᆢᆢᆢᆢᆢᆢᆢᆢᆢᆢᆢᆢᆢᆢᆢᆢᆢᆢᆢᆢ 225
 实验五 铝、碳、硅重要化合物的性质ᆢᆢᆢᆢᆢᆢᆢᆢᆢᆢᆢᆢᆢᆢᆢᆢᆢᆢᆢᆢᆢ 227
 实验六 电化学基础ᆢᆢᆢᆢᆢᆢᆢᆢᆢᆢᆢᆢᆢᆢᆢᆢᆢᆢᆢᆢᆢᆢᆢᆢᆢᆢᆢᆢᆢᆢᆢᆢ 228
 实验七 氮、磷重要化合物的性质ᆢᆢᆢᆢᆢᆢᆢᆢᆢᆢᆢᆢᆢᆢᆢᆢᆢᆢᆢᆢᆢᆢᆢᆢ 231
 实验八 氧、硫重要化合物的性质ᆢᆢᆢᆢᆢᆢᆢᆢᆢᆢᆢᆢᆢᆢᆢᆢᆢᆢᆢᆢᆢᆢᆢᆢ 232
 实验九 配位化合物与过渡元素(铜、银、锌)的重要化合物ᆢᆢᆢᆢᆢᆢᆢᆢ 235
 实验十 过渡元素(铬、锰、铁)的重要化合物ᆢᆢᆢᆢᆢᆢᆢᆢᆢᆢᆢᆢᆢᆢᆢᆢ 237

附录ᆢᆢ 240

 附录一 酸、碱和盐的溶解性表(20℃)ᆢᆢᆢᆢᆢᆢᆢᆢᆢᆢᆢᆢᆢᆢᆢᆢᆢᆢᆢ 240
 附录二 强酸、强碱、氨溶液的质量分数与密度 [$\rho/(g \cdot cm^{-3})$]

    和物质的量浓度 $[c/(\mathrm{mol \cdot L^{-1}})]$ 的关系 …………………………………… 240
 附录三 弱酸、弱碱的电离常数（25℃）…………………………………………… 242
 附录四 常见难溶化合物的溶度积常数（25℃）………………………………… 242
 附录五 标准电极电势（25℃）…………………………………………………… 243
 附录六 配离子的稳定常数 ………………………………………………………… 247
参考文献 ……………………………………………………………………………………… 249
元素周期表

绪 论

> **能力目标**
> 1. 能举例说明化学及无机化学概念。
> 2. 能用化学的观点看待事物。
> 3. 能制订学习本课程的具体计划。

> **知识目标**
> 1. 了解无机化学的研究对象。
> 2. 了解化学在国民经济及日常生活中的作用。
> 3. 了解无机化学课程的任务和学习方法。

一、无机化学的研究对象

化学是一门自然科学,自然科学是以客观存在的物质世界为研究对象的。大到日、月、星辰等宏观天体,小至电子、质子、中子、光子等微观的"基本粒子",所有的物质都处在不断的运动和变化之中。如物理运动、化学运动和生物运动等,都是物质的基本运动形式。

化学就是研究物质化学运动(通常称为化学变化)的科学,它是自然科学的最基本学科之一。在化学变化中,由于分子的组成或原子、离子的结合方式发生了改变,所以在旧的物质被破坏的同时,生成了新的物质,有新的物质生成就是发生化学反应的标志。化学变化的特点是:原子核的组成不变,只是原子外层电子的运动状态发生了变化。

由于化学变化取决于物质的化学性质,而物质的化学性质又是由物质的组成和结构所决定的。因此,确切地说化学是在分子、原子或离子等层次上研究物质的组成、结构、性质及其变化规律的科学。

研究化学的目的,在于认识物质的性质以及物质化学运动的规律,并将这些规律应用于生产,将自然资源经化学变化加工成为人类生产、生活服务的各种物质资料,为提高人类的生活水平,促进社会不断发展创造丰富的物质条件。按研究化学运动的对象和方法不同,近代化学又可分为无机化学、有机化学、分析化学和物理化学四个主要分支学科。无机化学是研究无机物的学科。其研究的范围是无机物的存在、制备、组成、结构、性质、变化规律和应用。无机物就是除碳氢化合物及其衍生物以外的所有元素的单质和化合物。

二、化学在国民经济及日常生活中的作用

无机化学的应用非常广泛,它与国民经济的发展和人们的日常生活有着极为密切的关系。在许多领域都是不可缺少的基础。

> **想一想**

想象一下,没有化学的世界,将会是一个什么样的世界?化学科学对促进社会的发展和改善人们的日常生活有哪些作用?

可以想象,如果不对天然水加以纯化,如果不施用化肥和农药以增产粮食,如果不冶炼矿石以获取大量的金属,如果不从自然资源中提取千万种纯物质,如果不合成出自然界没有

的许多新物质等等,那么,国民经济的发展将不堪设想,人们的日常生活也得不到基本保证。相反,正是由于有了化学与其他学科的协同进步,国民经济才得以健康的发展。

随着科学技术和生产的日益发展,人民生活水平的不断提高,越来越显示出化学的重要性。例如,现代农业为增产及改进传统耕作方式,不仅需要更多的长效化肥、复合化肥、微量元素肥料,高效、低毒、低残留的农药、除草剂、植物生长激素等化学产品,而且还要减少食品污染,生产无公害的蔬菜、粮食,搞好农、副业产品的综合利用及合理储运,促进农、林、牧、副、渔各业全面发展;现代工业不仅需要大量的高性能结构材料(金属材料、先进陶瓷材料、高分子合成材料、复合材料),信息功能材料(半导体材料、光电子材料、光传导纤维及磁性材料等),建材、染料、药物等各类化工及石油化工产品,还需要研制高性能的催化剂以开发新工艺,更需要保护环境,减少工业污染物的排放,加强环境检测和综合治理,开发清洁化工生产技术,实施以可持续发展为目标的"绿色化学";现代国防和航天科技需要具有耐高温、耐腐蚀、耐辐射等特殊性能的金属材料、合成材料、高纯物质以及高能燃料等,以满足导弹、飞机、卫星的制造和尖端技术的应用。

不仅如此,人们的衣、食、住、行中,生活必需的化学制品举目可见。研究新能源、探索生命现象、合理利用资源、促进人体健康、监测和保护人类的生存环境等,都要用到化学的基本知识。

可以说,解决当今世界面临的人口、粮食、能源、资源和环境五大课题,都需要化学与其他学科的协同发展。因此,人们的生活离不开化学,我们就生活在化学的世界里。

绿色化学又称环境无害化学、环境友好化学和清洁化学。绿色化学是指利用化学原理设计、生产和应用化学品中,消除或减少有毒有害物质的使用和产生,设计研究没有或尽可能少的环境副作用,在技术上和经济上可行的产品和化学过程,是在始端实现污染预防的科学手段。绿色化学的理想在于不再使用有毒、有害的物质,不再产生废物,不再处理废物。从科学观点看,绿色化学是化学科学基础内容上的更新;从环境观点看,它是从源头上消除污染;从经济观点看,它合理利用资源和能源,降低生产成本,符合经济可持续发展的要求。

三、无机化学课程的任务和学习方法

无机化学课程是中等职业学校化学工艺类和工业分析专业的一门必修的专业基础课。

本课程的任务是使学生在初中化学知识的基础上,进一步学习无机化学的基础理论、基本知识,掌握化学反应的一般规律和基本计算方法;加强无机化学实验操作技能的训练;培养学生树立辩证唯物主义世界观;提高学生分析问题和解决问题的能力,为学习后续课程和从事化工技术工作打下比较坚实的基础。

无机化学课程的内容可概括为"两线一点"。"两线"就是微观的物质结构理论和宏观的化学反应基本原理两条知识主线;"一点"即元素的单质及其化合物的基础知识,属于叙述部分,它是两条主线知识应用的集合点。

学习无机化学,首先要正确理解并牢固掌握基本概念、基础理论、基本知识和基本研究方法,坚持理论联系实际的原则,要充分利用课堂时间,认真听讲,积极参与互动,及时整理笔记,标记出重点知识,学会分层次地了解、理解、掌握、记忆知识;要注意知识的条件性、局限性,深入认识化学变化的基本规律。

要学会抓住主要矛盾。如学习元素部分知识时,要以元素周期律为纽带,以两条主线知

识为基础，以物质的性质为中心，再从性质推论存在、制法、保存、检验和用途等内容。使知识既主次分明，又系统条理。

化学是一门实验科学，实验课是本课的重要组成部分。通过实验，可以帮助我们形成化学概念，理解、印证、巩固化学知识，掌握基本操作技能。因此，要正确操作、仔细观察、认真分析实验现象所反映的实质，培养和提高动手能力，观察能力和分析问题、解决问题的能力。

自学能力是从事社会实践必备的基础之一，在学习中要养成课前预习、课后复习和查阅资料的自学习惯，不断提高学习效果。

想一想

无机化学课程的任务有哪些？你打算怎样学好这门课程？

第一章 化学基本量和化学计算

能力目标

1. 能熟练地进行有关物质的量的计算。
2. 能进行有关气体摩尔体积的计算。
3. 能进行有关物质的量浓度的计算。
4. 会选择合适的数量关系，根据化学方程式进行计算。
*5. 会书写热化学方程式。

知识目标

1. 理解物质的量的概念，掌握物质的量、摩尔质量、物质质量的表示方法及三者之间的关系。
2. 理解气体摩尔体积的概念。
3. 掌握物质的量浓度的概念、表示方法，理解有关物质的量浓度的计算原理。
4. 掌握化学方程式的书写方法。
*5. 了解热化学方程式的意义。

在初中，我们已学习了有关物质的分类、化学反应基本类型等基本概念。本章将引入物质的量的概念。物质的量是国际单位制（简称SI）中的七个基本物理量之一。使用物质的量便于定量研究物质及其变化的有关计算。因此，它广泛应用于化学研究和化工生产中。

第一节 物 质 的 量

一、物质的量

物质之间发生化学反应时，是在一定数量比的分子、原子或离子之间进行的。但是，这些粒子不但质量轻，而且体积小。例如，一个碳-12（记为 ^{12}C）原子的质量仅为 $1.993 \times 10^{-23}g$，原子半径仅为77pm。因此，单个粒子是难以称量的。而在实际生产和实验中所取用的物质，都是可以称量的，是这些粒子的集合体。

为了把这些肉眼看不见的微观粒子与可称量的宏观物质联系起来，1971年第十四届国际计量大会决定在国际单位制中引入第七个基本物理量——物质的量。

物质的量是衡量系统中指定基本单元数的物理量。基本单元可以是分子、原子、离子、电子、中子及其他粒子，或是这些粒子的特定组合。所谓特定组合，可以是由原子、分子、离子、电子、质子、中子等粒子构成的物质中客观存在的基本单元，如 $KMnO_4$、H_2O、NH_4^+、Na^+、$CuSO_4 \cdot 5H_2O$ 等；也可以是根据研究需要，想象其存在的基本单元，如 $\frac{1}{5}KMnO_4$、$(H_2 + \frac{1}{2}O_2)$、$(Cl_2 + 2e)$ 等。

物质的量的符号为 n。在使用物质的量及其导出量时，其基本单元都要用化学式表明。例如：

氢原子（H）的物质的量表示为：$n(H)$；

氢离子（H^+）的物质的量表示为：$n(H^+)$；

氢分子（H_2）的物质的量表示为：$n(H_2)$；

硫酸（H_2SO_4）的物质的量表示为：$n(H_2SO_4)$；

以 $\frac{1}{2}H_2SO_4$ 为基本单元，硫酸的物质的量表示为：$n\left(\frac{1}{2}H_2SO_4\right)$。

想一想

"氢的物质的量"这种表达准确吗？为什么？

正如质量的单位是千克一样，物质的量也是量纲独立的物理量。它的单位是摩尔，符号为 mol。

摩尔的定义为：摩尔是一系统的物质的量，该系统中所包含的基本单元数与 0.012kg（12g）^{12}C 原子的数相等。

实验测得，12g ^{12}C 所含原子数约为 $6.02×10^{23}$ 个。将其称为阿伏加德罗常数，符号为 N_A[1]。即 **$N_A = 6.02×10^{23} mol^{-1}$**。

1mol 任何物质均含有 $6.02×10^{23}$ 个基本单元。例如：

1mol H 约含有 $6.02×10^{23}$ 个氢原子（H）；

1mol H^+ 约含有 $6.02×10^{23}$ 个氢离子（H^+）；

1mol H_2 约含有 $6.02×10^{23}$ 个氢分子（H_2）；

1mol $\frac{1}{2}H_2SO_4$ 约含有 $6.02×10^{23}$ 个 $\frac{1}{2}H_2SO_4$；

$2×6.02×10^{23}$ 个氢分子（H_2）是 2mol H_2；

$0.5×6.02×10^{23}$ 个硫酸根离子（SO_4^{2-}）是 0.5mol SO_4^{2-}；

当以摩尔为物质的量的单位时，B 的物质的量就是 B 的基本单元数除以阿伏加德罗常数。即：

$$n_B = \frac{N_B}{N_A} \quad (1-1)$$

式中　n_B——B 的物质的量，mol；

N_B——B 的基本单元数，1[2]；

N_A——阿伏加德罗常数，mol^{-1}。

式(1-1) 表明，物质的量与物质的基本单元数成正比。所以，要比较几种物质的基本单元数的多少，只需比较它们的物质的量大小即可。

应当注意，单位名称不要与物理量名称相混淆，即不能将物质的量称为"摩尔数"；同时，作为物理量，"物质的量"四个字也不能拆分或简化表示。

二、摩尔质量

单位物质的量的物质所具有的质量叫做摩尔质量，符号为 M。

$$M_B = \frac{m_B}{n_B} \quad (1-2)$$

式中　m_B——B 的质量，kg，常用 g；

---

[1] 阿伏加德罗（A. Avogadro）意大利物理学家。比较精确的 N_A 值为 $6.0220943×10^{23} mol^{-1}$。

[2] N_B 的 SI 单位为一，符号 1。单位符号 1 一般不明确写出。

n_B——B 的物质的量，mol；

M_B——B 的摩尔质量，kg·mol^{-1}，常用 g·mol^{-1}。

在实际计算中，根据需要，式(1-2)中的质量和物质的量可选择合适的分数单位和倍数单位，如毫克（mg）、千克（kg）、吨（t）及毫摩尔（mmol）、千摩尔（kmol）、兆摩尔（Mmol）等。因此，摩尔质量的单位也是多样的，如 mg·mmol^{-1}、kg·kmol^{-1}、t·Mmol^{-1} 等。一些限定了物质的量单位的说法，如"1mol 物质的质量通常也叫做该物质的摩尔质量""每摩尔物质所具有的质量叫做摩尔质量"等都是不准确的。

当基本单元确定以后，其摩尔质量就很容易求得。由摩尔的定义可知，1mol ^{12}C 的质量是 12g，即：

$$M(^{12}C) = 12 \text{g·mol}^{-1}$$

结合原子量的概念，可以推知，任何原子的摩尔质量在以 g·mol^{-1} 为单位时，数值上等于其原子量。例如：1个 ^{12}C 的质量与1个 H 的质量之比为 12：1，扩大 6.02×10^{23} 倍后，1mol ^{12}C 的质量与 1mol H 的质量之比也为 12：1。

$$1\text{mol H 的质量} = \frac{1\text{mol}\ ^{12}C\ \text{的质量} \times 1}{12}$$

$$= \frac{12\text{g} \times 1}{12}$$

$$= 1\text{g}$$

即

$$M(H) = 1\text{g·mol}^{-1}$$

同理，还可以推出分子、离子或其他基本单元的摩尔质量。例如：

$$M(H_2) = 2\text{g·mol}^{-1}$$

$$M(H^+) = 1\text{g·mol}^{-1}$$

$$M(SO_4^{2-}) = 96\text{g·mol}^{-1}$$

$$M(CuSO_4 \cdot 5H_2O) = 250\text{g·mol}^{-1}$$

$$M\left(\frac{1}{2}H_2SO_4\right) = 49\text{g·mol}^{-1}$$

可以确切地说，任何物质的摩尔质量在以 g·mol^{-1} 为单位时，数值上等于其相对基本单元质量。

电子的质量极小，可以认为原子得到或失去电子不影响其原子量。

练一练

计算下列物质的摩尔质量

(1) H_2SO_4 (2) CO_2 (3) Na_2CO_3 (4) HNO_3

三、有关物质的量的计算

对一系统的 B 物质来说，质量、物质的量、摩尔质量和基本单元数有如下关系：

$$\frac{N_B}{N_A} = n_B = \frac{m_B}{M_B}$$

物质的量就像一座桥梁一样，把单个的、肉眼看不见的粒子与很大数量的粒子集合体及可称量的物质联系起来，给化学研究带来极大的方便。

1. 已知物质的质量，求其物质的量和基本单元数

【例 1-1】 现有 9.8g H_2SO_4，试求：

(1) H_2SO_4 的物质的量是多少？

(2) 含有多少个 H_2SO_4 分子？

(3) 若在水溶液中全部电离为 H^+ 和 SO_4^{2-}，其物质的量各为多少？

解 (1) $M_r(H_2SO_4)=98$

$$M(H_2SO_4)=98g\cdot mol^{-1}$$

$$n(H_2SO_4)=\frac{m(H_2SO_4)}{M(H_2SO_4)}=\frac{9.8g}{98g\cdot mol^{-1}}=0.1mol$$

(2) $N(H_2SO_4)=n(H_2SO_4)N_A=0.1mol\times 6.02\times 10^{23}mol^{-1}=6.02\times 10^{22}$

(3) 若 1mol H_2SO_4 全部电离，则能生成 2mol H^+ 和 1mol SO_4^{2-}。所以：

$$n(H^+)=2n(H_2SO_4)=2\times 0.1mol=0.2mol$$

$$n(SO_4^{2-})=n(H_2SO_4)=0.1mol$$

答：9.8g H_2SO_4 的物质的量是 0.1mol；含有 6.02×10^{22} 个 H_2SO_4 分子；若在水溶液中全部电离，可生成 0.2mol H^+ 和 0.1mol SO_4^{2-}。

2. 已知物质的量，求其质量

【例 1-2】 0.5mol NaOH 的质量是多少克？

解 $M_r(NaOH)=40$

$$M(NaOH)=40g\cdot mol^{-1}$$

$$m(NaOH)=n(NaOH)M(NaOH)=0.5mol\times 40g\cdot mol^{-1}=20g$$

答：0.5mol NaOH 的质量是 20g。

在式(1-1)、式(1-2)等有关物质的量的计算中，物理量的符号代表的量是数值×单位，其单位是可以选择的。计算时，要先列出量方程式，然后再将相应的量值（数值×单位）代入量方程式中进行计算。那种在整个计算过程中都不带单位，只是在最终所得数值后加上带括号的单位的作法是不正确的。

> **练一练**
>
> (1) 66g CO_2 的物质的量是_____ mol，约含_____ 个 CO_2 分子。
>
> (2) 0.5mol 的 Na_2CO_3 质量是_____g。
>
> (3) _____ g NH_3 与 43.8g HCl 含有相同的分子数。

第二节　气体摩尔体积及计算

一、气体摩尔体积

物质总是以一定的聚集状态存在的，如 H_2O、CO_2、I_2 等均有气、液、固三种存在形式。在相同的温度下，1mol 各种液态或固态物质的体积是不相同的。例如，20℃时，1mol Fe 的体积是 $7.1cm^3$，1mol Al 的体积是 $10cm^3$，1mol Pb 的体积是 $18.3cm^3$（如图 1-1 所示）；1mol H_2O 的体积是 $18cm^3$，1mol H_2SO_4 的体积是 $54.1cm^3$（如图 1-2 所示）。

但是，对气体来说，情况就大不相同。

气体的体积随温度、压力的变化而显著改变。一定量气体，压力一定时，温度升高，体

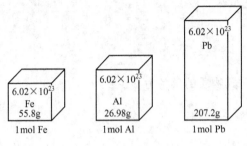
图 1-1　1mol 的几种金属

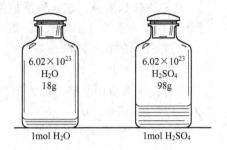
图 1-2　1mol 的两种化合物

积增大；温度一定时，压力增大，体积减小。因此，气体体积的比较，必须在同温、同压下进行。

在一定的温度、压力下，单位物质的量的气体所占有的体积叫做气体的摩尔体积。 即：

$$V_m = \frac{V_B}{n_B} \tag{1-3}$$

式中　V_B——一定温度、压力下，B 气体占有的体积，m^3，常用 L；

　　　n_B——B 的物质的量，mol；

　　　V_m——气体的摩尔体积，$m^3 \cdot mol^{-1}$，常用 $L \cdot mol^{-1}$。

通过实验，可以测得各种气体在一定温度、压力下的密度，如表 1-1 所示。

由密度的定义（$\rho = m/V$）可以推知，在一定温度、压力下气体的密度为：

$$\rho = \frac{M_B}{V_m} \tag{1-4}$$

式中　M_B——B 的摩尔质量，$g \cdot mol^{-1}$；

　　　V_m——气体的摩尔体积，$L \cdot mol^{-1}$；

　　　ρ——一定温度、压力下 B 气体的密度，$kg \cdot m^{-3}$，常用 $g \cdot L^{-1}$。

为了便于研究，人们规定**温度为 0℃（273.15K）、压力为 101kPa 时的状况为标准状况**。应用式(1-4)，可以计算出气体在标准状况下的摩尔体积（见表 1-1）。

表 1-1　几种气体在标准状况下的摩尔体积

物　质	化学式	$\rho / g \cdot L^{-1}$	$M / g \cdot mol^{-1}$	$V_m / L \cdot mol^{-1}$
氢气	H_2	0.09	2.02	22.4
氖气	Ne	0.90	20.18	22.39
氮气	N_2	1.25	28.01	22.41
氧气	O_2	1.43	32.00	22.36
一氧化氮	NO	1.34	30.01	22.40
一氧化碳	CO	1.25	28.01	22.41

知识拓展

热力学温度（T）与摄氏温度（t）之间的关系是：$T/K = 273.15 + t/℃$。

大量的实验证明：**在标准状况下，任何气体的摩尔体积都约为 22.4$L \cdot mol^{-1}$**（本书视为等于 22.4L·mol^{-1})。

若已知某气体的物质的量，就能通过式(1-3)计算出它在标准状况下占有的体积。例如，当 $n(H_2)=1$mol 时：
$$V(H_2)=n(H_2)V_m=1\text{mol}\times 22.4\text{L·mol}^{-1}=22.4\text{L}$$
即在标准状况下，1mol 任何气体所占有的体积都约为 22.4L。

总之，对某一指定的基本单元，物质的量具有确定粒子的数目、物质的质量、标准状况下气体的体积等三重意义（如图 1-3 所示）。

为什么 1mol 的固体、液体的体积各不相同，而 1mol 气体在标准状况下所占有的体积几乎都相同呢？这是因为物质处于气态时，分子间相距较远，每个分子都在较大的空间内作快速运动。在标准状况下，气体分子间的平均距离（约 4×10^{-9}m）是分子直径（约 4×10^{-10}m）的十倍左右。所以，气体的体积主要决定于气体的分子数目和分子间的平均距离，与分子的大小几乎无关。而固体或液体的分子间隙则很小（如图 1-4 所示），它们的体积主要决定于分子数目和分子的大小。

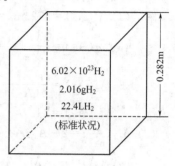

图 1-3 1mol H$_2$ 的意义

图 1-4 固体、液体跟气体的分子间距离比较示意图（以 I$_2$ 为例）

由于在同温、同压下，不同气体分子间的平均距离几乎相等，所以，标准状况下 1mol 不同气体所占有的体积都约为 22.4L。

在此基础上总结出：在同温、同压下，相同体积的任何气体都含有相同数目的分子。这就是阿伏加德罗定律。

二、有关气体摩尔体积的计算

1. 已知气体的质量，求标准状况下气体的体积

【例 1-3】 在标准状况下，42g CO 占有多大体积？

解 $M(\text{CO})=28$g·mol^{-1}

$$n(\text{CO})=\frac{m(\text{CO})}{M(\text{CO})}=\frac{42\text{g}}{28\text{g·mol}^{-1}}=1.5\text{mol}$$

$$V(\text{CO})=n(\text{CO})V_m=1.5\text{mol}\times 22.4\text{L·mol}^{-1}=33.6\text{L}$$

答：在标准状况下，42g CO 占有体积为 33.6L。

2. 已知标准状况下气体的体积，求气体的质量

【例 1-4】 在标准状况下，11.2L O$_2$ 的质量是多少克？

解 $n(O_2)=\dfrac{V(O_2)}{V_m}=\dfrac{11.2\text{L}}{22.4\text{L·mol}^{-1}}=0.5$mol

$M(O_2)=32$g·mol^{-1}

$m(O_2)=M(O_2)n(O_2)=32$g·mol$^{-1}\times 0.5$mol$=16$g

答：在标准状况下，11.2L O_2 的质量是16g。

3. 已知标准状况下气体的体积和质量，求分子量

【例1-5】 在273.15K、101.325kPa时，672cm³ 某气体 A_2 的质量为0.84g。试求：

(1) A_2 的分子量；

(2) A 的原子量。

解 (1) $V(A_2) = 672\text{cm}^3 = 0.672\text{L}$

$$n(A_2) = \frac{V(A_2)}{V_m} = \frac{0.672\text{L}}{22.4\text{L}\cdot\text{mol}^{-1}} = 0.03\text{mol}$$

$$M(A_2) = \frac{m(A_2)}{n(A_2)} = \frac{0.84\text{g}}{0.03\text{mol}} = 28\text{g}\cdot\text{mol}^{-1}$$

$$M_r(A_2) = 28$$

(2) $M_r(A_2) = 2 \times A_r(A)$

$$A_r(A) = \frac{1}{2} \times M_r(A_2) = \frac{1}{2} \times 28 = 14$$

答：A_2 的分子量为28；A 的原子量为14。

练一练

(1) 在标准状况下，2.8g CO 占有的体积为_____L。

(2) 在标准状况下，33.6L N_2 的质量为_____g。

(3) 在标准状况下，11.2L 某气体的质量是16g，则该气体分子的分子量是_____。

第三节　溶液的浓度

溶液组成的表示方法有多种。在初中的化学中，我们已经学习了溶质的质量分数（符号 w_B），质量分数可用小数或百分数表示。如100g溶液中含有12g NaCl，其质量分数可表示为0.12 或 12%。下面介绍一种在化工生产和科学实验中最常见、使用更方便的表示方法——物质的量浓度。

一、物质的量浓度

单位体积溶液中所含溶质 B 的物质的量叫做 B 的物质的量浓度（简称 B 的浓度）。符号 c_B。

$$c_B = \frac{n_B}{V} \tag{1-5}$$

式中　n_B——溶质 B 的物质的量，mol；

V——溶液的体积，m³，常用 L；

c_B——B 的物质的量浓度，mol·m⁻³，常用 mol·L⁻¹。

表示物质的量浓度时，也要指明基本单元 B。常见表示方式有两种。例如，1L 溶液中含有 0.01mol H_2SO_4 时，H_2SO_4 的浓度可表示为：

$c(H_2SO_4) = 0.01\text{mol}\cdot\text{L}^{-1}$；0.01mol·L⁻¹ H_2SO_4 溶液

二、有关物质的量浓度的计算

1. 已知溶质质量和溶液体积，求其物质的量浓度

【例1-6】 在 200mL HCl 溶液中含有 0.73g HCl，试求溶液的物质的量浓度。

解 $M(\text{HCl}) = 36.5 \text{g} \cdot \text{mol}^{-1}$

$$n(\text{HCl}) = \frac{m(\text{HCl})}{M(\text{HCl})} = \frac{0.73\text{g}}{36.5\text{g} \cdot \text{mol}^{-1}} = 0.02\text{mol}$$

$$V = 200\text{mL} = 0.2\text{L}$$

$$c(\text{HCl}) = \frac{n(\text{HCl})}{V} = \frac{0.02\text{mol}}{0.2\text{L}} = 0.1\text{mol} \cdot \text{L}^{-1}$$

答：该 HCl 溶液的物质的量浓度为 $0.1\text{mol} \cdot \text{L}^{-1}$。

2. 已知溶液的物质的量浓度，求一定体积溶液中溶质的质量

【例 1-7】 配制 250mL $0.1\text{mol} \cdot \text{L}^{-1} \text{CuSO}_4$ 溶液，需要多少克胆矾（$\text{CuSO}_4 \cdot 5\text{H}_2\text{O}$）？

解 $V = 250\text{mL} = 0.25\text{L}$

$$n(\text{CuSO}_4) = c(\text{CuSO}_4)V = 0.1\text{mol} \cdot \text{L}^{-1} \times 0.25\text{L} = 0.025\text{mol}$$

$$n(\text{CuSO}_4 \cdot 5\text{H}_2\text{O}) = n(\text{CuSO}_4) = 0.025\text{mol}$$

$$M(\text{CuSO}_4 \cdot 5\text{H}_2\text{O}) = 250\text{g} \cdot \text{mol}^{-1}$$

$$\begin{aligned} m(\text{CuSO}_4 \cdot 5\text{H}_2\text{O}) &= n(\text{CuSO}_4 \cdot 5\text{H}_2\text{O}) \, M(\text{CuSO}_4 \cdot 5\text{H}_2\text{O}) \\ &= 0.025\text{mol} \times 250\text{g} \cdot \text{mol}^{-1} \\ &= 6.25\text{g} \end{aligned}$$

答：配制 250mL $0.1\text{mol} \cdot \text{L}^{-1} \text{CuSO}_4$ 溶液需胆矾 6.25g。

3. 溶液的稀释

在溶液中加入溶剂，使溶液的浓度减小的过程叫做溶液的稀释。溶液经过稀释，只增加溶剂，而没有改变溶质的量，即**稀释前后溶液所含溶质的物质的量（或质量）不变**。

$$n_{1,\text{B}} = n_{2,\text{B}} \tag{1-6}$$

或

$$c_{1,\text{B}}V_1 = c_{2,\text{B}}V_2$$

式中 $n_{1,\text{B}}$、$n_{2,\text{B}}$——稀释前后溶质 B 的物质的量，mol；

$c_{1,\text{B}}$、$c_{2,\text{B}}$——稀释前后溶质 B 的浓度，$\text{mol} \cdot \text{L}^{-1}$；

V_1、V_2——稀释前后溶液的体积，L。

用同一溶质的两种不同浓度的溶液相互混合配制所需浓度的溶液时，同样遵循"混合前后溶质的量不变"的原则。即 $c_\text{B}V = c_{1,\text{B}}V_1 + c_{2,\text{B}}V_2$。

【例 1-8】 配制 3L $3\text{mol} \cdot \text{L}^{-1} \text{H}_2\text{SO}_4$ 溶液，需要 $18\text{mol} \cdot \text{L}^{-1} \text{H}_2\text{SO}_4$ 溶液多少毫升？

解 由式(1-6) 得：

$$V_1 = \frac{c_2(\text{H}_2\text{SO}_4)V_2}{c_1(\text{H}_2\text{SO}_4)} = \frac{3\text{mol} \cdot \text{L}^{-1} \times 3\text{L}}{18\text{mol} \cdot \text{L}^{-1}} = 0.5\text{L} = 500\text{mL}$$

答：需要 $18\text{mol} \cdot \text{L}^{-1} \text{H}_2\text{SO}_4$ 溶液 500mL。

4. 质量分数与物质的量浓度的换算

市售的液体试剂一般只标明密度和质量分数，如盐酸密度 $1.19\text{g} \cdot \text{cm}^{-3}$、质量分数 37%；硫酸密度 $1.84\text{g} \cdot \text{cm}^{-3}$、质量分数 98%。但是，实际工作中常常是量取溶液的体积。因此，就需要质量分数和物质的量浓度的换算。

一定量的同一种溶液无论怎样表示其溶液的组成，它所含溶质的质量（或物质的量）相等。

【例 1-9】 现有质量分数为 37%、密度为 $1.19\text{g} \cdot \text{mL}^{-1}$ 的盐酸。试求盐酸的物质的

量浓度。

解 设该溶液的体积为1L。

用质量分数或物质的量浓度两种方法表示该溶液的组成时，1L（1000mL）盐酸中所含HCl的质量相等。

$$1000\text{mL} \times 1.19\text{g·mL}^{-1} \times 37\% = c(\text{HCl}) \times 1\text{L} \times 36.5\text{g·mol}^{-1}$$

$$c(\text{HCl}) = \frac{1000\text{mL} \times 1.19\text{g·mL}^{-1} \times 37\%}{1\text{L} \times 36.5\text{g·mol}^{-1}} = 12.06\text{mol·L}^{-1}$$

答：该盐酸的物质的量浓度为 12.06mol·L^{-1}。

将上述计算过程中的各物理量用符号表示，则可以得出以密度为桥梁来联系质量分数和物质的量浓度的换算式：

$$c_B = \frac{1000\text{mL·L}^{-1} \times \rho \times w_B}{M_B} \tag{1-7}$$

式中 ρ ——溶液的密度，g·mL^{-1}；

w_B ——溶质 B 的质量分数，1；

M_B ——溶质 B 的摩尔质量，g·mol^{-1}；

c_B ——溶质 B 的物质的量浓度，mol·L^{-1}；

1000 ——进率，1L=1000mL。

【例 1-10】 2mol·L^{-1} NaOH 溶液的密度是 1.08g·mL^{-1}，求其质量分数。

解 由式(1-7)得：

$$w(\text{NaOH}) = \frac{c(\text{NaOH}) \times M(\text{NaOH})}{1000\text{mL·L}^{-1} \times \rho}$$

$$= \frac{2\text{mol·L}^{-1} \times 40\text{g·mol}^{-1}}{1000\text{mL·L}^{-1} \times 1.08\text{g·mL}^{-1}} = 0.074$$

答：该 NaOH 溶液的质量分数为 0.074。

【例 1-11】 要配制 6mol·L^{-1} HNO_3 溶液 250mL，问需密度为 1.42g·mL^{-1}、质量分数为 63% 的 HNO_3 溶液多少毫升？

解 由式(1-7)得：

$$c_1(\text{HNO}_3) = \frac{1000\text{mL·L}^{-1} \times \rho_1 \times w_1(\text{HNO}_3)}{M(\text{HNO}_3)}$$

$$= \frac{1000\text{mL·L}^{-1} \times 1.42\text{g·mL}^{-1} \times 63\%}{63\text{g·mol}^{-1}} = 14.2\text{mol·L}^{-1}$$

$$c_1(\text{HNO}_3)V_1 = c_2(\text{HNO}_3)V_2$$

$$V_1 = \frac{c_2(\text{HNO}_3)V_2}{c_1(\text{HNO}_3)} = \frac{6\text{mol·L}^{-1} \times \frac{250}{1000}\text{L}}{14.2\text{mol·L}^{-1}}$$

$$= 0.1056\text{L}$$

$$= 105.6\text{mL}$$

答：需要密度为 1.42g·mL^{-1}、质量分数为 63% 的 HNO_3 溶液 105.6mL。

练一练

(1) 配制 100mL 2.0mol·L^{-1} Na_2CO_3 溶液，需要固体 Na_2CO_3 _____ g。

(2) 质量分数为 68%、密度为 1.50g·cm^{-3} 的硝酸溶液中，HNO_3 的物质的量浓度为

_____ mol·L^{-1}；若配制 6.0mol·L^{-1} 的 HNO$_3$ 溶液 100mL，需要上述溶液 _____ mL。

第四节　根据化学方程式的计算

一、化学方程式

用化学式来表示化学反应的式子叫做化学方程式。每个化学方程式都是在实验的基础上得出来的，不是凭空想象、随意臆造的。由于化学反应遵守质量守恒定律（参加反应的各物质的质量总和，等于反应后生成的各物质的质量总和）。所以"等号"两边每种元素的粒子（原子、分子和离子）数必须相等，即要配平。化学反应只有在一定的条件下才能发生，因此，在化学方程式中应注明反应的基本条件（如点燃、光照、加热、压力、催化剂等）。通常，有气体或沉淀生成时，还要用"↑"或"↓"分别标出。例如：

$$2KClO_3 \xrightarrow[\triangle]{MnO_2} 2KCl + 3O_2\uparrow$$

$$CuSO_4 + 2NaOH = Na_2SO_4 + Cu(OH)_2\downarrow$$

$$2H_2 + O_2 \xrightarrow{点燃} 2H_2O$$

化学方程式既表达化学反应中各物质质的变化，又体现它们相互反应量的关系。在化学反应中，各反应物之间相互反应的物质的量之比，等于它们的化学计量数（即反应方程式中各反应物和生成物前面的数字，符号 ν）之比。如在 H$_2$ 和 O$_2$ 化合生成 H$_2$O 的反应中：

$$\frac{n(H_2)}{n(O_2)} = \frac{\nu(H_2)}{\nu(O_2)} = \frac{2}{1}$$

这个关系称为化学计量比规则（简称计量比规则）。根据物质的量的意义，还可以找出反应中，反应物和生成物的多种数量关系。例如：

	2H$_2$	+	O$_2$	$\xrightarrow{点燃}$	2H$_2$O
化学计量比	2	:	1	:	2
物质的量比	2mol	:	1mol	:	2mol
粒子数之比	2×6.02×10^{23}	:	1×6.02×10^{23}	:	2×6.02×10^{23}
物质的质量比	2×2g	:	32g	:	2×18g
气体的标准体积❶比	2×22.4L	:	22.4L	:	

从上面的数量关系可以看到：2mol（或 1.204×10^{24} 个，4g，44.8L）H$_2$ 和 1mol（或 6.02×10^{23} 个，32g，22.4L）O$_2$ 反应，可以生成 2mol（或 1.204×10^{24} 个，36g）H$_2$O。

选择合适的数量关系，能解决许多实际计算问题。

二、根据化学方程式的计算

根据化学方程式的计算，一般需要设、写、找、比、列、解、答几个步骤。

设：设未知量，以计算方便为原则；

写：书写正确的化学方程式；

找：根据需要找出合适的数量关系，并标注在对应物质的下方，基本原则是上、下单位应一致，左、右选量要相当；

比：若有过量反应物参加反应时，要通过比较选择合适的物质作为计算基准；

---

❶ 气体的标准体积，是指气体在标准状况（0℃，101kPa）时的体积。

列：列出含有未知数的比例式；
解：解出未知数的值；
答：简明地写出答案。

1. 原料的用量或产品产量的计算

【例 1-12】 130.8g Zn 与足量的稀 H_2SO_4 反应，能生成 $ZnSO_4$ 的物质的量是多少？

解　方法一　设能生成 $ZnSO_4$ 的质量为 x

$$Zn + H_2SO_4(稀) = ZnSO_4 + H_2 \uparrow$$

　65.4g　　　　　　　161.4g
　130.8g　　　　　　　x

$$\frac{65.4g}{130.8g} = \frac{161.4g}{x}$$

$$x = 322.8g$$

$$n(ZnSO_4) = \frac{m(ZnSO_4)}{M(ZnSO_4)} = \frac{322.8g}{161.4g \cdot mol^{-1}} = 2mol$$

方法二　设能生成 $ZnSO_4$ 的物质的量为 x

$$Zn + H_2SO_4(稀) = ZnSO_4 + H_2 \uparrow$$

　65.4g　　　　　　　1mol
　130.8g　　　　　　　x

$$\frac{65.4g}{130.8g} = \frac{1mol}{x}$$

$$x = 2mol$$

答：能生成 2mol $ZnSO_4$。

由 [例 1-12] 可知，选择合适的数量关系，可使计算步骤简化。

2. 有关标准状况下气体体积的计算

【例 1-13】 加热 490g $KClO_3$，可制得多少升 O_2（标准状况下）？

解　设可制得 O_2 的体积在标准状况下为 x

$$2KClO_3 \xrightarrow[\triangle]{MnO_2} 2KCl + 3O_2 \uparrow$$

$2mol \times 122.5g \cdot mol^{-1}$　　　　　$3mol \times 22.4L \cdot mol^{-1}$
$= 245g$　　　　　　　　　　　　　$= 67.2L$
490g　　　　　　　　　　　　　　　x

$$\frac{245g}{490g} = \frac{67.2L}{x}$$

$$x = 134.4L$$

答：可制得 O_2 的体积在标准状况下为 134.4L。

3. 有关不纯物质参加反应的计算

化学方程式所反映的物质的数量关系均指纯净物质，而实际使用的反应物或得到的生成物有时是不纯的。计算时，必须换算成纯净物质。

纯净物的质量分数（或称纯度，符号 w_B）是指纯净物 B 的质量（m_B）与混合物的质量（m）之比。

$$w_B = \frac{m_B}{m} \tag{1-8}$$

式(1-8)与溶质的质量分数表达式一致，统称为 B 的质量分数。

【例 1-14】 工业上煅烧石灰石生产 CaO 和 CO_2。若煅烧含 $CaCO_3$ 90% 的石灰石 5t，能制得多少吨 CaO 和多少立方米 CO_2（标准状况下）？

解 设能制得 CaO 的质量为 x，制得 CO_2 的体积在标准状况下为 y

5t 石灰石中含 $CaCO_3$ 的质量为：

$$m(CaCO_3) = m(石灰石)w(CaCO_3) = 5t \times 90\% = 4.5t$$

$$\begin{array}{cccc} CaCO_3 & \xrightarrow{煅烧} & CaO & + CO_2\uparrow \\ 100t & & 56t & 22400m^3 \\ 4.5t & & x & y \end{array}$$

$$\frac{100t}{4.5t} = \frac{56t}{x}$$

$$x = 2.52t$$

$$\frac{100t}{4.5t} = \frac{22400m^3}{y}$$

$$y = 1008m^3$$

答：煅烧含 $CaCO_3$ 90% 的石灰石 5t，可制得 CaO 2.52t，CO_2 1008m³（标准状况下）。

4. 产品产率和原料利用率的计算

根据化学方程式计算所得的结果只是理论量，在实际生产和实验中，由于反应进行的完全程度和物料的损失等方面原因，产品的实际产量总是低于理论产量；原料的实际消耗量总是高于理论用量。这种理论量和实际量之间的关系，可以用产品的产率和原料的利用率来表示：

$$产品产率 = \frac{实际产量}{理论产量} \times 100\%$$

$$原料利用率 = \frac{理论消耗量}{实际消耗量} \times 100\%$$

【例 1-15】 如果在［例 1-14］中：

（1）实际得到 CaO 2.42t，CaO 的产率是多少？

（2）实际消耗含 $CaCO_3$ 90% 的石灰石 5.5t，石灰石的利用率是多少？

解 （1）由［例 1-14］可知，CaO 的理论产量为 2.52t，所以

$$CaO\ 的产率 = \frac{实际产量}{理论产量} \times 100\% = \frac{2.42t}{2.52t} \times 100\% = 96\%$$

（2）由［例 1-14］可知，生产 2.52t CaO，理论消耗含 $CaCO_3$ 90% 的石灰石 5t，所以

$$石灰石的利用率 = \frac{理论消耗量}{实际消耗量} \times 100\% = \frac{5t}{5.5t} \times 100\% = 90.9\%$$

答：CaO 的产率为 96%；石灰石的利用率为 90.9%。

5. 有过量反应物的计算——选量计算

在实际工作中，为使某一反应物转化得比较完全，常把其他反应物加大到过量，而不按化学计量比投料。此时，生成物的产量，仅决定于投料量相对较少的反应物，计算时，应选该反应物作为计算基准。这类计算常称为选量计算。例如，对于化学反应：

$$mA + nB \Longrightarrow pC + qD$$

若 $\dfrac{A\ 的实际量}{A\ 的理论量} > \dfrac{B\ 的实际量}{B\ 的理论量}$

则 A 反应物过量，应以 B 反应物为计算基准。

【例 1-16】 实验室常用 $CaCO_3$ 和盐酸反应制取 CO_2。将 5g $CaCO_3$ 加入到 100mL 3mol·L⁻¹ HCl 溶液中，能制得多少升 CO_2（标准状况下）？

解 设能制得 CO_2 的体积在标准状况下为 x

$$n(HCl)=c(HCl)V=3mol·L^{-1}\times\frac{100}{1000}L=0.3mol$$

$$CaCO_3+2HCl\!=\!=\!CaCl_2+H_2O+CO_2\uparrow$$

100g　　2mol　　　　　　　　　　22.4L
5g　　　0.3mol　　　　　　　　　　x

$$\frac{5g}{100g}<\frac{0.3mol}{2mol}$$

HCl 过量，以 $CaCO_3$ 为计算基准

$$\frac{100g}{5g}=\frac{22.4L}{x}$$

$$x=1.12L$$

答：能制得 CO_2 的体积在标准状况下为 1.12L。

总之，根据化学方程式的计算是从量的方面研究物质变化的一种方法，它能解决生产和实验中的许多实际问题，随着学习的深入将会了解到，它在某些理论的研究中还有更重要的意义。引入物质的量的概念以后，使计算过程得到了简化，但必须做到：上、下一致（同一物质上下量的单位要一致）；左、右相当（不同物质选量要相当）；基准合适（选择相对较少的反应物作为计算基准）；纯量代方程（列比例）。

*第五节　热化学方程式

一、热化学方程式的表示

化学反应都伴随着能量的变化。这些能量可以是热能、声能、光能和电能等，通常表现为热能的形式，即有吸热或放热的现象发生。例如，$CaCO_3$ 的分解需吸收热量；汽油的燃烧、酸碱的中和能放出热量。吸收热量的反应叫做吸热反应；放出热量的反应叫做放热反应。反应中吸收或放出的热量都属于反应热。

例如，在25℃（298.15K），各物质均处于纯态、100kPa 的条件下，1mol C 在氧气中完全燃烧，放热 393.5kJ；而 1mol $CaCO_3$ 加热分解为 CaO 和 CO_2 气体的反应，吸热 1731.5kJ。上述反应可分别表示为：

$$C(s)+O_2(g)\!=\!=\!CO_2(g);\quad \Delta H=-393.5kJ·mol^{-1}$$
$$CaCO_3(s)\!=\!=\!CaO(s)+CO_2(g);\quad \Delta H=1731.5kJ·mol^{-1}$$

这种标明化学反应所放出或吸收热量的化学方程式叫做热化学方程式。

二、热化学方程式的书写注意事项

书写热化学反应方程式时应注意如下几点：

① 反应热写在化学方程式的右边或下方，两者之间用分号或逗号隔开。

反应热的符号为 ΔH，单位是 $kJ·mol^{-1}$。$\Delta H>0$ 时为吸热反应，表示反应需由环境提供热量，反应后体系的能量升高；$\Delta H<0$ 时为放热反应，表示反应向环境放出热量，反应后体系的能量降低。

② 注明物质的聚集状态。物质的聚集状态不同，它所含有的能量也不同。随着物质聚集状态的改变，反应热也发生变化。一般，气、液、固三种聚集状态分别用 g、l、s 表示。例如：

$$2H_2(g)+O_2(g)\!=\!=\!2H_2O(g);\quad \Delta H=-483.6kJ·mol^{-1}$$
$$2H_2(g)+O_2(g)\!=\!=\!2H_2O(l);\quad \Delta H=-571.6kJ·mol^{-1}$$

③ 同一化学反应当以不同的化学计量数表示时，反应热不同。热化学方程式中的化学计量数只代表物质的量，而不代表单个分子数，它可以是整数，也可以是分数。例如：

$$H_2(g)+\frac{1}{2}O_2(g) = H_2O(g); \Delta H = -241.8 kJ \cdot mol^{-1}$$

④ 注明反应的温度和压力。反应热受温度和压力的影响。化学中规定100kPa为标准压力。一定温度下，各物质均处于纯态、100kPa时的反应热称为标准反应热。不同温度下的标准反应热可表示为：

$$N_2(g)+3H_2(g) = 2NH_3(g); \quad \Delta H(298.15K) = -92.38 kJ \cdot mol^{-1}$$
$$\Delta H(773.15K) = -107.8 kJ \cdot mol^{-1}$$

若不注明温度，均指25℃（298.15K）时的标准反应热。

应用热化学反应方程式可以计算化学反应中的热量变化，对控制稳定的反应条件及合理利用能量都有着重要的实际意义。

习 题

1. 举例说明，物质的量和物质的质量、摩尔质量和分子量的区别和联系。
2. 9g H_2O 的物质的量是多少？它含有 H_2O 的数目是多少？含有 H 原子、O 原子数各是多少？
3. 人体细胞中 O、C、H、N、Ca、Na 各元素的质量分数分别是 65%、18%、10%、3%、1.5%、0.15%。试将这六种元素按原子数目由高到低的次序依次排列。
4. 试说明，在标准状况下 1mol O_2 具有哪些意义？
5. 4g H_2、3mol CO_2 和 33.6L O_2（标准状况）中，哪一种含分子数最多？
6. 与 11.2L Cl_2（标准状况下）分子数相同的 CO 的质量是多少？
7. 3.2g 某气体 A_2 在标准状况下的体积为 2.24L，A 的原子量是多少？
8. 将 NH_3 溶于水制得质量分数为 26%、密度为 0.908g·cm^{-3} 的氨水溶液 250mL。该氨水溶液的物质的量浓度是多少？标准状况下被溶解的 NH_3 的体积是多少？
9. 配制 250mL 0.2mol·L^{-1} Na_2CO_3 溶液，需要 $Na_2CO_3 \cdot 10H_2O$ 多少克？
10. 配制 250mL 0.2mol·L^{-1} HCl 溶液，需用 12mol·L^{-1} HCl 溶液多少毫升？
11. 配制 2mol·L^{-1} H_2SO_4 溶液 250mL，问需用密度为 1.84g·cm^{-3}、质量分数为 98% 的 H_2SO_4 溶液多少毫升？
12. 煅烧 $CaCO_3$ 的质量分数为 0.9 的石灰石 10kg，能制得 CO_2 多少立方米（标准状况下）？若制得相同体积 CO_2 实际用去 10.5kg 石灰石，求原料的利用率。
13. 取 5.5g 石灰石（内含不与酸反应的杂质）与足量盐酸反应，标准状况下，产生 1.12L CO_2，求石灰石中 $CaCO_3$ 的质量分数。
14. 6.5g Mg 和 20mL 质量分数为 37%（密度为 1.19g·cm^{-3}）的盐酸反应，在标准状况下可制得多少升 H_2？若只收集到 2.2L，H_2 的产率是多少？
*15. 在 25℃，各物质均处于纯态、100kPa 的条件下，2g H_2 与 Cl_2 完全反应生成 HCl 气体，放热 185kJ，试写出该反应的热化学方程式。

第二章　碱金属和碱土金属

能力目标

1. 能指出氧化还原反应中的氧化剂、还原剂、氧化产物、还原产物。
2. 会正确贮存 Na、K、Mg、Ca 单质，能熟练书写重要化学方程式。
3. 会正确书写离子方程式。

知识目标

1. 掌握氧化还原反应的基本概念，了解常用氧化剂、还原剂。
2. 了解碱金属和碱土金属的通性及其性质递变规律与原子结构的关系，掌握 Na、K、Mg、Ca 单质及其重要化合物的性质。
3. 掌握离子互换反应进行的条件，*了解焰色反应法鉴定 Na^+、K^+、Ca^{2+}、Ba^{2+}。

第一节　氧化还原反应的基本概念

在初中化学中，从物质得氧和失氧的角度介绍了氧化还原反应的有关概念，它有一定的局限性。在这里将进一步从特征和本质上认识氧化还原反应。

一、氧化和还原

在加热条件下，用 H_2 还原 CuO，生成了 Cu 和 H_2O。H_2 是还原剂，H 的化合价由 0 升高到 +1，H_2 被氧化，发生了氧化反应；CuO 是氧化剂，Cu 的化合价由 +2 降低到 0，CuO 被还原，发生了还原反应。

还原剂，发生氧化反应，化合价升高

$$\overset{+2}{Cu}O + \overset{0}{H_2} \xrightarrow{\triangle} \overset{0}{Cu} + \overset{+1}{H_2}O$$

氧化剂，发生还原反应，化合价降低

又如氧化还原反应：

还原剂，发生氧化反应，化合价升高

$$2\overset{0}{Mg} + \overset{0}{O_2} \xrightarrow{点燃} 2\overset{+2-2}{MgO}$$

氧化剂，发生还原反应，化合价降低

还原剂，发生氧化反应，化合价升高

$$2\overset{0}{H_2} + \overset{0}{O_2} \xrightarrow{点燃} 2\overset{+1-2}{H_2O}$$

氧化剂，发生还原反应，化合价降低

可见，一些元素的化合价有升降是这类反应的共同特征。这样，氧化还原反应的概念就扩展到不一定有氧参加反应的范围，**凡是反应前后元素的化合价有变化的反应都属于氧化还原反应。在氧化还原反应中，元素化合价降低的反应就是还原反应；元素化合价升高的反应就是氧化反应。**

在氧化还原反应中，元素的化合价发生改变，是由于电子转移（即电子得失或共用电子对偏移）所引起的，这是氧化还原反应的本质。所以，**凡是有电子转移的反应都叫做氧化还原反应，原子或离子失去电子（或共用电子对偏离）的过程叫做氧化，得到电子（或共用电子对偏近）的过程叫做还原**。氧化和还原是同时发生的，即得失电子的过程是同时进行的，且得失电子总数相等，元素的化合价降低总数等于元素的化合价升高总数。

二、氧化剂和还原剂

氧化剂、还原剂的基本概念如表 2-1 所示。

表 2-1　氧化剂、还原剂的基本概念

反 应 物	氧 化 剂	还 原 剂
判据（特征）	元素的化合价降低的物质	元素的化合价升高的物质
定义（本质）	得到电子或共用电子对偏近的物质	失去电子或共用电子对偏离的物质
表现性质	氧化性	还原性
反应过程	还原	氧化
反应类型	还原反应	氧化反应
生成产物	还原产物	氧化产物
规律	氧化剂得电子总数＝还原剂失电子总数 元素的化合价降低总数＝元素的化合价升高总数	

在氧化还原反应中，氧化剂具有氧化性，还原剂具有还原性。

氧化性是指物质获得电子（化合价降低）的能力。得电子能力越强，其氧化性越强。常见氧化剂有活泼的非金属单质，如 O_2、Cl_2、Br_2 等，还有某些含高价态元素的化合物，如高锰酸钾（$KMnO_4$）、重铬酸钾（$K_2Cr_2O_7$）、HNO_3、浓 H_2SO_4、$KClO_3$、$FeCl_3$ 等。

还原性是指物质失去电子（化合价升高）的能力。失电子能力越强，其还原性越强。常见还原剂有活泼的金属单质，如 Na、K、Mg、Al、Zn 等，还有某些非金属单质及含低价态元素的化合物，如 H_2、C、S、CO、卤化物（NaBr、KI）、硫化物（H_2S、Na_2S）等。应当注意：氧化剂和还原剂的强弱仅决定于得失电子的难易，而不是得失电子数的多少。

氧化性和还原性是相对的，一些单质（如 H_2、S、C 等）及处于中间价态的元素的化合物（如 H_2O_2、$FeCl_2$、$SnCl_2$ 等），遇到较强的氧化剂时表现出还原性，遇到较强的还原剂时，则表现出氧化性。例如：

$$2FeCl_2 + Cl_2 =\!= 2FeCl_3$$
还原剂　氧化剂

$$FeCl_2 + Zn =\!= ZnCl_2 + Fe$$
氧化剂　还原剂

有时在反应中，氧化剂和还原剂是同一物质。例如：

$$2K\overset{+5}{Cl}\overset{-2}{O_3} \xrightarrow[\triangle]{MnO_2} 2K\overset{-1}{Cl} + 3\overset{0}{O_2}\uparrow$$

$$\overset{0}{Cl_2} + 2NaOH =\!= Na\overset{-1}{Cl} + Na\overset{+1}{Cl}O + H_2O$$

像这种氧化剂和还原剂是同一物质的氧化还原反应，称为自身氧化还原反应。其中，电子转移发生在同一分子内相同元素上的自身的氧化还原反应，又称为歧化反应。在歧化反应中，处于中间价态的某元素同时向较高和较低价态物质转化，发生了"化合价变化上的分歧"。

在氧化还原反应中，氧化剂及其还原产物，还原剂及其氧化产物分别是两类不同价态的物质。氧化剂的氧化性越强，其还原产物的还原性越弱；还原剂的还原性越强，其氧化产物的氧化性越弱。

在化学方程式中可以用双线桥来表示原子或离子得失电子的过程。如：

$$\overset{+2}{Cu}O + \overset{0}{H_2} \xrightarrow{\triangle} \overset{0}{Cu} + \overset{+1}{H_2}O$$

得 2e，化合价降低，发生还原反应
失 2e，化合价升高，发生氧化反应

氧化剂　　还原剂　　还原产物　氧化产物

也可以用单线桥来表示电子转移的方向及数目。例如：

$$2\overset{+2}{Fe}Cl_2 + \overset{0}{Cl_2} = 2\overset{+3\ -1}{FeCl_3}$$

（2e，从 Fe 转移到 Cl）

还原剂　　氧化剂　　氧化产物（还原产物）

练一练

在下列氧化还原反应相应物质的下方，标注出氧化剂、还原剂、氧化产物、还原产物。
(1) $Zn + H_2SO_4 == ZnSO_4 + H_2\uparrow$
(2) $3Cl_2 + 6NaOH == 5NaCl + NaClO_3 + 3H_2O$

第二节　碱金属和碱土金属的性质

锂（Li）、钠（Na）、钾（K）、铷（Rb）、铯（Cs）、钫（Fr）这六种金属元素，其氧化物溶于水呈碱性，故称之为碱金属。铍（Be）、镁（Mg）、钙（Ca）、锶（Sr）、钡（Ba）、镭（Ra）这六种金属元素中，Ca、Sr、Ba 的氧化物在性质上介于"碱性的"和"土性的"（以前把黏土的主要成分，既难溶又难熔的 Al_2O_3 称为"土性"氧化物）之间，故称之为碱土金属，现习惯上把与其原子结构相似的 Be 和 Mg 也包括在内。其中 Li、Rb、Cs、Be 是稀有金属，Fr 和 Ra 是放射性元素。

一、碱金属和碱土金属的通性

碱金属原子最外电子层只有一个电子，次外层均为稳定结构，因此，它们均极易失去最外层电子，形成 +1 价阳离子（见表 2-2），表现出强还原性。从 Li 到 Cs，随着电子层数依次增多，最外层电子离核的距离越远，原子核对其吸引力逐渐减弱，失电子能力依次增强，因此还原性依次增强。

表 2-2　碱金属的原子结构及化合价

元素名称	元素符号	核电荷数	各电子层的电子数						化合价
			1	2	3	4	5	6	
锂	Li	3	2	1					+1
钠	Na	11	2	8	1				+1
钾	K	19	2	8	8	1			+1
铷	Rb	37	2	8	18	8	1		+1
铯	Cs	55	2	8	18	18	8	1	+1

碱土金属原子最外电子层有 2 个电子，次外层均为稳定结构，因此，它们均易失去最外

层的两个电子，形成＋2价阳离子（见表 2-3），表现出较强的还原性。从 Be 到 Ba，电子层数依次增多，原子核对外层电子的吸引力逐渐减弱，失电子能力依次增强，即还原性依次增强。

表 2-3　碱土金属的原子结构及化合价

元素名称	元素符号	核电荷数	各电子层的电子数						化合价
			1	2	3	4	5	6	
铍	Be	4	2	2					＋2
镁	Mg	12	2	8	2				＋2
钙	Ca	20	2	8	8	2			＋2
锶	Sr	38	2	8	18	8	2		＋2
钡	Ba	56	2	8	18	18	8	2	＋2

碱金属与具有相同电子层数的碱土金属相比，碱金属的核电荷数少，原子核吸引外层电子的能力弱，最外层的电子更容易失去，即碱金属的还原性比相应的碱土金属的还原性强。

碱金属都是银白色金属，具有密度小、硬度❶小、熔点低、沸点低、导电性强的特性，是典型的轻金属❷。

Li 是最轻的金属，能浮于煤油上；Na 和 K 能浮于水面。碱金属硬度小，所以 Na、K 都可以用刀切割。碱金属的熔点低，其熔点（除 Li 外）比水的沸点还低，常温下能形成液态合金❸。它们导电能力强，当 K、Rb 和 Cs 受光的照射，电子可以从表面逸出，这种现象叫做光电效应。对光特别灵敏的是 Cs，是制造光电池的良好材料。

碱土金属中，除 Be 为钢灰色外，其他都具有银白色光泽，其密度、熔点和沸点较碱金属高，但仍属于轻金属，也都能导电。

碱金属和碱土金属的物理性质见表 2-4。

表 2-4　碱金属和碱土金属的物理性质

性　质	Li	Na	K	Rb	Cs	Be	Mg	Ca	Sr	Ba
颜色	银白	银白	银白	银白	银白	钢灰	银白	银白	银白	银白
密度(25℃)/g·cm^{-3}	0.534	0.971	0.856	1.532	1.90	1.85	1.74	1.55	2.6	3.76
熔点/℃	180.5	97.8	63.2	38.5	28.5	1285	651	850	757	710
沸点/℃	1336	881.4	765.5	688	705	2970	1107	1480	1366	1600
硬度	0.6	0.4	0.5	0.3	0.2	5.5	2.0	1.5	1.8	—

二、钠、钾、镁、钙的化学性质

碱金属和碱土金属均为活泼金属，还原性较强，所以它们在空气和水中大多不稳定，并且金属的还原性越强，所发生的反应就越剧烈。

1. 与氧反应

[演示实验 2-1]　取一小块金属 Na，用滤纸擦去煤油，用小刀切开，观察新切面的颜色及变化，再把小块 Na 放在燃烧匙中加热，观察现象。

---

❶ 硬度：是物质抵抗某些外来的机械作用，特别是刻划能力的物理性质。规定最硬的金刚石的硬度为 10。硬度在 2 以下的物质可用指甲划痕。

❷ 密度在 4.5g·cm^{-3} 以下的金属，称为轻金属。

❸ 合金：是由两种或两种以上的金属（或金属与非金属）熔合而成的具有金属特征的物质。如黄铜是 Cu 和 Zn 的合金，钠-汞齐是 Na 和 Hg 的液态合金。

从 Na 的新鲜断面可以看到银白色的金属光泽。Na、K 在干燥空气中逐渐被氧化，生成氧化物，因而表面颜色变暗。

$$4M + O_2 \xrightarrow{\triangle} 2M_2O \quad (M = Na、K)$$

Na、K 在空气中受热能燃烧，并分别生成过氧化钠（Na_2O_2）和超氧化钾（KO_2）固体（K 燃烧时也可以生成 K_2O_2），并分别产生黄色和紫色火焰。

$$2Na + O_2 \xrightarrow{\triangle} Na_2O_2$$

$$K + O_2 \xrightarrow{\triangle} KO_2$$

Mg、Ca 在空气中也能逐渐被氧化而失去金属光泽。但由于在 Mg 表面形成的是一层致密的氧化膜，阻止了内层 Mg 与空气中 O_2 的结合，因而 Mg 在空气中很稳定。Mg 和 Ca 在空气中燃烧，分别生成 MgO 和 CaO，并且 Mg 燃烧时发出炫目的白光，Ca 燃烧时火焰呈砖红色。

$$2M + O_2 \xrightarrow{\text{点燃}} 2MO \quad (M = Mg、Ca)$$

知识拓展

一些金属或其化合物在灼烧时，火焰呈现特殊颜色的现象叫做焰色反应。利用焰色反应，可以鉴定或鉴别这些金属或金属离子。一些金属的火焰颜色见表 2-5。

表 2-5 一些金属的火焰颜色

元素	Li	Na	K	Rb	Cs	Ca	Sr	Ba	Cu
火焰颜色	红色	黄色	紫色（透过蓝色钴玻璃）	紫红色	紫红色	砖红色	洋红色	黄绿色	绿色

[演示实验 2-2]　将铂丝用浓 HCl 或纯 HNO_3 洗净，放在酒精灯（最好用煤气灯）火焰里灼烧，直至火焰与原来灯焰的颜色一样。然后用铂丝分别蘸一下含有 Na^+、K^+、Ca^{2+}、Ba^{2+} 的溶液或晶体，在灯焰上灼烧（见图 2-1），观察火焰的颜色。注意：每做完一个试样都要用浓 HCl 将铂丝清洗干净。

实验表明，灼烧上述四种试样时，火焰分别呈黄色、紫色（透过蓝色钴玻璃观察，以便滤去钠杂质的黄光，排除干扰）、砖红色和黄绿色。则根据表 2-5，可确定与其对应的物质

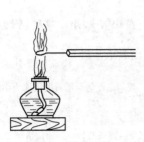

图 2-1　焰色反应

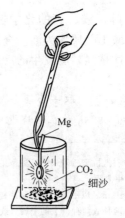

图 2-2　Mg 在 CO_2 中燃烧

是否含有 Na^+、K^+、Ca^{2+}、Ba^{2+}。

Mg、Ca 与氧结合能力很强,不仅可以与 O_2 化合,还能够夺取多种氧化物中的氧。如点燃的镁条放入 CO_2 的集气瓶中,镁条会继续燃烧(如图 2-2 所示)。

$$2Mg+CO_2 \xrightarrow{\text{点燃}} 2MgO+C$$

2. 与非金属反应

碱金属与卤素、S 等非金属反应非常剧烈,甚至发生爆炸,生成不含氧的盐。例如:

$$2Na+Br_2 \xrightarrow{\triangle} 2NaBr$$

$$2K+S \xrightarrow[\text{或研磨}]{\triangle} K_2S$$

碱土金属在一定的温度下也能与这些元素反应。此外,镁条在空气中燃烧生成白色粉末 MgO 的同时,还生成少量的氮化镁(Mg_3N_2),反应方程式为:

$$3Mg+N_2 \xrightarrow{\text{高温}} Mg_3N_2$$

化学活泼性很强的碱金属与碱土金属中的 Ca、Sr、Ba 还能与 H_2 在高温下直接化合,并将 H 还原为 -1 价离子,生成白色的固体氢化物,显示出它们较强的还原性。碱金属和碱土金属的氢化物也都是强还原剂。

$$2M+H_2 \xrightarrow{\text{高温}} 2MH \;(M=\text{碱金属})$$

$$M+H_2 \xrightarrow{\text{高温}} MH_2 \;(M=Ca、Sr、Ba)$$

3. 与水、酸的反应

[演示实验 2-3] 用镊子取一小块金属 Na,放入盛有水(事先滴入两滴酚酞)的烧杯中,观察 Na 与水反应的现象,并收集检验所产生的气体(见图 2-3)。再取一小块金属 K 代替 Na,重复上述操作,观察 K 与水反应的现象。

图 2-3 钠与水反应

Na 比水轻,投入烧杯时,浮在水面上。Na 与水反应放出的热量,使 Na 熔融成一个闪亮的小球,小球向各个方向迅速游动,并逐渐缩小,同时发出嘶嘶声,最后小球完全消失,溶液由无色变为红色,说明溶液显碱性。经检验,试管里收集到的气体是 H_2。反应方程式为:

$$2Na+2H_2O =\!=\!= 2NaOH+H_2\uparrow$$

K 与水反应生成 KOH 和 H_2,但反应比 Na 更剧烈,可以燃烧,量较大时甚至发生爆炸。

$$2K+2H_2O =\!=\!= 2KOH+H_2\uparrow$$

Mg、Ca 与水反应也生成氢氧化物和 H_2,但 Mg 与沸水才有显著的反应,而 Ca 与冷水就能迅速发生反应。

$$M+2H_2O =\!=\!= M(OH)_2+H_2\uparrow \;(M=Mg、Ca)$$

碱金属和碱土金属也可与酸反应,生成盐和 H_2,例如:

$$2Na+H_2SO_4(\text{稀}) =\!=\!= Na_2SO_4+H_2\uparrow$$

$$Ca+2HCl =\!=\!= CaCl_2+H_2\uparrow$$

由于反应非常剧烈,一般不宜用来制取 H_2。

4. 与盐反应

[演示实验 2-4] 向盛有 $0.1\,mol\cdot L^{-1}$ 的 $CuSO_4$ 溶液的烧杯中,加入一小块金属 Na,观察现象。

Na 与 $CuSO_4$ 溶液剧烈反应,生成天蓝色 $Cu(OH)_2$ 沉淀,同时产生 H_2,放出大量的热。反应方程式为：

$$2Na + CuSO_4 + 2H_2O = Cu(OH)_2\downarrow + Na_2SO_4 + H_2\uparrow$$

当将金属 Na 加入到 $CuSO_4$ 稀溶液中时，金属 Na 首先与 H_2O 反应，生成 NaOH 和 H_2，NaOH 再与 $CuSO_4$ 反应，生成蓝色 $Cu(OH)_2$ 沉淀。因此，不能用 K、Ca、Na 等活泼金属与盐溶液反应来制取不活泼的金属。高温时，碱金属和碱土金属能夺取氯化物中的氯，如金属 Na 可以从四氯化钛（$TiCl_4$）中置换出金属 Ti：

$$TiCl_4 + 4Na \xrightarrow{\text{高温}} Ti + 4NaCl$$

由以上性质可知，K 的还原性强于 Na，Ca 的还原性强于 Mg；电子层数相同的碱金属与碱土金属相比，K 的还原性强于 Ca，Na 的还原性强于 Mg。

三、钠、钾、镁、钙的存在及制备

1. 存在

由于 Na、K、Mg、Ca 的化学性质很活泼，所以它们均以化合态存在于自然界中。钠和钾在地壳中分布很广，钠约占地壳的 2.74%，居元素含量的第六位；钾约 2.47%，居元素含量的第七位。主要矿物有钠长石 [$Na(AlSi_3O_8)$]、钾长石 [$K(AlSi_3O_8)$]、光卤石($KCl \cdot MgCl_2 \cdot 6H_2O$) 以及明矾 [$K_2SO_4 \cdot Al_2(SO_4)_3 \cdot 24H_2O$] 等。海水中 NaCl 的含量为 2.7%，植物灰中也含有钾盐。

镁、钙在地壳中分布也很广。镁占地壳的 2.00%，居元素含量的第八位；钙占地壳的 3.45%，居元素含量的第五位。在自然界中，镁除光卤石外，还有白云石（$CaCO_3 \cdot MgCO_3$）和菱镁矿（$MgCO_3$）等。海水中也含有大量的 $MgCl_2$、$MgSO_4$。钙主要是含 $CaCO_3$ 的各种矿石，如石灰石、大理石、方解石、白云石，此外，还有石膏（$CaSO_4 \cdot 2H_2O$）、萤石（CaF_2）、磷灰石 [$Ca_5F(PO_4)_3$]，动物的骨骼和牙齿也含钙。

在生命必需的元素中，金属元素有十四种，其中钠、钾、镁、钙的含量占人体内金属元素总量的 99% 以上。Na^+、K^+ 主要起调节细胞内外液的水和电解质的渗透平衡作用，Ca^{2+}、Mg^{2+} 及 Zn^{2+} 是各种水解金属酶的必要组成部分。

2. 制备

由于碱金属和碱土金属单质的还原性强，所以工业上常用电解它们的熔融化合物的方法来制备。

$$2NaCl（熔融）\xrightarrow{\text{电解}} 2Na + Cl_2$$

$$MCl_2（熔融）\xrightarrow{\text{电解}} M + Cl_2 \quad (M = Mg、Ca)$$

生产中为了降低能耗及减少由于钠蒸气的蒸发而造成的损失，往往加入助熔剂（如 $BaCl_2$、$CaCl_2$ 等），一方面降低熔点；一方面增大熔盐的密度，使析出的 Na 浮在上面，易于分离。

由于 K 易溶于熔融的 KCl 中，难以分离，同时 K 的沸点低，易挥发，在电解过程中又有发生爆炸的危险，所以，工业上一般不用电解熔融盐的方法制取 K，而主要采用 Na 置换法，即在熔融状态下（766～881℃），由金属 Na 从 KCl 中置换出 K。

$$KCl + Na \xrightleftharpoons[\text{熔融}]{\text{高温}} NaCl + K\uparrow$$

四、钠、钾、镁、钙的贮存与用途

1. 贮存

由于碱金属和碱土金属的性质非常活泼，因此要隔绝空气和水，密封保存。

大量的 Na、K、Ca 要密封在钢桶内，单独存放；少量的 Na、K、Ca 则浸在煤油中保存。使用 Na、K、Ca 等活泼金属时，不能直接用手拿，应佩戴防护眼镜。残渣也不能随意丢弃在废液缸或纸篓中，以防发生火灾。遇其着火时，只能用砂土或干粉灭火，绝不能用水。而 Mg 由于有一层致密的 MgO 保护膜，在空气中很稳定，无需密封保存。

2. 用途

Na 主要用作强还原剂以制取钛（Ti）、锆（Zr）等稀有金属；可应用于电光源上，高压钠灯能发出射程远、透雾能力强的黄光；Na、K 合金（质量分数为 77.2% K 和 22.8% 的 Na，熔点 -12.5℃）比热容大，液化范围宽，用作核反应堆的冷却剂；钠-汞齐由于具有缓慢的还原性而常应用于有机合成。大量的 Na 还用于制取那些不能由 NaCl 直接制取的钠的化合物，如 Na_2O_2、氰化钠（NaCN）、NaH 等；Na 还用于替代性质相似、价格昂贵的 K。金属 K 可用于制造合金，但由于其来源困难，它的应用受到限制。

Mg 在冶金中用于制备密度小、硬度大、韧性高的合金，制造飞机和汽车的部件；利用 Mg 冶炼稀有金属；Mg 粉用于制造焰火、照明弹等。Ca 主要用于高纯度金属的冶炼，也用于制造合金，如与质量分数为 1% 的铅（Pb）的合金可作轴承材料。

第三节　钠、钾、镁、钙的重要化合物

一、氧化物

Na、K、Mg、Ca 都能与氧作用生成氧化物。

1. 氧化钠和氧化钾

氧化钠（Na_2O）和氧化钾（K_2O）均为白色固体，不稳定（在干燥空气中加热，能生成 Na_2O_2 或 KO_2）；具有碱性氧化物的通性；与水发生剧烈的反应，生成相应的氢氧化物。

$$M_2O + H_2O = 2MOH \quad (M = Na、K)$$

2. 氧化镁

氧化镁（MgO）俗称苦土，是一种白色粉末，具有碱性氧化物的通性，难溶于水，熔点约为 2800℃，可作耐火材料，制备坩埚、耐火砖、高温炉的衬里等；医学上将纯的 MgO 用作抑酸剂，以中和过多的胃酸，还可作为轻泻剂。滑石（$3MgO \cdot 4SiO_2 \cdot H_2O$）广泛应用于造纸、橡胶、颜料、纺织、陶瓷等工业，也作为机器的润滑剂。

MgO 通常用煅烧菱镁矿的方法来制备：

$$MgCO_3 \xrightarrow{煅烧} MgO + CO_2 \uparrow$$

3. 氧化钙

氧化钙（CaO）俗称生石灰，是一种白色块状或粉末状固体，熔点为 2580℃，可做耐火材料。吸湿性强，可做干燥剂。它微溶于水，并与水作用生成 $Ca(OH)_2$，同时放出大量的热。

$$CaO + H_2O = Ca(OH)_2$$

CaO 具有碱性氧化物的通性，高温下能与 SiO_2、P_2O_5 等化合。

$$CaO + SiO_2 \xrightarrow{高温} CaSiO_3$$

$$3CaO + P_2O_5 \xrightarrow{高温} Ca_3(PO_4)_2$$

在冶金工业中，利用这两个反应，可将矿石中的 Si、P 等杂质以炉渣形式除去，CaO 还广泛地应用在制造电石、漂白粉及建筑方面。

CaO 通常用煅烧石灰石的方法制取：

$$CaCO_3 \xrightarrow{\text{高温}} CaO + CO_2\uparrow$$

二、过氧化物

碱金属与碱土金属在一定条件下，也可以生成比较复杂的过氧化物。其中以 Na_2O_2 实际用途最大。

[演示实验2-5] 取少量 Na_2O_2 置于试管中，观察其颜色、状态，然后，向试管中滴水少量，再将火柴余烬靠近试管口，检验有无氧气（O_2）放出。

Na_2O_2 是淡黄色粉末，易吸潮，热稳定性强，熔融时也不分解，与稀酸反应生成过氧化氢（H_2O_2）。H_2O_2 不稳定，易分解放出 O_2。

$$Na_2O_2 + 2H_2O == H_2O_2 + 2NaOH$$
$$Na_2O_2 + 2HCl == H_2O_2 + 2NaCl$$
$$2H_2O_2 == 2H_2O + O_2\uparrow$$

由于 H_2O_2 具有漂白性，所以 Na_2O_2 可以用作羽毛、纤维、纸浆等的漂白剂；在 Na_2O_2 中的 O 为 -1 价，因此，它具有强氧化性，常用作分解矿物的熔剂。Na_2O_2 熔融时遇到棉花、炭粉或铝粉，会发生爆炸，使用时应小心。

Na_2O_2 暴露在空气中与 CO_2 反应，放出 O_2。因此 Na_2O_2 必须密封保存。

$$2Na_2O_2 + 2CO_2 == 2Na_2CO_3 + O_2\uparrow$$

利用这一性质，Na_2O_2 在防毒面具、高空飞行和潜艇中用作 O_2 的再生剂。

三、氢化物

碱金属和碱土金属的氢化物都是白色固体，其中 H 的化合价为 -1，因此它们都是强还原剂。例如固态 NaH 在 400℃时能将 $TiCl_4$ 还原为金属 Ti。反应式为：

$$TiCl_4 + 4NaH == Ti + 4NaCl + 2H_2\uparrow$$

它们也能与水迅速反应，放出 H_2。其反应如下：

$$KH + H_2O == KOH + H_2\uparrow$$
$$CaH_2 + 2H_2O == Ca(OH)_2 + 2H_2\uparrow$$

因此，常用 CaH_2 作为野外产生 H_2 的原料，在有机合成中也常作还原剂。

四、氢氧化物

1. 氢氧化钠

氢氧化钠（NaOH）是白色固体，暴露在空气中易潮解，极易溶于水，溶解时放出大量的热。它的浓溶液对皮肤、纸张等有强烈的腐蚀性，故又称之为烧碱、火碱、苛性钠。使用其浓溶液时，应佩戴防护眼镜。

NaOH 是一种强碱，具有碱的通性。NaOH 易吸收空气中的 CO_2，因此 NaOH 需要密封保存。

NaOH 能与 SiO_2 反应，生成硅酸钠和水。

$$2NaOH + SiO_2 == Na_2SiO_3 + H_2O$$

Na_2SiO_3 的水溶液俗称水玻璃，是一种黏合剂。因此贮存 NaOH 溶液的试剂瓶，不能用玻璃塞，而用橡皮塞，以免玻璃塞与瓶口粘住。

NaOH 是重要的基本化工原料之一。它主要用于精炼石油、肥皂、造纸、纺织、有机合成、洗涤剂等生产；实验室中可用于干燥 NH_3、O_2、H_2 等气体。

工业上主要采用电解饱和食盐水的方法生产 NaOH。反应如下：

$$2NaCl + 2H_2O \xrightarrow{\text{电解}} 2NaOH + Cl_2\uparrow + H_2\uparrow$$

所得溶液中 NaOH 的质量分数为 10%～11%，经蒸发、浓缩、冷却后，可得到固体烧碱。

2. 氢氧化钾

氢氧化钾（KOH）又称为苛性钾，为白色固体，极易溶于水，并放出大量的热，在空气中易吸湿潮解。熔点较低，易熔化。

由于 KOH 价格高，一般用性质相似的 NaOH 代替。

3. 氢氧化镁

氢氧化镁 [$Mg(OH)_2$] 是微溶于水的白色粉末，它是中等强度的碱。可用镁的易溶盐与强碱反应制取。它的热稳定性差，加热时 $Mg(OH)_2$ 分解为 MgO 和 H_2O。

$Mg(OH)_2$ 的悬浊液在医药上称为"苦土乳"，是一种抑酸剂，造纸工业中常用它作填充材料，还用于制造牙膏。

4. 氢氧化钙

氢氧化钙 [$Ca(OH)_2$] 俗称熟石灰或消石灰，是一种白色粉末，微溶于水，其溶解度随温度的升高而减小。它的水溶液称为石灰水，能与空气中的 CO_2 反应而变浑浊，实验室常用来检验 CO_2 气体。

$$Ca(OH)_2 + CO_2 =\!=\!= CaCO_3\downarrow + H_2O$$

$Ca(OH)_2$ 是一种最便宜的强碱，但其溶解度较小，因而溶液的碱性并不很强。$Ca(OH)_2$ 在制取漂白粉、纯碱、糖、硬水软化、石油工业、制药、橡胶、建筑等方面都有应用。

想一想

为什么盛放 NaOH 溶液的玻璃瓶不能使用玻璃塞？

五、重要的盐类

1. 钠、钾的盐类

(1) 钠、钾盐类的共性

① 颜色　钠盐、钾盐一般情况下都是无色或白色固体。当盐中的阴离子带有颜色时，钠盐、钾盐才有颜色，如高锰酸钾（$KMnO_4$）、重铬酸钾（$K_2Cr_2O_7$）的颜色就分别为 MnO_4^- 和 $Cr_2O_7^{2-}$ 的颜色。

② 溶解性　钠盐、钾盐大多易溶于水，并完全电离。$NaHCO_3$ 的溶解度较小，$NaCl$ 的溶解度受温度影响不大。只有少数盐是难溶的，例如：醋酸铀酰锌钠 [$NaAc·Zn(Ac)_2·3UO_2(Ac)_2·9H_2O$,黄色]，钴亚硝酸钠钾（$K_2Na[Co(NO_2)_6]$,亮黄色），四苯硼酸钾（$K[B(C_6H_5)_4]$,白色）等。

钠、钾的一些难溶盐常用于鉴定 Na^+、K^+。

③ 熔点　一般钠盐、钾盐具有较高的熔点。这是因为离子化合物的晶体中，阴、阳离子之间具有较强的吸引力所致。例如 $NaCl$、Na_2SO_4 和 Na_2CO_3 的熔点分别为 801℃、884℃ 及 851℃。

④ 热稳定性　钠盐、钾盐具有较高的热稳定性，卤化物在高温时挥发而难分解；硫酸盐高温下既难挥发又难分解；碳酸盐熔融下也难分解；而硝酸盐加热到一定温度时，分解为亚硝酸盐和 O_2；酸式碳酸盐热稳定性也较差。

$$2KNO_3 \xrightarrow{670℃} 2KNO_2 + O_2\uparrow$$

$$2NaNO_3 \xrightarrow{720℃} 2NaNO_2 + O_2\uparrow$$

$$2NaHCO_3 \xrightarrow{270℃} Na_2CO_3 + H_2O + CO_2\uparrow$$

钾盐的性质和对应钠盐的性质相似，由于钠的来源比较广泛，所以工业上多用钠盐，但两者也有差异性。一些重要的盐，如配制火药的 KNO_3、$KClO_3$ 及分析化学常用的基准试剂 $K_2Cr_2O_7$、$KMnO_4$ 等，由于不含结晶水，不易潮解，易提纯等特点，在生产、实验中应用较多，而不能用相应的钠盐所代替。

(2) 重要的钠盐、钾盐

① 氯化钠 又称食盐，为无色晶体，味咸，纯净的 NaCl 在空气中不潮解，粗盐中因含 $CaCl_2$、$MgCl_2$ 等杂质易于潮解。**NaCl 易溶于水，但溶解度随温度变化不大。**它是制取金属 Na、NaOH、Na_2CO_3、Cl_2 和 HCl 等多种化工产品的基本原料，冰盐混合物可以作为制冷剂。医疗上用的生理盐水是质量分数为 0.9% 的 NaCl 水溶液。NaCl 还用作食品调味剂和防腐剂。

NaCl 广泛存在于海洋、盐湖及岩石中。如海水中，每 1000g 海水含 NaCl 27.231g。

② 硫酸钠 无水 Na_2SO_4 俗称元明粉，为无色晶体，溶于水。**$Na_2SO_4·10H_2O$ 俗称芒硝**，在干燥的空气中易失去结晶水（称为风化）。它有很大的熔化热，是一种较好的相变贮热材料的主要成分，可用于低温贮存太阳能。白天它吸收太阳能而熔化，夜间冷却结晶释放出热能。Na_2SO_4 还大量用于玻璃、造纸、水玻璃、陶瓷等工业中，也用于制造 Na_2S 和 $Na_2S_2O_3$ 等。

Na_2SO_4 主要分布在盐湖和海水中。我国盛产芒硝。

③ 碳酸钠 俗称纯碱或苏打，通常是含 10 个结晶水的白色晶体（$Na_2CO_3·10H_2O$），在空气中易风化而逐渐碎裂为疏松的粉末，易溶于水，其水溶液有较强的碱性。它是一种基本化工原料，大量用于玻璃、搪瓷、肥皂、造纸、纺织、洗涤剂的生产和有色金属的冶炼中，它还是制备其他钠盐或碳酸盐的原料。

④ 碳酸氢钠 俗称小苏打，白色粉末，可溶于水，但溶解度不大，其水溶液呈弱碱性。主要用于医药和食品工业。

⑤ 碳酸钾 为白色晶体，在潮湿的空气中易潮解，极易溶于水，其水溶液呈强碱性。K_2CO_3 还存在于草木灰中，是一种重要的钾肥。K_2CO_3 也是制造硬质玻璃必需的原料。

⑥ 氯化钾 为白色晶体，易溶于水，在空气中稳定，是一种重要的钾肥。

知识拓展

钾是维持生命不可或缺的必需物质。钾和钠共同作用，调节体内水分的平衡并使心跳规律化。人体血清中钾的正常浓度为 $3.5\sim5.5 mmol·L^{-1}$。

钾在人体内的主要作用是维持酸碱平衡，参与能量代谢以及维持神经肌肉的正常功能。当体内缺钾时，会造成全身无力、心跳减弱、头昏眼花，严重缺钾还会致使呼吸肌麻痹而死亡。此外，低钾还会使胃肠蠕动减慢，导致肠麻痹，加重厌食，出现恶心、呕吐、腹胀等症状。最安全有效的补钾方法是多吃富钾食品，特别是要多吃水果和蔬菜。

2. 镁盐

(1) 氯化镁 $MgCl_2·6H_2O$ 为无色晶体，味苦，极易吸水。光卤石和海水是取得 $MgCl_2$ 的主要资源。$MgCl_2·6H_2O$ 受热至 527℃ 以上，分解为 MgO 和 HCl 气体。

$$MgCl_2·6H_2O \xrightarrow{>527℃} MgO + 2HCl\uparrow + 5H_2O$$

所以仅用加热的方法得不到无水 $MgCl_2$。欲得到无水 $MgCl_2$，必须在干燥的 HCl 气流中加热 $MgCl_2·6H_2O$ 使其脱水。无水 $MgCl_2$ 是制取金属 Mg 的原料。纺织工业中用 $MgCl_2$ 来保持棉纱的湿度而使其柔软。从海水中制得的不纯的 $MgCl_2·6H_2O$ 叫盐卤块,工业上常用于制造 $MgCO_3$ 和一些其他镁的化合物。

(2) **硫酸镁** $MgSO_4·7H_2O$ 为无色晶体,易溶于水,微溶于醇,味苦。用于造纸、纺织、肥皂、陶瓷、油漆工业,也用作媒染剂、泻盐。

(3) **碳酸镁** 为白色固体,微溶于水。将 CO_2 通入 $MgCO_3$ 的悬浊液,则生成可溶性的碳酸氢镁。

$$MgCO_3 + CO_2 + H_2O = Mg(HCO_3)_2$$

3. 钙盐

(1) **氯化钙** 极易溶于水,也溶于乙醇。将 $CaCl_2·6H_2O$ 加热脱水,可得到白色多孔的 $CaCl_2$。**无水 $CaCl_2$ 有很强的吸水性,实验室常用作干燥剂,但不能用 $CaCl_2$ 来干燥 NH_3 和酒精,因为它与 NH_3、酒精分别形成 $CaCl_2·4NH_3$、$CaCl_2·8NH_3$、$CaCl_2·4C_2H_5OH$ 等。** $CaCl_2$ 水溶液的冰点很低,质量分数为 32.5% 时,其冰点为 -51℃,它是常用的冷冻液,工厂里称其为冷冻盐水。

(2) **硫酸钙** $CaSO_4·2H_2O$ 俗称生石膏,为无色晶体,微溶于水,将其加热至 120℃ 左右,部分脱水转变为熟石膏。

$$2CaSO_4·2H_2O \xrightarrow{\triangle} (CaSO_4)_2·H_2O + 3H_2O$$

这个反应是可逆的,熟石膏与水混合成糊状后放置一段时间,又会变成 $CaSO_4·2H_2O$,逐渐硬化并膨胀,故用以制模型、塑像、粉笔和石膏绷带,还用于生产水泥和轻质建筑材料。将石膏加热到 500℃ 以上,得到无水石膏 $CaSO_4$,无水石膏无可塑性。

(3) **碳酸钙** 为白色粉末,难溶于水。溶于酸和 NH_4Cl 溶液,用于制 CO_2、生石灰、发酵粉和涂料等。

第四节 离子反应和离子方程式

一、离子反应和离子方程式

在水溶液中或熔融状态下,能部分或全部形成离子而导电的化合物叫做电解质。因此,电解质在溶液中的反应实质上是离子间的反应。例如:

$$AgNO_3 + NaCl = AgCl\downarrow + NaNO_3$$
$$AgF + KCl = AgCl\downarrow + KF$$

其中 $AgNO_3$、AgF、$NaCl$、KCl、$NaNO_3$、KF 都是易溶的,并完全电离,在溶液中均以离子形式存在,而 $AgCl$ 难溶于水,因此,上述反应方程式可以写成:

$$Ag^+ + NO_3^- + Na^+ + Cl^- = AgCl + Na^+ + NO_3^- \tag{1}$$
$$Ag^+ + F^- + K^+ + Cl^- = AgCl + K^+ + F^- \tag{2}$$

可以看出式(1) 中的 Na^+、NO_3^- 和式(2) 中的 K^+、F^- 并未参加反应,可以从等号两边消去,式(1) 和式(2) 就得到相同的式子:

$$Ag^+ + Cl^- = AgCl\downarrow \tag{3}$$

式(3) 表明,无论是 $AgNO_3$ 和 $NaCl$ 反应,还是 AgF 和 KCl 反应,实质上发生反应的离子是 Ag^+ 和 Cl^-,生成 $AgCl$ 沉淀。**这种用实际参加反应的离子符号或分子式来表示化学反应的式子叫做离子方程式。有离子参加的反应叫做离子反应。**

离子方程式不仅表示一定物质间的某个反应,而且表示了同一类型的离子反应。所以离子方程式更能说明离子反应的本质。

现以 $CuSO_4$ 溶液和氢硫酸(H_2S)反应为例,说明离子方程式的书写方法。

① 写出正确的化学方程式。

$$CuSO_4 + H_2S == CuS\downarrow + H_2SO_4$$

② 易溶的、在溶液中能完全电离的电解质写成离子形式；难溶物、易挥发物及在溶液中只能部分电离的电解质仍以原化学式表示。

$$Cu^{2+} + SO_4^{2-} + H_2S == CuS + 2H^+ + SO_4^{2-}$$

③ 消去方程式两边相同数目的同种离子，则可得离子方程式。

$$Cu^{2+} + H_2S == CuS\downarrow + 2H^+$$

④ 检查离子方程式两边各元素原子数目及电荷总数是否相等。

书写离子方程式时，必须熟知电解质在水溶液中的溶解性及其电离情况。

常见电解质在水溶液中的溶解性可见附录一；电解质的电离情况，目前只需记住如下几种即可。

完全电离的有三酸（H_2SO_4、HNO_3、HCl）、四碱[KOH、$NaOH$、$Ca(OH)_2$（石灰水）、$Ba(OH)_2$]及常见的可溶盐。

难电离的有醋酸（HAc）、碳酸（H_2CO_3）、氢硫酸（H_2S）、亚硫酸（H_2SO_3）、H_2O、氨水（$NH_3 \cdot H_2O$）等。

挥发的物质有 CO_2、硫化氢（H_2S）、氨气（NH_3）、氯化氢（HCl）等。

二、离子互换反应进行的条件

离子反应可分为两大类：一类是反应前后元素的化合价发生变化的反应，即氧化还原反应；另一类是反应前后元素的化合价没有变化的反应，如溶液中进行的复分解反应，**这种由离子通过互换而结合生成新物质的反应叫做离子互换反应。**

离子互换反应进行的条件如下。

（1）生成沉淀 如 $AgNO_3$ 溶液与 KI 溶液的反应：

$$AgNO_3 + KI == AgI\downarrow + KNO_3$$

离子方程式为

$$Ag^+ + I^- == AgI\downarrow$$

（2）生成易挥发的物质（气体） 如用固体 $CaCO_3$ 和盐酸来制取 CO_2 气体的反应：

$$CaCO_3 + 2HCl == CaCl_2 + CO_2\uparrow + H_2O$$

离子方程式为

$$CaCO_3 + 2H^+ == Ca^{2+} + CO_2\uparrow + H_2O$$

（3）生成水或其他难电离的物质 如 $NaOH$ 溶液和盐酸的中和反应：

$$NaOH + HCl == NaCl + H_2O$$

离子方程式为

$$OH^- + H^+ == H_2O$$

又如醋酸钠（$NaAc$）溶液与盐酸的反应：

$$NaAc + HCl == NaCl + HAc$$

其离子方程式为

$$Ac^- + H^+ == HAc$$

由于反应分别生成了难电离的 H_2O 和 HAc，反应接近完全，而且生成的电解质越难电离，反应进行得越完全。

综上所述，离子互换反应进行的条件是生成物中要有难溶物、易挥发物或难电离物。此外，在无化合价变化的离子反应中，还有一种生成配位化合物的反应（见第十二章）。

当反应物中有难电离物（或难溶物）时，则生成物中必有一种比它更难电离的电解质（或更难溶物），离子反应才能进行。

例如，HAc 溶液与 $NaOH$ 溶液的中和反应：

$$HAc + NaOH == NaAc + H_2O$$

离子方程式为

$$HAc + OH^- == Ac^- + H_2O$$

又如，Na_2CO_3 溶液与石灰乳的反应：
$$Na_2CO_3 + Ca(OH)_2 = 2NaOH + CaCO_3$$
离子方程式为
$$CO_3^{2-} + Ca(OH)_2 = 2OH^- + CaCO_3$$

应该指出，微溶物在生成物中时，应写化学式。在反应物中时，若以溶液形式存在（如澄清石灰水）时，可以写成离子形式；若处于浊液（如石灰乳）或固态时，应写成化学式。

总之，离子互换反应总是向着能减小溶液中离子浓度的方向进行。

离子互换反应在工农业生产和科学实验中应用很广。例如，离子的定性分析；物质的分离和提纯；固体物质的溶解（如矿样的分析、锅炉除垢）等。

  阅读材料　　　　　　　硬水及其软化

一、硬水

水是日常生活和生产中不可缺少的物质。水质的好坏对生产和生活影响很大。天然水长期与空气、土壤、矿物质接触，都不同程度地溶有无机盐、某些可溶性有机物以及气体杂质等。天然水中溶解的无机盐有钙、镁的酸式碳酸盐、碳酸盐、氯化物、硫酸盐、硝酸盐等，即含有 Ca^{2+}、Mg^{2+} 等阳离子和 HCO_3^-、CO_3^{2-}、Cl^-、SO_4^{2-} 等阴离子。各地的天然水中含有这些离子的种类和数量不尽相同。例如，溶有 CO_2 气体的水，遇到主要成分是 $CaCO_3$ 的岩石时，会使难溶 $CaCO_3$ 逐渐变为可溶的 $Ca(HCO_3)_2$。
$$CaCO_3 + CO_2 + H_2O = Ca(HCO_3)_2$$
这种水就含有 Ca^{2+} 和 HCO_3^-。

通常把溶有较多 Ca^{2+} 和 Mg^{2+} 的天然水称为硬水，只含少量或不含 Ca^{2+} 和 Mg^{2+} 的水称为软水。

1. 暂时硬水

如果水的硬度是由 $Ca(HCO_3)_2$ 和 $Mg(HCO_3)_2$ 所引起的，这种硬水叫做暂时硬水。由于酸式碳酸盐的热稳定性差，因此，**暂时硬水可以用煮沸的方法降低水的硬度**。

2. 永久硬水

如果水的硬度是由 $CaSO_4$、$MgSO_4$ 或 $CaCl_2$、$MgCl_2$ 所引起的，这种硬水叫做永久硬水。永久硬水用煮沸的方法不能降低水的硬度，只能用蒸馏或化学净化等方法进行处理。

二、硬水的危害

一般硬水可以饮用，并且由于 $Ca(HCO_3)_2$ 的存在而有一种醇厚的新鲜味道。《生活饮用水卫生标准》(GB 5749—2006) 中水的硬度用总硬度表示，并规定生活饮用水的总硬度（以 $CaCO_3$ 计）的限值为 $450 mL·L^{-1}$。但在化工生产、蒸汽动力工业、纺织、印染、医药等部门，使用硬水会给生产和产品质量造成不良影响。例如，锅炉若长期使用硬水，锅炉内壁会结有坚实的锅垢 [主要成分为 $CaSO_4$、$CaCO_3$、$Mg(OH)_2$ 和部分铁、铝盐]。由于锅垢的传热不良，不但浪费燃料，而且会使炉管局部过热，当超过金属允许的温度时，炉管将变形或损坏，严重时还会引起锅炉爆炸。

[演示实验2-6] 取硬水和去离子水各5mL于两支试管中，各加入少量肥皂水，振荡试管，观察现象。

通过实验，可看到，硬水中加入肥皂水振荡时，泡沫很少，溶液变浑浊，而去离子水泡沫很多。

硬水也不宜用于洗涤。因为肥皂中的可溶性脂肪酸遇 Ca^{2+}、Mg^{2+} 等离子，生成不溶性沉淀，不仅浪费肥皂，而且污染衣物。

硬水用于印染时，织物上因沉积有钙、镁盐会使染色严重不匀，且易褪色。

长期饮用硬度过高的水，对人的健康也不利。

三、硬水的软化

硬水在使用之前应进行处理，以减少或除去硬水中的 Ca^{2+}、Mg^{2+}，降低水的硬度，这一过程叫做硬水的软化。其方法通常有以下几种：

1. 煮沸法

煮沸法可以将暂时硬水软化。暂时硬水经煮沸后，水中的 $Ca(HCO_3)_2$、$Mg(HCO_3)_2$ 分解为难溶的 $CaCO_3$ 和 $MgCO_3$ 沉淀。

$$Ca(HCO_3)_2 \xrightarrow{\triangle} CaCO_3 \downarrow + CO_2 \uparrow + H_2O$$

$$Mg(HCO_3)_2 \xrightarrow{\triangle} MgCO_3 \downarrow + CO_2 \uparrow + H_2O$$

当继续加热煮沸时，$MgCO_3$ 水解生成更难溶的 $Mg(OH)_2$。

$$MgCO_3 + H_2O \xrightarrow{煮沸} Mg(OH)_2 \downarrow + CO_2 \uparrow$$

这样，溶解在水中的 $Ca(HCO_3)_2$ 和 $Mg(HCO_3)_2$ 就转化为 $CaCO_3$ 和 $Mg(OH)_2$ 沉淀，从水中析出，从而使水的硬度降低。

天然水中常常既是暂时硬水，又是永久硬水，仅用煮沸的方法不能将水的硬度完全消除。常用的软化方法有化学试剂法和离子交换法。

2. 化学试剂法

化学试剂法是在水中加入某些化学试剂，使水中溶解的钙盐、镁盐成为沉淀析出。常用石灰、纯碱来软化硬水，故又叫做石灰-纯碱法。反应如下：

$$Ca(HCO_3)_2 + Ca(OH)_2 = 2CaCO_3 \downarrow + 2H_2O$$

$$Mg(HCO_3)_2 + 2Ca(OH)_2 = Mg(OH)_2 \downarrow + 2CaCO_3 \downarrow + 2H_2O$$

$$MgSO_4 + Ca(OH)_2 = Mg(OH)_2 \downarrow + CaSO_4 \downarrow$$

$$CaSO_4 + Na_2CO_3 = CaCO_3 \downarrow + Na_2SO_4$$

$$MgSO_4 + Na_2CO_3 = MgCO_3 \downarrow + Na_2SO_4$$

石灰-纯碱法成本低，但效果较差。适用于处理大量的硬度较大的水，如发电厂、电热站等一般采用此法将硬水进行初步软化。

3. 离子交换法

离子交换法是用离子交换剂来软化硬水的方法。工业上广泛使用的离子交换剂有沸石[组成为 $Na_2Al_2(SiO_4)_2 \cdot xH_2O$，简写为 Na_2Z]、磺化煤或离子交换树脂。前两种物质可以将 Ca^{2+}、Mg^{2+} 等除去。

$$Na_2Z + Ca^{2+} = CaZ + 2Na^+$$

$$Na_2Z + Mg^{2+} = MgZ + 2Na^+$$

当沸石上的 Na^+ 基本被 Ca^{2+}、Mg^{2+} 所代替后，它就失去了软化水的能力，这时可用质量分数为 8%～10% NaCl 溶液对其进行浸泡，通过 Na^+ 与 Ca^{2+} 的交换，又重新生成 Na_2Z，使失效的沸石又恢复软化水的能力，这个过程叫做沸石的再生。这样沸石可以重新使用。

目前常用的是离子交换树脂，它是一种带有可交换离子的高分子化合物，分为阴离子交换树脂（用 $R'OH$ 表示）和阳离子交换树脂（用 RH 表示）。用离子交换树脂可以将水中的各种杂质离子全部除去，从而得到去离子水。如图 2-4 所示。

$$2HR + Ca^{2+} = CaR_2 + 2H^+$$

$$2R'OH + SO_4^{2-} = R'_2SO_4 + 2OH^-$$

离子交换树脂用过一段时间以后，会失去软化硬水的能力，因此，也需再生，即用质量分数为 5% 的 HCl 处理阳离子交换树脂，用质量分数为 5% 的 NaOH 溶液处理阴离子交换树脂，使其恢复交换能力。

$$CaR_2 + 2H^+ = 2RH + Ca^{2+}$$

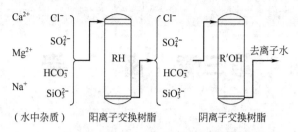

图 2-4 离子交换法软化水示意图

$$R'_2SO_4 + 2OH^- = 2R'OH + SO_4^{2-}$$

实际上再生反应是离子互换反应的逆过程。

用离子交换树脂法比化学试剂法效果好，设备简单，操作简便，占地面积小，是目前工业生产和实验室中常用的方法。

习　题

1. 下列反应哪些是氧化还原反应？如果是氧化还原反应，试分别标出电子转移的方向和数目，并指出氧化剂、还原剂、氧化产物、还原产物。

(1) $2Fe + 3Cl_2 \xrightarrow{\triangle} 2FeCl_3$

(2) $2Na + 2H_2O = 2NaOH + H_2\uparrow$

(3) $CaO + SiO_2 \xrightarrow{\triangle} CaSiO_3$

(4) $MnO_2 + 4HCl(浓) \xrightarrow{\triangle} MnCl_2 + Cl_2\uparrow + 2H_2O$

2. 回答下列各题

(1) 少量的金属 Na 应如何保存？为什么？

(2) 金属 Na 没有腐蚀性，为什么不能用手拿？

(3) 什么是焰色反应？焰色反应有哪些实际应用？

(4) Mg 是活泼金属，为什么能在空气中保存？

(5) 举例说明碱金属比碱土金属的还原性强，并从原子结构的观点加以解释。

3. 完成下列各题

(1) 如何鉴别纯碱、烧碱和小苏打？

(2) 如何证明 K_2CO_3 即是钾盐，又是碳酸盐？

(3) 有四种白色粉末，分别是 $CaCO_3$、$Ca(OH)_2$、$CaCl_2$ 和 $CaSO_4$，试用化学方法鉴别。

4. 1kg Na_2O_2 可为潜水人员提供多少升 O_2（标准状况下）？

5. 要配制密度是 $1.03g\cdot cm^{-3}$，质量分数为 3% 的 Na_2CO_3 溶液 100mL，需要 $Na_2CO_3\cdot 10H_2O$ 多少克？

6. 写出下列反应的离子方程式

(1) $Pb(NO_3)_2 + 2KI = PbI_2\downarrow + 2KNO_3$

(2) $2NH_3\cdot H_2O + MgCl_2 = Mg(OH)_2 + 2NH_4Cl$

(3) $H_2SO_4 + Ba(OH)_2 = BaSO_4\downarrow + 2H_2O$

7. 写出符合下列离子方程式的化学方程式

(1) $CO_3^{2-} + 2H^+ = CO_2\uparrow + H_2O$

(2) $S^{2-} + Cu^{2+} = CuS\downarrow$

8. 判断下列反应能否进行，能发生反应的，写出离子方程式。

(1) $FeCl_3$ 溶液和 NaOH 溶液

(2) $MgSO_4$ 溶液和 NH_4Cl 溶液

(3) 澄清的石灰水和纯碱溶液

(4) HAc 溶液和 $NH_3\cdot H_2O$ 溶液

9. 三个瓶子里分别盛有蒸馏水、暂时硬水、永久硬水，试说明如何鉴别？

10. 鉴别下列五种溶液：NaCl、KCl、$MgCl_2$、$CaCl_2$、$BaCl_2$。

第三章 卤 素

能力目标

1. 能熟练书写卤素性质的重要化学方程式。
2. 会用化学方法检验 Cl^-、Br^-、I^- 等离子。
3. 能熟练书写 $HClO$、$HClO_3$ 的重要化学方程式。

知识目标

1. 了解卤素性质递变规律与其原子结构的关系，掌握卤素单质的重要性质。
2. 了解卤化氢与氢卤酸的制法、性质和用途，掌握卤离子的检验方法。
3. 了解氯的含氧酸及其盐的命名和性质比较。

第一节 卤素的性质

氟(F)、氯(Cl)、溴(Br)、碘(I) 和砹(At) 五种元素，总称为卤素，希腊原文为成盐元素的意思，因为这些元素是典型的非金属元素，它们都能与典型的金属化合生成典型的盐而得名。其中 At 在自然界中含量很少。

一、卤素的通性

卤素原子最外电子层均有 7 个电子（见表 3-1），因此，它们有很强的夺取电子的倾向，易形成具有稳定结构的 -1 价阴离子，表现出强氧化性。从 F 到 I，由于电子层数依次增多，原子核对外层电子的吸引力逐渐减弱，得电子能力依次减弱，即氧化性依次减弱。

表 3-1 卤素的原子结构

元素名称	元素符号	核电荷数	各电子层的电子数					
			1	2	3	4	5	6
氟	F	9	2	7				
氯	Cl	17	2	8	7			
溴	Br	35	2	8	18	7		
碘	I	53	2	8	18	18	7	

卤素单质都是以双原子分子存在的，通常用 X_2 表示。

F_2 是淡黄色气体，Cl_2 是黄绿色气体，Br_2 是红棕色液体，I_2 是紫黑色带金属光泽的固体。

卤素单质的熔点、沸点较低，按 $F_2 \rightarrow Cl_2 \rightarrow Br_2 \rightarrow I_2$ 的次序依次增高。Cl_2 易液化，常压下冷却到 -34.6℃ 或加压到 $6 \times 10^5 Pa$ 时，变成黄绿色油状液体，工作上称为"液氯"，市售品均以液氯储于钢瓶中。I_2 在常压下加热，不经熔化就直接变为紫色蒸气，这种现象叫做升华，利用此性质可以提纯 I_2。

卤素在水中的溶解度不大（F_2 与 H_2O 剧烈反应除外），Cl_2、Br_2、I_2 的水溶液分别称为氯水、溴水和碘水，颜色分别为黄绿色、橙色和棕黄色。卤素单质在有机溶剂中的溶解度比在水中的溶解度要大得多。Br_2 可溶于乙醚、氯仿、乙醇（C_2H_5OH）、CCl_4、CS_2 等溶剂中，其溶液的颜色随 Br_2 含量的增加而逐渐加深（从黄到红棕）。卤素单质溶液的颜色随溶剂不同而异，在 CCl_4 中 Br_2 为黄～棕红色，I_2 为紫红色。此外，I_2 还能与 I^- 形成 I_3^- 而溶于水。

$$I_2 + I^- \rightleftharpoons I_3^-$$

所有卤素单质均有刺激性气味，强烈刺激眼、鼻、气管等黏膜，吸入少量时，会引起胸部疼痛和强烈咳嗽；吸入较多蒸气会发生严重中毒，甚至造成死亡。例如，一般操作场所空气中含氯量不得超过 10^{-6} g/L。实验室中闻 Cl_2 时，必须用手在容器口边轻轻煽动，让微量的气体进入鼻孔。卤素单质从 F_2 到 I_2 毒性依次减小，F_2 对一切生物都有致命的毒性。液溴沾到皮肤上时会造成难以痊愈的灼伤，所以使用时要特别小心，注意防护。卤素单质的物理性质见表 3-2。

表 3-2 卤素单质的物理性质

单 质	物态 (25℃,101.3kPa)	颜 色	熔点/℃	沸点/℃	在水中的溶解度 (20℃)/mol·L^{-1}	密 度
F_2	气体	淡黄色	-219.6	-188	反应	1.69g·L^{-1}
Cl_2	气体	黄绿色	-100.9	-34.1	0.09	3.21g·L^{-1}
Br_2	液体	红棕色	-7.3	58.8	0.21	3.12g·cm^{-3}
I_2	固体	紫黑色	113.5	184.4	0.0013	4.93g·cm^{-3}

二、卤素的化学性质

卤素均为活泼的非金属元素，氧化性较强，能与金属、非金属、水和碱发生反应，并且卤素的氧化性越强，所发生的反应就越剧烈。卤素中以 Cl_2 及其化合物最重要、应用最普遍。

1. 与金属反应

Cl_2 易和金属直接化合，当加热时，很多金属还能在 Cl_2 中燃烧。

[演示实验 3-1] 把一束细铜丝灼热后，立即伸进盛有 Cl_2 的集气瓶中（如图 3-1 所示），观察发生的现象。再把少量的水注入集气瓶里，用毛玻璃片把瓶口盖住，振荡，观察溶液的颜色。

红热的铜丝在 Cl_2 中剧烈燃烧，集气瓶里充满棕黄色的烟，这是氯化铜晶体颗粒。反应方程式为：

图 3-1 铜在氯气中燃烧

$$Cu + Cl_2 \xrightarrow{点燃} CuCl_2$$

$CuCl_2$ 溶解于水，成为绿色的 $CuCl_2$ 溶液。

金属 Na 在 Cl_2 中燃烧，产生黄色火焰。

$$2Na + Cl_2 \xrightarrow{点燃} 2NaCl$$

铁丝在 Cl_2 中燃烧，得到棕色的氯化铁。

$$2Fe + 3Cl_2 \xrightarrow{点燃} 2FeCl_3$$

F_2 几乎与所有的金属都能反应，而且比 Cl_2 更剧烈。钴能被 F_2 氧化成 Co^{3+}，而 Cl_2 只能将它氧化为 Co^{2+}。但在常温下，F_2 与许多金属的反应并不快。这是由于生成的金属氟化物大多难挥发、难溶解，覆盖在金属表面而使反应缓和下来。因此，Fe、Ni、Pb、Cu 等金属在常温下对 F_2 较为稳定。在高温下，F_2 与金属剧烈反应，伴随着燃烧和爆炸。

Br_2 和 I_2 也可与多数金属化合，只是反应不如 Cl_2 激烈，除活泼金属外，常需加热和使用催化剂。例如：

$$2Fe + 3Br_2 \xrightarrow{\triangle} 2FeBr_3$$

$$Fe + I_2 \xrightarrow{\triangle} FeI_2$$

$$Mg + I_2 \xrightarrow[\text{或}H_2O]{\triangle} MgI_2$$

可见 Br_2 和 Fe 的反应与 Cl_2 相似，能将 Fe 氧化为 +3 价，但温度需高一些；I_2 的氧化能力较弱，只能将 Fe 氧化成亚铁盐。

此外，水对 I_2 与 Mg、Al、Zn 等的反应有催化作用。例如，在碘水中加入 Mg 粉，能在常温下反应。

$$Mg + I_2 \xrightarrow{H_2O} MgI_2$$

2. 与氢气反应

常温下，Cl_2 与 H_2 的化合很慢，如果用强光直接照射或点燃时，Cl_2 与 H_2 迅速化合，发生爆炸（如图 3-2 所示），生成相当稳定的 HCl 气体。

$$H_2 + Cl_2 \xrightarrow{\text{光照}\atop\text{或点燃}} 2HCl$$

F_2 与 H_2 在低温、暗处即能剧烈反应，发生爆炸，生成稳定的 HF。Br_2 与 H_2 在高温下缓慢地化合，生成的 HBr 不太稳定。在持续强热下，I_2 与 H_2 缓慢化合，因 HI 不稳定，同时又发生分解，反应不完全。即

$$Br_2 + H_2 \xrightarrow{\triangle} 2HBr$$

$$I_2 + H_2 \xrightarrow{\text{强热}} 2HI$$

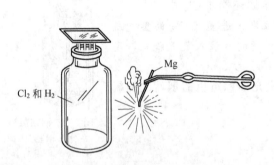

图 3-2　氯气与氢气化合

图 3-3　磷在氯气中燃烧

3. 与非金属反应

Cl_2 能和许多非金属直接化合。

[演示实验 3-2]　把红磷放在燃烧匙中，点燃后插入盛有 Cl_2 的集气瓶里（如图 3-3 所示）。观察发生的现象。

点燃的 P 在 Cl_2 中继续燃烧。Cl_2 与 P 剧烈反应，产生白色烟雾，这是三氯化磷和五氯化磷的混合物。

$$2P+3Cl_2 \xrightarrow{\text{点燃}} 2PCl_3$$

$$PCl_3+Cl_2 \xrightarrow{\text{点燃}} PCl_5$$

PCl_3 是无色液体，是重要的化工原料，可用来制造许多磷的化合物，如敌百虫等多种农药。

F_2 与非金属反应比 Cl_2 剧烈。Br_2 与 Cl_2 相似，需在加热条件下与 P 进行反应。I_2 与 P 反应只生成三碘化磷（PI_3）。

4. 与水反应

Cl_2 溶解于水得到氯水，其中仅有一部分（常温大约 30%）Cl_2 与水反应生成次氯酸（HClO）和盐酸，该反应是一个可逆反应（见第六章第二节）。化学方程式为：

$$Cl_2+H_2O \rightleftharpoons HClO+HCl$$

HClO 是强氧化剂，具有漂白、杀菌能力。自来水常用 Cl_2（1L 水中约通入 $0.002gCl_2$）消毒。

[演示实验3-3] 取干燥的和湿润的有色布条各一条，放在图3-4所示的装置中，观察发生的现象。

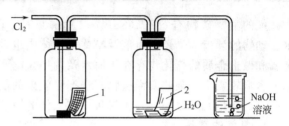

图 3-4 次氯酸使色布褪色
1—干燥的有色布条；2—湿润的有色布条

实验表明：湿润的布条褪色，干燥的布条无变化，说明干燥的 Cl_2 无漂白能力，起漂白作用的是 HClO。

光照下，Cl_2 与水反应缓慢放出 O_2。

$$2Cl_2+2H_2O \xrightarrow{\text{光照}} 4HCl+O_2$$

F_2 与水剧烈反应，放出 O_2；Br_2 与水的反应与 Cl_2 相似，但较 Cl_2 微弱；I_2 不能将水氧化放出 O_2。

想一想

干燥的氯气具有杀菌消毒作用吗？

5. 与碱反应

常温下，Cl_2 与碱作用生成次氯酸盐和金属氯化物。例如：

$$Cl_2+2NaOH == NaCl+NaClO+H_2O$$

因此，可以用 NaOH 溶液吸收 Cl_2。

加热时，Cl_2 与碱作用，生成氯酸盐和金属氯化物。例如：

$$3Cl_2+6KOH \xrightarrow{\triangle} 5KCl+KClO_3+3H_2O$$

Br_2 和碱可以发生与 Cl_2 相似的反应，而 I_2 在室温下即可得到碘酸盐。

此外，I_2 遇淀粉溶液变蓝色，这是 I_2 单质的特征反应。常利用此特征反应来鉴定 I_2 的存在。

由以上性质可知，卤素单质的氧化性，F_2 最强，Cl_2 次之，Br_2 又次于 Cl_2，I_2 的氧化性最弱。见表3-3。

三、卤素的存在与制备

卤素在自然界中以化合态存在，主要是化合价为 -1 的卤化物。

表 3-3　卤素单质化学性质的比较

	卤素单质	F_2	Cl_2	Br_2	I_2
与H_2反应	反应条件及现象	低温、暗处，剧烈、爆炸	强光，爆炸	加热，缓慢	强热，缓慢，同时发生分解
	HX 的稳定性	很稳定	稳定	较不稳定	不稳定
与水反应	反应现象	剧烈、爆炸	歧化反应，较慢	歧化反应，缓慢	歧化反应，很慢
	生成物	HF 和 O_2	HCl 和 HClO(Cl_2)	HBr 和 HBrO(Br_2)	HI 和 HIO(I_2)
	与金属反应	能氧化所有金属	能氧化除 Pt、Au 以外的金属	能与多数金属化合，有的需加热	可与多数金属化合，有的需加热或催化剂
	X_2 的氧化性	←――――――――――― 逐渐减弱 ―――――――――――→			
	X^- 的还原性	←――――――――――― 逐渐增强 ―――――――――――→			

氟的主要矿物有萤石（CaF_2）、氟磷灰石[$Ca_5F(PO_4)_3$]和冰晶石（Na_3AlF_6），海水、动物的牙齿、骨骼及血液及某些植物体内也含有氟，氟是人体必需的微量元素。氯以碱金属和碱土金属的氯化物存在于海水及内地盐湖和岩盐中。溴和碘常与氯同存于海水中，它们的含量较氯少。某些海洋植物有选择吸收碘的能力，海藻是碘的一个重要来源。碘也是人体必需的微量元素之一，它主要集中在人体的甲状腺中。

1. 氯气的制备

实验室常用 MnO_2（或 $KMnO_4$）与浓盐酸反应制取 Cl_2。

$$MnO_2 + 4HCl(浓) \xrightarrow{\triangle} MnCl_2 + Cl_2\uparrow + 2H_2O$$

$$2KMnO_4 + 16HCl(浓) == 2KCl + 2MnCl_2 + 5Cl_2\uparrow + 8H_2O$$

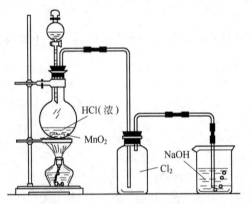

图 3-5 实验室制取氯气的装置

图 3-5 为实验室制取 Cl_2 的装置。

工业上用电解饱和食盐水的方法制取 Cl_2。它是生产烧碱的副产物。

2. 氟的制备

氟是最活泼的非金属，只能用电解的方法制取。将熔融的氟氢化钾和氟化氢的低熔点混合物 $KF·2HF$ 在 100℃左右进行电解，可制取 F_2。电解总反应式为：

$$2KHF_2(熔融) \xrightarrow{电解} 2KF + H_2\uparrow + F_2\uparrow$$

3. 溴和碘的制备

工业上常将 Cl_2 通入溴或碘的二元盐溶液中制备 Br_2 和 I_2。

[演示实验3-4]　把少量新配制的饱和氯水分别加入盛有 2mL $0.1mol·L^{-1}$ 的 NaBr 溶液和 2mL $0.1mol·L^{-1}$ 的 KI 溶液的两个试管中，用力振荡，再注入少量的 CCl_4，振荡，观察 CCl_4 层和溶液颜色的变化。

通过实验可以看到，两试管中的 CCl_4 层分别变为红棕色和紫红色，表明 Cl_2 可以将溴和碘从它们的化合物中置换出来。

$$Cl_2 + 2NaBr == 2NaCl + Br_2$$

离子方程式为　　　　　$Cl_2 + 2Br^- == 2Cl^- + Br_2$

$$Cl_2 + 2KI == 2KCl + I_2$$

离子方程式为 $$Cl_2 + 2I^- = 2Cl^- + I_2$$

[演示实验3-5] 取1mL 0.1mol·L^{-1}的KI溶液于试管中,加入2滴淀粉试液,再滴加几滴溴水,振荡试管,观察溶液颜色的变化。

溶液由无色变为蓝色,表明Br$_2$也可以把碘从它的化合物中置换出来。

$$Br_2 + 2KI = 2KBr + I_2$$

离子方程式为 $$Br_2 + 2I^- = 2Br^- + I_2$$

由以上实验可知,卤素单质的氧化性由Cl$_2$至I$_2$依次减弱,-1价阴离子的还原性由Cl$^-$至I$^-$依次增强。

实验室中还可以用溴化物或碘化物与浓H$_2$SO$_4$、MnO$_2$反应来制取Br$_2$或I$_2$。

$$2NaBr + 3H_2SO_4 + MnO_2 \xrightarrow{\triangle} 2NaHSO_4 + MnSO_4 + 2H_2O + Br_2$$

$$2NaI + 3H_2SO_4 + MnO_2 \xrightarrow{\triangle} 2NaHSO_4 + MnSO_4 + 2H_2O + I_2$$

四、卤素的用途

F$_2$大量用来制取有机氟化物,如CBr$_2$F$_2$、CF$_2$ClBr是高效灭火剂;CCl$_3$F用作杀虫剂;聚四氟乙烯塑料能耐腐蚀、耐高温,号称塑料王;含氟润滑剂是当前合成润滑剂中的佼佼者,被应用于航天技术;氟碳化合物代红细胞制剂已作为血液代用品用于临床,以挽救病人生命;F$_2$与S直接化合的六氟化硫(SF$_6$)是高压变压器中的绝缘材料;氟化物还被应用于光学仪器工业;液态F$_2$是航天燃料的高能氧化剂。

Cl$_2$是一种重要的化工原料,主要用于盐酸、农药、炸药、有机染料、有机溶剂及化学试剂的制备,用于漂白纸张、布匹等。

Br$_2$是制取有机和无机化合物的工业原料,广泛用于医药、农药、感光材料、含溴染料、香料等方面。它也是制取催泪性毒气和高效低毒灭火剂的主要原料。用Br$_2$制取的二溴乙烷(C$_2$H$_4$Br$_2$)是汽油抗震剂中的添加剂。

I$_2$在医药上有重要用途,如制备消毒剂(如碘酒是质量分数为20%的I$_2$的酒精溶液)、防腐剂(如碘仿CHI$_3$)、镇痛剂等,也是家畜饲料的添加剂。碘还用于制造偏光玻璃,在偏光显微镜、车灯、车窗上得到应用。碘化银为照相工业的感光材料,还可作人工降雨的"晶种"。当人体缺碘时,会导致甲状腺肿大(又称粗脖子)、生长停滞等病症。缺碘还能够引起儿童智力低下、痴呆,因此碘被称为"智慧元素"。正常成人体内含碘约为50mg,每日进食的碘量在0.1~0.7mg是安全的。我国食品加碘规定的碘剂为KIO$_3$。

第二节 卤化氢和氢卤酸

一、卤化氢的制备

卤素的氢化物HF、HCl、HBr、HI合称卤化氢,以HX表示。

1. 直接合成法

工业上,HCl是采用如图3-6所示的合成炉来生产的,让H$_2$在Cl$_2$中平稳地燃烧,直接合成HCl,经冷却后用水吸收而制得盐酸。

$$H_2 + Cl_2 \xrightarrow{\text{点燃}} 2HCl$$

其他卤化氢的制备不用此法。

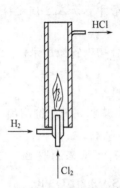

图 3-6 合成氯化氢的设备

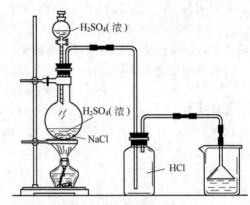

图 3-7 实验室制取氯化氢

2. 复分解反应法

卤化氢具有沸点低、易挥发的性质，因此，可用卤化物与高沸点酸（如 H_2SO_4 或 H_3PO_4）的复分解反应来制备。

用萤石（CaF_2）与浓硫酸作用是制取 HF 的主要方法，反应在特制的合金容器中进行。

$$CaF_2 + H_2SO_4（浓）\xrightarrow{\triangle} CaSO_4 + 2HF\uparrow$$

实验室制取 HCl 通常是通过食盐与浓硫酸发生复分解反应制取的。

[演示实验3-6] 把少量食盐晶体放在烧瓶里（如图 3-7 所示），通过分液漏斗注入浓硫酸，并稍加热。观察 HCl 气体的产生，并收集在干燥的集气瓶里。余下的 HCl 可用水吸收。

$$NaCl + H_2SO_4（浓）\xrightarrow{\triangle} NaHSO_4 + HCl\uparrow$$

$$NaHSO_4 + NaCl \xrightarrow{>500℃} Na_2SO_4 + HCl\uparrow$$

总的化学方程式为：

$$2NaCl + H_2SO_4（浓）\xrightarrow{\triangle} Na_2SO_4 + 2HCl\uparrow$$

此法不适用于制备 HBr 和 HI，因为浓硫酸能将生成的 HBr 和 HI 氧化，得不到纯的卤化氢。

$$2HBr + H_2SO_4（浓）== SO_2\uparrow + Br_2 + 2H_2O$$

$$8HI + H_2SO_4（浓）== H_2S\uparrow + 4I_2 + 4H_2O$$

如用非氧化性、非挥发性的 H_3PO_4 与溴化物和碘化物作用，则可制得 HBr 和 HI。

$$NaBr + H_3PO_4 \xrightarrow{\triangle} NaH_2PO_4 + HBr\uparrow$$

$$KI + H_3PO_4 \xrightarrow{\triangle} KH_2PO_4 + HI\uparrow$$

3. 非金属卤化物水解法

此法适用于 HBr 和 HI 的制备，以水滴到非金属卤化物上，即可得到相应的卤化氢。

$$PBr_3 + 3H_2O == H_3PO_3 + 3HBr\uparrow$$

$$PI_3 + 3H_2O == H_3PO_3 + 3HI\uparrow$$

实际上无需事先制成卤化磷，而是将 Br_2 或 I_2 与红磷混合，再将水逐渐加入混合物中即可。

$$2P + 6H_2O + 3X_2 == 2H_3PO_3 + 6HX\uparrow \qquad (X=Br、I)$$

练一练

（1）实验室制取 Cl_2 的化学反应方程式为_____，生成的 Cl_2 用

_____法收集，多余的 Cl_2 用_____吸收。

（2）非氧化性、非挥发性的_____与 NaBr 作用，可制得_____，其化学反应方程式为_____。

二、卤化氢和氢卤酸的性质及用途

1. 性质

HX 均为无色、有刺激性气味的气体。

随着分子量的增大，HX 的熔、沸点按 HCl→HBr→HI 的顺序递增，HF 的熔、沸点反常高（详见第五章第二节）。卤化氢在空气中易与水蒸气结合而形成白色酸雾。HX 极易溶于水，其水溶液称为氢卤酸，仍以化学式 HX 表示。例如 0℃时，1 体积的水约能溶解 500 体积的 HCl，其水溶液称为氢氯酸，俗称盐酸。

[演示实验3-7] 在干燥的圆底烧瓶里充满 HCl 气体，用带有玻璃导管和滴管（滴管中预先吸入水）的塞子塞紧瓶口，然后立即倒置烧瓶，将玻璃导管插入盛有石蕊溶液的烧杯中。压缩胶头滴管，使少量水进入烧瓶。由于 HCl 迅速溶于水，烧瓶里的压强大大降低，导致烧杯中的溶液通过玻璃导管被空气压入烧瓶中，形成美丽的红色喷泉。如图 3-8 所示。

因此，实验室制取盐酸时，氯化氢导管不宜插入水中，以防倒吸。

从化学性质上看，卤化氢和氢卤酸也表现出规律性变化。

卤化氢中卤素的化合价为 -1，已处于最低价态，故 HX 具有还原性。由前面知识可知，HX 的还原能力从 HF→HCl→HBr→HI 依次增强。事实上 HF 不能被一般氧化剂所氧化；HCl 的还原性也较弱，只与一些强氧化剂如 F_2、MnO_2、$KMnO_4$ 等反应才显示出还原性；HBr 和 HI 的还原性较强，空气中的 O_2 就可以使它们氧化成单质。

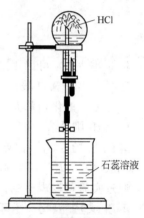

图 3-8 氯化氢易溶于水

卤化氢受热分解为单质的难易程度，即卤化氢的热稳定性从 HF 到 HI 急剧降低。HF 相当稳定，HCl 很稳定，HBr 则不太稳定，而 HI 在常温下就有明显的分解现象。

氢卤酸均为挥发性酸，其酸性从 HF→HCl→HBr→HI 依次增强，除 HF 外都是强酸。

氢氟酸的一个重要特性，就是它能与 SiO_2 或硅酸盐反应生成气体四氟化硅（SiF_4）。

$$SiO_2 + 4HF = SiF_4\uparrow + 2H_2O$$

$$CaSiO_3 + 6HF = CaF_2 + SiF_4\uparrow + 3H_2O$$

因此，在制备氟化氢及其溶液时，不能用玻璃器皿，通常将氢氟酸贮于铅制或塑料容器内。氢氟酸有剧毒，触及皮肤则溃烂，使用时要戴防护面具和手套。

2. 氢卤酸的用途

氢氟酸是制备 F_2 和氟化合物的基本原料；氢氟酸还常用来刻蚀玻璃量器（温度计、量筒、滴定管等）的刻度、玻璃制品上的标记和花纹；在分析化学中还用它溶解矿物及测定某些矿物或钢中 SiO_2 的含量。

盐酸是氢卤酸中最重要的一种酸。纯净的盐酸是无色透明液体，有刺激性气味。工业品因含有铁盐而显黄色。市售浓盐酸中 HCl 的质量分数为 37%～38%，密度是 $1.19g \cdot cm^{-3}$，工业浓盐酸含 HCl 仅为 32% 左右，密度是 $1.16g \cdot cm^{-3}$。盐酸是三强酸之一，具有酸的通性。盐酸是一种重要的工业原料，在机械、电子、冶金、纺织、皮革、食品、医药及化工生产中,都有着广泛的应用。例如,在食品工业上常用来制造葡萄糖、酱油、味精等;用盐酸可以制备多种金属氯化物;在机械热加工中,常用于钢铁制品的酸洗,以除去铁锈。

氢溴酸和氢碘酸用于无机合成和有机合成;在医药上制备镇静剂及麻醉剂等。

三、卤离子的检验

多数金属卤化物易溶于水,常见的氯化物中,仅有 AgCl、Hg_2Cl_2、$PbCl_2$ 和 CuCl 难溶,溴化物、碘化物与其相似。

[演示实验3-8] 在三支分别盛有 1mL $0.1mol·L^{-1}$ KCl、KBr 和 KI 溶液的试管中,各加入几滴 $0.1mol·L^{-1}$ $AgNO_3$ 溶液,观察试管中沉淀的生成及颜色,并试验沉淀是否溶于稀 HNO_3。

Cl^-、Br^-、I^- 能与 Ag^+ 分别生成 AgCl 白色沉淀、AgBr 浅黄色沉淀和 AgI 黄色沉淀,且三种沉淀均不溶于稀 HNO_3。

$$Cl^- + Ag^+ =\!=\!= AgCl\downarrow$$
$$Br^- + Ag^+ =\!=\!= AgBr\downarrow$$
$$I^- + Ag^+ =\!=\!= AgI\downarrow$$

根据此性质,可以用来鉴定 Cl^-、Br^- 或 I^- 的存在。

还要指出,氢氟酸的盐类有反常的溶解性,例如,Li^+、Na^+、Ca^{2+}、Mg^{2+} 的氯化物、溴化物、碘化物都是可溶的,而 LiF、CaF_2、MgF_2 则难溶;AgCl、AgBr、AgI 均难溶,而 AgF 则易溶。因此,应注意,**F^- 不能用 $AgNO_3$ 溶液检验**。

[演示实验3-9] 在两支分别盛有 1mL $0.1mol·L^{-1}$ 的 NaBr 和 KI 溶液的试管中,各加入 0.5mL CCl_4 后,再分别滴加新配制的氯水,振荡,观察 CCl_4 层颜色的变化。

通过实验可以观察到,CCl_4 层由无色变成了红棕色(说明有 Br_2 生成)和紫红色(说明有 I_2 生成)。因此,还可以利用 Br^- 和 I^- 的还原性及 Br_2、I_2 在 CCl_4 中的溶解性来检验 Br^-、I^- 的存在。

想一想

如何利用氯化银的性质来鉴别 Cl^- 和 CO_3^{2-} ?

第三节 氯的含氧酸及其盐

卤素能形成多种含氧酸及其盐,其中卤素的化合价均为正值,氟一般不形成正价化合物。表3-4是卤素的几种含氧酸。

表3-4 卤素的含氧酸

名称	卤素化合价	氯	溴	碘	名称	卤素化合价	氯	溴	碘
次卤酸	+1	HClO	HBrO	HIO	卤酸	+5	$HClO_3$	$HBrO_3$	HIO_3
亚卤酸	+3	$HClO_2$	$HBrO_2$	—	高卤酸	+7	$HClO_4$	$HBrO_4$	HIO_4

卤素的含氧酸及其盐中最有实用价值的是氯的含氧酸及其盐。

一、次氯酸及其盐

次氯酸的水溶液是无色的,有刺激性气味。它是由 Cl_2 溶于水而得到的浓度很稀的溶液[若30%的 Cl_2 与水反应,20℃时 $c(HClO)$ 仅为 $0.027mol·L^{-1}$]。

次氯酸是一种弱酸，酸性比碳酸弱，其稳定性差，即使在稀溶液中也容易分解，在光照下分解更快，因此，HClO 有强氧化性和漂白性。

$$2HClO \xrightleftharpoons{光照} 2HCl + O_2 \uparrow$$

HClO 受热时发生歧化反应，分解成较稳定的盐酸和氯酸（$HClO_3$）。

$$3HClO \xrightleftharpoons{\triangle} 2HCl + HClO_3$$

因此，要获得 HClO 时，需现用现配制，将 Cl_2 通入冷水中，并贮于棕色瓶中。通常用其盐作漂白剂和消毒剂。

次氯酸盐比 HClO 稳定。Cl_2 在常温下与强碱作用可制取次氯酸盐，同时还有金属氯化物和水生成。例如将 Cl_2 通入消石灰中，可得到次氯酸钙 [$Ca(ClO)_2$]。

$$2Cl_2 + 2Ca(OH)_2 == CaCl_2 + Ca(ClO)_2 + 2H_2O$$

通常所称的漂白粉就是 $Ca(ClO)_2$、$CaCl_2$ 和 $Ca(OH)_2$ 所组成的水合复盐 $Ca(ClO)_2 \cdot CaCl_2 \cdot Ca(OH)_2 \cdot H_2O$，其中 **Ca(ClO)$_2$** 是漂白粉的有效成分。漂白粉的制备反应是一个放热反应，为防止 $Ca(ClO)_2$ 进一步分解成 $Ca(ClO_3)_2$，要控制反应温度不高于 40℃。

漂白粉在空气中吸收水蒸气和 CO_2 后，其中的 $Ca(ClO)_2$ 会逐渐转化为 HClO 而产生刺激性气味，因此漂白粉应密封于暗处保存。

$$Ca(ClO)_2 + CO_2 + H_2O == CaCO_3 \downarrow + 2HClO$$

漂白粉的漂白作用是由于它发生反应放出 HClO 所引起的，因此，工业上使用时，常加入少量的稀硫酸，可在短时间内收到良好的漂白效果。生活中，用漂白粉浸泡过的织物，晾在空气中也能逐渐产生漂白效果。

漂白粉有漂白和杀菌作用，广泛用于纺织、漂染、造纸等工业。

还应注意，漂白粉有毒，吸入体内会引起鼻腔和咽喉疼痛，甚至全身中毒。

次氯酸盐也是一种强氧化剂，但其氧化性弱于 HClO。如漂白粉与有机物及其他易燃烧物相混合时，易引起燃烧，高温下甚至发生爆炸。

查一查

漂白粉的组成及有效成分各有哪些？

二、氯酸及其盐

氯酸（$HClO_3$）的水溶液是无色的，可用氯酸钡 [$Ba(ClO_3)_2$] 和 H_2SO_4 通过复分解反应制得。

$$Ba(ClO_3)_2 + H_2SO_4 == BaSO_4 \downarrow + 2HClO_3$$

$HClO_3$ 是一种强酸，其强度与 HCl 和 HNO_3 接近。$HClO_3$ 比 HClO 稳定，但也只能存在于水溶液中。蒸发浓缩时，若 $HClO_3$ 的质量分数超过 40%，则迅速分解并发生爆炸。$HClO_3$ 也是一种强氧化剂，但氧化性弱于 HClO。

氯酸盐比 $HClO_3$ 稳定，将 Cl_2 通入热的强碱溶液中可制得氯酸盐。氯酸盐是强氧化剂，其氧化性弱于次氯酸盐。常见的氯酸盐有 $KClO_3$、$NaClO_3$ 等。

$KClO_3$ 是无色晶体，可溶于水，在冷水中溶解度不大。

固体 $KClO_3$ 是强氧化剂。有催化剂存在时，受热分解生成 KCl 和 O_2，这是实验室制取少量 O_2 的一种方法。

$$2KClO_3 \xrightleftharpoons[\triangle]{MnO_2} 2KCl + 3O_2 \uparrow$$

若不使用催化剂，将 $KClO_3$ 加热至熔化，则主要发生如下反应：

$$4KClO_3 \xrightarrow{400℃} 3KClO_4 + KCl$$

氯酸钾的溶液氧化性很弱，在酸性条件下，氧化能力增强，例如反应：

$$KClO_3 + 6HCl(浓) \xrightarrow{\triangle} KCl + 3Cl_2 + 3H_2O$$

这也是实验室制取 Cl_2 的常用方法之一。又如：

$$KClO_3 + 6KI + 3H_2SO_4 == KCl + 3I_2 + 3K_2SO_4 + 3H_2O$$

由于 $KClO_3$ 固体不易吸潮，具有强氧化性，与易燃物质如 P、S、C 及有机物质相混合时，一旦受撞击或摩擦，即发生爆炸反应。因此，$KClO_3$ 大量用于制造火柴、焰火、炸药等。

还应注意，$KClO_3$ 有毒，内服 2～3g 就会致命。

三、高氯酸及其盐

将高氯酸钾与浓硫酸反应，然后在有脱水剂存在下进行减压蒸馏，即可得到纯高氯酸（$HClO_4$）。

$$KClO_4 + H_2SO_4(浓) == KHSO_4 + HClO_4$$

或者用高氯酸钡与浓硫酸反应：

$$Ba(ClO_4)_2 + H_2SO_4(浓) == BaSO_4 \downarrow + 2HClO_4$$

$HClO_4$ 是无色黏稠的液体，熔点 -112K，沸点 16℃（2.4kPa）。目前认为它是已知酸中的最强酸，也是氯的含氧酸中最稳定的。

浓热的 $HClO_4$ 溶液是强氧化剂，当与易燃物接触时会发生猛烈爆炸。但其氧化性弱于 $HClO_3$。稀、冷的 $HClO_4$ 几乎不显氧化性。

高氯酸盐的稳定性强于 $HClO_4$。大多数高氯酸盐易溶于水。固态高氯酸盐在高温下是强氧化剂，但其氧化性比氯酸盐弱。

常见的高氯酸盐有 $KClO_4$，它是无色晶体，在 610℃ 时熔化并分解。

$$KClO_4 \xrightarrow{\triangle} KCl + 2O_2 \uparrow$$

工业上利用 $KClO_4$ 制造炸药，因为用 $KClO_4$ 制作的炸药比用 $KClO_3$ 为原料的炸药稳定些，同时它产生的 O_2 多，残渣少，威力更大。用 $Mg(ClO_4)_2$ 和 $Ba(ClO_4)_2$ 作吸水剂和干燥剂。

*四、氯的含氧酸及其盐的性质比较

通过前面的讨论，将氯的含氧酸及其盐的性质变化规律总结如下：**氯的价态越高，其含氧酸的酸性越强，稳定性也越强，氧化性越弱；反之，氯的价态越低，其含氧酸的酸性越弱，酸的稳定性也越弱，越容易分解放出 O_2，因此其氧化性越强**。氯的含氧酸盐的稳定性、氧化性强弱顺序与氯的含氧酸相似，但它们都比相应的含氧酸稳定，氧化性比相应的含氧酸弱。即氯的含氧酸的酸性和热稳定性依 $HClO \rightarrow HClO_3 \rightarrow HClO_4$ 的次序依次增强，氧化性则依次减弱；氯的含氧酸盐比相应的含氧酸稳定，但氧化性较弱。

氧化性减弱 ↓	HClO (弱酸)	$HClO_2$ (中强酸)	$HClO_3$ (强酸)	$HClO_4$ (最强酸)	对热稳定性增大 ↓
		酸性增强 →			
		对热稳定性增大	氧化性减弱		
	MClO	$MClO_2$	$MClO_3$	$MClO_4$	

 阅读材料　　　　　　　食用加碘盐

　　碘是人体生命必需的微量元素之一。缺乏会引起甲状腺肿大的疾病，儿童缺碘，则严重影响其智力发育，导致智商低下，因此人们将碘称为智慧元素。

　　研究证明，一个正常成年人每天需摄入 $100\mu g$ 的碘，若每天摄入量长期不足 $50\mu g$ 时，就可能得碘缺乏病，一般每天摄入量以 $100\sim300\mu g$ 碘为宜。

　　用加碘食盐防治碘缺乏病是目前世界上公认的一种好方法。食盐加碘不是在食盐中加单质碘，而是添加少量合适的碘化物。目前我国在食盐中加碘主要使用 KIO_3，而过去则是 KI。

　　KI 的优点是含碘量高（76.4%），缺点是容易氧化，稳定性差，使用时需在食盐中同时稳定剂。KIO_3 稳定性高，不需要稳定剂，但含碘量较低（59.3%）。相比之下，使用 KIO_3 优点较大。因此，1990 年始，我国规定民用食盐的碘添加剂为 KIO_3，我国碘盐的含量标准为加工 $50mg/kg$，如果按每天一个成人食用 $10g$ 盐来计算的话，每天仅从食盐中获取 $370\mu g$ 碘，数量就已经超过了碘摄入的正常标准。

　　可以用下述方法检验食盐中是否含有碘酸钾：在试管中加少量碘化钾-淀粉溶液，滴入几滴稀 H_2SO_4 酸化，再加入少量市售固体食盐，若含有 KIO_3 则溶液立即显蓝色。反应方程式为：

$$KIO_3+5KI+3H_2SO_4 \Longrightarrow 3K_2SO_4+3I_2+3H_2O$$

　　KIO_3 受热及光照时，不稳定易分解，从而影响人体对碘的摄入，所以炒菜时要注意：少用醋并宜在起锅前才放盐。否则，碘易走失而起不到应有的作用。至于沿海不缺碘地区，每天可从食物中得碘约 $100\mu g$，故不要吃得太咸或常吃海带等以免引起碘过量。

习　　题

1. 举例说明卤素单质的氧化性和卤离子的还原性有何递变规律？与原子结构有什么关系？
2. 写出制取 Cl_2 和 HCl 气体的化学方程式，用单桥法标出电子转移的方向和总数，指出氧化剂、还原剂。如何检验产物？说明反应的尾气是怎样处理的？
3. 置换反应有两种，一种是电子从原子转移到离子上而产生的，一种是电子从离子转移到原子上而产生的。试各举一例说明。
4. 在 $200kg$ 质量分数为 0.3% 的 KI 溶液中，通入足量的 Cl_2，试计算可得到 I_2 的物质的量。
5. 日光照射在下列物质上各有什么现象发生？写出化学方程式。
（1）氯水　（2）Cl_2 和 H_2 的混合物
6. 列表比较 F_2、Cl_2、Br_2、I_2 在水溶液及 CCl_4 中的颜色。
7. HX 的酸性、热稳定性及还原性有何递变规律？
8. 漂白粉的有效成分是什么物质？如何制取？漂白粉为何能漂白、杀菌？
9. 今有 KF、NaCl、KCl、KBr 和 KI 五种溶液，怎样进行鉴别？
10. 在氯的含氧酸中，哪种酸的酸性最强？哪种酸最稳定？哪种酸的氧化性最强？

第四章　原子结构和元素周期律

能力目标

1. 会根据构成原子的粒子关系计算有关粒子数。
2. 会书写1~36号元素的核外电子分布式、原子实表示式和轨道表示式。
3. 会根据元素及其化合物的性质判断主族元素的金属性或非金属性强弱。

知识目标

1. 掌握构成原子的粒子关系，理解同位素的概念。
2. 理解原子核外电子的运动状态，掌握原子核外电子分布规律。
3. 理解元素周期律，掌握主族元素性质递变规律。

物质的性质从根本上讲决定于物质的结构。物质的结构包括原子结构（原子的构成、核外电子分布规律等）和分子结构（化学键、分子的空间构型等）两方面。原子是参加化学反应的基本微粒。在化学反应中，原子核的组成并不发生变化，只是某些核外电子（外层电子）的运动状态发生变化。因此，元素的化学性质决定于原子的电子层结构，特别是外层电子结构。作为物质结构理论的基础，本章主要阐明原子的电子层结构与元素周期律的关系、元素周期表的结构和元素性质的递变规律。

第一节　原子的构成和同位素

一、原子的构成

原子由居于原子中心的带正电的原子核和核外带负电的电子所构成。原子核所带的电量与核外电子的电量相等，但电性相反，因此，原子作为一个整体不显电性。

原子很小，一般直径约为10^{-10}m。电子则更小，直径约为10^{-15}m，原子核的直径也仅在10^{-16}~10^{-14}m之间。电子和原子核所占的原子空间是微不足道的，原子中绝大部分是"空的"。电子就在原子核外空间的一定范围内作高速运动。

原子核由质子和中子构成。表4-1为质子、中子和电子这三种粒子的主要性质。

表 4-1　质子、中子和电子的主要性质

粒子名称	质子	中子	电子
符号	p	n	e
质量/kg	1.673×10^{-27}	1.675×10^{-27}	9.110×10^{-31}
相对质量/1	1.007	1.008	5.488×10^{-4}
近似相对质量/1	1.0	1.0	
相对于电子的质量/1	1836	1839	1
电荷①/1	+1	0	-1

① 科学上，把一个电子所带的电量[1.602×10^{-19}C（库仑）]定为一个单位负电荷，目前是电量的最小单位。

每个质子带一个单位的正电荷，中子不带电，原子核所带的电荷数（即核电荷数，符号

Z）决定于核内质子数。对任何原子都有如下数量关系：

$$核电荷数(Z)＝核内质子数＝核外电子数$$

电子的质量很微小，约为质子质量的 $\dfrac{1}{1836}$，所以，原子的质量主要集中在原子核上，由质子数和中子数决定。**原子核内所有质子和中子的相对质量取近似整数之和叫做质量数**，用符号 A 表示，中子数用符号 N 表示。则原子的质量关系在数值上为：

$$质量数(A)＝质子数(Z)＋中子数(N)$$

因此，只要知道上述三个数值中的任意两个，就可以推算出另一个数值。例如，作为相对原子质量标准的碳-12 原子的核电荷数为 6，质量数为 12，则其中子数为：

$$N＝A－Z＝12－6＝6$$

通常，用 $^{A}_{Z}X$ 代表一个质量数为 A，质子数为 Z 的原子，则组成原子的粒子间的关系可表示如下：

$$原子（^{A}_{Z}X）\begin{cases}原子核\begin{cases}质子 \quad Z 个 \\ 中子 \quad (A-Z) 个\end{cases} \\ 核外电子 \quad Z 个\end{cases}$$

练一练

$^{14}_{7}N$ 的原子序数是_____，质子数是_____，中子数是_____，电子数是_____，质量数是_____。

二、同位素

具有相同核电荷数（即质子数）的一类原子总称为元素。目前已发现 118 种元素（包括人造元素）。**元素按核电荷数由小到大排列的顺序号叫做原子序数**。

在研究原子核的组成时，人们还发现，许多元素都具有质量数不同的几种原子。例如，氢元素具有三种不同质量数的原子（如表 4-2 所示）。

表 4-2　氢的三种原子的组成

名称	符号	俗称	原子核的组成		核电荷数	质量数
			质子数	中子数		
氕（音撇）	$^{1}_{1}H$ 或 H	氢	1	0	1	1
氘（音刀）	$^{2}_{1}H$ 或 D	重氢	1	1	1	2
氚（音川）	$^{3}_{1}H$ 或 T	超重氢	1	2	1	3

它们质子数相同，但中子数不同，所以质量数不同。**这种具有相同核电荷数（质子数）而中子数不同的同一元素的原子互称为同位素**。

同位素一般用符号 $^{A}_{Z}X$ 表示，如氢元素的三种同位素氕、氘、氚分别表示为 $^{1}_{1}H$、$^{2}_{1}H$、$^{3}_{1}H$。同种元素的同位素虽然质量数不同，物理性质有差异，但它们的化学性质几乎完全相同。

目前，各种同位素（含人造同位素）已超过 2000 多种。在天然存在的某种元素里，不论是游离态，还是化合态，各种同位素原子的含量（又称丰度）一般是不变的。元素的原子量，是按该元素所含天然同位素原子的原子量和丰度计算出的平均值。例如，Cl 有 $^{35}_{17}Cl$ 和 $^{37}_{17}Cl$ 两种天然同位素：

符号	同位素原子量	丰度
$^{35}_{17}Cl$	34.969	75.77%
$^{37}_{17}Cl$	36.966	24.23%

则 Cl 的原子量为：

$$34.969 \times 75.77\% + 36.966 \times 24.23\% = 35.453$$

同理，根据同位素原子的质量数和丰度，也可以计算出该元素的近似原子量。

同位素可分为稳定同位素和放射性同位素。后者的原子核不稳定，能自动放出某种射线（如 α、β、γ 射线），而衰变成其他元素。它们被广泛应用在核动力、医疗、工农业生产和科研等领域。例如，$^{3}_{1}H$ 用于制氢弹；$^{235}_{92}U$ 用于制原子弹，也是核反应堆的原料；$^{60}_{27}Co$ 可用于治疗癌症，也可用于探测物体内部的裂缝、异物及设备内料位的高度等。

想一想

目前已发现 118 种元素，能否表述为已发现 118 种原子吗？为什么？

第二节 原子核外电子的分布

一、电子云

电子是微观粒子，质量极小，它在原子核外极小的空间（直径约为 10^{-10} m）内作高速运动（高达 $10^6 \sim 10^8$ m·s^{-1}），其运动规律和宏观物体不同，有自己的特殊性。

宏观物体的运动，如奔驰的火车，飞行的卫星或发射出的炮弹等，都可准确测得它们在某一时刻的速度和位置，即它们都有确定的运行路线（或轨迹）。核外运动的电子则不同，无法同时准确测得其速度和位置，也没有确定的运动轨迹。只能用统计的方法描述它在核外空间某区域出现机会的多少，数学上称为概率。

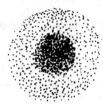
(a) H 原子的电子云图

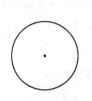
(b) H 原子的界面图

图 4-1 基态氢原子的电子云图和界面图

电子在核外空间各区域出现的概率可能是不同的，但却是有规律的。例如，H 原子只有一个电子，我们用比喻照相的方法，说明其运动的统计性结果。给某个 H 原子照上许多张照片（这当然是不可能的），则会发现，电子好像在核外作毫无规则的运动。一会儿在这里出现，一会儿在那里出现。但是，将这些照片叠印起来进行统计性考查，就会得到如图 4-1(a) 所示的图像。

由图 4-1(a) 可以看出，**电子在核外空间一定范围内出现，好像带负电荷的云雾笼罩在原子核的周围**，人们形象地称它为电子云。基态（体系能量最低的状态）H 原子的电子云是球形对称的，球心是原子核。离核越近，小黑点越密，单位体积空间内电子出现的概率越大；离核越远，小黑点越稀，单位体积空间内电子出现的概率越小。

电子在原子核外空间的单位体积内出现的概率，叫做概率密度，又称电子云密度。因此，电子云就是电子在核外空间呈现概率密度分布的一种形象化描述。绝不能认为电子真的像云那样分散，不再是一个粒子了。

电子云常用黑点图和界面图来表示。

黑点图又称电子云图，它是用小黑点的密疏对应表示核外电子运动的概率密度大小的方法。[如图 4-1(a) 所示]。

界面图是把电子在核外出现概率密度相等的点联结成等密度面，用能包含 **95%电子云**的等密度面来表示电子云形状的方法。基态 H 原子的电子云界面图是一个球面，其平面表示见图 4-1(b)。

在多电子原子中，电子有多种运动状态，各电子在核外空间某区域出现的概率往往是不同的，即电子云的形状不尽相同。

二、核外电子的运动状态

根据近代原子结构理论，核外电子的运动状态可以用如下四个方面来描述。

1. 电子层

在多电子原子中，电子的能量是不相同的。能量低的电子通常在离核近的区域内运动，电子与核的平均距离小；能量高的电子通常在离核远的区域内运动，电子与核的平均距离大。**根据电子的能量差别和通常运动的区域离核远近不同，人们将核外电子的运动空间分成若干电子层**。电子层数（n）可用 1、2、3、4、5、6、7 等表示，也可依次用 K、L、M、N、O、P、Q 等符号表示。

电子层是决定电子能量的主要因素。一般来说，n 值越大，电子与核的平均距离越远，电子的能量越高。

2. 电子亚层

在同一电子层中，电子的能量还稍有差别，电子云的形状也不相同。因此，电子层又可划分为若干**电子亚层**（简称亚层）。分别用 s、p、d、f 等符号表示。

某电子层所含的亚层数与该电子层的序数（$n \leqslant 4$）一致。为了说明电子所处的电子层和亚层，通常将电子层序数标在亚层符号的前面。例如：

K 层（$n=1$）　　有 1 个亚层：1s
L 层（$n=2$）　　有 2 个亚层：2s、2p
M 层（$n=3$）　　有 3 个亚层：3s、3p、3d
N 层（$n=4$）　　有 4 个亚层：4s、4p、4d、4f

处在 K 层、s 亚层的电子称为 1s 电子，处在 L 层、p 亚层的电子称为 2p 电子。依此类推。

s 电子云为球形（如基态 H 原子的电子云）；p 电子云为无柄哑铃形（如图 4-2 所示）；d 电子云和 f 电子云的形状更为复杂。

同一电子层的不同亚层中，电子的能量按 s、p、d、f 的次序递增。如 $E_{2s} < E_{2p}$；$E_{3s} < E_{3p} < E_{3d} \cdots$。

3. 电子云的伸展方向

电子云不仅有确定的形状，而且在空间还有一定的伸展方向。s 电子云是球形对称的，在空间各个方向伸展的程度相同；p 电子云在空间有三种互相垂直的伸展方向（如图 4-2 所示），分别表示为 p_x、p_y、p_z；d 电子云有五种伸展方向；f 电子云有七种伸展方向。

习惯上，把在一定的电子层中，具有一定形状和伸展方向的电子云所占据的原子空间称为**原子轨道**❶，简称"轨道"。这样，s、p、d、f 亚层就各有 1、3、5、7 个轨道。如 L 电子层 p 亚层的三个轨道，分别称为 $2p_x$ 轨道、$2p_y$ 轨道和 $2p_z$ 轨道。

---

❶ 电子云与原子轨道在量子力学中是两个不同的概念，其形状也略有差异，本书不作严格区分，不同轨道的图形可用电子云的黑点图或界面图表示。

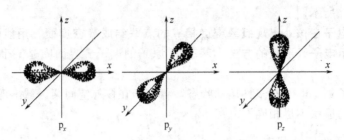

图 4-2 p 电子云的三种伸展方向

根据电子层包含的亚层数及相应的轨道数可推知,各电子层可能有的最多轨道数等于电子层序数($n \leqslant 4$)的平方,如表 4-3 所示。

表 4-3 各电子层的轨道数

电子层(n)	电子亚层	轨道数(n^2)	电子层(n)	电子亚层	轨道数(n^2)
1	1s	1	3	3s,3p,3d	1+3+5=9
2	2s,2p	1+3=4	4	4s,4p,4d,4f	1+3+5+7=16

4. 电子的自旋

原子中的电子不仅在核外作高速运动,而且还作自旋运动。自旋方向有两种,即顺时针方向和逆时针方向,通常用"↑"和"↓"表示。

总之,电子在原子核外的运动要比宏观物体的运动复杂得多,确定核外电子的运动状态,必须同时指明它所处的电子层、电子亚层、电子云的伸展方向和电子的自旋方向。

三、原子核外电子的分布

根据实验的结果和理论推算,基态原子的核外电子分布遵循如下三个规则。

1. 泡利不相容原理

奥地利物理学家泡利(W. Pauli)根据实验事实总结出:**每个原子轨道中,最多只能容纳两个自旋方向相反的电子。**

只有电子层、电子亚层和电子云伸展方向都相同的电子才能进入同一个轨道,而进入同一轨道的电子,其自旋方向又必须相反。因此,在同一个原子中,不可能有运动状态完全相同的电子存在。换言之,运动状态完全相同的电子是互相排斥、不相容的。

应用该原理,可以确定各电子层中,电子的最大容量为 $2n^2$(见表 4-4)。

表 4-4 K、L、M、N 层电子的最大容量

电子层(n)	序数	1	2		3			4			
	符号	K	L		M			N			
电子亚层		1s	2s	2p	3s	3p	3d	4s	4p	4d	4f
轨道数(n^2)		1	1	3	1	3	5	1	3	5	7
亚层最大容量		2	2	6	2	6	10	2	6	10	14
电子层最大容量($2n^2$)		2	8		18			32			

2. 能量最低原理

通常电子在原子核外分布时,在不违背泡利不相容原理的前提下,总是尽先占据能级最低的轨道,这个规律称为**能量最低原理**。这与水往低处流等自然规律是一样的,都是要保持体系处于能量最低的稳定状态。

核外电子的能量(E)是由它所处的电子层和亚层所决定的。**各电子层的亚层都对应着一个能量状态,它们高低不同,像台阶一样,称之为能级**。例如,1s、2s、2p 等亚层又分

别称为 1s、2s、2p 能级。

同一能级的不同轨道称为等价轨道。 如 2p 能级有 3 个等价轨道，其能量关系为：
$$E_{2p_x} = E_{2p_y} = E_{2p_z}$$

不同电子层的同类型亚层，能级按电子层序数递增。例如：
$$E_{1s} < E_{2s} < E_{3s} < E_{4s}$$

同一电子层的不同亚层，能级按 s、p、d、f 顺序递增。例如：
$$E_{4s} < E_{4p} < E_{4d} < E_{4f}$$

在多电子原子中，由于电子间的相互作用，造成某些电子层序数较大的能级，反而低于某些电子层序数较小的能级，这种现象叫做"能级交错"。例如：
$$E_{4s} < E_{3d};\ E_{5s} < E_{4d};\ E_{6s} < E_{4f} < E_{5d}$$

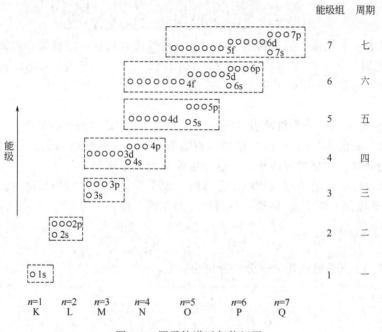

图 4-3 原子轨道近似能级图

鲍林（L. Pauling）根据光谱实验，总结出反映多电子原子中，原子轨道能级高低的近似能级图，如图 4-3 所示。

图中每一个小圆圈代表一个轨道。位置越低，表示能级越低。按由低到高的顺序，将邻近能级分成七个能级组，用虚线框出。如第 4 能级组包括 4s、3d、4p，第 5 能级组包括 5s、4d、5p 等。同一能级组内能量差很小，相邻能级组间能量差较大。

根据能量最低原理，按照近似能级图，就可以确定电子进入各轨道的顺序。如图 4-4 所示。

将元素原子的核外电子分布按电子层序数依次排列的式子，称为电子分布式（或电子结构式）。 例如：

$_{25}$Mn　$1s^2 2s^2 2p^6 3s^2 3p^6 3d^5 4s^2$

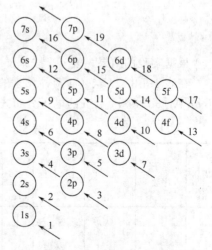

图 4-4 核外电子分布次序

各亚层符号右上角的数字,表示分布在该亚层轨道中的电子数。

为书写方便,也可以用原子实表示式简写:

$$_{25}Mn \quad [Ar]3d^54s^2$$

[Ar]为Mn的原子实。**所谓原子实是指某原子内层电子分布,与相应稀有气体原子电子分布相同的那部分实体,一般用加方括号的稀有气体元素符号表示。**又如:

$$_{17}Cl \quad [Ne]3s^23p^5$$
$$_{35}Br \quad [Ar]3d^{10}4s^24p^5$$

有时也用轨道表示式表示核外电子的分布。例如:

$$_{17}Cl \quad \underset{1s}{\circledast} \quad \underset{2s}{\circledast} \quad \underset{2p}{\circledast\circledast\circledast} \quad \underset{3s}{\circledast} \quad \underset{3p}{\circledast\circledast\uparrow}$$

每个小圆圈代表一个轨道,等价轨道并在一起,箭号代表具有一定自旋方向的电子。

3. 洪德规则

C原子核外有6个电子,其电子分布式是:

$$_6C \quad 1s^22s^22p^2$$

那么,两个2p电子在三个等价轨道($2p_x$、$2p_y$、$2p_z$)中是如何分布的呢?

德国物理学家洪德(F. Hund)根据实验结果指出:**在等价轨道上分布的电子,将尽可能分占不同的轨道,且自旋方向相同。这个规律称为洪德规则。**

理论计算也证明,电子按洪德规则分布时,原子能量最低,结构最稳定。因此,C原子的两个2p电子将分占两个2p轨道,且自旋方向相同。即:

$$_6C \quad \underset{1s}{\circledast} \quad \underset{2s}{\circledast} \quad \underset{2p}{\uparrow\uparrow\circ}$$

同理,N、O原子的核外电子分布分别为:

$$_7N \quad \underset{1s}{\circledast} \quad \underset{2s}{\circledast} \quad \underset{2p}{\uparrow\uparrow\uparrow}$$

$$_8O \quad \underset{1s}{\circledast} \quad \underset{2s}{\circledast} \quad \underset{2p}{\circledast\uparrow\uparrow}$$

根据实验的结果,表4-5按原子序数递增的顺序,列出1~36号元素的核外电子分布。

在表4-5中,Cr、Cu两种元素的核外电子分布,$_{24}$Cr的电子分布式是[Ar]$3d^54s^1$,而不是[Ar]$3d^44s^2$;$_{29}$Cu的电子分布式是[Ar]$3d^{10}4s^1$,而不是[Ar]$3d^94s^2$。

表4-5 1~36号元素原子的电子分布

周期	原子序数	元素符号	元素名称	电子层													
				K	L		M			N				O			Q
				1s	2s	2p	3s	3p	3d	4s	4p	4d	4f	5s	5p	5d 5f	6s 6p 6d	7s
1	1	H	氢	1													
	2	He	氦	2													

续表

周期	原子序数	元素符号	元素名称	电子层 K	L		M			N				O				Q
				1s	2s	2p	3s	3p	3d	4s	4p	4d	4f	5s	5p	5d	5f	6s 6p 6d	7s
2	3	Li	锂	2	1														
	4	Be	铍	2	2														
	5	B	硼	2	2	1													
	6	C	碳	2	2	2													
	7	N	氮	2	2	3													
	8	O	氧	2	2	4													
	9	F	氟	2	2	5													
	10	Ne	氖	2	2	6													
3	11	Na	钠	2	2	6	1												
	12	Mg	镁	2	2	6	2												
	13	Al	铝	2	2	6	2	1											
	14	Si	硅	2	2	6	2	2											
	15	P	磷	2	2	6	2	3											
	16	S	硫	2	2	6	2	4											
	17	Cl	氯	2	2	6	2	5											
	18	Ar	氩	2	2	6	2	6											
4	19	K	钾	2	2	6	2	6		1									
	20	Ca	钙	2	2	6	2	6		2									
	21	Sc	钪	2	2	6	2	6	1	2									
	22	Ti	钛	2	2	6	2	6	2	2									
	23	V	钒	2	2	6	2	6	3	2									
	24	Cr	铬	2	2	6	2	6	5	1									
	25	Mn	锰	2	2	6	2	6	5	2									
	26	Fe	铁	2	2	6	2	6	6	2									
	27	Co	钴	2	2	6	2	6	7	2									
	28	Ni	镍	2	2	6	2	6	8	2									
	29	Cu	铜	2	2	6	2	6	10	1									
	30	Zn	锌	2	2	6	2	6	10	2									
	31	Ga	镓	2	2	6	2	6	10	2	1								
	32	Ge	锗	2	2	6	2	6	10	2	2								
	33	As	砷	2	2	6	2	6	10	2	3								
	34	Se	硒	2	2	6	2	6	10	2	4								
	35	Br	溴	2	2	6	2	6	10	2	5								
	36	Kr	氪	2	2	6	2	6	10	2	6								

注：单框中的元素是过渡元素。

根据光谱实验及量子力学计算归纳出：**作为洪德规则的特例，等价轨道处于全充满（p^6、d^{10}、f^{14}）、半充满（p^3、d^5、f^7）或全空（p^0、d^0、f^0）状态时具有较低的能量，原子结构比较稳定。**

除 Cr、Cu 外，属于这种特例的还有原子序数为 42、46、47、64、79、96 的元素原子。

知识拓展

原子核外电子分布的三个规则是从大量实验中总结出来的一般性结论，它能帮助我们正确认识绝大多数原子的电子分布。但仍有局限性,对某些"不规则"元素(如原子序数为41、44、45、57、58、78、89、90、91、92、93的元素)原子的电子分布还不能作出满意的解释,说明这些理论还有待于完善。但有一点可以肯定,它们的电子分布仍会服从能量最低原理。

原子失去电子就成为阳离子。阳离子的电子结构式可在原子的电子结构式基础上写出。但应注意,**原子失去电子的顺序是依次由外层到内层进行的,它并不是电子分布的逆过程。**

例如:

Fe $1s^2 2s^2 2p^6 3s^2 3p^6 3d^6 4s^2$ $[Ar]3d^6 4s^2$

Fe^{2+} $1s^2 2s^2 2p^6 3s^2 3p^6 3d^6$ $[Ar]3d^6$

第三节 元素周期律和元素周期表

一、元素周期律

在碱金属、碱土金属和卤素的学习中,我们已了解到,有些元素的性质既有相似性,又有递变性,而有些元素的性质又很不相同;也初步认识到原子结构是决定元素性质的内在因素。为了进一步认识这种内在的联系和规律,下面就以1~18号元素为例(见表4-6)进行讨论。

表4-6 元素性质随原子序数呈周期性的变化

原子序数	1	2
元素名称	氢	氦
元素符号	H	He
最外电子层分布	$1s^1$	$1s^2$
原子半径/pm	37	122
化合价	+1	0
金属性与非金属性	非金属	
最高价氧化物分子式	H_2O	稀有气体
最高价氧化物水化物分子式	—	

原子序数	3	4	5	6	7	8	9	10
元素名称	锂	铍	硼	碳	氮	氧	氟	氖
元素符号	Li	Be	B	C	N	O	F	Ne
最外电子层分布	$2s^1$	$2s^2$	$2s^2 2p^1$	$2s^2 2p^2$	$2s^2 2p^3$	$2s^2 2p^4$	$2s^2 2p^5$	$2s^2 2p^6$
原子半径/pm	123	89	80	77	70	66	64	160
化合价	+1	+2	+3	+4 −4	+5 −4		−1	0
金属性与非金属性	活泼金属	较活泼金属	非金属	非金属	非金属	很活泼非金属	最活泼非金属	稀有气体
最高价氧化物分子式	Li_2O	BeO	B_2O_3	CO_2	N_2O_5	—	—	
最高价氧化物水化物分子式	LiOH 碱性	$Be(OH)_2$ 两性	H_3BO_3 弱酸	H_2CO_3 弱酸	HNO_3 强酸			

续表

原子序数	11	12	13	14	15	16	17	18
元素名称	钠	镁	铝	硅	磷	硫	氯	氩
元素符号	Na	Mg	Al	Si	P	S	Cl	Ar
最外电子层分布	$3s^1$	$3s^2$	$3s^22p^1$	$3s^22p^2$	$3s^22p^3$	$3s^22p^4$	$3s^22p^5$	$3s^22p^6$
原子半径/pm	157	136	125	117	110	104	99	191
化合价	+1	+2	+3	+4 −4	+5 −4	+6 −2	+7 −1	0
金属性与非金属性	很活泼金属	活泼金属	金属	非金属	非金属	较活泼非金属	很活泼非金属	稀有气体
最高价氧化物分子式	Na_2O	MgO	Al_2O_3	SiO_2	P_2O_5	SO_3	Cl_2O_7	
最高价氧化物水化物分子式	NaOH 强碱	$Mg(OH)_2$ 中强碱	$Al(OH)_3$ H_3AlO_3 两性	H_2SiO_3 弱酸	H_3PO_4 中强酸	H_2SO_4 强酸	$HClO_4$ 强酸	

1. 核外电子分布的周期性变化

原子序数从 1～2 的元素，即从 H 到 He，有一个电子层，电子分布从 $1s^1$ 到 $1s^2$，达稳定结构。从 3～10 号元素，即从 Li 到 Ne，有两个电子层，最外层电子分布由 $2s^1$ 到 $2s^22p^6$，达稳定结构。从 11～18 号元素，即从 Na 到 Ar，有三个电子层，最外层电子分布由 $3s^1$ 到 $3s^23p^6$，也达稳定结构。即随着原子序数的递增，元素原子的最外层电子分布呈周期性变化。

2. 原子半径的周期性变化

从碱金属元素 Li 到卤素 F，随着原子序数的递增，原子半径从 123pm 递减到 64pm。同样，从碱金属 Na 到卤素 Cl，随着原子序数的递增，原子半径也逐渐减小。稀有气体原子半径较大。即随着原子序数的递增，元素的原子半径呈周期性变化。

3. 元素性质的周期性变化

从 3～10 号元素，11～18 号元素，元素的性质呈现如下递变规律：都是从活泼的金属元素（碱金属）过渡到活泼的非金属元素（卤素），最后以稀有气体结尾；元素的化合价由 +1 递增到 +7（O、F 除外），中部出现负价，负价由 −4 逐渐升到 −1，稀有气体元素的化合价通常为零；最高价氧化物对应的水化物碱性逐渐减弱，酸性逐渐增强。即随着原子序数的递增，元素的性质呈周期性变化。

如果对 18 号以后的元素进行研究，同样，会得到上述规律。可以概括为：**元素性质随原子序数的递增而呈周期性变化。这个规律叫做元素周期律。**

核外电子分布的周期性变化是导致元素性质周期性变化的根本原因；元素性质周期性变化是核外电子分布周期性变化的必然结果。

二、元素周期表

根据元素周期律，把元素按原子序数递增的顺序排列成表，叫做元素周期表。元素周期表是元素周期律的具体表现形式，它简明地反映了元素之间相互联系的规律。

元素周期表有多种形式，目前广泛使用的是长式周期表（见书末附的元素周期表），其结构介绍如下。

1. 周期

电子层数相同，而依照原子序数递增的顺序排列的一系列元素，称为一个周期。元素周期表中有七个周期，排成七个横行。

由于电子在原子核外分布遵循三个基本规则，并按能级组由低到高的顺序依次填入各轨道中，每填满一个能级组，就增加一个电子层，完成一个周期。因此，周期的划分与能级组的划分是一致的（如表 4-7 所示）。

表 4-7 周期与能级组的关系

能级组	能级	可容纳电子数	元素数目	元素	周期
1	1s	2	2	$_1$H～$_2$He	一
2	2s2p	8	8	$_3$Li～$_{10}$Ne	二
3	3s3p	8	8	$_{11}$Na～$_{18}$Ar	三
4	4s3d4p	18	18	$_{19}$K～$_{36}$Kr	四
5	5s4d5p	18	18	$_{37}$Rb～$_{54}$Xe	五
6	6s4f5d6p	32	32	$_{55}$Cs～$_{86}$Rn	六
7	7s5f6d7p	32	(32)	$_{87}$Fr～$_{118}$	七

周期序数＝该周期元素原子的电子层数（$_{46}$Pd 除外）＝能级组数
每周期元素的数目＝相应能级组中各能级所容纳的电子数

第一、二、三周期叫做**短周期**，分别含 2、8、8 种元素；第四、五、六周期叫**长周期**，其中，第四、五周期各含 18 种元素，第六周期含 32 种元素；第七周期以前没有填满而称为**不完全周期**，但到 2017 年，也已经全部填满至 32 种元素。

第六周期中，从 57 号元素 La 到 71 号元素 Lu 共有 15 种元素，它们的电子层结构和性质非常相似，总称为**镧系元素**。第七周期中，从 89 号元素 Ac 到 103 号元素 Lr，电子层结构和性质也十分相似，总称为锕系元素。锕系元素中，U 后面的元素，多数由人工进行核反应制得，又叫做超铀元素。为了使元素周期表紧凑，镧系和锕系元素在周期表中各占一格，并分两行另排在表的下方。

2. 族

由不同周期中外层电子数相同的元素构成 18 个纵行，除 8、9、10 三个纵行统称第Ⅷ B 族外，其余每一纵行称为一族，计 16 族❶。

族又分为 8 个主族、8 个副族。族序数通常用罗马数字表示。主族（符号 A）由短周期元素和长周期元素构成，表示为ⅠA、ⅡA、ⅢA、ⅣA、ⅤA、ⅥA、ⅦA、ⅧA，按左二六五分别列于周期表的两侧；副族（符号 B）仅由长周期元素构成，表示为ⅠB、ⅡB、ⅢB、ⅣB、ⅤB、ⅥB、ⅦB、ⅧB。**副族位于周期表的中部，统称为过渡元素**。习惯上，又把ⅢB 族元素中的 Sc、Y 及镧系元素等 17 种元素合称为稀土元素。

通常，把原子中能参与化学反应（能形成化学键）的电子称为价电子。除ⅠB、ⅡB、ⅧB 族外，族序数等于价电子数。即：

主族序数＝最外层电子数＝（ns＋np）电子数＝价电子数
ⅢB～ⅦB 族序数＝[(n-1)d＋ns]电子数＝价电子数

 阅读材料　　　　稀土元素的应用

稀土元素是 18 世纪沿用下来的名称，因为当时认为这些元素稀有，它们的氧化物既难溶又难熔，因而得名。现已查明，稀土元素并不稀少，特别是中国的稀土资源十分丰富，有开采价值的储量占世界第一位。稀土元素性质相似，并在矿物中共生，难以分离。稀土元素

---

❶ 为了便于国际学术交流，避免不同国家使用不同符号的混乱现象，1986 年 IUPAC 推荐使用新的周期表形式，计 18 族，分别用阿拉伯数字标出（见书末附表；元素周期表第一横标），并用符号★（黑色）、★（红色）分别标识镧系、锕系元素。

具有特殊的物质结构,因而具有优异的物理、化学、磁、光、电学性能,有着极为广泛的用途。例如:

(1) 结构材料 在钢铁中加入适量稀土金属或稀土金属的化合物,可以使钢得到良好的塑性、韧性、耐磨性、耐热性、抗氧化性、抗腐蚀性等。

(2) 磁性材料 稀土金属可制成永磁材料,稀土永磁材料是20世纪60年代发展迅速的新型功能材料。稀土金属能制成磁光存储记录材料,用于生产磁光盘等。

(3) 发光材料 稀土金属的氧化物可作发光材料,如彩色电视机显像管中使用的稀土荧光粉,使画面亮度和色彩的鲜艳度都提高许多。金属卤化物发光材料能制成节能光源。稀土金属还能制成固体激光材料、电致发光材料等,电致发光材料可用于大面积超薄型显示屏。

(4) 贮氢材料 用稀土金属制成的贮氢材料广泛用于高容量充电电池的电极。

(5) 催化剂 在石油化工中,稀土金属主要用于作催化活性高、寿命长的分子筛型的催化剂,可以用于石油裂化、合成橡胶等工业。近来,科学家正致力于研究用稀土金属作为汽车尾气净化的催化剂。

(6) 超导材料 北京有色金属研究总院发明的"混合稀土-钡-铜-氧超导体"为高温超导体的研究和应用开拓了新的途径,荣获第23届国际发明展览会金奖。

(7) 特种玻璃 在石英光导纤维中掺入某些稀土金属,可大大增强光纤的传输能力。在玻璃工业中,用稀土金属作澄清剂、着色剂,可以使玻璃长期保持良好的透明度。玻璃中若加入某些稀土金属的氧化物可使玻璃染成黄绿色、紫红色、橙红色、粉红色等。稀土金属化合物也常用于陶瓷的颜料。

(8) 精密陶瓷 在陶瓷电容器的材料中加入某些稀土金属,可提高电容器的稳定性,延长使用寿命。

(9) 在农、林、牧、医等方面的应用 稀土金属元素可制成微量元素肥料,促进作物对氮、磷、钾等常用肥料的吸收。施用混合稀土肥料后,小麦、水稻、棉花、玉米、高粱、油菜等可增产10%左右,红薯、大豆等可增产50%左右。稀土金属可制成植物生长调节剂、矿物饲料添加剂等。但是,稀土金属对作物作用机制,以及长期使用对环境、生理等的影响还需做更深入的研究。

(10) 在环境保护方面的应用 如硝酸铜在环境保护方面得到应用,它可以很有效地除去污水中的磷酸盐。含磷酸盐的污水如果被排放到自然水中去,会促使水藻增殖,使水质恶化。

(11) 引火合金 稀土金属可以用来作引火合金,如做民用打火石和炮弹引信。打火石一般含稀土金属70%左右,而其中铈又占了40%,以铈为主的混合轻稀土金属与粗糙表面摩擦时,其粉末就会自燃。

*3. 元素的分区

在周期表中,可根据原子最后一个电子分布的亚层,将元素分为四个区(如表4-8所示)。

通常,把价电子所在的亚层称为价电子层(简称价层),价电子层上的电子分布称为价电子构型(或价层电子构型)。元素周期表中,各区元素的价层电子构型都具有不同的特征。

(1) s区元素 包括ⅠA、ⅡA族元素,价层电子构型为$ns^{1\sim2}$。它们都是活泼金属。

(2) p区元素 包括ⅢA~ⅧA族,价层电子构型为$ns^2np^{1\sim6}$(除He外)。它们既有金属元素,又有非金属元素(含稀有气体)。

(3) d区元素 包括ⅢB~ⅦB、Ⅷ、ⅠB、ⅡB族,都是过渡元素,价层电子构型为$(n-1)d^{1\sim10}ns^{1\sim2}$(Pd除外,无5s电子)。该区元素最外层只有1~2个s电子,在化学反应中容易失去,因此都是金属元素,又称**过渡金属**。其化学性质比较相似。

表 4-8 元素周期表分区图

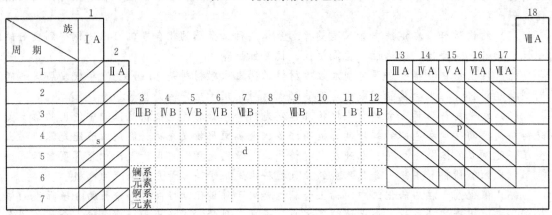

(4) f 区元素 包括镧系、锕系元素，价层电子构型为 $(n-2)f^{1\sim14}ns^2$ [个别有 $(n-1)d^1$]。它们都是金属元素，主要区别是倒数第三层 f 亚层上电子数不同。它们的化学性质极为相似。

知识拓展

元素周期律和元素周期表的意义。

为了揭示元素间的内在联系和规律，使庞杂的元素知识系统化，化学家们进行了不断地探索。1869 年俄国化学家门捷列夫（Д. И. Менделеев）在前人工作的基础上，首先提出："元素性质，随原子量的递增而呈周期性变化"的元素周期律，并编制了第一张元素周期表（当时只发现 63 种元素）。直到 20 世纪初，随着原子结构理论的逐步发展，人们才真正认识到周期律的基础不是原子量，而是核电荷数，核外电子分布的周期性变化是元素性质周期性变化的根本原因。此后，元素周期表逐步发展成现在的形式。

元素周期律和元素周期表在很多领域都有重要的意义。在哲学上，元素周期律的发现，证实了由量变到质变的客观规律；在自然科学上，周期律和周期表是学习、研究元素化学的重要工具，它为预言和发现新元素，以及对发展物质结构理论提供了理论依据。根据元素原子的价层电子构型，就能确定该元素在周期表中的位置，进而推断元素的化学性质；在生产实践和科学实验中，根据周期表中位置靠近的元素性质相近的事实，可以指导人们寻找及合成新材料。例如，从过渡元素中选择良好的催化剂材料（如 Fe、Ni、Pt、Rh 等），以及耐腐蚀、耐高温材料（如 Ti、Cr、Mo、W 等）；从金属元素和非金属元素边界线附近寻找半导体材料（如 B、Si、Ge、Se、Te、Ga、As、Sb 等）；还可用周期表右上角的元素（如 F、Cl、S、P、As 等）试制新农药等。此外，根据地球上元素的分布规律，对探矿也有指导意义。

第四节 主族元素性质的递变规律

一、原子半径

由于核外电子的运动没有确定的轨迹，电子云也没有鲜明的边界，因而单个原子的半径是无法确定的。通常使用的原子半径，是根据原子存在的不同形式定义的。**同种元素的两个**

原子以共价键结合时，核间距离的一半称为共价半径；金属晶体中，相邻两原子核间距离的一半称为金属半径；分子晶体中，相邻分子的两个同种原子核间距离的一半称为范德华半径（范氏半径）。图 4-5 示出了 Cl_2 晶体里，Cl 原子的共价半径（99pm）和范氏半径（180pm）。显然，$r_v > r_c$。

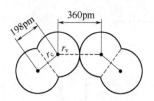

图 4-5 氯原子的共价半径 (r_c) 和范氏半径 (r_v)

原子半径的大小与原子的电子层数、核电荷数及电子层结构有关。一般，电子层数越多，原子半径越大；电子层数相同时，核电荷数越多，原子半径越小；最外层电子达到稳定结构时，原子半径较大。

由表 4-9 看出，同一周期从左至右，主族元素的原子半径递减，这是由于核电荷数的增加，原子核对各电子层引力增大造成的；过渡元素的原子半径减小缓慢，且不规则，这是由于增加的 $(n-1)d$ 电子对最外层 ns 电子的排斥，部分抵消了原子核的吸引力所引起的；同样，镧系和锕系元素增加的 $(n-2)f$ 电子对最外层 ns 电子的排斥作用，也使其原子半径收缩幅度减小；稀有气体的原子半径较大，这与其外层电子达 ns^2np^6 稳定结构有关，也与其采用范德华半径有关。

表 4-9 元素的原子半径 r/pm

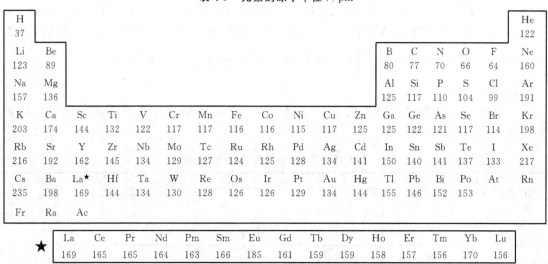

同一族从上到下，主族元素的原子半径显著增大，这是电子层数的增加引起的；过渡元素因核电荷数显著增多，原子半径增大的幅度较小，且不规则。

二、电负性

化合物中的原子是处在与其他原子相互联系的环境中，彼此都在争夺电子。为全面描述不同元素的原子在分子中吸引电子的能力，1932 年美国化学家鲍林（L. Pauling）提出了电负性概念。

电负性（符号 X）是元素的原子在分子中吸引成键电子的能力。他指定最活泼非金属元素 F 的电负性为 4.0，然后通过计算得出其他元素电负性的相对值。

元素的电负性主要取决于原子的核电荷数、原子半径和原子的电子层结构。随着原子序数的递增，电负性呈周期性变化，见表 4-10。同一周期从左至右，主族元素随核电荷数增加，原子半径减小，核对电子的吸引能力增强，电负性递增；同一主族从上到下，虽然核电荷数有所增加，但原子半径递增起主导作用，因而原子吸引电子能力减弱，电负性递减。

电负性综合反映原子得失电子倾向。电负性大，原子易得电子，通常，非金属元素的电

表 4-10　元素的电负性[1]

H 2.1																
Li 1.0	Be 1.5											B 2.0	C 2.5	N 3.0	O 3.5	F 4.0
Na 0.9	Mg 1.2											Al 1.5	Si 1.8	P 2.1	S 2.5	Cl 3.0
K 0.8	Ca 1.0	Sc 1.3	Ti 1.5	V 1.6	Cr 1.6	Mn 1.5	Fe 1.8	Co 1.9	Ni 1.9	Cu 1.9	Zn 1.6	Ga 1.6	Ge 1.8	As 2.0	Se 2.4	Br 2.8
Rb 0.8	Sr 1.0	Y 1.2	Zr 1.4	Nb 1.6	Mo 1.8	Tc 1.9	Ru 2.2	Rh 2.2	Pd 2.2	Ag 1.9	Cd 1.7	In 1.7	Sn 1.8	Sb 1.9	Te 2.1	I 2.5
Cs 0.7	Ba 0.9	La 1.0~1.2	Hf 1.3	Ta 1.5	W 1.7	Re 1.9	Os 2.2	Ir 2.2	Pt 2.2	Au 2.4	Hg 1.9	Tl 1.8	Pb 1.9	Bi 1.9	Po 2.0	At 2.2
Fr 0.7	Ra 0.9	Ac 1.1														

[1] 鲍林电负性数据。

负性大于 2.0（除 Si 外），如同一周期中，卤素的电负性最大，在化合物中多以阴离子形式存在；电负性小，原子易失电子，一般金属元素的电负性小于 2.0（除 Pt、Au、Pb、W 等少数金属元素外），如同一周期中，碱金属元素的电负性最小，在化合物中多以阳离子形式存在。根据电负性还可以判断元素在化合物中的化合价（如 $\overset{+1}{H}\overset{-1}{Cl}$）和化学键的类型（见第五章）。

三、化合价

元素的化合价决定于原子的价层电子构型，它在周期表中也呈周期性变化。如表 4-11 所示。

表 4-11　主族元素化合价的递变规律

主族元素	ⅠA	ⅡA	ⅢA	ⅣA	ⅤA	ⅥA	ⅦA
价层电子构型	ns^1	ns^2	ns^2np^1	ns^2np^2	ns^2np^3	ns^2np^4	ns^2np^5
价电子数	1	2	3	4	5	6	7
最高化合价	+1	+2	+3	+4	+5	+6	+7
负化合价	—	—	—	−4	−3	−2	−1

除 O、F 外，主族元素的价电子能全部参加化学反应。即：

$$最高化合价 = (ns+np)电子数 = 价电子数 = 族序数$$
$$负化合价 = 最高化合价 - 8$$

过渡元素的化合价比较复杂。ⅢB~ⅦB 族元素的最高化合价等于价电子数；ⅡB 族元素的最高化合价等于 ns 电子数；ⅠB 族元素不规律；ⅧB 族元素只有 Ru、Os 的最高化合价是 +8，其余均较低，如 Ni、Co 的最高化合价只为 +3。过渡元素都是金属元素，通常不显负价。

由于主族元素的 np 电子和过渡元素的 $(n-1)d$ 电子可以部分或全部参加化学反应，因此，多数元素又有不同的化合价。

四、元素的金属性和非金属性

元素的金属性是指元素的原子失去电子的能力；元素的非金属性是指元素的原子得到电子的能力。

元素得失电子的能力，取决于核电荷数、原子半径和外层电子结构。一般，核电荷越少、原子半径越大或外层电子数越少,原子就越容易失去电子,元素的金属性越强;反之,越容易得到电子,元素的非金属性越强。

元素的金属性和非金属性强弱,可以用电负性衡量。电负性越小,元素的金属性就越强;电负性越大,元素的非金属性就越强。其变化规律如表 4-12 所示。

同一周期从左至右,主族元素的金属性递减,非金属性递增;同一主族从上到下,元素的金属性递增,非金属性递减。

表 4-12 主族元素金属性和非金属性的递变

主族		ⅠA	ⅡA	ⅢA	ⅣA	ⅤA	ⅥA	ⅦA
周期 二三四五六七	原子半径增大 电负性逐渐减小 金属性逐渐增强 ↓	原子半径减小 电负性增大 非金属性逐渐增强 →						非金属性逐渐增强 ↑
		Li	Be	B	C	N	O	F
		Na	Mg	Al	Si	P	S	Cl
		K	Ca	Ga	Ge	As	Se	Br
		Rb	Sr	In	Sn	Sb	Te	I
		Cs	Ba	Tl	Pb	Bi	Po	At
		Fr	Ra					
		← 金属性逐渐增强						
最高化合价		+1	+2	+3	+4	+5	+6	+7
负化合价					−4	−3	−2	−1

沿 B、Si、As、Te、At 和 Be、Al、Ge、Sb、Po 之间划一条虚线,线的左边是金属元素,右边是非金属元素。线两侧的元素既表现出某些金属性质,又表现出某些非金属性质,其中,Si、Ge、As、Te 等又常称为半金属,是典型的半导体材料。从整个周期表看,左下角是金属性最强的元素,右上角是非金属性最强的元素。

元素的金属性和非金属性强弱,主要表现在元素的性质上。一般,主族元素的金属性越强,其单质就越容易从水或酸中置换出 H_2(如 Na 遇冷水就能剧烈反应放出 H_2,而 Mg 需与沸水反应),对应氢氧化物的碱性越强;主族元素的非金属性越强,其单质就越易与 H_2 化合,气态氢化物越稳定,其高价含氧酸的酸性越强。

例如,第三周期(见表 4-6),从左到右,最高价氧化物对应的水化物碱性逐渐减弱,酸性逐渐增强,反映同周期主族元素金属性和非金属性的递变规律;同样,碱金属氢氧化物的碱性及卤素氢化物的稳定性的逐渐变化,反映同主族元素金属性和非金属性的递变规律。

【例 4-1】 已知某元素原子的价层电子构型为 $3s^2 3p^3$。
(1)试确定其在周期表中的位置(区,周期、族、原子序数),并推断其主要化学性质。
(2)写出与其相邻的元素符号,并比较元素的性质。

解 (1)由价层电子构型 $3s^2 3p^3$ 可知:
该原子最后一个电子分布在 3p 亚层,是 p 区元素;
共有三个电子层,是第三周期元素;
有 5 个(3s+3p)电子,是ⅤA族元素;
其原子序数为 15,是非金属元素 P。其最高化合价为 +5,负化合价为 −3;最高价氧化物为 P_2O_5,对应水化物为 H_3PO_4;气态氢化物为 PH_3。
(2)与 P 相邻元素均为非金属,非金属性强弱顺序为:

$$\text{Si} < \overset{\text{N}}{\underset{\text{As}}{\overset{\vee}{\underset{\vee}{\text{P}}}}} < \text{S}$$

练一练

根据元素在元素周期表中的位置，说明 S、Cl 和 F 三种元素下列性质的递变规律。
(1) 原子半径　　(2) 电负性　　(3) 非金属性

习　题

1. 填表

符　号	原子序数	质 子 数	中 子 数	电 子 数	质 量 数
O	8				16
Na				11	23
Cr			28		52
Fe^{3+}				23	56
F^-		9	10		
Mg^{2+}	12		12		
$^{40}_{20}Ca$					

2. 在符号 ^6_3Li、$^{14}_7N$、$^{23}_{11}Na$、$^{24}_{12}Mg$、$^{12}_6C$、^7_3Li、$^{14}_6C$ 中，含有＿＿＿＿种元素；＿＿＿＿种原子；互称同位素的有＿＿＿＿、＿＿＿＿；质量数相等的有＿＿＿＿；中子相等的有＿＿＿＿。

3. 有关氢的符号 H、^2H、$\overset{+1}{H}$、H^+、H_2、^2_1H 各代表什么含义。

4. C 有 $^{12}_6C$ 和 $^{13}_6C$ 两种稳定天然同位素，已知碳元素的原子量是 12.011，同位素 $^{13}_6C$ 的原子量是 13.00335，试求：$^{12}_6C$ 的丰度；碳元素的近似原子量。

5. 核外电子运动状态要从哪几方面描述？哪些决定电子能量？哪些确定原子轨道？

6. 符号 p、2p、$2p_x$、$2p'_x$ 各代表什么含义？

7. M 电子层有几个亚层？符号是什么？共有几个轨道？电子的最大容量是多少？

8. 改错

原　子	核外电子排布	违背哪条规则	正确的电子结构式
$_5B$	$1s^2 2s^3$		
$_7N$	$1s^2 2s^2 2p^1_x 2p^1_y$		
$_{25}Mn$	$1s^2 2s^2 2p^6 3s^2 3p^6 3d^7$		

9. 写出下列原子或离子的电子排布式、原子实表示式和轨道表示式。
(1) $_8O$　(2) $_{24}Cr$　(3) $_{25}Mn^{2+}$　(4) $_{12}Mg$

10. 什么叫元素周期律？其实质是什么？

11. 根据原子的价层电子构型，指出相应元素在周期表中的位置（区、族、周期、原子序数）。
(1) $3s^2 3p^5$　(2) $4s^2$　(3) $3d^2 4s^2$　(4) $3d^{10} 4s^2$

12. 根据元素在周期表中的位置，比较下列各组化合物的同浓度溶液酸碱性强弱。
(1) $Mg(OH)_2$ 和 $Al(OH)_3$　　(2) $Ca(OH)_2$ 和 $Mg(OH)_2$
(3) HNO_3 和 H_3PO_4　　(4) H_3PO_4 和 $HClO_4$

13. 根据元素在周期表中的位置，比较下列各组气态氢化物的稳定性。

(1) H_2O 和 HF 　　(2) HCl 和 H_2S
(3) HCl 和 HI 　　(4) NH_3 和 PH_3

14. 某元素 R 的最高价氧化物分子式是 RO_3，气态氢化物中 H 的质量分数为 5.88%。R 的原子量是多少？

15. 已知某元素的价层电子构型为 $3s^2 3p^4$。

(1) 试确定其在周期表中的位置（区、周期、族、原子序数），并推断其主要化学性质。

(2) 写出与其相邻的元素符号，并比较元素的性质。

第五章 分子结构

能力目标

1. 能判断极性键和非极性键，σ 键和 π 键。
2. 会判断分子的极性，氢键的形成，比较共价化合物的熔、沸点高低，溶解度等性质。

知识目标

1. 掌握共价键的类型，理解化学键的概念及离子键、共价键、配位键、金属键的本质和特征。
2. 理解分子的极性，分子间力类型及变化规律，氢键的形成条件、本质及特征，掌握分子间力和氢键对物质性质的影响规律。

自然界的物质，除稀有气体外，都不以单原子状态存在，而是以原子（或离子）结合成分子（或晶体）。物质之间进行化学反应的实质是分子的形成和分解，**分子是保持物质化学性质的一种粒子**。物质的性质不仅取决于分子的组成，而且还与分子的结构密切相关。研究分子结构对从本质上认识物质的性质有着重要的意义。

分子结构包括两方面内容，即原子间的结合方式（化学键）和原子在分子中的排列方式（分子的空间构型）。

此外，分子间还普遍存在着分子间力，有时还有氢键。它们直接影响物质的某些物理性质。

第一节 化 学 键

原子既然能够结合成分子，原子之间必然存在着相互作用，这种相互作用不仅存在于直接相邻的原子之间，而且，也存在于分子内非直接相邻的原子之间，前一种比较强烈。**这种分子或晶体中，相邻原子（或离子）之间存在的强烈的相互作用，叫做化学键。**

化学键形成的原因在于原子间的电子运动。根据电子运动的方式不同，化学键分为离子键、共价键和金属键三种基本类型。

一、离子键

1. 离子键的形成

在一定的条件下，活泼金属和活泼非金属容易发生化学反应。如 Na 能在 Cl_2 中燃烧：

$$2Na + Cl_2 \xrightarrow{\text{点燃}} 2NaCl$$

反应中，Na 原子失去 1 个电子，形成 Na^+；Cl 原子获得这个电子，形成 Cl^-。它们都达到了类似稀有气体的稳定结构。形成过程表示如下：

$$Na(1s^2 2s^2 2p^6 3s^1) - e \longrightarrow Na^+ (1s^2 2s^2 2p^6)$$
$$Cl(1s^2 2s^2 2p^6 3s^2 3p^5) + e \longrightarrow Cl^- (1s^2 2s^2 2p^6 3s^2 3p^6) \longrightarrow NaCl$$

带有相反电荷的 Na^+ 和 Cl^- 通过静电吸引作用相互靠近,同时,电子与电子,原子核与原子核之间还有相互排斥作用。当 Na^+ 和 Cl^- 接近到一定距离时,吸引作用和排斥作用达到平衡,于是 Na^+ 与 Cl^- 就形成了稳定的化学键。

也可用电子式(用·或×表示原子最外层电子的式子)表示 NaCl 的形成过程:

$$Na^\times + \cdot \ddot{\underset{\cdot\cdot}{Cl}}: \longrightarrow Na^+[\overset{\cdot\cdot}{\underset{\cdot\cdot}{\times Cl}}:]^-$$

这种阴、阳离子间靠静电作用所形成的化学键,叫做离子键。

一般,活泼金属元素和活泼非金属元素,即电负性相差较大(一般大于 1.7)的两种元素原子相互化合时,容易发生电子得失,形成离子键。

以离子键结合形成的化合物,叫做离子化合物。 绝大多数盐、碱和金属氧化物是离子化合物。

2. 离子键的特征

离子键的本质是阴、阳离子之间的静电作用,它具有如下特征。

(1) **没有方向性** 离子的电荷分布是球形对称的,由于静电作用无方向性,所以,阴、阳离子可以在任何方向互相结合。

(2) **没有饱和性** 只要空间条件允许,每种离子都尽可能多地与带异种电荷的离子结合。例如,在 NaCl 晶体中,每个 Na^+ 与一个 Cl^- 以静电作用相结合后,并没有减弱与其他方向 Cl^- 的静电作用,Cl^- 还可以沿不同方向与 Na^+ 靠近形成离子键;Na^+ 也可以沿不同方向与 Cl^- 靠近成键。由于离子空间的限制(由 Na^+ 与 Cl^- 的吸引、排斥平衡确定),每个 Na^+(或 Cl^-)只能与 6 个 Cl^-(或 Na^+)相结合。因此,化学式 NaCl 只反映晶体中 Na^+ 与 Cl^- 的数量比(只有气态时才有单个 NaCl 分子存在)。通常使用的氯化钠分子量,也仅是对化学式而言的。

二、共价键

同种元素或电负性相差不大的非金属元素,吸引电子能力相同或相近,显然,原子间不能通过电子得失形成离子键。它们之间所形成的化学键是共价键。1930 年鲍林(L. Pauling)等人提出的价键理论,能从本质上说明这类原子的成键问题。

1. 共价键的形成

以 H_2 的形成为例,价键理论认为,具有相反自旋方向电子的两个 H 原子,相互接近成键时,各提供一个电子,形成共用电子对。共用电子对在两个原子核周围运动,使每个 H 原子都具有 He 原子的稳定结构。即:

电子式表示 $H\cdot + \times H \longrightarrow H \overset{\cdot}{\times} H$

轨道表示式

这种原子间通过共用电子对所形成的化学键,叫做共价键。

在 H_2 分子中,两个 H 原子的 1s 轨道发生重叠,核间电子云密度较大[见图 5-1(a)]。这既增强了核对电子云的吸引力,又削弱了两核间的排斥力,使体系的能量低于两个孤立 H 原子的能量之和(如图 5-2)。基态 H_2 分子的核间距为 74pm。

具有相同自旋状态电子的两个 H 原子,相互靠近时,电子云呈推斥态。两核间电子云密度减小 [如图 5-1(b)],体系的能量升高(如图 5-2)。因此,不能形成 H_2 分子。

总之,共价键的本质是原子轨道的重叠。

现代价键理论(又称电子配对法)的基本要点如下。

(1) **电子配对原理** 两原子接近时,自旋方向相反的单电子,可以配对形成共价键。

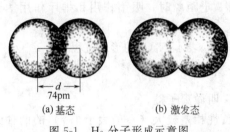

图 5-1　H_2 分子形成示意图

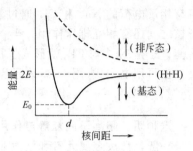

图 5-2　H_2 分子能量曲线

(2) **最大重叠原理**　成键时，原子轨道将尽可能达到最大重叠，使核间电子云密度增大，形成的共价键更牢固。

在化学中，常用一根短线来表示一对共用电子，因此，H_2 分子的结构式为 H—H。

【**例 5-1**】　写出 Cl_2、N_2、H_2O 的电子式和结构式。

解　　分子式　　　　电子式　　　　结构式

Cl_2　　　　$\ddot{C}l\!:\!\ddot{C}l$　　　　Cl—Cl

N_2　　　　$N\!:\!:\!:\!N$　　　　N≡N

H_2O　　　　$H\!:\!\ddot{O}\!:\!H$　　　　H—O—H

只以共价键结合形成的化合物，叫做共价化合物。绝大多数非金属元素的化合物是共价化合物，如 HCl、H_2SO_4、HNO_3、CO_2 等。

共价化合物中不存在离子键；而离子化合物中可含有共价键。例如，在 NaOH 中，Na^+ 和 OH^- 之间是离子键，而 OH^- 中的 H、O 原子之间是共价键。其电子式为：

$Na^+\ [\!:\!\ddot{O}\!:\!H]^-$

练一练

下列化合物中，含有共价键的离子化合物是_____。
A. NaOH　　B. HNO_3　　C. NaClO　　D. NH_3

2. 共价键的特征

与离子键不同，共价键是具有饱和性和方向性的化学键。

(1) **饱和性**　根据电子配对原理，一个原子有几个未成对的电子，就只能和几个自旋相反的未成对电子配对成键，即原子形成共价键的数目受未成对电子数限制。这就是共价键的饱和性。如 H 原子能以共价单键形成 H_2，而不会形成 H_3；N 原子有三个未成对电子，能以共价三键形成 N_2；而稀有气体没有未成对电子，原子间不能成键，故为单原子分子。

(2) **方向性**　根据最大重叠原理，为了形成稳定的共价键，原子轨道将尽可能沿着电子云密度最大的方向进行重叠。这就是共价键的方向性。

例如，HCl 分子的形成。Cl 原子核外仅有一个未成对的 3p 电子，假设它所在的轨道沿 x 轴方向伸展。当核间距相同时，H 原子的 1s 轨道只有沿 x 轴靠近，才能与 Cl 原子的 $3p_x$ 轨道发生最大重叠，形成稳定的 HCl 分子 [见图 5-3(a)]；否则，只能很少重叠或不重叠

[见图 5-3(b)、图 5-3(c)]，键就不稳定或不能形成，故不能形成稳定的 HCl 分子。

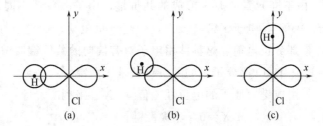

图 5-3　HCl 分子形成示意图

3. 共价键的类型

共价键按共用电子对数不同，可分为单键、双键和三键；按原子轨道的重叠方式不同，可分为 σ 键和 π 键；按共用电子对在两原子核间是否有偏移，可分为极性共价键和非极性共价键；按提供共用电子对的方式不同，可分为普通共价键和配位共价键。

*（1）σ 键和 π 键

① σ 键　原子轨道沿键轴（成键两原子核间的连线）方向，以"头碰头"方式重叠形成的共价键，称为 σ 键。σ 键的电子云对键轴呈圆柱形对称[见图 5-4(a)]。如 H_2 分子中的 s-s 键、HCl 分子中的 p_x-s 键、Cl_2 分子中的 p_x-p_x 键就是 σ 键。共价单键都是 σ 键。

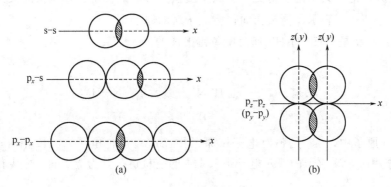

图 5-4　σ 键和 π 键
(a) σ 键；(b) π 键

② π 键　原子轨道在键轴两侧，以"肩并肩"方式重叠形成的共价键，称为 π 键。π 键的电子云垂直于键轴，呈平面对称[见图 5-4(b)]。

当两个原子形成双键或三键时，受原子轨道的伸展方向限制，每个原子只有一个原子轨道以"头碰头"方式重叠形成 σ 键，其余轨道只能以"肩并肩"方式重叠形成 π 键。例如，N_2 分子中的两个 N 原子是以 1 个 σ 键和 2 个 π 键结合在一起的（见图 5-5）。

通常，π 键的重叠程度比 σ 键小，π 电子能量较高，容易发生化学反应。

（2）非极性共价键和极性共价键

① 非极性共价键　由同种元素的原子形成的共价键，由于电负性相同，共用电子对没有偏向，电子云在两核间的分布是对称的。**这种共用电子对没有偏向的共价键叫做非极性共价键，简称非极性键。**如 H_2、N_2、Cl_2 等分子中的共价键就是

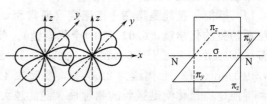

图 5-5　N_2 分子形成的示意图

非极性键。

② 极性共价键　由不同元素的原子形成的共价键，由于电负性不同，共用电子对偏向于电负性较大的原子一端，其电子云密度较大，带部分负电荷；而电负性较小的原子一端，电子云密度则较小，带部分正电荷。**这种共用电子对有偏向的共价键叫做极性共价键，简称极性键**。如 HCl、NH_3、H_2O 等分子中的共价键就是极性键。

键的极性强弱，可由成键两原子的电负性差值（ΔX）来判断。即：

$$\Delta X = 0 \quad 非极性键；$$

$$\Delta X < 1.7 \quad 极性键；$$

$$\Delta X > 1.7 \quad 离子键（HF 除外）$$

通常，把 ΔX 较大的共价键又称为强极性键；ΔX 较小的叫弱极性键。极性键是介于非极性键和离子键之间的过渡状态。

查一查

查一查表 4-10，指出下列化合物中，含有离子键的是_____。

A. H_2O　　　B. $AlCl_3$　　　C. $BeCl_2$　　　D. MgO

(3) 配位共价键　**共用电子对由一个原子提供而形成的共价键，叫做配位共价键，简称配位键**。用箭号"→"表示，箭头指向接受电子对的原子。

例如，NH_4^+ 就是 NH_3 与 H^+ 通过配位键形成的。

NH_3 的 N 原子中，$2s^2$ 是孤对电子（原子中已成对的价电子），H^+ 有 1s 空轨道，当 NH_3 和 H^+ 作用时，N 原子的孤对电子进入 H^+ 的空轨道，并为 N、H^+ 所共有，于是就形成了配位键。

NH_4^+ 的四个共价键具有相同的性质。

配位键是极性共价键，它与普通共价键一样，也具有方向性和饱和性。

形成配位键必须具备两个条件：

① 提供共用电子对的原子（称电子给予体）的价电子层有孤对电子；

② 接受共用电子对的原子（称电子接受体）的价电子层有空轨道。

由于配位键的作用，形成了一大类配位化合物（见第十二章）。

* 4. 键参数

化学键的性质可以用某些物理量来描述。如键能、键长、键角等。**这些表征化学键性质的物理量统称为键参数**。

(1) 键能　**键能是指在一定温度（通常为 25℃）100kPa 的条件下，断裂气态分子中单位物质的量的化学键（6.02×10^{23} 个化学键），使它成为气态原子或原子团时所需要的能量**。用符号 E 表示，单位是 $kJ \cdot mol^{-1}$。如 H—H 的键能是 $436 kJ \cdot mol^{-1}$，即在 100kPa、25℃ 时，由 1mol H—H 离解为 2mol H，要吸收 436kJ 的能量。

键能是衡量化学键强弱的物理量。键能越大，化学键越牢固。表 5-1 列出了一些共价键的键能。

（2）**键长** 形成化学键的两个原子核间的平衡距离（或核间距）叫键长。单位是 pm❶。表 5-1 列出一些化学键的键长。

键长是反映分子几何构型的重要数据之一。某些情况下也可用来比较化学键的稳定性，一般，键长越短，键越牢固。

表 5-1　一些共价键的键长和键能①

键	键长/pm	键能/kJ·mol^{-1}	键	键长/pm	键能/kJ·mol^{-1}
H—H	74	436	C—H	109	414
C—C	154	347	C—N	147	305
C=C	134	611	C—O	143	360
C≡C	120	837	C=O	121	736
N—N	145	159	C—Cl	177	326
O—O	148	142	N—H	101	389
Cl—Cl	199	244	O—H	96	464
Br—Br	228	192	S—H	136	368
I—I	267	150	N≡N	110	946
S—S	205	264	F—F	128	158

① 多原子分子的键能为平均键能。

（3）**键角**　分子内同一原子形成的两个化学键之间的夹角，叫做键角。

键角是反映分子空间构型的重要数据之一。例如，H_2O 分子中，两个 O—H 键间的夹角是 104°45′，说明 H_2O 是 V 形构型；CO_2 分子中，两个 C=O 键间的夹角是 180°，说明 CO_2 是直线形构型。一般说来，如果知道一个分子中所有价键的键角和键长，该分子的空间构型就已确定。

三、金属键

金属原子的最外层电子较少，与原子核的联系较松弛，容易失去电子形成阳离子。**在金属晶体中，从原子中脱落下来的电子不是固定在某一金属离子的附近，而是在整个晶体中作自由运动，称为自由电子**。自由电子时而和金属离子结合成原子，时而又从原子中脱落下来，把金属原子和金属离子紧密地结合起来。

这种依靠自由电子的运动，把金属原子和金属离子结合在一起的化学键，叫做金属键（见图5-6）。由于整个晶体中的原子和离子共用全部自由电子，因此，金属键没有方向性和饱和性。

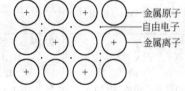

图 5-6　金属键示意图

金属的许多共性都与自由电子的存在有关。金属中的自由电子可以吸收或反射一定波长的可见光，因此金属不透明，且具有光泽；金属局部受热时，运动中的自由电子会相继把能量传递给邻近的原子或离子，因此，金属有良好的导热性；在外电场的作用下，自由电子能作定向运动，故金属是良导体；金属受外力作用时，因原子或离子间的滑动可产生变形，但由于自由电子的作用，金属键并没被破坏，因此金属有良好的延展性。例如，金属 Al 可以加工成 0.01mm 或

---

❶ 1pm（皮米）=10^{-12}m。

更薄的铝箔;1g Au 可以拉成 4000 m 长的细丝。

第二节 分子间力和氢键

H_2O、NH_3 及 O_2 等气体,在一定的温度和压力下,能凝聚为液体或固体,说明**分子间还存在着一种相互吸引的作用,称为分子间力**。1873 年荷兰物理学家范德华(J. D. Van der Waals)首先对分子间力进行了研究,因此又称其为**范德华力**。分子间力是决定物质熔点、沸点、溶解度等物理性质的主要因素。

分子间力的本质是静电引力,这种静电引力的产生与分子的极性和分子的变形性有关。

一、分子的极性和偶极矩

1. 分子的极性

分子中存在着带正电荷的原子核和带负电荷的电子。由于正、负电荷数相等,所以,整个分子是电中性的。我们设想,分子中的正、负电荷各集中于一点,分别称为正电荷重心和负电荷重心,用"+"或"−"表示。

如果分子中正负电荷重心是重合的,这种分子叫做非极性分子[见图 5-7(a)];**如果分子中正负电荷重心是偏离的,这种分子叫做极性分子**[见图 5-7(b)]。

图 5-7 非极性分子与极性分子示意图
(a)非极性分子;(b)极性分子

双原子分子的极性,决定于键的极性。如 H_2、N_2、Cl_2 等分子由非极性键形成,是非极性分子;而 HCl、CO、HBr 等分子由极性键形成,是极性分子。

多原子分子的极性,决定于分子的组成和空间构型(见表 5-2)。例如,CH_4 分子中 C—H 键是极性键,但是 4 个氢原子以正四面体的顶角位置对称地分布在碳原子的周围,整个 CH_4 分子正、负电荷重心重合,故是非极性分子;而 H_2O 是 V 形分子,2 个 O—H 键的极性不能完全抵消,负电荷重心更靠近电负性较大的氧原子一端,因此,H_2O 是极性分子。

表 5-2 简单类型分子的极性

分子的类型和空间构型	分子极性	实 例	分子的类型和空间构型	分子极性	实 例
单原子分子 A	非	稀有气体	四原子分子 AB_3(平面三角形)	非	BF_3、BCl_3
双原子分子 A_2	非	N_2、H_2、Cl_2	AB_3(三角锥形)	极	NH_3、PCl_3
AB	极	HCl、HF、CO			
三原子分子 ABA(直线形)	非	CO_2、CS_2、$BeCl_2$	五原子分子 AB_4(正四面体)	非	CH_4、CCl_4、SiH_4、$SnCl_4$
ABA(弯曲形)	极	H_2O、H_2S、SO_2	AB_3C(四面体)	极	CH_3Cl、$CHCl_3$
ABC(直线形)	极	HCN			

2. 偶极矩

分子极性的强弱,通常用偶极矩来定量衡量。偶极矩(μ)等于分子中正(或负)电荷重心的电量(q)与偶极长度(正、负电荷重心间的距离,d)的乘积:

$$\mu = qd \tag{5-1}$$

μ 是矢量,方向由正电荷重心指向负电荷重心。其单位是 C·m(库·米)。μ 的数值可由实验测出。表 5-3 列出了某些分子的偶极矩。

表 5-3　某些分子的偶极矩

物质名称	偶极矩/C·m	物质名称	偶极矩/C·m	物质名称	偶极矩/C·m	物质名称	偶极矩/C·m
N_2	0	CH_4	0	HF	6.34×10^{-30}	CO	0.40×10^{-30}
H_2	0	CCl_4	0	HCl	3.58×10^{-30}	H_2S	3.63×10^{-30}
CO_2	0	$CHCl_3$	3.63×10^{-30}	HBr	2.57×10^{-30}	H_2O	6.17×10^{-30}
CS_2	0	NH_3	4.29×10^{-30}	HI	1.25×10^{-30}	SO_2	5.28×10^{-30}

$\mu=0$ 的分子为非极性分子；$\mu>0$ 的分子为极性分子；μ 越大，分子的极性越强。

二、分子间力及其对物质性质的影响

1. 分子间力

分子间力一般包括三部分：取向力、诱导力和色散力。

(1) 取向力　当极性分子相互靠近时，由于同极相斥、异极相吸，会使分子按异极相邻的方向取向（见图5-8）。**这种由固有偶极的取向而产生的分子间力，叫做取向力。**

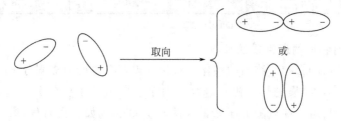

图 5-8　极性间分子取向示意图

取向力的大小与分子的偶极矩有关，偶极矩越大，取向力越大。此外，温度越高，分子取向越困难，取向力越小。

(2) 诱导力　极性分子和非极性分子充分靠近时，极性分子的固有偶极会诱导非极性分子的电子云，使其变形，导致分子的正、负电荷重心不相重合，产生诱导偶极（见图5-9），随之相互吸引。**这种固有偶极与诱导偶极间的作用力，叫做诱导力。**

分子的固有偶极越大，诱导力越大；分子越易变形（如当组成原子的半径增大时），诱导力也越大。

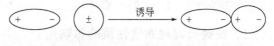

图 5-9　极性分子诱导非极性分子示意图

极性分子之间，由于固有偶极的相互影响，也会产生诱导偶极，使分子的极性增大。即极性分子之间也存在着诱导力。

(3) 色散力　非极性分子没有固有偶极，显然，不存在取向力和诱导力。但是，常温下 Br_2 是液体，I_2 是固体；在加压、降温时，Cl_2、N_2、O_2 等也可液化。这说明非极性分子间还存在着另一种分子间力。

在任何分子中，电子和原子核都处在不断地运动之中。因此，正负电荷重心会发生瞬间的偏离，产生瞬时偶极。瞬时偶极能使邻近的分子异极相邻（见图5-10）。**这种瞬时偶极之间的作用力，叫做色散力。**

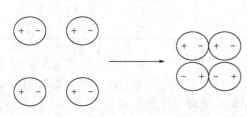

图 5-10　非极性分子相互作用示意图

尽管瞬时偶极存在的时间极短，但却不断出现，异极相邻的状态也时刻出现。因此，色散力始终存在着，而且普遍存在于各种类型的分子之间。

色散力的大小，取决于分子的变形性。在组成、结构相似的物质中，分子量越大，分子的变形性也越大，色散力随之增大。

总之，分子间力是存在于分子之间的一种静电引力。它有如下特点：作用能小（见表5-4），一般是几至几十 $kJ·mol^{-1}$，比化学键键能小1～2个数量级；绝大多数分子色散力是主要的，取向力次之，诱导力最小，只有极性很强而变形性又很小的分子（如 H_2O），其取向力才是主要的；作用范围很小，当分子间距离小于500pm时，才起作用。超过此距离就显著减弱，可忽略不计。

表 5-4 分子间作用能的构成①

分子	取向能 /kJ·mol^{-1}	诱导能 /kJ·mol^{-1}	色散能 /kJ·mol^{-1}	总和 /kJ·mol^{-1}	分子	取向能 /kJ·mol^{-1}	诱导能 /kJ·mol^{-1}	色散能 /kJ·mol^{-1}	总和 /kJ·mol^{-1}
Ar	0	0	8.5	8.5	HCl	3.31	1.00	16.83	21.14
CO	0.003	0.008	8.75	8.76	NH_3	13.31	1.55	14.93	29.79
HI	0.025	0.113	25.87	26.00	H_2O	36.39	1.93	9.00	47.32
HBr	0.69	0.513	21.94	23.14					

① 表中温度为25℃，两分子间距离为500pm时的数据。

2. 分子间力对物质物理性质的影响

(1) 对熔、沸点的影响　物质的熔化与汽化，需要吸收能量克服分子间力（指共价型物质）。分子间力越大，物质的熔、沸点越高。由于色散力是主要的分子间力，因此，组成、结构相似的物质，其熔、沸点随分子量的增大而升高。例如，稀有气体从He到Xe、卤素分子从 F_2 到 I_2，熔、沸点依次升高。

(2) 对相互溶解的影响　人们从大量的实验事实总结出"相似相溶"的规律，即"结构相似的物质（溶质和溶剂），易于互相溶解"、"极性相似的物质（溶质和溶剂）易于相互溶解，即极性分子易溶于极性溶剂中，非极性分子易溶于非极性溶剂中"。这是由于这样溶解的前后，分子间力变化较小的缘故。

例如，结构相似的乙醇（CH_3CH_2OH）和水（HOH）可以互溶；非极性分子 I_2 易溶于非极性溶剂 CCl_4，而难溶于水中。

三、氢键及其对物质性质的影响

1. 氢键

根据分子间力的讨论，卤化氢的熔、沸点应随分子量的增大而逐渐升高，但分子量最小的HF却反常高（见表5-5）。原因是HF的分子之间除范德华力外，还存在着另一种较大的作用力，这就是氢键。

表 5-5 卤化氢的熔、沸点

卤 化 氢	HF	HCl	HBr	HI
熔点/℃	−84	−111	−85	−51
沸点/℃	−19	−85	−67	−35

(1) 氢键的形成　在HF分子中，由于F的电负性很大，共用电子对强烈偏向F原子一方，使H原子核几乎"裸露"出来。这个半径很小，又无内层电子的氢核，能吸引邻近HF分子中F原子的孤对电子，这种静电吸引作用就是氢键（见图5-11）。

氢键是已经和电负性很大的原子形成共价键的H原子，又与另一个电负性很大的原子

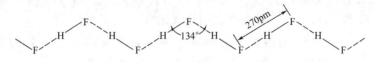

图 5-11 HF 分子间氢键示意图

之间较强的静电吸引作用。

通过氢键，简单分子可以缔合成复杂分子，而不改变其化学性质。如：

$$n\text{HF} \rightleftharpoons (\text{HF})_n \quad (n=2,3\cdots)$$
$$n\text{H}_2\text{O} \rightleftharpoons (\text{H}_2\text{O})_n \quad (n=2,3\cdots)$$
$$n\text{NH}_3 \rightleftharpoons (\text{NH}_3)_n \quad (n=2,3\cdots)$$

不仅同种分子可以形成氢键，某些不同分子间也可形成氢键，如图 5-12 所示。

氢键用通式 X—H---Y 表示。X、Y 可以相同，也可以不同。

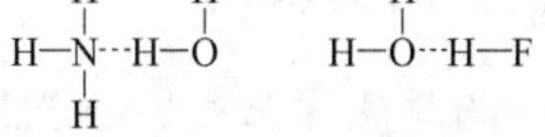

形成氢键的条件如下。

X—H 为强极性键，即 X 的电负性大；Y 原子有吸引氢核的能力，即 Y 的电负性大，带部分负电荷，并含有孤对电子；X、Y 的原子半径小，这样，X 原子的电子云才不至于把 Y 原子排斥开。

图 5-12 一些不同物质的分子间氢键示意图

总之，元素 X 与 Y 的电负性越大，原子半径越小，形成的氢键越牢固。通常，能形成氢键的原子有 O、N、F。而 Cl 的电负性虽大，但原子半径较大，难以形成氢键；C 的电负性较小，也不能形成氢键。

（2）氢键的特征 氢键具有方向性和饱和性的特征。

方向性 当 Y 原子与 X—H 形成氢键 X—H---Y 时，三个原子将尽可能在一条直线上。这样，X 与 Y 两原子的距离远，电子云间的排斥力小，所形成的氢键强，体系稳定。

饱和性 每一个 X—H 只能与一个 Y 原子形成氢键。由于 H 原子的半径比 X 和 Y 原子小得多，当第二个 Y 原子向其靠近时，就会受到氢键上 X、Y 原子的强烈排斥，因此，X—H 上的 H 原子不能同时形成两个氢键。

2. 氢键对物质性质的影响

氢键的结合能一般在 $42\text{kJ}\cdot\text{mol}^{-1}$ 以下，通常比分子间力大，但远比化学键键能小，例如 HF 的氢键结合能为 $28\text{kJ}\cdot\text{mol}^{-1}$。因此，氢键实质是特殊的分子间力，而不是化学键。能够形成氢键的物质有很多，如水、醇、胺、羧酸、无机酸、水合物、氨合物等。在生命过程中，具有重要意义的基本物质（蛋白质、脂肪、糖等）都有氢键。氢键既可在分子间形成，又能在分子内形成；既存在于液体中，又存在于晶体甚至气体中。氢键对物质的某些性质有很大的影响。

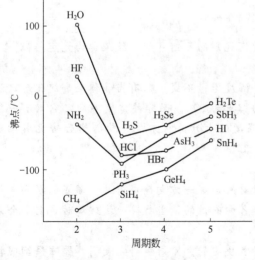

图 5-13 ⅣA～ⅦA 族元素氢化物的沸点递变情况

（1）对熔、沸点的影响 分子间氢键增

强了分子间的结合力，使物质熔化或汽化时，需消耗更多的能量，因而熔、沸点显著升高。例如，HF、H_2O 和 NH_3 的熔、沸点都比同族氢化物反常高（见图 5-13）。

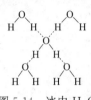

图 5-14　冰中 H_2O 分子间氢键示意图

(2) 对溶解度的影响　溶质分子与溶剂分子间的氢键，使溶质的溶解度显著增大。如 NH_3、HF 均易溶于水。

(3) 对密度的影响　氢键的饱和性和方向性使缔合分子排列比较规则，通常，随缔合程度增大，空隙增多，因而密度减小。例如，H_2O 分子的缔合随温度降低，程度增大，在低于 0℃ 时，全部 H_2O 分子结成巨大的缔合分子——冰（见图5-14），故冰的密度比水小。

(4) 对黏度的影响　分子间有氢键的液体，一般黏度较大。例如，甘油、磷酸、浓硫酸等多羟基化合物，由于较多氢键的形成，通常为黏稠状液体。

　阅读材料　　　　　　晶体的基本类型

物质通常呈气、液、固三种聚集状态，**固体是具有一定体积和形状的物质**，它又分为晶体和非晶体两大类。自然界中，大多数固体物质是晶体。

一、晶体的特征

1. 有规则的几何外形

例如，食盐晶体是立方体；明矾［硫酸铝钾 $KAl(SO_4)_2 \cdot 12H_2O$］晶体是正八面体；石英（SiO_2）晶体是六角柱体（见图 5-15）。

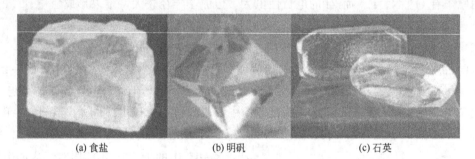

(a) 食盐　　　　　　　(b) 明矾　　　　　　　(c) 石英

图 5-15　几种晶体的外形

非晶体如玻璃、松香、石蜡、沥青等，则没有规则的几何外形，故又称为**无定形体**。

2. 有固定的熔点

加热晶体达到熔点即开始熔化，继续加热，温度保持不变，只有当晶体全部熔化后，温度才开始上升，说明晶体有固定的熔点，如冰的熔点为 0℃。而非晶体则不同，它只有一段软化的温度范围。例如，加热松香时，伴随着温度的上升，它先是变软，然后转化成黏稠液，最后成为液体。其软化的温度范围是 50~70℃。

3. 各向异性

晶体的某些物理性质具有方向性。例如，云母可沿某一方向撕成薄片；石墨的层向电导率比垂直于层向的电导率高出 10^4 倍。非晶体是各向同性的，当打碎一块玻璃时，它不会沿着一定的方向破裂，而是得到不同形状的碎片。

晶体和非晶体性质的差异，主要是由内部结构决定的。X 射线研究表明，**晶体是组成物质的粒子（分子、原子或离子）在空间有规则地排列成具有规则几何外形的固体物质**。组成晶体的粒子有规则地排列在空间的一定点上，这些点的总和叫做**晶格**（或点阵），排列粒子的点叫**晶格结点**。

晶体与非晶体也可以互相转化。例如，石英晶体可以转化为石英玻璃（非晶体）；涤纶的熔体，若迅速冷却，得到的是无定形体，若缓慢冷却，则可得到晶体。

有一些物质如炭黑、粉末状沉淀，在外观上往往不具备整齐的外形，但结构分析表明，它们是由微晶体组成的，因此，仍属于晶体。

二、晶体的类型

根据晶格结点上粒子的种类和粒子间的作用力不同，晶体分为如下四种基本类型。

1. 离子晶体

晶格结点上交替排列着阴、阳离子，两者之间以离子键相结合而形成的晶体，叫做离子晶体。这类晶体中不存在独立的小分子，整个晶体就是一个巨型分子，常以化学式表示其组成。如图 5-16 是 NaCl 和 CsCl 的晶体结构。

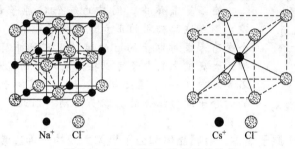

图 5-16　NaCl 和 CsCl 的晶体结构

NaCl 与 CsCl 的晶体结构虽然不同，但其阴、阳离子数目之比都是 1∶1。

由于阴、阳离子之间存在着强烈的静电作用，因此，离子晶体的熔、沸点高，硬度较大，质脆，多数易溶于极性溶剂（如 H_2O），水溶液或熔化状态能导电。

2. 原子晶体

晶格结点上排列着原子，原子间靠共价键结合而形成的晶体，叫做原子晶体。常见的原子晶体有金刚石（C）、金刚砂（SiC）、石英（SiO_2，俗称水晶）、Si、B 等。在金刚石晶体中，每个 C 原子（sp^3 杂化）周围有 4 个 C—C 键，整块晶体为一个巨型分子（见图 5-17）。

原子晶体中的共价键强度很大，破坏它需要很高的能量，故这类晶体的熔点很高，硬度很大（金刚石的熔点高达 3570℃，硬度为 10），不溶于一般溶剂，是电的绝缘体或半导体。

图 5-17　金刚石的结构

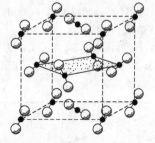
图 5-18　二氧化碳晶体结构

3. 分子晶体

晶格结点上排列着分子，分子间以分子间力结合的晶体，叫做分子晶体。通常，非金属单质、非金属化合物（NH_4Cl 除外）和大多数有机化合物的固体为分子晶体。例如，固态

CO_2（干冰）就是一种典型的分子晶体（见图 5-18）。

由于分子间力（包括氢键）比化学键弱得多，所以分子晶体的熔、沸点低（H_2 的熔点为 $-259℃$，沸点为 $-253℃$），易挥发，甚至不经熔化而直接升华（常压下，干冰在 $-78.5℃$ 时升华，因而常用做制冷剂），硬度小，晶体和熔化状态均不导电。

4. 金属晶体

在晶格结点上，排列着金属原子或金属离子，并靠金属键结合而形成的晶体，叫做金属晶体。

由于自由电子的作用，金属晶体有良好的导热性、导电性和延展性。但金属键的结构复杂，致使某些金属的熔点、硬度相差很大。例如，Mg、W 的熔点分别为 610℃、3410℃；Na、Cr 的硬度分别为 0.4、9.0。

除上述四种晶体外，还有一种过渡型晶体。如层状的石墨晶体（见图 5-19）。

在石墨晶体中，同层的每个 C 原子都有 3 个 C—C 的 σ 键，形成彼此相联的正六边形网状结构。每个 C 原子剩下的 1 个含有未成对电子的 p 轨道，又"肩并肩"地重叠，形成大 π 键。大 π 键上的电子可以在同层内自由流动，故层向电导率大。石墨层内 C—C 键长为 142pm；而层间距离为 335pm，是以微弱的分子间力结合的，容易滑动。因此，石墨可作固体润滑剂及铅笔芯等。

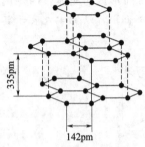

图 5-19　石墨的晶体结构

总之，石墨是介于原子晶体、金属晶体和分子晶体之间的一种过渡型晶体。其化学性质很稳定、熔点很高。

习　题

1. 什么叫化学键？如何分类？有几类？
2. 将下列离子按离子半径由小到大的顺序排列。
   (1) Mg^{2+}　　(2) Al^{3+}　　(3) O^{2-}　　(4) S^{2-}　　(5) F^-
3. 共价键按不同的分类依据，可分为哪几种类型？
4. 比较离子键、共价键的本质及特点。
5. 下列化合物各包含什么键？哪些是共价化合物？哪些是离子化合物？试写出电子式及共价化合物的结构式。
   (1) H_2S　　(2) $Ba(OH)_2$　　(3) CaF_2　　(4) CCl_4　　(5) NH_4Cl
6. 举例说明配位键的形成条件及表示方法。
7. 化学键的极性是如何产生的？试比较下列物质中化学键极性的大小。
   (1) NH_3　　(2) CH_4　　(3) HF　　(4) H_2O
8. 解释下列事实：
   (1) 常温、常压下，F_2、Cl_2 为气体，Br_2 为液体，而 I_2 为固体。
   (2) I_2 易溶于 CCl_4、汽油，而难溶于水。
9. 填表（画"√"或"×"）

作用力＼物质	I_2 和 CCl_4	HCl 和 H_2O	NH_3 和 H_2O	N_2 和 H_2O
取向力				
诱导力				
色散力				
氢键				

第六章 化学反应速率和化学平衡

能力目标

1. 能应用化学反应速率的影响规律指导化学实验。
2. 会正确书写平衡常数表达式。
3. 能进行有关化学平衡计算。
4. 能应用化学反应速率和化学平衡原理解释化学反应条件的选择。

知识目标

1. 理解化学反应速率的概念、表示,掌握浓度、压力、温度和催化剂对化学反应速率的影响规律。
2. 理解化学平衡及平衡常数的概念、意义。
3. 理解温度、浓度、压力等因素对化学平衡的影响,掌握平衡移动原理。
4. 了解化学反应速率和化学平衡原理在化工生产中的应用。

化学反应速率和化学平衡是人们研究化学反应时最为关心的两个问题。化学平衡研究反应进行的程度,着眼于反应的可能性;化学反应速率研究反应进行的快慢,着眼于反应的现实性。要想全面地认识一个化学反应,必须同时考虑这两个问题。本章学习的化学反应速率和化学平衡的概念、规律和计算方法,将是后面化学知识学习的必备基础,也是今后指导化工生产必需的理论依据。

第一节 化学反应速率

一、化学反应速率的表示方法

化学反应有些进行得很快,如火药的爆炸、酸碱溶液的中和等,瞬间即可完成;有些则进行得很慢,如岩石的风化、金属的腐蚀、油类的酸败、塑料及橡胶的老化等,需经很长时间才能觉察;而煤和石油在地壳内的形成,要经过几十万年甚至更长的时间。

化学反应速率是衡量化学反应快慢的物理量。反应速率越大,反应进行得越快。对气体恒容或在溶液中进行的反应,通常用单位时间内反应物浓度的减小或生成物浓度的增大来表示:

$$v_i = \frac{\Delta c_i}{\Delta t} \tag{6-1}$$

式中 v_i——以 i 物质表示的反应速率,$mol \cdot L^{-1} \cdot s^{-1}$;

Δc_i——i 物质的浓度变化值(反应物为减小,生成物为增大),$mol \cdot L^{-1}$;

Δt——浓度变化所需要的时间,s。

【例6-1】 在某给定的条件下,N_2 和 H_2 在密闭容器中合成 NH_3,已知如下:

$$N_2 + 3H_2 \rightleftharpoons 2NH_3$$

起始浓度/$mol \cdot L^{-1}$ 1.0   3.0   0
2s末浓度/$mol \cdot L^{-1}$ 0.8   2.4   0.4

试求用不同物质表示的反应速率。

解 $v(N_2) = \dfrac{\Delta c(N_2)}{\Delta t} = \dfrac{1.0 \text{mol}\cdot\text{L}^{-1} - 0.8 \text{mol}\cdot\text{L}^{-1}}{2\text{s} - 0\text{s}} = 0.1 \text{mol}\cdot\text{L}^{-1}\cdot\text{s}^{-1}$

$v(H_2) = \dfrac{\Delta c(H_2)}{\Delta t} = \dfrac{3.0 \text{mol}\cdot\text{L}^{-1} - 2.4 \text{mol}\cdot\text{L}^{-1}}{2\text{s} - 0\text{s}} = 0.3 \text{mol}^{-1}\cdot\text{L}^{-1}\cdot\text{s}^{-1}$

$v(NH_3) = \dfrac{\Delta c(NH_3)}{\Delta t} = \dfrac{0.4 \text{mol}\cdot\text{L}^{-1} - 0 \text{mol}\cdot\text{L}^{-1}}{2\text{s} - 0\text{s}} = 0.2 \text{mol}\cdot\text{L}^{-1}\cdot\text{s}^{-1}$

答：该合成 NH_3 反应用 N_2、H_2 和 NH_3 表示的反应速率分别为 $0.1 \text{mol}\cdot\text{L}^{-1}\cdot\text{s}^{-1}$、$0.3 \text{mol}\cdot\text{L}^{-1}\cdot\text{s}^{-1}$ 和 $0.2 \text{mol}\cdot\text{L}^{-1}\cdot\text{s}^{-1}$。

上述计算结果的含义是：在反应起始的 2s 内，平均每秒 N_2 的浓度减小 $0.1 \text{mol}\cdot\text{L}^{-1}$，$H_2$ 的浓度减小 $0.3 \text{mol}\cdot\text{L}^{-1}$，$NH_3$ 的浓度增大 $0.2 \text{mol}\cdot\text{L}^{-1}$。

由此可见，用不同物质表示某一反应速率时，数值可能有所不同。因此必须注明物质基准，通常用容易测定浓度的物质为基准。还可以看到：

$$v(N_2) : v(H_2) : v(NH_3) = 1 : 3 : 2$$

即**用不同物质表示的反应速率之比，等于化学计量数之比**。这个结论适用于任何一个气体恒容或溶液体积不变的化学反应。显然，已知一种物质表示的反应速率，就能根据化学方程式计算出其他物质表示的反应速率。

上述反应速率只代表反应在某指定时间间隔内的平均速率，而不表示某一时刻的瞬时速率。反应时间越短，平均速率就越接近瞬时速率。一般，用粗略的平均速率描述化学反应快慢时，要指明具体时间间隔。以后提到的反应速率，若不特殊说明均指瞬时速率。

二、影响反应速率的因素

决定反应速率的内因是反应物的本性（组成、结构）。例如，H_2 和 F_2 在低温暗处即可发生爆炸；而 H_2 和 Cl_2 则需光照或加热才能迅速反应。通常，无机物之间的反应比有机物快；溶液中离子之间的反应又比多数分子反应快得多。但是，浓度、压力、温度和催化剂等外界条件对反应速率也有重要的影响。生产和实验中，常常通过改变某些外界条件来控制反应速率。

1. 浓度对反应速率的影响

将带火星的木条插入盛有纯氧的集气瓶中，木条会复燃。这是由于纯氧中 O_2 的浓度比空气中大，从而加快了木条的氧化反应。同样，在溶液中进行的反应也与此相似。

[演示实验6-1] 取两支试管，在第一支试管中加入 2mL $0.1 \text{mol}\cdot\text{L}^{-1}$ $Na_2S_2O_3$ 溶液和 3mL 水，在第二支试管中加入 5mL $0.1 \text{mol}\cdot\text{L}^{-1}$ $Na_2S_2O_3$ 溶液。另取两支试管，各加入 5mL $0.1 \text{mol}\cdot\text{L}^{-1}$ H_2SO_4 溶液，然后，同时分别倒入上面的两支试管中，观察实验现象。

可以看到，第二支试管中首先出现浑浊。说明 $Na_2S_2O_3$ 浓度大的，化学反应较快。

$$Na_2S_2O_3 + H_2SO_4(\text{稀}) = Na_2SO_4 + S\downarrow + SO_2\uparrow + H_2O$$

反应生成的硫不溶于水，使溶液产生浑浊。

大量的实验表明，在其他条件不变时，增大反应物浓度，会增大反应速率；减小反应物浓度，会减小反应速率。

2. 压力对反应速率的影响

当温度不变时，一定量气体的体积与其所受的压力成反比。若压力增大到原来的二倍，气体的体积就缩小到原来的一半，单位体积内分子数就增大到原来的二倍，即浓度增大到原来的二倍。因此，**对于气体反应物，增大压力，就是增大反应物的浓度，因而反应速率增**

大;反之,减小压力,就是减小反应物浓度,则反应速率减小。

如果参加反应的物质是固体、纯液体或溶液时,改变压力它们的体积几乎不变,可以认为不影响反应速率。

3. 温度对反应速率的影响

[演示实验6-2] 取两支试管,各加入 5mL 0.1mol·L^{-1} Na$_2$S$_2$O$_3$ 溶液,再将两支试管分别插入冷水和热水中。另取两支试管,各加入 5mL 0.1mol·L^{-1} H$_2$SO$_4$ 溶液,然后同时分别倒入上面的两支试管中,注意观察实验现象。

实验表明:插在热水中盛有混合溶液的试管里首先出现浑浊。说明温度升高,能加快化学反应。

大量实验证明,对于一般反应来说,**温度每升高 10℃,反应速率大约增大到原来的 2～4 倍**,此即范特荷甫(Van't Hoff)规则。

4. 催化剂对反应速率的影响

催化剂是能改变化学反应速率,而本身的质量和化学性质在反应前后都没有变化的物质。有催化剂参加的反应叫催化反应。催化剂能改变反应速率的作用叫催化作用。

[演示实验6-3] 取两支试管,各加入 3mL 质量分数 3‰ H$_2$O$_2$ 溶液,在其中一支试管中加入少量 MnO$_2$ 粉末,观察实验现象。

从实验中看到,在放有少量 MnO$_2$ 的试管中,很快有气泡生成,而另一支试管里气泡产生得慢且少。反应如下:

$$2H_2O_2 \xrightarrow{MnO_2} 2H_2O + O_2 \uparrow$$

说明 MnO$_2$ 能加快 H$_2$O$_2$ 的分解,对该反应有催化作用。

催化剂能改变反应速率常数,因而能改变反应速率。这种改变有增大和减小两种情况,**能增大反应速率的叫做正催化剂;能减小反应速率的叫做负催化剂**。若不特殊说明均指正催化剂。催化剂在不同的场合又有不同的称呼。如生物体内的催化剂通称为酶(如胃蛋白酶、脂肪酶和麦芽糖酶等);工业上的催化剂又称为触媒;用于延缓金属腐蚀的称为缓蚀剂;能防止橡胶和塑料老化的称为抗老化剂;防止化学试剂分解的称为稳定剂等。

催化剂在现代化学、化工和石油化工生产中占有极为重要的地位。据统计约有 85% 的化学反应需要使用催化剂,如硫酸、硝酸、氨、合成纤维、合成橡胶、合成塑料及石油的催化裂化、催化加氢、催化重整等工业生产的建立和发展都离不开催化剂。每当发现一种新的催化剂,都会给工业生产带来一次技术革命。

催化剂具有选择性。一种催化剂往往只对某些特定的反应有催化作用。如 V$_2$O$_5$ 宜于 SO$_2$ 的氧化,铁催化剂宜于合成氨等。利用这一特性,当同一反应物有多种平行反应时,可选用合适的催化剂增大目的反应的速率。催化剂的选择性还体现在反应条件上,**许多催化剂只在一定的温度范围内起催化作用,这一温度范围叫做催化剂的活性温度**。例如,在 450～500℃时,铁催化剂对合成 NH$_3$ 反应的催化作用最大。

在催化反应中,由于某些杂质或副产物会使催化剂降低或失去催化作用(称为催化剂中毒),所以实际工作中常需对原料或催化剂进行必要的处理。

5. 其他因素对反应速率的影响

发生在固-气、固-液、固-固及溶液-纯液体之间的反应,是在界面上进行的,因此反应速率还与接触面和接触机会有关。如稀硫酸与锌粉的反应,比与相同质量的锌粒反应剧烈,这是因为前者有较大接触面的缘故；而燃烧煤粉时，鼓风要比不鼓风烧得旺，这是由于鼓风既能使 O_2 不断地接触界面，又能使生成的 CO_2 等产物迅速离开界面，这种扩散增加了反应物间的接触机会，因而反应加快。在实际工作中，对这样的反应常采取粉碎、搅拌、研磨、喷淋、鼓风等措施来增大反应速率。

其他，如光、超声波、激光、电磁波、放射线、溶剂等对某些反应速率也有不可忽视的影响。

想一想

下列说法正确吗？为什么？

（1）对一般反应来说，温度每升高 10℃，反应速率大约增大 2~4 倍。

（2）催化剂是能增大反应速率，而本身的质量和化学性质在反应前后都没有变化的物质。

第二节 化 学 平 衡

一、可逆反应与化学平衡

1. 可逆反应

用 MnO_2 为催化剂时，$KClO_3$ 可受热分解为 KCl 和 O_2：

$$2KClO_3 \xrightarrow[\Delta]{MnO_2} 2KCl + 3O_2 \uparrow$$

而在相同的条件下，KCl 和 O_2 就不能化合成 $KClO_3$。

这种只能向一个方向进行的反应叫做不可逆反应（或单向反应）。在化学方程式中用等号"="或右向箭号"$\longrightarrow$"表示。

但是，绝大多数化学反应与此不同。例如，将两种混合气 0.01mol CO_2 和 0.01mol H_2、0.01mol CO 和 0.01mol H_2O 各通入容积为 1L 的密闭容器里，然后在有催化剂存在的条件下加热至 1200℃。过一段时间后取样分析，发现两个容器里都是由 CO_2、H_2、CO 和 H_2O 四种物质组成的混合气。这说明，在该条件下，由 CO_2 与 H_2 反应生成 CO 和 H_2O，以及与其相反方向的反应都能够发生。

这种在同一条件下，能同时向正、逆两个方向进行的反应，叫做可逆反应。可逆反应在化学方程式中用可逆号"$\rightleftharpoons$"表示。

$$CO_2 + H_2 \xrightleftharpoons[1200℃]{催化剂} CO + H_2O(g)$$

通常，把向右进行的反应叫做正反应，用"$\longrightarrow$"表示；把向左进行的反应叫做逆反应，用"$\longleftarrow$"表示。

2. 化学平衡

对于上述第一个密闭容器，当恒温 1200℃ 达一定时间后，测得容器中 CO_2、H_2、CO 和 H_2O 四种气体的浓度分别保持在 0.004mol·L^{-1}、0.004mol·L^{-1}、0.006mol·L^{-1} 和 0.006mol·L^{-1} 不变。这表明，在此条件下，正、逆反应都没能进行到底。分析如下：

反应开始时，CO_2 和 H_2 的浓度最大，而 CO 和 H_2O 的浓度为零，所以正反应速率最大，逆反应速率为零。随着反应的进行，CO_2 和 H_2 的浓度逐渐降低，而 CO 和 H_2O

的浓度逐渐升高，故正反应速率随之减小，逆反应速率随之增大。当反应进行到一定程度时，正、逆反应速率相等（见图 6-1），此后，反应物和生成物的浓度不再随时间的变化而改变。

这种在一定的条件下，可逆反应达到正、逆反应速率相等时，体系所处的状态叫做化学平衡。

化学平衡是可逆反应在一定条件下进行的最大限度。其特征是：正、逆反应速率相等，即单位时间内，正反应使反应物浓度的减小量等于逆反应使反应物浓度的增大量；在宏观上，各种物质的浓度保持一定；在微观上，反应并没有停止，正、逆反应仍在进行。因此，**化学平衡是一种动态平衡**。

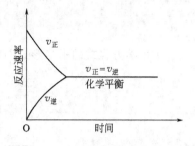

图 6-1　正、逆反应速率与化学平衡的关系

💡 想一想

"化学平衡时，反应物和生成物的浓度相等"这种说法正确吗？为什么？

二、平衡常数

1. 平衡常数表达式

在上述所研究的平衡体系中，若用 $[CO_2]$、$[H_2]$、$[CO]$ 和 $[H_2O]$ 分别表示 CO_2、H_2、CO 和 H_2O 四种物质的平衡浓度，则有：

$$\frac{[CO][H_2O]}{[CO_2][H_2]} = \frac{0.006 \times 0.006}{0.004 \times 0.004} = 2.25$$

可见，生成物的平衡浓度之积与反应物的平衡浓度之积之比是一个常数。常数 2.25 就称为该反应在 1200 ℃时的平衡常数。

大量的实验证明，**在一定的温度下，任何可逆反应**：

$$m\text{A} + n\text{B} \rightleftharpoons p\text{C} + q\text{D}$$

达到化学平衡时，生成物浓度幂的乘积与反应物浓度幂的乘积之比是一个常数（浓度的指数为化学方程式中各相应物质的化学计量数），叫做化学平衡常数，简称平衡常数。即：

$$K_c = \frac{[C]^p [D]^q}{[A]^m [B]^n} \tag{6-2}$$

式中　K_c——平衡常数❶；

[ ]——物质的平衡浓度，$mol \cdot L^{-1}$。

2. 书写平衡常数表达式的几点注意

① [A]、[B]、[C] 和 [D] 是可逆反应在一定温度下各反应物和生成物的平衡浓度。如果已知各物质的物质的量，一定要换算成浓度。

② 反应式中若有固体或纯液体物质时，其浓度不必写入 K_c 表达式中。例如：

$$CaO(s) + CO_2(g) \rightleftharpoons CaCO_3(s)$$

$$K_c = \frac{1}{[CO_2]}$$

③ 稀溶液的溶剂参与反应时，溶剂的浓度也不写入 K_c 表达式中。例如：

$$Cr_2O_7^{2-} + H_2O \rightleftharpoons 2CrO_4^{2-} + 2H^+$$

---

❶ 化学平衡常数常用标准平衡常数（$K^{\ominus}$）表示，当平衡组成用物质的量浓度表示时，两者数值相同，只是 $K^{\ominus}$ 为单位 1 的量，为简化起见，本书中的标准平衡常数暂用 K_c 表示，有关 $K^{\ominus}$ 的概念将在《物理化学》中学习。

$$K_c = \frac{[CrO_4^{2-}]^2[H^+]^2}{[Cr_2O_7^{2-}]}$$

④ 化学方程式的书写形式不同，K_c 表达式也不同。例如：

$$2SO_2 + O_2 \rightleftharpoons 2SO_3 ; K_{c1} = \frac{[SO_3]^2}{[SO_2]^2[O_2]}$$

$$SO_2 + \frac{1}{2}O_2 \rightleftharpoons SO_3 ; K_{c2} = \frac{[SO_3]}{[SO_2][O_2]^{\frac{1}{2}}}$$

显然，$K_{c1} = K_{c2}^2$ 或 $K_{c2} = \sqrt{K_{c1}}$。在查阅、使用平衡常数的数据时，必须注意与其对应的化学方程式。

3. 平衡常数的意义

平衡常数是可逆反应的特征常数。它表示在一定条件下，可逆反应进行的程度。对 K_c 表达式相似的反应，K_c 越大，平衡混合物中生成物的浓度相对越大，反应物的浓度相对越小，即反应物转化为生成物的程度越大；反之，K_c 越小，正反应进行的程度越小。表 6-1 列举了一些可逆反应的平衡常数。

对 K_c 表达式不相似的可逆反应，由于浓度的指数不同，因此不能用 K_c 直接比较反应进行的程度，而要用转化率来比较。

4. 影响平衡常数的因素

K_c 只随温度的变化而改变（见表 6-2），正反应吸热的可逆反应，K_c 随温度的升高而增大；正反应放热的可逆反应，K_c 随温度的升高而减小。在使用 K_c 时必须注意相应温度。

表 6-1 一些可逆反应的平衡常数

可 逆 反 应	平衡常数表达式	平衡常数（400℃）
$CO + H_2O(g) \rightleftharpoons H_2 + CO_2$	$K_c = \frac{[H_2][CO_2]}{[CO][H_2O]}$	11.7
$N_2 + 3H_2 \rightleftharpoons 2NH_3$	$K_c = \frac{[NH_3]^2}{[N_2][H_2]^3}$	0.507
$2SO_2 + O_2 \rightleftharpoons 2SO_3$	$K_c = \frac{[SO_3]^2}{[SO_2]^2[O_2]}$	1.08×10^7
$2NO + O_2 \rightleftharpoons 2NO_2$	$K_c = \frac{[NO_2]^2}{[NO]^2[O_2]}$	8.8×10^3
$ZnO(s) + H_2S \rightleftharpoons Zn(s) + H_2O(g)$	$K_c = \frac{[H_2O]}{[H_2S]}$	6.65×10^5

表 6-2 温度对平衡常数的影响

可 逆 反 应	K_c 表达式	$t/℃$	K_c
$N_2O_4(g) \rightleftharpoons 2NO_2(g)$ $\Delta H = +58.2 kJ \cdot mol^{-1}$	$K_c = \frac{[NO_2]^2}{[N_2O_4]}$	0	0.0005
		50	0.022
		100	0.36
$N_2(g) + 3H_2(g) \rightleftharpoons 2NH_3(g)$ $\Delta H = -92.4 kJ \cdot mol^{-1}$	$K_c = \frac{[NH_3]^2}{[N_2][H_2]^3}$	200	650
		400	0.507
		600	0.01

K_c 的大小与反应物的起始浓度无关（见表 6-3）。在一定的温度下，可逆反应无论是从

正反应开始,还是从逆反应开始,也无论反应的起始浓度有多大,最后都能达到同一化学平衡(即 K_c 值相同)。也就是说,化学平衡可以从正、逆反应两方面到达。

查一查

由表 6-2 可总结出:正反应吸热的可逆反应,K_c 随温度升高而_____;正反应放热的可逆反应,K_c 随温度升高而_____。

表 6-3 反应 $CO(g)+H_2O(g) \rightleftharpoons CO_2(g)+H_2(g)$;$\Delta H=-42.9kJ \cdot mol^{-1}$
在 800℃ 时的平衡系统的实验数据

起始浓度/mol·L^{-1}				平衡浓度/mol·L^{-1}				$K_c = \dfrac{[CO_2][H_2]}{[CO][H_2O]}$
$c(CO)$	$c(H_2O)$	$c(CO_2)$	$c(H_2)$	[CO]	[H_2O]	[CO_2]	[H_2]	
1	3	0	0	0.25	2.25	0.75	0.75	1.0
0.25	3	0.75	0.75	0.21	2.96	0.79	0.79	1.0
1	5	0	0	0.167	4.167	0.833	0.833	1.0

三、有关化学平衡的计算

化学平衡的计算主要包括两方面内容,一是确定平衡常数,二是计算平衡组成和平衡转化率。

1. 平衡常数的计算

【例 6-2】 在 400℃ 时,H_2 和 $I_2(g)$ 在 2L 的密闭容器中反应达平衡状态。实验测得,平衡体系中含 4.53mol H_2、5.68mol $I_2(g)$ 和 34.3mol HI。试求平衡常数。

解 $H_2 + I_2(g) \rightleftharpoons 2HI$

$$K_c = \frac{[HI]^2}{[H_2][I_2]} = \frac{\left(\dfrac{34.3}{2}\right)^2}{\left(\dfrac{4.53}{2}\right) \times \left(\dfrac{5.68}{2}\right)} = 45.7$$

答:该反应在 400℃ 时的平衡常数为 45.7。

2. 平衡转化率的计算

第一章介绍了根据化学方程式的计算,这类计算只适于不可逆反应。但是,在可逆反应中,由于存在着化学平衡,反应物只能部分地转化为生成物,平衡体系中各物质浓度之间的数量关系由平衡常数所确定。因此从反应物的起始浓度和平衡常数入手,就能求出各物质的平衡浓度和平衡转化率。

若为气体恒容或溶液体积不变的反应:

$$\alpha_i = \frac{\Delta c_i}{c_i} \times 100\% = \frac{c_i - [i]}{c_i} \times 100\% \tag{6-3}$$

式中 α_i ——反应物 i 的平衡转化率;
   Δc_i ——反应物 i 的变化浓度,mol·L^{-1};
   c_i ——反应物 i 的起始浓度,mol·L^{-1};
   $[i]$ ——反应物 i 的平衡浓度,mol·L^{-1}。

平衡转化率定量地表示某反应物在给定条件下转化为生成物的最大限度。α 越大,正反应进行的程度越大。使用 α 时,要注明具体反应物。

【例 6-3】 已知 800℃ 时,合成氨工业制取原料气 H_2 的反应 $CO + H_2O(g) \rightleftharpoons CO_2 + H_2$,$K_c = 1.0$。若温度不变,以 2mol·L^{-1} CO 和 3mol·L^{-1} $H_2O(g)$ 为起始进行反应,试求各物质的平衡浓度和 CO 的平衡转化率。

解 设反应达平衡时 CO 的变化浓度为 x

$$CO+H_2O(g) \rightleftharpoons CO_2+H_2$$

	CO	$H_2O(g)$	CO_2	H_2
起始浓度/mol·L^{-1}	2	3	0	0
变化浓度/mol·L^{-1}	x	x	x	x
平衡浓度/mol·L^{-1}	$2-x$	$3-x$	x	x

$$K_c = \frac{[CO_2][H_2]}{[CO][H_2O]}$$

$$1.0 = \frac{x^2}{(2-x)(3-x)}$$

$$x = 1.2 \text{mol·L}^{-1}$$

各物质的平衡浓度为：

$$[H_2]=[CO_2]=1.2 \text{mol·L}^{-1}$$
$$[CO]=2\text{mol·L}^{-1}-1.2\text{mol·L}^{-1}=0.8\text{mol·L}^{-1}$$
$$[H_2O]=3\text{mol·L}^{-1}-1.2\text{mol·L}^{-1}=1.8\text{mol·L}^{-1}$$

则

$$\alpha(CO) = \frac{1.2 \text{mol·L}^{-1}}{2\text{mol·L}^{-1}} \times 100\% = 60\%$$

答：反应达平衡时，CO、H_2O、CO_2 和 H_2 的浓度分别为 0.8mol·L^{-1}、1.8mol·L^{-1}、1.2 mol·L^{-1} 和 1.2mol·L^{-1}，CO 的转化率为 60%。

第三节 化学平衡的移动

化学平衡是在一定条件下建立的、相对的、暂时的动态平衡。当外界条件（如浓度、压力、温度等）的改变引起正、逆反应速率不相等时，平衡状态就被破坏，各物质的浓度随之发生变化，直至在新的条件下，正、逆反应速率再次相等，建立新的平衡状态。

这种因外界条件的改变，使可逆反应从一种平衡状态转变到另一种平衡状态的过程，叫做化学平衡的移动。

化学平衡移动的标志是，体系中各物质的浓度发生了变化。

一、影响化学平衡的因素

1. 浓度

[演示实验6-4] 在盛有 5mL 0.1mol·L^{-1} K_2CrO_4 溶液的试管中，逐滴加入 1mol·L^{-1} H_2SO_4 溶液，至溶液略显橙色。将混合液分盛于两支试管中，在其中一支试管里先滴加 2 滴 1mol·L^{-1} H_2SO_4 溶液，然后逐滴加入 2mol·L^{-1} NaOH 溶液。观察溶液颜色的变化，并与另一支试管比较。

实验表明：滴加 H_2SO_4 溶液时，混合液橙色加深；再加入 NaOH 溶液，混合液变为黄色。

在混合溶液中存在着如下平衡 [图 6-2(a)]：

$$2K_2CrO_4 + H_2SO_4 \rightleftharpoons K_2Cr_2O_7 + K_2SO_4 + H_2O$$

其反应实质可用离子方程式表示：

$$\underset{(黄色)}{2CrO_4^{2-}} + 2H^+ \rightleftharpoons \underset{(橙红色)}{Cr_2O_7^{2-}} + H_2O$$

当向平衡体系中加入 H^+（H_2SO_4）后，反应物浓度增大，正反应速率增大，$v'_{正} > v'_{逆}$

[图 6-2(b)]，原平衡被破坏。随着反应的进行，反应物的浓度不断减少，生成物的浓度不断增大，因而正反应速率逐渐减小；逆反应速率逐渐增大。当正、逆反应速率又相等时，体系达新的平衡状态。这一过程中，正反应占主导地位，其结果是生成物浓度增大，溶液橙色加深。即平衡向正反应方向（向右）移动。

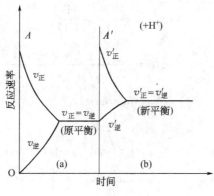

图 6-2　平衡移动示意图

练一练

若将向原溶液加 H^+ 改为加 OH^-（NaOH）时，则会中和溶液中的_____，降低反应物的浓度，使 $v'_正$ _____ $v'_逆$，因此反应向_____反应方向进行，即平衡向_____移动。

大量实验证明：对任何可逆反应，在其他条件不变时，增大反应物浓度（或减小生成物浓度），平衡向正反应方向移动；减小反应物浓度（或增大生成物浓度），平衡向逆反应方向移动。

浓度对化学平衡移动的影响，还可根据平衡常数与浓度商的关系来判断。

可逆反应 $mA+nB \rightleftharpoons pC+qD$ 在任意状态下，生成物浓度幂的乘积与反应物浓度幂的乘积的比值称为浓度商：

$$Q_c = \frac{c^p(C) c^q(D)}{c^m(A) c^n(B)} \tag{6-4}$$

式中　Q_c——可逆反应的浓度商；

　　　c——各反应物和生成物在任意状态下（包括平衡状态和不平衡状态）的浓度，$mol \cdot L^{-1}$。

Q_c 与 K_c 表达式相似，但二者概念不同。在一定的温度下，可逆反应的 Q_c 不为常数，而 K_c 为一定值。只有当 $Q_c = K_c$ 时，反应才达平衡状态，各物质的浓度为平衡浓度。此时，若增大反应物浓度（或减小生成物浓度），会导致 $Q_c < K_c$，则平衡向右移动；若减小反应物浓度（或增大生成物浓度），会使 $Q_c > K_c$，则平衡向左移动。

【例 6-4】 若温度不变，在［例 6-3］的平衡体系中加入 $3mol \cdot L^{-1} H_2O(g)$，试通过计算说明：(1) 平衡移动的方向；(2) 再达平衡时，各物质的浓度及 CO 的总转化率。

解　(1) 通入 $3mol \cdot L^{-1} H_2O(g)$ 时的浓度商为

$$Q_c = \frac{c(CO_2) \ c(H_2)}{c(CO) \ c(H_2O)} = \frac{1.2^2}{0.8 \times (1.8+3)} = 0.375 < 1.0$$

$Q_c < K_c$，平衡向右移动

(2) 设达新平衡时，CO 的变化浓度为 x

	CO	+	$H_2O(g)$	$\rightleftharpoons$	CO_2	+	H_2
起始浓度/(mol·L^{-1})	0.8		1.8+3		1.2		1.2
变化浓度/(mol·L^{-1})	x		x		x		x
平衡浓度/(mol·L^{-1})	0.8−x		4.8−x		1.2+x		1.2+x

$$K_c = \frac{[CO_2][H_2]}{[CO][H_2O]}$$

$$1.0 = \frac{(1.2+x)^2}{(0.8-x)\times(4.8-x)}$$

$$x = 0.3 \text{mol·L}^{-1}$$

各物质的平衡浓度为：

$$[H_2] = [CO_2] = 1.2 \text{mol·L}^{-1} + 0.3 \text{mol·L}^{-1} = 1.5 \text{mol·L}^{-1}$$

$$[CO] = 0.8 \text{mol·L}^{-1} - 0.3 \text{mol·L}^{-1} = 0.5 \text{mol·L}^{-1}$$

$$[H_2O] = 4.8 \text{mol·L}^{-1} - 0.3 \text{mol·L}^{-1} = 4.5 \text{mol·L}^{-1}$$

CO 变化的总浓度为：

$$1.2 \text{mol·L}^{-1} + 0.3 \text{mol·L}^{-1} = 1.5 \text{mol·L}^{-1}$$

CO 的总转化率为：

$$\alpha(CO) = \frac{1.5 \text{mol·L}^{-1}}{2 \text{mol·L}^{-1}} \times 100\% = 70\%$$

答：通入 $H_2O(g)$ 后，平衡向右移动；达新平衡时，$[H_2]$、$[CO_2]$ 为 1.5mol·L^{-1}，$[CO]$ 为 0.5mol·L^{-1}，$[H_2O]$ 为 4.5mol·L^{-1}，CO 的总转化率为 70%。

化工生产中，常用增加廉价反应物浓度的方法来提高贵重反应物的转化率。例如，在合成氨生产中采用加入过量水蒸气的办法提高 CO 的转化率，一般控制 $\frac{c(H_2O)}{c(CO)} = 5 \sim 8$。

减小生成物的浓度，平衡向右移动，也能提高反应物的转化率。例如，煅烧石灰石制取生石灰时，若将生成的 CO_2 气体不断从窑炉中排出，平衡会逐渐向右移动，致使 $CaCO_3$ 完全转化为 CaO 和 CO_2。

许多溶液中进行的可逆反应，因为生成了易挥发物或难溶物从溶液中逸出或析出，因而反应可趋于完全。

2. 压力

一定温度下，对在密闭容器中进行的气体反应，改变压力就同倍数改变各种气体的浓度。因此压力对化学平衡的影响，就是浓度对化学平衡的影响。

例如，一定温度下气体可逆反应：

$$mA(g) + nB(g) \rightleftharpoons pC(g) + qD(g)$$

达到化学平衡时，各物质的浓度分别为 [A]、[B]、[C]、[D]。若温度不变，增大平衡体系的压力至 x 倍 ($x>1$)，则各物质的浓度分别为 $c(A)=x[A]$、$c(B)=x[B]$、$c(C)=x[C]$、$c(D)=x[D]$。此时浓度商与平衡常数的关系为：

$$Q_c = \frac{c^p(C)c^q(D)}{c^m(A)c^n(B)} = \frac{(x[C])^p(x[D])^q}{(x[A])^m(x[B])^n}$$

$$= \frac{[C]^p[D]^q}{[A]^m[B]^n} x^{(p+q)-(m+n)}$$

$$= K_c x^{\Delta\nu}$$

式中 $\Delta\nu$——生成物的化学计量数之和与反应物的化学计量数之和的差。

① 当 $\Delta\nu>0$，即生成物的分子数多于反应物的分子数时，$Q_c>K_c$，平衡向左移动。例如反应：

$$N_2O_4(g) \rightleftharpoons 2NO_2(g)$$
（无色）　　　（红棕色）

增大压力，体系红棕色变浅。

② 当 $\Delta\nu<0$，即生成物的分子数少于反应物的分子数时，$Q_c<K_c$，平衡向右移动。例如反应：

$$N_2(g)+3H_2(g) \rightleftharpoons 2NH_3(g)$$

增大压力，有利于 NH_3 的生成。

③ 当 $\Delta\nu=0$，即反应前后分子数相等时，$Q_c=K_c$，平衡不移动。例如反应：

$$CO(g)+H_2O(g) \rightleftharpoons CO_2(g)+H_2(g)$$
$$H_2(g)+I_2(g) \rightleftharpoons 2HI(g)$$

无论压力是增大还是减小，平衡都不受影响。

综上，**在其他条件不变时，增大压力，平衡向气体分子数减少（气体体积缩小）的方向移动；减小压力，平衡向气体分子数增多（气体体积增大）的方向移动；反应前后气体分子数相等的可逆反应，改变压力，平衡不发生移动。**

至于没有气体参加的可逆反应，由于压力对体积的影响甚微，故改变压力平衡几乎不移动。

3. 温度

化学反应总是伴随着热量的变化。如果可逆反应的正反应是吸热的（$\Delta H>0$），那么其逆反应必然是放热的（$\Delta H<0$）。例如：

$$N_2O_4(g) \rightleftharpoons 2NO_2(g); \Delta H=+58.2 \text{kJ}\cdot\text{mol}^{-1}$$
（无色）　　　（红棕色）
$$2NO_2(g) \rightleftharpoons N_2O_4(g); \Delta H=-58.2 \text{kJ}\cdot\text{mol}^{-1}$$
（红棕色）　　　（无色）

[演示实验 6-5] 将 NO_2 平衡仪的两端分别置于盛有冷水和热水的烧杯内（见图 6-3），观察气体颜色的变化。

可以观察到，热水中球内气体的颜色变深，说明升高温度，平衡向 NO_2 浓度增大的方向（吸热反应方向）移动；冷水中球内气体的颜色变浅，说明降低温度，平衡向 N_2O_4 浓度增大的方向（放热反应方向）移动。

温度对化学平衡的影响，与浓度、压力有着本质的不同，浓度、压力的变化只改变平衡体系的组成，不改变平衡常数；而温度对化学平衡的影响主要改变平衡常数。由表 6-2 可知，在其他条件不变时，对正反应吸热的可逆反应，升高温度，K_c 增大，但 Q_c 不变，因而 $Q_c<K_c$，平衡向右（吸热

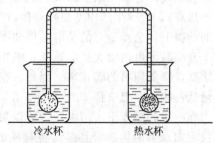

图 6-3　温度对 $2NO_2 \rightleftharpoons N_2O_4$ 平衡的影响

反应方向）移动；反之降低温度，K_c 减小，则 $Q_c > K_c$，平衡向左（放热反应方向）移动。同样，对正反应放热的可逆反应，升高温度 K_c 减小，则 $Q_c > K_c$，平衡向左（吸热反应方向）移动；反之降低温度，K_c 增大，则 $Q_c < K_c$，平衡向右（放热反应方向）移动。

综上，在其他条件不变时，升高温度，化学平衡向吸热反应方向移动；降低温度，化学平衡向放热反应方向移动。

二、勒夏特列原理

综合影响化学平衡的各种结论，1887 年法国化学家勒夏特列（H. L. Le Chatelier）概括出一条普遍规律：如果改变平衡系统的条件之一（如浓度、压力、温度等），平衡就向能减弱这种改变的方向移动。这一规律叫做勒夏特列原理，又称为平衡移动原理。

勒夏特列原理适用于所有的动态平衡（包括物理平衡）体系，但不适用于尚未达成平衡的体系。

由于催化剂能够以相同的倍数改变正、逆反应速率，因此使用催化剂，能够改变反应达到平衡所需的时间，但不会引起平衡移动。

想一想

下列说法正确吗？为什么？
(1) 对反应前后分子数相等的可逆反应，改变压力，平衡不发生移动。
(2) 加入正催化剂会缩短可逆反应达成化学平衡所需的时间。

第四节 化学反应速率与化学平衡原理的应用

在化工生产和科学实验中，常常需要综合考虑化学平衡和化学反应速率两方面因素（见表 6-4）来选择最适宜的反应条件。

表 6-4 外界条件对化学反应速率和化学平衡的影响

改变的条件	反应速率	k	化学平衡	K_c
增大反应物浓度	增大	不变	向正反应方向（向右）移动	不变
升高温度	增大	增大	向吸热反应方向移动	减小
增大气体压力	增大	不变	向气体分子数减少的方向移动	不变
加入催化剂（正）	增大	增大	不变	不变

例如，合成氨的反应：

$$3H_2(g) + N_2(g) \rightleftharpoons 2NH_3(g); \Delta H = -92.4 \text{kJ} \cdot \text{mol}^{-1}$$

该反应是气体分子数减少的放热的可逆反应。根据这个特点，在满足多（原料转化率高，产品产量高）、快（生产周期短）、好（产品质量好，生产安全可靠）、省（成本低）的总体要求的前提下，选择适宜的反应条件如下：

升高温度可以增大反应速率，缩短达成平衡的时间。但是温度过高，会减小 NH_3 的平衡浓度，降低原料的转化率。因此，在达到催化剂所要求的活性温度的范围内，反应温度应尽量低一些。一般选择 450~500℃。

在一定的温度下，增大压力可以加快合成氨反应，并提高平衡转化率。但是升高压力，不仅增加动力消耗，而且对设备材质的要求也相应提高，致使设备费用和操作费用同时增大，生产成本明显升高。此外，在过高的压力下，H_2 还能渗透特种钢材的容器壁，又给安全生产带来隐患。兼顾各种因素，目前国内一般采用 20.3~50.7MPa。

N_2 和 H_2 极不容易化合，即使在高温、高压下，合成氨的反应也十分缓慢。因此必须使用合适的催化剂以增大反应速率。目前，工业上主要使用以铁为主体的多成分催化剂（含铝-钾氧化物），又称铁触媒。

在实际生产中，还需将生成的 NH_3 及时从混合气中分离出来，并且不断向循环气体中补充 N_2 和 H_2。

习　题

1. 一定条件下，SO_2 氧化为 SO_3 的反应如下：
$$2SO_2 + O_2 \rightleftharpoons 2SO_3$$
现将 2mol SO_2 与 1mol O_2 通入 2L 的密闭容器中，2s 末测得混合物中含 0.8mol SO_2，试求用不同物质表示的反应速率。

2. 采取什么措施，可以增大 $C(s) + O_2 \rightleftharpoons CO_2$ 的反应速率？

3. 写出下列可逆反应的平衡常数表达式：
(1) $2SO_2 + O_2 \rightleftharpoons 2SO_3$
(2) $CO_2 + C(s) \rightleftharpoons 2CO$
(3) $Fe_3O_4(s) + 4H_2 \rightleftharpoons 3Fe(s) + 4H_2O(g)$
(4) $C(s) + H_2O(g) \rightleftharpoons CO + H_2$

4. 已知合成氨反应
$$N_2 + 3H_2 \rightleftharpoons 2NH_3$$
在某温度下达平衡时，$[N_2] = 3mol \cdot L^{-1}$，$[H_2] = 9mol \cdot L^{-1}$，$[NH_3] = 4mol \cdot L^{-1}$。试计算：
(1) 反应在该温度下的平衡常数；
(2) N_2 和 H_2 的起始浓度；
(3) N_2 的平衡转化率。

5. 什么叫化学平衡移动？其标志是什么？

6. 浓度商和平衡常数有什么异同？如何根据二者的关系来判断化学平衡移动的方向？

7. 可逆反应 $2SO_2 + O_2 \rightleftharpoons 2SO_3$，在某温度下达平衡时，$[SO_2] = 0.1mol \cdot L^{-1}$，$[O_2] = 0.05mol \cdot L^{-1}$，$[SO_3] = 0.9mol \cdot L^{-1}$。若温度不变，将体积压缩到原来的一半，试通过计算说明平衡移动的方向。

8. 250℃时 PCl_5 依下式分解并建立平衡：
$$PCl_5(g) \rightleftharpoons PCl_3(g) + Cl_2(g)$$
(1) 在 2L 密闭容器中的 0.7mol PCl_5 有 0.5mol 分解，求该温度下的平衡常数；
(2) 如果在此温度下再往容器内加入 0.1mol Cl_2，试计算说明 PCl_5 的分解百分率有什么变化。

9. 在某温度时，反应 $2A \rightleftharpoons B + C$ 达到化学平衡
(1) 若升高温度，B 的浓度增大，则正反应是吸热反应还是放热反应？
(2) 若 A 为气态，增大压强，平衡不发生移动，则 B 和 C 各为什么状态？
(3) 若 B 为固态，增大压强，C 的浓度增大，则 A 是什么状态？

10. 生产 H_2SO_4 时，用空气来氧化 SO_2 生成 SO_3
$$2SO_2 + O_2 \xrightarrow[V_2O_5]{400 \sim 500℃} 2SO_3; \Delta H = -196.6 kJ \cdot mol^{-1}$$
当在一定温度下建立平衡时，下列情况能否引起平衡移动？移动方向如何？
(1) 通入过量的空气　(2) 增大体系压力　(3) 升高反应温度
(4) 及时分离出 SO_3　(5) 延长反应时间　(6) 取出催化剂

第七章 电解质溶液

能力目标

1. 能正确书写电离方程式。
2. 会计算一元弱酸、一元弱碱溶液电离度、[H$^+$] 和 [OH$^-$]。
3. 会计算弱酸、弱碱溶液 pH。
4. 能指出缓冲溶液各组成的作用。
5. 会书写盐类水解离子方程式，并能应用盐类水解选择溶液配制的条件。
6. 会书写沉淀溶解平衡表达式及 K_{sp} 表达式，能进行溶度积和溶解度的换算，判断沉淀生成、溶解与转化。

知识目标

1. 理解电解质及其电离的有关概念。
2. 掌握一元弱酸、一元弱碱溶液的电离平衡程度表示方法。
3. 理解水的离子积和溶液酸碱性的概念，掌握 K_w 与 pH 的定义式。
4. 理解同离子效应、缓冲溶液的概念。
5. 理解盐类水解的概念、实质、规律，了解影响盐类水解的因素。
6. 理解难溶电解质沉淀-溶剂平衡的概念，掌握 K_{sp} 的意义、溶度积规则，*了解分步沉淀的原理与应用。

无机化学反应大多数是在水溶液中进行的。参与这些反应的物质主要是酸、碱、盐，它们都是电解质，在水溶液中可电离出阴、阳离子。因此，酸、碱、盐之间的反应实际上是离子反应。离子反应可以分为酸碱反应、沉淀反应、氧化还原反应和配位反应四大类。本章知识仅涉及前两类反应。

通常，无机物在水溶液中的反应速率较大，所以，讨论的重点主要集中在化学平衡及其规律上。

第一节 强电解质和弱电解质

一、电解质和非电解质

在水溶液中或熔融状态下能部分或全部形成离子而导电的化合物，叫做电解质。如 H_2SO_4、NaOH、NaCl、NH_4Cl 等酸、碱、盐都是电解质。

在水溶液中和熔化状态时都不能形成离子的化合物，叫做非电解质。如酒精、蔗糖、甘油等绝大多数有机化合物都是非电解质。

二、电解质的电离

导电现象是由于带电粒子做定向运动所引起的。电解质在水溶液中或熔化状态之所以能导电，是因为在此状态下存在着可以自由移动的离子。

大多数盐类和强碱都是离子化合物。在干燥的晶体中，阴、阳离子只在晶格结点上振动，不能自由移动，因而晶体不导电。当晶体受热熔化时，离子吸收的能量足以克服阴、阳离子间的相互吸引，而离解为自由移动的离子（简称自由离子）。例如：

$$NaCl == Na^+ + Cl^-$$
$$NaOH == Na^+ + OH^-$$

如果将它们放入水中，受极性水分子的吸引和碰撞，阴、阳离子间的吸引也会减弱，并逐渐脱离晶体表面进入溶液，成为能够自由移动的水合离子❶（见图7-1）。

具有强极性键的共价化合物是以分子状态存在的。例如，液态的 HCl 中，只有分子而没有离子。HCl 溶于水时，在水分子的作用下，HCl 分子首先被极化，继而极性键断裂，形成可自由移动的水合 Cl^- 和水合 H^+。

$$HCl == H^+ + Cl^-$$

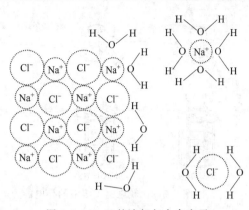

图 7-1　NaCl 的溶解与水合离子

这种电解质在水溶液中或熔化状态时，离解为自由移动离子的过程叫做电离。

当电解质的熔融液或水溶液接通电源时，离子就会做定向运动。阳离子向负极移动，阴离子向正极移动（见图7-2），于是就产生了导电现象。

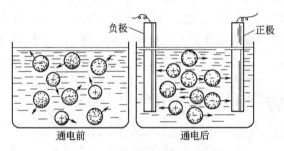

图 7-2　电解质溶液导电示意图

综上所述，电解质的电离是在极性溶剂或热的作用下发生的。电离是导电的前提，而不是通电的结果。

非电解质一般是由弱极性键形成的化合物，本身不具有离子。在水溶液中，与水分子间的作用力较弱，不能发生电离。所以熔化状态和水溶液中都不导电。

某些化合物（如 SO_2、CO_2 等）本身并不能电离，其溶液的导电性是由它们与水反应生成的电解质（如 H_2SO_3、H_2CO_3 等）所引起的。因此，不能称其是电解质。

想一想

HCl 分子溶解在非极性溶剂苯（C_6H_6）中，能否导电？为什么？

三、强电解质和弱电解质

[演示实验7-1]　按图7-3的装置连接好仪器，然后，把等体积浓度同为 $0.5\,mol·L^{-1}$ 的 NaCl、NaOH 和 HAc 溶液分别倒入三个烧杯中，接通电源，观察现象。

实验表明：连接在 NaOH、NaCl 溶液电极上的灯泡远比连接在 HAc 溶液上的灯泡亮。显然，相同体积和浓度的 NaOH、NaCl 溶液的导电能力比 HAc 强。

溶液导电能力的强弱，与溶液中能够自由移动的离子多少有关。自由移动的离子数目越多，导电能力越强；反之，则导电能力越弱。上述实验证明，相同体积和浓度的 NaOH、

---

❶ 水合离子常以 aq 注释，如水合 Na^+、水合 Cl^- 分别记为 Na^+（aq）、Cl^-（aq）；而水合 H^+ 则记为 H_3O^+。为简便起见，通常仍用普通离子符号表示，写为 Na^+、Cl^-、H^+ 等。

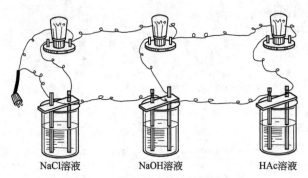

图 7-3 比较电解质溶液的导电能力

NaCl 溶液中自由移动的离子数目远比 HAc 溶液多。也就是说，相同条件下，不同电解质在水溶液中的电离程度是不相同的。

通常，**将在水溶液中完全电离的电解质叫做强电解质**。

强电解质的电离是不可逆的，不存在电离平衡。电离方程式中，用"═══"表示完全电离。

强酸（如 $HClO_4$、HNO_3、H_2SO_4、HI、HBr、HCl 等），强碱 [如 KOH、NaOH、$Ca(OH)_2$、$Ba(OH)_2$ 等] 及绝大多数的盐（如 NaCl、NaAc、NH_4Cl、NH_4Ac、Na_2CO_3 等）都是强电解质。从结构上看，强电解质都是强极性共价型或离子型化合物。

在水溶液中只有部分电离的电解质，叫做弱电解质。弱电解质的电离是可逆的，电离方程式中，用"⇌"表示部分电离。例如：

$$HF \rightleftharpoons H^+ + F^-$$
$$NH_3 \cdot H_2O \rightleftharpoons NH_4^+ + OH^-$$

在溶液中，弱电解质以分子和水合离子两种形式存在，一定的条件下，可以建立电离平衡。弱酸（如 HAc、HF、HClO、H_2S、HCN、H_2CO_3 等）、弱碱（如 $NH_3 \cdot H_2O$）和极个别的盐 [如 $HgCl_2$、Hg_2Cl_2、$Hg(CN)_2$ 等] 是弱电解质。从结构上看，它们多为弱极性共价型化合物（HF 除外）。

第二节　弱电解质的电离平衡

一、一元弱酸、一元弱碱的电离平衡

1. 电离常数

在一定条件下，弱电解质电离成离子的速率与离子重新结合成分子的速率相等时的状态，叫做电离平衡。

电离平衡是化学平衡的一种。在电离平衡时，离子浓度的乘积和未电离的分子浓度之比，在一定温度下是一个常数，称为电离平衡常数（简称电离常数），用符号 K_i 表示。例如，一定温度下，任意一元弱酸 HA 和一元弱碱 BOH 溶液中，分别存在着如下电离平衡：

$$HA \rightleftharpoons H^+ + A^-$$

电离常数 $$K(HA) = \frac{[H^+][A^-]}{[HA]} \quad (7-1)$$

$$BOH \rightleftharpoons B^+ + OH^-$$

电离常数 $$K(BOH) = \frac{[B^+][OH^-]}{[BOH]} \quad (7-2)$$

式中　$K(HA)$——一元弱酸 HA 的电离常数；
　　　$K(BOH)$——一元弱碱 BOH 的电离常数；
　　　[ ]——溶液中溶质离子、分子的平衡浓度，$mol \cdot L^{-1}$。

弱酸、弱碱的电离常数通常用 K_a、K_b 分别表示。常见弱酸、弱碱的电离常数见附录三。

电离常数是表示弱电解质电离程度的特征常数。K_i 越大，电离程度越大。对同类型的弱酸或弱碱，可用 K_i 比较它们的相对强弱。例如 298K 时：

$$K(\text{HClO}) = 3.2 \times 10^{-8}$$
$$K(\text{HAc}) = 1.8 \times 10^{-5}$$

说明 HClO 是比 HAc 更弱的酸。

通常认为，$K_i \leqslant 10^{-4}$ 的电解质是弱电解质；$K_i < 10^{-7}$ 的为极弱电解质；K_i 在 $10^{-2} \sim 10^{-3}$ 之间的为中强电解质。

与其他平衡常数一样，K_i 只与温度有关，而与电解质的浓度基本无关。但是，温度对 K_i 的影响并不显著。在常温下研究电离平衡，可以忽略温度对 K_i 的影响。

2. 电离度

弱电解质的电离程度还常用电离度来表示。**电离度是弱电解质在溶液中达到电离平衡时，已经电离的弱电解质分子数占该电解质总分子数（包括已电离的和未电离的）的百分数。**符号 α：

$$\alpha = \frac{N_{\text{电}}}{N_{\text{总}}} \times 100\% = \frac{n_{\text{电}}}{n_{\text{总}}} \times 100\% = \frac{c_{\text{电}}}{c_{\text{总}}} \times 100\% \tag{7-3}$$

例如，在 25℃ 时，$0.01 \text{mol} \cdot \text{L}^{-1}$ HAc 溶液中有 $4.19 \times 10^{-4} \text{mol} \cdot \text{L}^{-1}$ HAc 发生电离，则其电离度为：

$$\alpha = \frac{4.19 \times 10^{-4} \text{mol} \cdot \text{L}^{-1}}{0.01 \text{mol} \cdot \text{L}^{-1}} \times 100\% = 4.19\%$$

这表明，在 298K 时，$0.01 \text{mol} \cdot \text{L}^{-1}$ HAc 溶液中，每 10000 个 HAc 分子，才有 419 个电离成 H^+ 和 Ac^-。

由此可见，**电离度的大小可以定量地衡量弱电解质的相对强弱。在相同条件下，α 大的电解质较强；α 小的电解质较弱**。表 7-1 中列出了一些弱电解质的电离度。

表 7-1　一些弱电解质（$0.1 \text{mol} \cdot \text{L}^{-1}$）的电离度（25℃）

电解质	化学式	$\alpha/\%$	电解质	化学式	$\alpha/\%$
氢氟酸	HF	7.44	醋 酸	CH_3COOH	1.34
次氯酸	HClO	0.0548	氢氰酸	HCN	0.007
甲 酸	HCOOH	4.21	氨 水	$NH_3 \cdot H_2O$	1.34

电离度的大小首先决定于物质的本性。其次，还与溶液的浓度、温度有关。对某一电解质，当温度一定时，浓度越低，阴、阳离子相互碰撞而结合成分子的机会越少，则 α 越大（见表 7-2）。在使用 α 时，必须指出电解质的浓度和温度。但温度对 α 的影响较小，通常若不注明温度，均指 25℃。

表 7-2　不同浓度 HAc 溶液的电离度（25℃）

$c(\text{HAc})/\text{mol} \cdot \text{L}^{-1}$	0.2	0.1	0.01	0.005	0.001
$\alpha/\%$	0.934	1.34	4.19	5.85	12.4

表 7-3　一些强电解质溶液（$0.1 \text{mol} \cdot \text{L}^{-1}$）的表观电离度（25℃）

电解质	KCl	$ZnSO_4$	HCl	HNO_3	H_2SO_4	NaOH	$Ba(OH)_2$
$\alpha_{\text{表}}/\%$	86	40	92	92	61	91	81

强电解质在水溶液中虽然完全电离,但溶液的导电性实验表明,其"表观电离度"($α_表$)通常小于100%(见表7-3)。原因是溶液中的每个离子都通过静电作用被带异种电荷的离子所包围,形成了"离子氛"(见图7-4),它们互相牵制,限制自由移动。离子浓度越大、电荷越多,离子间的牵制作用越大,则$α_表$就越小,致使有效离子浓度(或称活度)比实际离子浓度低。例如,$0.1\text{mol}\cdot\text{L}^{-1}$ KCl 溶液中,K^+ 和 Cl^- 的实际浓度都应是 $0.1\text{mol}\cdot\text{L}^{-1}$,但其活度却只有 $0.086\text{mol}\cdot\text{L}^{-1}$。在有关强电解质稀溶液的计算中,用浓度代替活度所引起的误差不大,若不特殊指明$α_表$,均按100%电离看待。

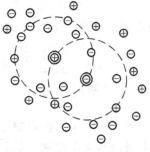

图7-4 离子氛示意图

3. 电离度和电离常数的关系

K_i 和 $α$ 都能表示弱电解质的电离程度,但二者也有区别,K_i 是化学平衡常数的一种,$α$ 则是转化率的一种;二者都受温度的影响,但 K_i 基本与浓度无关。因此,与 $α$ 相比,K_i 更方便于弱电解质相对强弱的比较,它无需指定浓度。

现以任意一元弱酸为例,推导 K_i 和 $α$ 的关系:

$$HA \rightleftharpoons H^+ + A^-$$

起始浓度/$\text{mol}\cdot\text{L}^{-1}$　　　　　c　　　　0　　　　0

变化浓度/$\text{mol}\cdot\text{L}^{-1}$　　　　$cα$　　　$cα$　　　$cα$

平衡浓度/$\text{mol}\cdot\text{L}^{-1}$　　　$c(1-α)$　　$cα$　　　$cα$

$$K(HA) = \frac{[H^+][A^-]}{[HA]} = \frac{cα \cdot cα}{c(1-α)}$$

$$= \frac{cα^2}{1-α}$$

若写成 K_i 和 $α$ 的一般关系式,则:

$$K_i = \frac{cα^2}{1-α}$$

当 $\frac{c}{K_i} \geq 500$ 时,$α$ 很小❶,$1-α \approx 1$

则　　　　　　　　　　$K_i = cα^2$　　或　　$α = \sqrt{\dfrac{K_i}{c}}$　　　　　　　(7-4)

式(7-4)表明,**弱电解质的电离度与其浓度的平方根成反比**。这个关系称为稀释定律。其意义是,在一定的温度下,弱电解质的电离度随溶液的稀释而增大;而对相同浓度的不同电解质,由于 $α$ 与 K_i 的平方根成正比,因此,K_i 越大,$α$ 也越大。

想一想

"稀释一元弱酸 HAc 溶液时,其解离度和 H^+ 浓度均会增大"这种说法正确吗?为什么?

---

❶ $\frac{c}{K_i} \geq 500$ 是近似计算的必要条件,此条件下,$α < 5\%$,近似计算的相对误差 $< 2.5\%$。

二、有关电离平衡的计算

1. 一元弱酸溶液中 $[H^+]$ 的计算

根据式(7-4)，在一定的温度下，对于任何一元弱酸，当 $\dfrac{c}{K_a} \geqslant 500$ 时：

$$[H^+] = c\alpha = \sqrt{K_a c} \tag{7-5}$$

【例 7-1】 已知 25℃时，HAc 的电离常数为 1.8×10^{-5}，试计算 $0.1 \text{mol} \cdot L^{-1}$ HAc 溶液中 H^+ 的浓度。

解 $\qquad\qquad\qquad\qquad HAc \rightleftharpoons H^+ + Ac^-$

因为 $\qquad\qquad\qquad \dfrac{c(HAc)}{K_a} = \dfrac{0.1}{1.8 \times 10^{-5}} > 500$

所以 $\qquad\qquad [H^+] = \sqrt{K_a c(HAc)} = \sqrt{1.8 \times 10^{-5} \times 0.1}$
$\qquad\qquad\qquad\qquad = 1.34 \times 10^{-3} \text{mol} \cdot L^{-1}$

答：25℃时，该 HAc 溶液中 H^+ 浓度为 $1.34 \times 10^{-3} \text{mol} \cdot L^{-1}$。

2. 一元弱碱溶液中 $[OH^-]$ 的计算

同样，对任何一元弱碱，当 $\dfrac{c}{K_b} \geqslant 500$ 时：

$$[OH^-] = c\alpha = \sqrt{K_b c} \tag{7-6}$$

【例 7-2】 已知 25℃时，$0.2 \text{mol} \cdot L^{-1}$ $NH_3 \cdot H_2O$ 的电离度为 0.95%，试计算溶液中 OH^- 浓度和氨水（$NH_3 \cdot H_2O$）的电离常数。

解 $\qquad\qquad\qquad\qquad NH_3 \cdot H_2O \rightleftharpoons NH_4^+ + OH^-$
$\qquad\qquad [OH^-] = c(NH_3 \cdot H_2O)\, \alpha = 0.2 \text{mol} \cdot L^{-1} \times 0.95\%$
$\qquad\qquad\qquad\qquad = 1.9 \times 10^{-3} \text{mol} \cdot L^{-1}$

因为 $\qquad\qquad\qquad \alpha = 0.95\% < 5\%$，很小

所以 $\qquad\qquad K_b = c(NH_3 \cdot H_2O)\, \alpha^2 = 0.2 \times (0.0095)^2$
$\qquad\qquad\qquad\qquad = 1.8 \times 10^{-5}$

答：该 $NH_3 \cdot H_2O$ 溶液中 OH^- 浓度为 $1.9 \times 10^{-3} \text{mol} \cdot L^{-1}$，电离常数为 1.8×10^{-5}。

3. 电离度的计算

【例 7-3】 试计算 25℃时，$0.02 \text{mol} \cdot L^{-1}$ $NH_3 \cdot H_2O$ 的电离度和 OH^- 的浓度。

解 $\qquad\qquad\qquad\qquad NH_3 \cdot H_2O \rightleftharpoons NH_4^+ + OH^-$

由附录三查得 $\qquad\qquad K_b = 1.8 \times 10^{-5}$

因为 $\qquad\qquad\qquad \dfrac{c(NH_3 \cdot H_2O)}{K_b} = \dfrac{0.02}{1.8 \times 10^{-5}} > 500$

所以 $\qquad\qquad \alpha = \sqrt{\dfrac{K_b}{c(NH_3 \cdot H_2O)}} = \sqrt{\dfrac{1.8 \times 10^{-5}}{0.02}} = 3\%$

$\qquad\qquad [OH^-] = c(NH_3 \cdot H_2O)\, \alpha = 0.02 \text{mol} \cdot L^{-1} \times 3\%$
$\qquad\qquad\qquad\qquad = 6 \times 10^{-4} \text{mol} \cdot L^{-1}$

答：在 25℃时，该 $NH_3 \cdot H_2O$ 溶液的电离度为 3%，OH^- 浓度为 $6 \times 10^{-4} \text{mol} \cdot L^{-1}$。

练一练

计算 25℃时，$0.1 \text{mol} \cdot L^{-1}$ HNO_2 溶液的 H^+ 浓度和 HNO_2 的电离度。

*三、多元弱酸的电离

分子中含有两个或两个以上可电离 H 原子的弱酸，叫做多元弱酸。多元弱酸在水中的电离是分步进行的，每一步都有一个电离常数。

例如 25℃时，二元弱酸 H_2S 在水中的电离：

第一步电离 $\qquad H_2S \rightleftharpoons H^+ + HS^-$

一级电离常数 $\qquad K_{a1} = \dfrac{[H^+][HS^-]}{[H_2S]} = 9.1 \times 10^{-8}$

第二步电离 $\qquad HS^- \rightleftharpoons H^+ + S^{2-}$

二级电离常数 $\qquad K_{a2} = \dfrac{[H^+][S^{2-}]}{[HS^-]} = 1.1 \times 10^{-12}$

分步电离常数 $K_{a1} \gg K_{a2}$，说明第二步电离远比第一步困难，电离出的 H^+ 更少。原因是从带负电的 HS^- 中电离出一个 H^+，要比从中性的 H_2S 分子中电离出一个 H^+ 困难得多。一般多元弱酸的电离常数逐级变小，相差达几个数量级（见附录三），即溶液中的 H^+ 主要来源于第一步电离。因此，**在计算多元弱酸溶液的 H^+ 浓度和比较不同弱酸的相对强弱时，只需考虑第一步电离，当作一元弱酸处理。**

在 H_2S 溶液中，由于 $K_{a1} \gg K_{a2}$，所以 $[H^+] \approx [HS^-]$，则 $[S^{2-}] \approx K_{a2} = 1.1 \times 10^{-12}$。即当二元弱酸的 $K_{a1} \gg K_{a2}$ 时，酸根离子浓度近似地等于 K_{a2}，而与弱酸的起始浓度无关。由此可见，多元弱酸溶液中酸根离子浓度极低。通常，需用大量的酸根离子时，宜用其盐而不宜用其酸。

多元弱碱和极少数盐类，在水中也是分步电离的，且以第一步电离为主。

> **练一练**
>
> 计算 25℃时，$0.1 mol \cdot L^{-1}$ H_2S 溶液的 H^+ 浓度。

第三节　水的电离和溶液的 pH

一、水的电离

水是一种极弱的电解质，用灵敏电流计检验，指针也能发生偏转。说明水能微弱的电离：

$$H_2O \rightleftharpoons H^+ + OH^-$$

在一定的温度下，达电离平衡时：

$$K(H_2O) = \frac{[H^+][OH^-]}{[H_2O]}$$

由导电实验测得，在 25℃时，纯水中 $[H^+] = [OH^-] = 1 \times 10^{-7} mol \cdot L^{-1}$。此时，水（$\rho = 0.997 g \cdot cm^{-3}$）的浓度为 $55.4 mol \cdot L^{-1}$，每 5.54×10^8 个 H_2O 分子才有一个发生电离。因此，$[H_2O]$ 可视为常数。令 $K_w = K(H_2O)[H_2O]$，则：

$$\mathbf{K_w = [H^+][OH^-]} \tag{7-7}$$

式(7-7) 表明，在一定温度下，纯水中 H^+ 浓度和 OH^- 浓度的乘积是一个常数。这个常数称为水的离子积常数，简称水的离子积。符号 K_w。在 25℃时：

$$K_w = [H^+][OH^-] = 1 \times 10^{-7} \times 1 \times 10^{-7} = 1 \times 10^{-14}$$

由于水电离时吸热，所以 K_w 随温度升高而增大（见表 7-4）。但在常温时，一般都以 $K_w = 1 \times 10^{-14}$ 进行计算。

表 7-4　不同温度下水的离子积

$t/℃$	K_w	$t/℃$	K_w
0	$1.138×10^{-15}$	40	$2.917×10^{-14}$
10	$2.917×10^{-15}$	50	$5.470×10^{-14}$
20	$6.808×10^{-15}$	90	$3.802×10^{-13}$
25	$1.009×10^{-14}$	100	$5.495×10^{-13}$

二、溶液的酸碱性

实验证明，水的离子积不仅适用于纯水，也同样适用于电解质的稀溶液。常温下都有 $K_w=1×10^{-14}$ 这一关系存在。K_w 是计算水溶液中 [H$^+$] 和 [OH$^-$] 的重要依据。例如，往纯水中加入盐酸，使 [H$^+$] = 0.01 mol·L^{-1}，则：

$$[OH^-]=\frac{K_w}{[H^+]}=\frac{1×10^{-14}}{0.01}=1×10^{-12}\,mol·L^{-1}$$

同理，若往水中加入 NaOH，使 [OH$^-$] = 0.01 mol·L^{-1}，则：

$$[H^+]=\frac{K_w}{[OH^-]}=\frac{1×10^{-14}}{0.01}=1×10^{-12}\,mol·L^{-1}$$

显然，无论稀溶液是酸性、碱性还是中性的，都同时存在着 H$^+$ 和 OH$^-$，只是两者的浓度不同而已。溶液的酸碱性，决定于 [H$^+$] 和 [OH$^-$] 的相对大小，在常温时：

中性溶液　　　　　[H$^+$]=[OH$^-$]　　[H$^+$]=$1×10^{-7}$ mol·L^{-1}
酸性溶液　　　　　[H$^+$]>[OH$^-$]　　[H$^+$]>$1×10^{-7}$ mol·L^{-1}
碱性溶液　　　　　[H$^+$]<[OH$^-$]　　[H$^+$]<$1×10^{-7}$ mol·L^{-1}

由此可见，只用 H$^+$ 的平衡浓度 [H$^+$]（称为酸度）就能表示溶液的酸碱性强弱。酸性溶液中，[H$^+$] 越大，溶液的酸性越强；反之，酸性越弱。碱性溶液中，[H$^+$] 越小，溶液的碱性越强；反之，则碱性越弱。

三、溶液的 pH

1. pH 的概念

在稀溶液中，[H$^+$] 很小，应用十分不便。为此，常采用 **[H$^+$] 的负对数来表示溶液酸碱性的强弱，叫做溶液的 pH**。

$$pH=-\lg[H^+] \tag{7-8}$$

例如，纯水中，[H$^+$]=$1×10^{-7}$ mol·L^{-1}，其 pH 是：

$$pH=-\lg(1×10^{-7})=7$$

又如，[H$^+$] = 0.01 mol·L^{-1}，pH=2；[H$^+$] = $1×10^{-12}$ mol·L^{-1}，pH=12；[H$^+$] = 1 mol·L^{-1}，pH=0。

常温下：

中性溶液　　　　pH=7
酸性溶液　　　　pH<7
碱性溶液　　　　pH>7

溶液的酸性越强，[H$^+$] 越大，pH 越小；溶液的碱性越强，[H$^+$] 越小，pH 越大（图 7-5）。

当 [H$^+$]>1 mol·L^{-1} 时，pH<0；[OH$^-$]≥1 mol·L^{-1} 时，pH>14，这种情况下，不用 pH 而直接使用 [H$^+$] 或 [OH$^-$] 反而更为简便。即 pH 的适用范围是 0～14。

2. 有关 pH 的计算

（1）强酸（或强碱）溶液的 pH

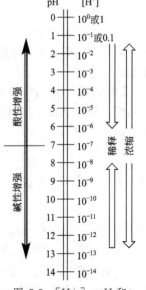

图 7-5　[H$^+$]、pH 和溶液酸碱性的关系

【例 7-4】 试计算 $0.05\,\text{mol}\cdot\text{L}^{-1}$ H_2SO_4 溶液的 pH。

解
$$H_2SO_4 \Longrightarrow 2H^+ + SO_4^{2-}$$
$$[H^+] = 2c(H_2SO_4) = 2 \times 0.05\,\text{mol}\cdot\text{L}^{-1} = 0.1\,\text{mol}\cdot\text{L}^{-1}$$
$$pH = -\lg[H^+] = -\lg 0.1 = 1$$

答：$0.05\,\text{mol}\cdot\text{L}^{-1}$ H_2SO_4 溶液的 pH 是 1。

【例 7-5】 试计算 $0.1\,\text{mol}\cdot\text{L}^{-1}$ NaOH 溶液的 pH。

解
$$NaOH \Longrightarrow Na^+ + OH^-$$
$$[OH^-] = c(NaOH) = 0.1\,\text{mol}\cdot\text{L}^{-1}$$
$$[H^+] = \frac{K_w}{[OH^-]} = \frac{1 \times 10^{-14}}{0.1} = 1 \times 10^{-13}\,\text{mol}\cdot\text{L}^{-1}$$
$$pH = -\lg[H^+] = -\lg(1 \times 10^{-13}) = 13$$

答：$0.1\,\text{mol}\cdot\text{L}^{-1}$ NaOH 溶液的 pH 是 13。

该题还可以先计算 pOH，再求 pH。
$$pOH = -\lg[OH^-] = -\lg 0.1 = 1$$
$$pH = 14 - pOH = 14 - 1 = 13$$

(2) 弱酸（或弱碱）溶液的 pH

【例 7-6】 计算 $0.01\,\text{mol}\cdot\text{L}^{-1}$ $NH_3\cdot H_2O$ 溶液的 pH。

解
$$NH_3\cdot H_2O \Longrightarrow NH_4^+ + OH^-$$

由附录三查得 $K_b = 1.8 \times 10^{-5}$

因为 $\dfrac{c(NH_3\cdot H_2O)}{K_b} = \dfrac{0.01}{1.8 \times 10^{-5}} > 500$

所以
$$[OH^-] = \sqrt{K_b c(NH_3\cdot H_2O)} = \sqrt{1.8 \times 10^{-5} \times 0.01}$$
$$= 4.24 \times 10^{-4}\,\text{mol}\cdot\text{L}^{-1}$$
$$[H^+] = \frac{K_w}{[OH^-]} = \frac{1 \times 10^{-14}}{4.24 \times 10^{-4}} = 2.36 \times 10^{-11}\,\text{mol}\cdot\text{L}^{-1}$$
$$pH = -\lg[H^+] = -\lg(2.36 \times 10^{-11}) = 10.63$$

答：$0.01\,\text{mol}\cdot\text{L}^{-1}$ $NH_3\cdot H_2O$ 溶液的 pH 为 10.63。

(3) 混合溶液的 pH

有关 pH 的计算只适于稀溶液，稀溶液混合时，总体积是混合前各溶液体积的简单加和。

【例 7-7】 将 pH=2 和 pH=4 的两种 HNO_3 溶液等体积混合，求混合溶液的 pH。

解 设混合前二溶液的体积均为 V，则等体积混合后的总体积为 $2V$

混合前
$$pH = 2 \quad [H^+]_1 = 1 \times 10^{-2}\,\text{mol}\cdot\text{L}^{-1}$$
$$pH = 4 \quad [H^+]_2 = 1 \times 10^{-4}\,\text{mol}\cdot\text{L}^{-1}$$

混合后
$$[H^+] = \frac{[H^+]_1 V + [H^+]_2 V}{2V} = \frac{1 \times 10^{-2}\,\text{mol}\cdot\text{L}^{-1} + 1 \times 10^{-4}\,\text{mol}\cdot\text{L}^{-1}}{2}$$
$$= 5.05 \times 10^{-3}\,\text{mol}\cdot\text{L}^{-1}$$

则
$$pH = -\lg[H^+] = -\lg(5.05 \times 10^{-3}) = 2.3$$

答：该混合溶液的 pH 为 2.3。

强碱溶液混合时，必须先求出混合液的 $[OH^-]$，再通过 K_w 计算出 $[H^+]$，进而求出 pH（或通过 pOH 求 pH）。

【例 7-8】 将 pH=3 的盐酸与 pH=10 的 NaOH 溶液等体积混合，求混合溶液的 pH。

解 设混合前二溶液的体积均为 V，则混合后的总体积为 $2V$

混合前 HCl 溶液　　　　　　$pH = 3$　$[H^+]_1 = 1 \times 10^{-3}\,mol \cdot L^{-1}$

　　　NaOH 溶液　　　　　　$pH = 10$　$[H^+]_2 = 1 \times 10^{-10}\,mol \cdot L^{-1}$

$$[OH^-]_2 = \frac{K_w}{[H^+]_2} = \frac{1 \times 10^{-14}}{1 \times 10^{-10}} = 1 \times 10^{-4}\,mol \cdot L^{-1}$$

混合后　　　　　　　　　　　$H^+ + OH^- \rightleftharpoons H_2O$

H^+ 有剩余　　$[H^+] = \dfrac{[H^+]_1 V - [OH^-]_2 V}{2V} = \dfrac{1 \times 10^{-3}\,mol \cdot L^{-1} - 1 \times 10^{-4}\,mol \cdot L^{-1}}{2}$

$$= 4.5 \times 10^{-4}\,mol \cdot L^{-1}$$

$$pH = -lg[H^+] = -lg(4.5 \times 10^{-4}) = 3.3$$

答：混合溶液的 pH 为 3.3。

强酸、强碱溶液的混合有三种情况：中和完全，混合液呈中性，常温下 pH=7；余酸，由剩余的 $[H^+]$ 求 pH；余碱，要先计算出 $[OH^-]$，再求 $[H^+]$ 及 pH。

四、酸碱指示剂

在生产和科研中，经常需要测定和控制溶液的 pH，如无机盐的生产、农作物的生长、金属的腐蚀与防腐、离子的分离和鉴定、酸雨的监测等。测定 pH 的方法有很多，一般常用酸碱指示剂、pH 试纸和 pH 计（酸度计）。

酸碱指示剂是借助于颜色的改变来指示溶液 pH 的物质。它们大都是有机弱酸或有机弱碱，在不同 pH 的溶液中，由于结构的改变能显示不同的颜色。**指示剂发生颜色变化的 pH 范围叫做指示剂的变色范围**。常用酸碱指示剂的变色范围见表 7-5。

表 7-5　常见酸碱指示剂的变色范围

指示剂	变色范围 pH	颜色		
		酸色	中间色	碱色
甲基橙	3.1~4.4	红	橙	黄
石蕊	5.0~8.0	红	紫	蓝
酚酞	8.0~10.0	无	粉红	红

pH 试纸是用多种指示剂混合液浸制而成的，遇不同 pH 的溶液显不同颜色。使用时，将少量待测液滴在试纸上，再与标准比色卡对照即可。这种方法简便、快捷，经常使用。pH 试纸一般有两类：广泛 pH 试纸，变色范围为 1~14，可以识别的 pH 差值为 1；精密 pH 试纸，可以识别的 pH 差值为 0.2 或 0.3。

若定性测定溶液的酸碱性，则可用石蕊试纸。石蕊试纸有红、蓝两种，碱性溶液使红色石蕊试纸变蓝；酸性溶液使蓝色石蕊试纸变红。

酸度计是能直接精确测定溶液 pH 的仪器。它快速、准确，应用广泛。

第四节　同离子效应及缓冲溶液

一、同离子效应

[演示实验 7-2]　在试管中加入 10mL 0.1mol·L⁻¹ HAc 溶液和两滴甲基橙指示剂。然后，将溶液分盛于两支试管，在其中一支内加入少量固体 NH_4Ac，振荡使其溶解，对比两支试管中溶液的颜色。

HAc 溶液使甲基橙显红色。当加入 NH_4Ac 后，迅速溶解并完全电离，溶液中 Ac^- 浓度增大，使 HAc 的电离平衡左移。结果，溶液中 H$^+$ 浓度减小，指示剂颜色变浅。

$$HAc \rightleftharpoons H^+ + Ac^-$$
$$NH_4Ac \rightleftharpoons NH_4^+ + Ac^-$$

这种在弱电解质溶液中，加入与其具有相同离子的易溶强电解质，而使弱电解质的电离度减小的现象，叫做同离子效应。

想一想

在 $NH_3 \cdot H_2O$ 溶液中加入 NaOH 或 NH_4Cl 时，能否使 $NH_3 \cdot H_2O$ 的解离平衡发生移动？$NH_3 \cdot H_2O$ 的解离度将如何变化？

二、缓冲溶液

许多化学反应（包括生物化学反应）都要求在一定的 pH 范围内进行。例如，欲除去镁盐中的杂质 Al^{3+}，可采用氢氧化物沉淀法。但 $Al(OH)_3$ 具有两性，如果 OH^- 过多，$Al(OH)_3$ 反而溶解，达不到提纯的目的，同时还会产生 $Mg(OH)_2$ 沉淀，造成损失；反之，若 OH^- 过少，则 Al^{3+} 沉淀不完全，生产上需控制 pH 为 9 左右。这就需要借助一种**能保持溶液 pH 基本不变的溶液**，来维持反应的正常进行。这种溶液叫做缓冲溶液。

[演示实验7-3] 取三支试管，各加入浓度为 $0.1 mol \cdot L^{-1}$ 的 HAc 和 NaAc 混合溶液 5mL，编号为 1、2、3；另取两支试管，各加入 5mL H_2O，编号为 4、5。用 pH 试纸测定各自的 pH。然后，在编号 1、4 的试管中各滴入 5 滴（每滴约为 0.05mL）$0.01mol \cdot L^{-1}$ HCl 溶液；在编号 2、5 的试管中滴加 5 滴 $0.01mol \cdot L^{-1}$ NaOH，在编号 3 的试管中滴加 5 滴水。再用 pH 试纸测定各溶液的 pH，填入下表中。

试管序号	1	2	3	4	5
溶液(5mL)	HAc-NaAc	HAc-NaAc	HAc-NaAc	H_2O	H_2O
pH	5	5	5	7	7
滴入溶液（5 滴）	HCl	NaOH	H_2O	HCl	NaOH
pH	5	5	5	3	11

实验表明：当加入少量的酸（或碱）时，纯水的 pH 显著变化；而 HAc-NaAc 混合溶液的 pH 却很稳定。这是因为：在纯水中，$[H^+] = 1 \times 10^{-7} mol \cdot L^{-1}$，pH=7。如果在 1L 纯水中加入 2 滴（约 0.1mL）$1mol \cdot L^{-1}$ HCl 溶液（假设总体积不变），水中 $[H^+]$ 就会突然增大：

$$[H^+] = \frac{1mol \cdot L^{-1} \times 1 \times 10^{-4} L}{1L} = 1 \times 10^{-4} mol \cdot L^{-1}$$

则 pH=4，减小三个单位；而若改加 2 滴 $1mol \cdot L^{-1}$ NaOH 溶液，pH 将增大三个单位。

在 HAc-NaAc 混合溶液中，存在着 HAc 的电离平衡：

$$HAc \rightleftharpoons H^+ + Ac^-$$

与此同时，NaAc 完全电离，Ac^- 的同离子效应使 HAc 的电离度更为减小，致使混合溶液中，同时存在着大量的 HAc 分子和大量的 Ac^-。根据平衡移动原理：当加入少量的 H^+（如 HCl 溶液）时，HAc 的电离平衡左移，少部分 Ac^- 与 H^+ 结合成 HAc，则溶液中 $[H^+]$ 几乎不变，pH 保持稳定。显然，大量的 Ac^- 起了抗酸的作用。

当加入少量的 OH^-（如 NaOH 溶液）时，H^+ 与 OH^- 结合生成水，使 HAc 的电离平衡右移。结果，只消耗少部分 HAc，$[H^+]$ 几乎不变，pH 仍保持稳定。即大量的 HAc 起了抗碱的作用。

这种 HAc-NaAc 混合溶液就是一种缓冲溶液。**缓冲溶液具有抵抗外加少量酸、碱或适度稀释，而使溶液的 pH 基本保持不变的作用，称为即缓冲作用。**

往 HAc-NaAc 缓冲溶液中加入少量水，HAc 和 Ac^- 的浓度都相应降低，但由于 HAc 的电离度增大，$[H^+]$ 不会显著减小。故 pH 基本保持不变。

弱酸及其盐（如 HAc-NaAc）、弱碱及其盐（如 $NH_3 \cdot H_2O$-NH_4Cl）及多元酸的不同酸式盐（如 H_2CO_3-$NaHCO_3$，NaH_2PO_4-Na_2HPO_4 等），都可以组成缓冲溶液。任何缓冲溶液都有一定的缓冲范围。例如常用的 HAc-NaAc、$NH_3 \cdot H_2O$-NH_4Cl 能控制的 pH 范围分别是：pH=4～6、pH=8～10。

缓冲溶液的缓冲能力是有限的，如果外加酸或碱的量过大，溶液中原有的弱酸（或弱碱）、弱酸盐（或弱碱盐）不足以将其耗尽，则 $[H^+]$ 将发生显著的变化，溶液就会失去缓冲能力。

 知识拓展

缓冲溶液在工农业生产、科学实验及生命活动等方面都有重要的作用。例如，缓冲溶液能保持电镀液的酸度一定，以满足电镀反应需要；土壤中的 H_2CO_3-$NaHCO_3$、NaH_2PO_4-Na_2HPO_4 等的存在，能维持其 pH=5～8 的范围，从而适于植物生长；正常情况下，人体血液的 pH=7.4±0.05，过高或过低分别会引起"碱中毒"或"酸中毒"，若改变超过 0.4，就有生命危险。有资料介绍，每当人体血液中 pH 值降低 0.1，胰岛素活性就下降 30%，因此糖尿病特别是 Ⅱ 型糖尿病并非是由于胰岛素分泌减少，而是由于胰岛素活性下降所致。维持血液 pH 稳定，也主要归功于血液之中的 H_2CO_3-$NaHCO_3$、NaH_2PO_4-Na_2HPO_4 等共轭酸碱对构成的缓冲溶液。

第五节　盐类的水解

一、盐类的水解

酸碱中和生成盐和水。按生成盐的酸、碱强弱不同，可将正盐分为四类：强碱弱酸盐、强酸弱碱盐、弱酸弱碱盐和强酸强碱盐。这些盐类的水溶液是否呈中性呢？

[演示实验 7-4]　取四支试管，各加少量 NaAc、NH_4Cl、NH_4Ac 和 NaCl 晶体，再加入适量水，振荡使其溶解。然后分别用 pH 试纸检验。

实验表明：盐的溶液不一定显中性。NaAc 溶液显碱性，NH_4Cl 溶液显酸性，NH_4Ac、NaCl 溶液显中性。

在 NaAc 溶液中，并存着下列几种电离：

$$\begin{array}{c} NaAc \Longrightarrow Na^+ + Ac^- \\ + \\ H_2O \Longrightarrow OH^- + H^+ \\ \Updownarrow \\ HAc \end{array}$$

NaAc 电离产生的 Ac^- 与水电离产生的 H^+ 结合生成弱电解质 HAc，破坏了水的电离平衡。随着 H^+ 浓度的减小，水的电离平衡右移，于是 OH^- 浓度随之增大。当同时建立起水和 HAc 的电离平衡时，溶液中 $[OH^-] > [H^+]$，显碱性。

NaAc 的水解离子方程式为：

$$Ac^- + H_2O \rightleftharpoons HAc + OH^-$$

这种溶液中盐的离子与水电离产生的 **H^+ 或 OH^- 结合生成弱电解质的反应，叫做盐的水解**。

盐类的水解是酸碱中和反应的逆反应：

$$酸 + 碱 \underset{水解}{\overset{中和}{\rightleftharpoons}} 盐 + 水$$

由于中和反应生成了难电离的水，反应几乎进行完全，所以水解反应的程度是很小的。通常，水解方程式要用"$\rightleftharpoons$"表示，水解生成物后不标注"↑"、"↓"。

1. 强碱弱酸盐的水解

属于这类盐的有 NaAc、NaCN、NaClO 等，水解反应均与上述 NaAc 相似。

强碱弱酸盐水解的实质是阴离子（弱酸根离子）发生水解，水溶液呈碱性。

2. 强酸弱碱盐的水解

属于这类盐的有 NH_4Cl、NH_4NO_3、NH_4Br 等。例如 NH_4Cl 的水解：

$$NH_4Cl \rightleftharpoons NH_4^+ + Cl^-$$
$$+$$
$$H_2O \rightleftharpoons OH^- + H^+$$
$$\updownarrow$$
$$NH_3 \cdot H_2O$$

NH_4^+ 和水电离产生的 OH^- 结合生成弱电解质 $NH_3 \cdot H_2O$，破坏了水的电离平衡。随着 OH^- 浓度的减小，水的电离平衡向右移动，致使 H^+ 浓度增大。水解平衡时，溶液中 $[H^+] > [OH^-]$，故呈酸性。

NH_4Cl 的水解离子方程式为：

$$NH_4^+ + H_2O \rightleftharpoons NH_3 \cdot H_2O + H^+$$

强酸弱碱盐水解的实质是阳离子（不活泼金属的离子或 NH_4^+）发生水解，水溶液均显酸性。

上述两类盐的水解反映了**盐类水解的基本规律：谁弱谁水解，谁强显谁性**。

3. 弱酸弱碱盐的水解

NH_4Ac、甲酸铵（$HCOONH_4$）、氰化铵（NH_4CN）等均属这类盐。弱酸弱碱盐的阴、阳离子都能与水作用生成弱电解质，溶液的酸碱性取决于生成的弱酸和弱碱的相对强弱。

(1) $K_a > K_b$ 的盐　例如，$HCOONH_4$ 的水解：

$$HCOONH_4 \rightleftharpoons HCOO^- + NH_4^+$$
$$+ \qquad +$$
$$H_2O \rightleftharpoons H^+ + OH^-$$
$$\updownarrow \qquad \updownarrow$$
$$HCOOH \quad NH_3 \cdot H_2O$$
$$K_a = 1.77 \times 10^{-4} \quad K_b = 1.8 \times 10^{-5}$$

溶液中，NH_4^+ 和 OH^-、$HCOO^-$ 和 H^+ 各自结合成弱电解质 $NH_3 \cdot H_2O$ 和 $HCOOH$，OH^- 和 H^+ 都在减少，因而水的电离平衡向右移动，直至水解平衡。显然弱酸弱碱盐的水解程度比较大。$HCOONH_4$ 的水解离子方程式为：

$$HCOO^- + NH_4^+ + H_2O \rightleftharpoons HCOOH + NH_3 \cdot H_2O$$

生成的 $HCOOH$ 和 $NH_3 \cdot H_2O$ 是等量的。因此，溶液的酸碱性取决于 $HCOOH$ 和 $NH_3 \cdot H_2O$ 电离程度的相对大小。由于 $K_a > K_b$，即 $HCOOH$ 比 $NH_3 \cdot H_2O$ 的电离程度大，所以水解平衡时，溶液中 $[H^+] > [OH^-]$，呈酸性。

(2) $K_a < K_b$ 的盐　例如，NH_4CN 的水解：

$$NH_4CN \rightleftharpoons NH_4^+ + CN^-$$
$$+ \qquad\qquad +$$
$$H_2O \rightleftharpoons OH^- + H^+$$
$$\updownarrow \qquad\qquad \updownarrow$$
$$NH_3 \cdot H_2O \qquad HCN$$
$$K_b = 1.8 \times 10^{-5} \quad K_a = 6.2 \times 10^{-10}$$

由于 $K_a < K_b$，即 HCN 比 $NH_3 \cdot H_2O$ 的电离程度小。因此，水解平衡时，溶液中 $[H^+] < [OH^-]$，呈碱性。

NH_4CN 的水解离子方程式为：

$$NH_4^+ + CN^- + H_2O \rightleftharpoons NH_3 \cdot H_2O + HCN$$

(3) $K_a = K_b$ 的盐　例如，NH_4Ac 的水解：

$$NH_4Ac \rightleftharpoons NH_4^+ + Ac^-$$
$$+ \qquad\qquad +$$
$$H_2O \rightleftharpoons OH^- + H^+$$
$$\updownarrow \qquad\qquad \updownarrow$$
$$NH_3 \cdot H_2O \qquad HAc$$
$$K_b = 1.8 \times 10^{-5} \quad K_a = 1.8 \times 10^{-5}$$

$K_a = K_b$，即 HAc 与 $NH_3 \cdot H_2O$ 的电离程度相同。故水解平衡时，溶液中 $[H^+] = [OH^-]$，呈中性。

NH_4Ac 的水解离子方程式为：

$$NH_4^+ + Ac^- + H_2O \rightleftharpoons NH_3 \cdot H_2O + HAc$$

综上，弱酸弱碱盐强烈水解，溶液的酸碱性取决于生成的弱酸、弱碱的相对强弱。即：

$$K_a > K_b \quad 溶液显酸性$$
$$K_a = K_b \quad 溶液显中性$$
$$K_a < K_b \quad 溶液显碱性$$

练一练

(1) 判断下列盐溶液的酸碱性。
① NaClO　② $NaNO_2$　③ $(NH_4)_2SO_4$　④ KNO_3

(2) 写出（1）题中，有关水解离子方程式。

4. 强酸强碱盐不水解

强酸强碱盐的离子不能与水电离产生的 H^+ 或 OH^- 反应，水的电离平衡没被破坏。故溶液显中性。

*5. 多元弱酸盐和多元弱碱盐的水解

(1) 多元弱酸盐　多元弱酸盐的水解是分步进行的，并以第一步水解为主。例如，Na_2CO_3 的水解。

第一步水解是 CO_3^{2-} 的水解：

$$Na_2CO_3 \rightleftharpoons 2Na^+ + CO_3^{2-}$$
$$+$$
$$H_2O \rightleftharpoons OH^- + H^+$$
$$\updownarrow$$
$$HCO_3^-$$

离子方程式为
$$CO_3^{2-} + H_2O \rightleftharpoons HCO_3^- + OH^-$$

第二步水解是 HCO_3^- 的水解。水解离子方程式为：
$$HCO_3^- + H_2O \rightleftharpoons H_2CO_3 + OH^-$$

Na_2CO_3 电离产生的 CO_3^{2-} 先与水电离出的 H^+ 结合生成 HCO_3^-；然后，HCO_3^- 又结合一个 H^+ 生成 H_2CO_3。从而促进水的电离，水解平衡时，溶液中 $[OH^-] > [H^+]$，呈碱性。

由于 H_2CO_3 的 $K_{a,2}$ ($5.6×10^{-11}$) $\ll K_{a,1}$ ($4.2×10^{-7}$)，即 HCO_3^- 的电离程度远比 H_2CO_3 小，换言之，CO_3^{2-} 与 H^+ 的结合要比 HCO_3^- 与 H^+ 更容易。所以 Na_2CO_3 的水解主要以第一步为主，按一步水解计算。$0.1 mol·L^{-1} Na_2CO_3$ 溶液的 pH 约为 11.6，因而 Na_2CO_3 又称纯碱。

在多元弱酸的酸式盐溶液中，酸式酸根同时具有水解和电离两种倾向。有的以水解为主（如 HCO_3^-、HS^-、HPO_4^{2-} 等），其对应的盐（如 $NaHCO_3$、$NaHS$、Na_2HPO_4 等）溶液显碱性；有的以电离为主（如 HSO_3^-、$H_2PO_4^-$、$HC_2O_4^-$ 等），其对应的盐（如 $NaHSO_3$、NaH_2PO_4、$NaHC_2O_4$ 等）溶液显酸性。这类盐溶液酸碱性的判断比较复杂。

（2）多元弱碱盐　多元弱碱盐的水解也是分步进行的，并且也以第一步水解为主。例如，$FeCl_3$ 的水解：

第一步水解　　　　$Fe^{3+} + H_2O \rightleftharpoons Fe(OH)^{2+} + H^+$
第二步水解　　　　$Fe(OH)^{2+} + H_2O \rightleftharpoons Fe(OH)_2^+ + H^+$
第三步水解　　　　$Fe(OH)_2^+ + H_2O \rightleftharpoons Fe(OH)_3 + H^+$

水解平衡时，溶液中 $[H^+] > [OH^-]$，显酸性。

上述水解产物碱式阳离子 $Fe(OH)^{2+}$、$Fe(OH)_2^+$ 以及 $Fe(OH)_3$ 的颜色从棕黄到棕红色。$FeCl_3$ 溶液呈黄色就是 Fe^{3+} 水解所致。

多价阳离子在水解到一步或二步时，往往就能析出沉淀，同时还有聚合和脱水作用，因此产物比较复杂。**通常把多元弱碱盐的水解离子方程式写成总反应式**。例如：

$$Fe^{3+} + 3H_2O \rightleftharpoons Fe(OH)_3 + 3H^+$$
$$Al^{3+} + 3H_2O \rightleftharpoons Al(OH)_3 + 3H^+$$

二、影响盐类水解的因素

盐的水解首先决定于盐的性质。其次还受浓度、温度和酸度等外界因素的影响。

1. 盐的性质

盐类水解时，生成的弱酸、弱碱的电离常数越小，水解程度越大；水解产物的溶解度越小，水解程度也越大。

如果水解产生的弱电解质是难溶或易挥发性物质，不断离开平衡体系，则会促进水解反应完全。这时，水解方程式要用"="表示，水解产物后可标注"↑"、"↓"。例如 Al_2S_3 的水解：

$$2Al^{3+} + 3S^{2-} + 6H_2O = 2Al(OH)_3 \downarrow + 3H_2S \uparrow$$

显然，Al_2S_3 不能存在于水溶液中。Cr_2S_3 也与其类似，这类化合物只能用"干法"制备。

2. 浓度

实验证明，**盐的浓度越小，水解程度越大**。例如，常温下 $0.001 mol·L^{-1}$ KCN 的水解程度为 12%，约是 $0.01 mol·L^{-1}$ 时的三倍。即稀释盐溶液会促进水解。但是，弱酸弱碱盐例外，其水解程度只与水解产物的电离常数大小有关，而与盐的浓度无关。

3. 温度

盐的水解是中和反应的逆反应。中和反应是放热反应，所以水解反应必然是吸热反应。

根据平衡移动原理,升高温度会促进盐的水解。例如,用纯碱溶液洗涤油污物品时,热溶液去污效果好。

4. 酸度

盐类水解能引起水中的 OH^- 和 H^+ 浓度的变化,使溶液具有一定的酸碱性。根据平衡移动原理,调节酸度,可以抑制或促进盐的水解。例如,盛有 $FeCl_3$ 溶液的容器内壁常积有棕黄色的斑迹,这是 Fe^{3+} 水解引起的:

$$Fe^{3+} + 3H_2O \rightleftharpoons Fe(OH)_3 + 3H^+$$

如果用冷的盐酸溶液代替蒸馏水,配制 $FeCl_3$ 溶液,就可避免这种现象。

三、盐类水解的应用

在生产、生活及实验中,常利用及控制盐的水解来解决实际问题。

许多金属氢氧化物的溶解度都很小,当相应的金属离子溶于水时,常因水解生成氢氧化物而使溶液浑浊。例如,Al^{3+}、Fe^{3+}、Zn^{2+} 等水解可生成胶状氢氧化物。胶状氢氧化物具有吸附作用,利用这一性质,造纸工业常用 $KAl(SO_4)_2 \cdot 12H_2O$、$Al_2(SO_4)_3$ 作上浆剂;印染工业常用 $KAl(SO_4)_2 \cdot 12H_2O$、$Al_2(SO_4)_3$、$ZnCl_2$ 等作媒染剂;而生产和生活中,常用 $KAl(SO_4)_2 \cdot 12H_2O$、$FeCl_3$、$Al_2(SO_4)_3$ 等作净水剂,其胶状水解产物能吸附水中悬浮的杂质并形成沉淀,从而使水变为清澈。

在实验室配制某些强酸弱碱盐溶液时,有时因水解生成沉淀而得不到所需的溶液。例如 $SnCl_2$ 在水中能强烈水解,生成碱式氯化亚锡沉淀。

$$SnCl_2 + H_2O \rightleftharpoons \underset{(白色)}{Sn(OH)Cl} \downarrow + HCl$$

为了抑制金属离子(如 Fe^{2+}、Sn^{2+}、Al^{3+}、Hg^{2+}、Bi^{3+} 等)**的水解,要在相应的强酸溶液中配制溶液**。同样,某些强碱弱酸盐能水解产生易挥发酸。例如,KCN 水解时,可挥发出剧毒的 HCN:

$$CN^- + H_2O \rightleftharpoons HCN + OH^-$$

配制这类盐(如 KCN、$NaCN$、Na_2S 等)**溶液时,需用相应的强碱溶液代替蒸馏水**。

加热盐溶液,会促进某些金属离子(如 Fe^{3+}、Al^{3+}、Ti^{4+} 等)的水解而产生沉淀。分析化学和无机制备中,常用这种方法鉴定或分离金属离子。例如,利用 Fe^{3+} 的水解性可以除去粗 $CuSO_4$ 中的杂质铁。先在酸性条件下用 H_2O_2 将 Fe^{2+} 氧化成 Fe^{3+}:

$$2FeSO_4 + H_2SO_4 + H_2O_2 = Fe_2(SO_4)_3 + 2H_2O$$

加入 NaOH 溶液,调节 pH=3~4。然后加热,即可除去 Fe^{3+}:

$$Fe^{3+} + 3H_2O \xrightarrow{pH=3\sim 4} Fe(OH)_3 \downarrow + 3H^+$$

泡沫灭火器是内部分别装有 $NaHCO_3$ 和 $Al_2(SO_4)_3$ 两种溶液的容器。由于两种盐水解后分别产生大量的 OH^- 和 H^+,因此一经混合则相互促进水解,使反应进行完全(这类反应称**双水解反应**)。产生的大量 CO_2 气体和 $Al(OH)_3$ 胶体混合物从灭火器中喷射在燃烧物体的表面上,能隔绝空气,从而达到灭火的目的。

$$Al_2(SO_4)_3 + 6NaHCO_3 + 6H_2O = 2Al(OH)_3 \downarrow + 6H_2CO_3 + 3Na_2SO_4$$
$$\qquad\qquad\qquad\qquad\qquad\qquad\qquad\quad \hookrightarrow 6CO_2 \uparrow + 6H_2O$$

💡 想一想

下列说法正确吗?为什么?

(1) 在溶液中,$AlCl_3$ 与 Na_2S 发生离子互换反应可制得 Al_2S_3。

(2) 实验室配制 $FeCl_3$、KCN 溶液时,都需要在强酸溶液中进行。

第六节 难溶电解质的沉淀-溶解平衡

在科学实验和化工生产中，经常利用沉淀的生成和溶解进行物质的制备、分离、提纯及鉴定。如何判断沉淀反应是否发生，沉淀能否溶解、怎样使沉淀更加完全，以及使溶液中指定离子沉淀等，都是实际工作中常常遇到的问题。

一、溶度积常数

严格地讲，自然界没有绝对不溶的物质。固态电解质多为离子型或强极性共价型化合物，在极性的水分子作用下，总是或多或少地发生溶解。**通常把室温时溶解度大于 $10g/100g\ H_2O$ 的，叫易溶电解质；溶解度为 $1\sim 10g/100g\ H_2O$ 的，叫可溶电解质；溶解度为 $0.01\sim 1g/100g\ H_2O$ 的，叫微溶电解质；溶解度小于 $0.01g/100g\ H_2O$ 的，叫难溶电解质**。下面所讨论的难溶电解质的沉淀-溶解平衡，也包括微溶电解质。

将 AgCl 晶体放入水中，在水分子的吸引和碰撞下，Ag^+ 和 Cl^- 离开晶体表面进入到水中，成为自由移动的水合离子的过程叫做溶解。与此同时，已溶解的 Ag^+ 和 Cl^- 在溶液中不停地运动，当碰撞到晶体时，又能被表面带异种电荷的离子吸引而重新析出，这个过程叫做沉淀（或结晶）。**在一定的温度下，溶解速率与沉淀速率相等时的状态，叫做沉淀-溶解平衡，简称溶解平衡**。此时，溶液的浓度不再改变，为饱和溶液。

$$AgCl(s) \xrightleftharpoons[沉淀]{溶解} Ag^+ + Cl^-$$

与其他化学平衡一样，固体物质的浓度不列入平衡常数表达式中。则：

$$K_{sp}(AgCl)=[Ag^+][Cl^-]$$

式中　$K_{sp}(AgCl)$——AgCl 的**溶度积常数，简称溶度积**；

$[Ag^+]$、$[Cl^-]$——饱和溶液中 Ag^+、Cl^- 的浓度，$mol·L^{-1}$。

又如，难溶电解质 Ag_2CrO_4 的沉淀-溶解平衡体系：

$$Ag_2CrO_4(s) \xrightleftharpoons[沉淀]{溶解} 2Ag^+ + CrO_4^{2-}$$

溶度积为

$$K_{sp}(Ag_2CrO_4)=[Ag^+]^2[CrO_4^{2-}]$$

溶度积表达式中，各浓度的指数为溶解平衡方程式中对应离子的化学计量数。

现用通式来表示难溶电解质的溶度积常数：

$$A_mB_n(s) \rightleftharpoons mA^{n+}+nB^{m-}$$

$$K_{sp}(A_mB_n)=[A^{n+}]^m[B^{m-}]^n \tag{7-9}$$

即在一定的温度下，难溶电解质的饱和溶液中，相应离子浓度幂的乘积是一个常数，叫做溶度积常数，符号 K_{sp}。

溶度积只与温度有关，但影响不大。一般使用 25℃时测得的数据（见附录四）。

溶度积是反映难溶电解质溶解性的特征常数。对于相同类型的难溶电解质，K_{sp} 越大，溶解能力越强。对不同类型的难溶电解质要先将 K_{sp} 换算成溶解度，再进行比较。

> **练一练**
>
> （1）$BaSO_4$　　（2）PbI_2　　（3）$Ca_3(PO_4)_2$　　（4）Ag_2CO_3

二、溶度积和溶解度的换算

溶度积和溶解度都能表示难溶电解质的溶解能力，二者可以换算。一般难溶电解质

(常温下，溶液的密度视为 $1\text{g} \cdot \text{cm}^{-3}$)的溶解度常用物质的量浓度来表示，这样可使计算简化。

1. AB 型

【例 7-9】 已知 25℃时、$K_{sp}(\text{AgCl}) = 1.8 \times 10^{-10}$，试计算该温度下 AgCl 的溶解度

解 设 25℃时 AgCl 的溶解度为 s

$$\text{AgCl(s)} \rightleftharpoons \text{Ag}^+ + \text{Cl}^-$$

平衡浓度/$\text{mol} \cdot \text{L}^{-1}$ s s

$$K_{sp}(\text{AgCl}) = [\text{Ag}^+][\text{Cl}^-] = ss = s^2$$

$$s = \sqrt{K_{sp}(\text{AgCl})} = \sqrt{1.8 \times 10^{-10}}$$

$$= 1.34 \times 10^{-5} \text{mol} \cdot \text{L}^{-1}$$

答：25℃时，AgCl 的溶解度为 $1.34 \times 10^{-5} \text{mol} \cdot \text{L}^{-1}$。

将上式书写成一般式，则：

$$s(\text{AB}) = \sqrt{K_{sp}(\text{AB})} \tag{7-10}$$

式中 $s(\text{AB})$——难溶电解质 AB 的溶解度，$\text{mol} \cdot \text{L}^{-1}$；

$K_{sp}(\text{AB})$——难溶电解质 AB 的溶度积。

2. A_2B 型（或 AB_2 型）

【例 7-10】 已知 25℃时，$K_{sp}(\text{Ag}_2\text{CrO}_4) = 1.1 \times 10^{-12}$，试计算该温度下 Ag_2CrO_4 的溶解度。

解 设 25℃时 Ag_2CrO_4 的溶解度为 s。

$$\text{Ag}_2\text{CrO}_4(\text{s}) \rightleftharpoons 2\text{Ag}^+ + \text{CrO}_4^{2-}$$

平衡浓度/$\text{mol} \cdot \text{L}^{-1}$ $2s$ s

$$K_{sp}(\text{Ag}_2\text{CrO}_4) = [\text{Ag}^+]^2[\text{CrO}_4^{2-}] = (2s)^2 s = 4s^3$$

$$s = \sqrt[3]{\frac{K_{sp}(\text{Ag}_2\text{CrO}_4)}{4}} = \sqrt[3]{\frac{1.1 \times 10^{-12}}{4}}$$

$$= 6.5 \times 10^{-5} \text{mol} \cdot \text{L}^{-1}$$

答：25℃时 Ag_2CrO_4 的溶解度为 $6.5 \times 10^{-5} \text{mol} \cdot \text{L}^{-1}$。

将上式书写成一般式，则：

$$s(\text{A}_2\text{B}) = \sqrt[3]{\frac{K_{sp}(\text{A}_2\text{B})}{4}} \tag{7-11}$$

式中 $s(\text{A}_2\text{B})$——难溶电解质 A_2B 的溶解度，$\text{mol} \cdot \text{L}^{-1}$。

从上述两例的计算结果看出，虽然 $K_{sp}(\text{AgCl}) > K_{sp}(\text{Ag}_2\text{CrO}_4)$，但是 $s(\text{AgCl}) < s(\text{Ag}_2\text{CrO}_4)$，即常温下 AgCl 的溶解能力比 Ag_2CrO_4 小。

还应指出，难溶弱电解质[如 Pb(OH)_2、Cu(OH)_2、Mg(OH)_2 等]和易水解的难溶电解质[如 ZnS、Ag_2S 等]溶液中，还存在着电离平衡或水解平衡，故离子浓度与溶解度的关系比较复杂。用式（7-10）、式（7-11）进行换算误差较大。为简便起见，本书忽略上述影响。

三、溶度积规则

根据溶度积和离子积的关系，可以判断溶解反应的方向。

在任意状态下，难溶电解质溶液中，离子浓度幂的乘积称为离子积。用 Q_i 表示。在任一难溶电解质 A_mB_n 溶液中：

$$Q_i(A_mB_n) = c^m(A^{n+})c^n(B^{m-}) \tag{7-12}$$

式中 $Q_i(A_mB_n)$ ——难溶电解质 A_mB_n 的离子积；

c ——在任意状态下，难溶电解质组成离子的浓度，$mol \cdot L^{-1}$。

同浓度商与平衡常数的关系相似，Q_i 与 K_{sp} 也存在着三种关系。

$Q_i > K_{sp}$：过饱和溶液，有沉淀生成；

$Q_i = K_{sp}$：饱和溶液，沉淀-溶解平衡状态；

$Q_i < K_{sp}$：未饱和溶液，无沉淀生成；若有沉淀，则沉淀溶解。

上述关系称为溶度积规则。利用该规则，可以通过控制离子浓度，实现沉淀的生成或溶解。

四、沉淀的生成和溶解

1. 沉淀的生成

根据溶度积规则，在难溶电解质溶液中，如果 $Q_i > K_{sp}$，就会有沉淀生成。

【例 7-11】 将浓度同为 $0.02 mol \cdot L^{-1}$ 的 $BaCl_2$ 和 Na_2SO_4 溶液等体积混合，试判断有无沉淀生成？

解 两种溶液等体积混合后，体积将增大一倍，浓度减小至原来的 1/2。

$$c(Ba^{2+}) = c(BaCl_2) = \frac{0.02 mol \cdot L^{-1}}{2} = 0.01 mol \cdot L^{-1}$$

$$c(SO_4^{2-}) = c(Na_2SO_4) = \frac{0.02 mol \cdot L^{-1}}{2} = 0.01 mol \cdot L^{-1}$$

$$Q_i(BaSO_4) = c(Ba^{2+}) c(SO_4^{2-}) = 0.01 \times 0.01 = 1 \times 10^{-4}$$

查附录四得：$K_{sp}(BaSO_4) = 1.1 \times 10^{-10}$

$$Q_i > K_{sp} \quad 有 BaSO_4 沉淀生成$$

答：两种溶液等体积混合后，有 $BaSO_4$ 沉淀生成。

【例 7-12】 25℃ 时，在 AgCl 饱和溶液中加入沉淀剂 NaCl，并使 NaCl 的浓度为 $0.01 mol \cdot L^{-1}$。试求 AgCl 的溶解度[$K_{sp}(AgCl) = 1.8 \times 10^{-10}$]

解 设 AgCl 的溶解度为 s

$$AgCl(s) \rightleftharpoons Ag^+ + Cl^-$$

平衡浓度/($mol \cdot L^{-1}$) $\qquad\qquad\qquad s \quad 0.01+s$

$$K_{sp}(AgCl) = [Ag^+][Cl^-]$$

$$1.8 \times 10^{-10} = s(0.01+s)$$

$K_{sp}(AgCl)$ 很小，$s \ll 0.01$，$0.01+s \approx 0.01$

$$1.8 \times 10^{-10} = 0.01s$$

$$s = 1.8 \times 10^{-8} mol \cdot L^{-1}$$

答：在该条件下，AgCl 的溶解度为 $1.8 \times 10^{-8} mol \cdot L^{-1}$。

比较 [例 7-9] 与 [例 7-12] 可以发现，由于 NaCl 的加入，使 AgCl 的溶解度从 $1.34 \times 10^{-5} mol \cdot L^{-1}$ 降到 $1.8 \times 10^{-8} mol \cdot L^{-1}$，变化三个数量级。**这种在难溶电解质的饱和溶液中，加入含有相同离子的易溶强电解质，而使其溶解度减小的现象也称为同离子效应。**

应用同离子效应，实际工作中常采取加入过量沉淀剂的方法，以使某种离子沉淀完全。如生产 AgCl 时，加入适当过量的盐酸可使 Ag^+ 得到充分利用；洗去 $BaSO_4$ 沉淀中的杂质时，用稀 H_2SO_4 作洗涤液可防止溶解损失。

难溶电解质溶液中存在着溶解平衡，离子浓度间的关系受 K_{sp} 限制。因此，无论加入多少沉淀剂，都不能使被沉淀离子的浓度降为零。**通常，在定性分析中，当溶液中被沉淀离子浓度小于 $1\times10^{-5}\,mol\cdot L^{-1}$ 时**，即可认为沉淀完全。如果沉淀剂浓度过大，还会引起某些副反应（如盐效应、配位效应等），反而使沉淀的溶解度增大。根据经验，沉淀剂一般过量 20%～50%为宜。

【**例 7-13**】 精制食盐时，用 $BaCl_2$ 作沉淀剂除去粗食盐中的 SO_4^{2-}。试计算使 SO_4^{2-} 沉淀完全时，需控制 Ba^{2+} 的最低浓度为多少？

解 设需控制 Ba^{2+} 的最低浓度为 x

当 SO_4^{2-} 被沉淀完全时，其最大浓度为 $1\times10^{-5}\,mol\cdot L^{-1}$

$$Ba^{2+} + SO_4^{2-} \rightleftharpoons BaSO_4(s)$$

平衡浓度/$(mol\cdot L^{-1})$ $\quad x \quad 1\times10^{-5}$

$$K_{sp}(BaSO_4) = [Ba^{2+}][SO_4^{2-}] = x\times1\times10^{-5}$$

查附录四得 $\quad K_{sp}(BaSO_4) = 1.1\times10^{-10}$

代入上式得 $\quad 1.1\times10^{-10} = 1\times10^{-5}x$

$$x = 1.1\times10^{-5}\,mol\cdot L^{-1}$$

答：需控制 Ba^{2+} 的最低浓度为 $1.1\times10^{-5}\,mol\cdot L^{-1}$。

2. 沉淀的溶解

根据溶度积规则，如果能降低难溶电解质饱和溶液中某一离子的浓度，使 $Q_i < K_{sp}$，沉淀就会溶解。常采取如下途径。

(1) **生成气体** 例如 $CaCO_3$ 能溶于盐酸：

$$CaCO_3(s) \rightleftharpoons CO_3^{2-} + Ca^{2+}$$
$$+$$
$$2HCl \rightleftharpoons 2H^+ + 2Cl^-$$
$$\Updownarrow$$
$$H_2CO_3 \rightleftharpoons H_2O + CO_2\uparrow$$

即 $\quad CaCO_3(s) + 2H^+ \rightleftharpoons Ca^{2+} + H_2O + CO_2\uparrow$

加入 HCl 后，H^+ 与 CO_3^{2-} 结合生成不稳定的 H_2CO_3，随即分解为水和 CO_2，随着 CO_2 气体的不断放出，溶液中 CO_3^{2-} 浓度逐渐降低，使 $Q_i(CaCO_3) < K_{sp}(CaCO_3)$，则溶解平衡向右移动。如果加入的 HCl 足够多，$CaCO_3$ 可以完全溶解。实验室常用这个反应制取 CO_2。

(2) **生成弱电解质** 难溶于水的氢氧化物都能与酸反应生成水而溶解。例如：

$$Mg(OH)_2(s) \rightleftharpoons Mg^{2+} + 2OH^-$$
$$+$$
$$2HCl \rightleftharpoons 2Cl^- + 2H^+$$
$$\Updownarrow$$
$$2H_2O$$

即 $\quad Mg(OH)_2(s) + 2H^+ \rightleftharpoons Mg^{2+} + 2H_2O$

一些难溶弱酸盐（如 MnS、FeS、ZnS 等）能与强酸作用生成弱酸而溶解；某些难溶氢氧化物能与铵盐溶液作用生成 $NH_3\cdot H_2O$ 而溶解。例如：

$$Mg(OH)_2(s) \rightleftharpoons Mg^{2+} + 2OH^-$$
$$+$$
$$2NH_4Cl \rightleftharpoons 2Cl^- + 2NH_4^+$$
$$\Updownarrow$$
$$2NH_3\cdot H_2O$$

即 $Mg(OH)_2(s) + 2NH_4^+ \rightleftharpoons Mg^{2+} + 2NH_3 \cdot H_2O$

(3) 发生氧化还原反应 例如 CuS 的 K_{sp} 很小，不溶于盐酸，但却能发生氧化还原反应而溶于稀 HNO_3：

$$3CuS + 8HNO_3 \rightleftharpoons 3Cu(NO_3)_2 + 3S\downarrow + 2NO\uparrow + 4H_2O$$

HNO_3 是氧化性酸（见第十章第二节），能将 S^{2-} 氧化为 S，致使溶液中 S^{2-} 浓度降低，$Q_i(CuS) < K_{sp}(CuS)$，故 CuS 沉淀被溶解。

此外，很多难溶电解质还可通过生成配合物而溶解（见第十二章第二节）。

五、沉淀的转化

[演示实验 7-5] 在盛有 $PbCl_2$ 沉淀及其饱和溶液（约 5mL）的试管中，逐滴加入 0.1 $mol \cdot L^{-1}$ KI 溶液，振荡试管，观察实验现象。

白色的 $PbCl_2$ 沉淀能与 I^- 作用，逐渐转化成黄色沉淀。反应如下

$$PbCl_2(s) \rightleftharpoons Pb^{2+} + 2Cl^-$$
$$+$$
$$2KI \rightleftharpoons 2I^- + 2K^+$$
$$\Updownarrow$$
$$PbI_2$$

即 $\underset{(白色)}{PbCl_2} + 2I^- \rightleftharpoons \underset{(黄色)}{PbI_2}\downarrow + 2Cl^-$

$$K_{sp}(PbCl_2) = 1.6 \times 10^{-5} \quad K_{sp}(PbI_2) = 7.1 \times 10^{-9}$$

由于 $K_{sp}(PbCl_2) > K_{sp}(PbI_2)$，所以往 $PbCl_2$ 饱和溶液中加入 KI 溶液后，$Q_i(PbI_2) > K_{sp}(PbI_2)$，则有更难溶的 PbI_2 沉淀生成，致使溶液中 Pb^{2+} 浓度降低，$Q_i(PbCl_2) < K_{sp}(PbCl_2)$，于是 $PbCl_2$ 的溶解平衡向右移动，随着 KI 溶液的不断加入，$PbCl_2$ 可完全转化为 PbI_2。

这种在含有沉淀的溶液中，加入适当的沉淀剂，使沉淀转变为另一种沉淀的过程叫做沉淀的转化。

利用沉淀的转化，可以解决许多实际问题。例如，用 Na_2CO_3 溶液处理锅炉中的锅垢，使 $CaSO_4$（$K_{sp} = 9.1 \times 10^{-6}$）转化为疏松的、可溶于酸的 $CaCO_3$（$K_{sp} = 2.8 \times 10^{-9}$）。这样锅垢便容易清除了。

总之，沉淀的转化总是向着某种离子浓度减小的方向进行。对相同类型的电解质，由 K_{sp} 较大的转化为 K_{sp} 较小的沉淀；对不同类型的电解质由溶解度较大的转化为溶解度较小的沉淀。两种沉淀的溶解度差别越大，沉淀转化得越完全。

想一想

举例说明同离子效应和沉淀转化。

*六、分步沉淀

以上讨论的是溶液中只有一种离子能生成沉淀，实际上溶液中常常含有多种离子。当往含有多种离子的溶液中加入某种沉淀剂时，往往会有沉淀先后生成，这种现象叫做分步沉淀。

例如，工业上分析水中 Cl^- 的含量时，常用 $AgNO_3$ 作滴定剂，用 K_2CrO_4 作指示剂。若水样中含 Cl^-、CrO_4^{2-} 的浓度分别为 7.1×10^{-3} $mol \cdot L^{-1}$ 和 1×10^{-4} $mol \cdot L^{-1}$，滴入 $AgNO_3$ 溶液，将首先产生白色沉淀，一旦有砖红色沉淀生成，即为滴定终点。其离子方程

式为：

$$Ag^+ + Cl^- \rightleftharpoons AgCl\downarrow \quad K_{sp}(AgCl) = 1.8\times 10^{-10}$$
（白色）

$$2Ag^+ + CrO_4^{2-} \rightleftharpoons Ag_2CrO_4\downarrow \quad K_{sp}(Ag_2CrO_4) = 1.1\times 10^{-12}$$
（砖红色）

根据溶度积，可以计算 $AgCl$ 和 Ag_2CrO_4 产生沉淀所需 Ag^+ 的最低浓度：

$$[Ag^+] = \frac{K_{sp}(AgCl)}{[Cl^-]} = \frac{1.8\times 10^{-10}}{7.1\times 10^{-3}} = 2.5\times 10^{-8}\,\text{mol·L}^{-1}$$

$$[Ag^+] = \sqrt{\frac{K_{sp}(Ag_2CrO_4)}{[CrO_4^{2-}]}} = \sqrt{\frac{1.1\times 10^{-12}}{1\times 10^{-4}}} = 1.05\times 10^{-4}\,\text{mol·L}^{-1}$$

从计算结果得知，沉淀 Cl^- 要比沉淀 CrO_4^{2-} 所需 Ag^+ 的最低浓度小得多，因此 $AgCl$ 沉淀首先析出。即当一种试剂能沉淀溶液中的多种离子时，离子积首先达到溶度积的难溶电解质首先产生沉淀，这就是分步沉淀原理。

随着沉淀剂 $AgNO_3$ 的加入，$AgCl$ 不断析出，Cl^- 浓度也随之减小。如果不考虑加入试剂所引起的体积变化，当溶液中 Ag^+ 浓度为 $1.05\times 10^{-4}\,\text{mol·L}^{-1}$ 时，$AgCl$ 和 Ag_2CrO_4 都达到饱和状态，若再有 Ag^+ 加入，两种沉淀将同时析出。此时，Cl^- 的残留浓度为：

$$[Cl^-] = \frac{K_{sp}(AgCl)}{1.05\times 10^{-4}} = \frac{1.8\times 10^{-10}}{1.05\times 10^{-4}} = 1.71\times 10^{-6}\,\text{mol·L}^{-1}$$

$[Cl^-] < 1\times 10^{-5}\,\text{mol·L}^{-1}$，说明当 Ag_2CrO_4 产生沉淀时，Cl^- 已经沉淀完全了。

利用分步沉淀原理，可以进行离子的分离、提纯。而且沉淀时，各种离子所需沉淀剂的浓度相差越大，分离得越完全。

【例 7-14】 已知在 $1\,\text{mol·L}^{-1}\,CuSO_4$ 溶液中，含有 $0.01\,\text{mol·L}^{-1}\,Fe^{3+}$ 杂质，试问能否通过控制溶液的 pH 来达到除杂质的目的。

解
$$CuSO_4 \rightleftharpoons Cu^{2+} + SO_4^{2-}$$
$$[Cu^{2+}] = c(CuSO_4) = 1\,\text{mol·L}^{-1}$$

由附录四查得溶度积如下：

$$Cu^{2+} + 2OH^- \rightleftharpoons Cu(OH)_2(s); \quad K_{sp}[Cu(OH)_2] = 2.2\times 10^{-20}$$
$$Fe^{3+} + 3OH^- \rightleftharpoons Fe(OH)_3(s); \quad K_{sp}[Fe(OH)_3] = 4\times 10^{-38}$$

沉淀 Cu^{2+} 所需最低 pH 为：

$$[OH^-] = \sqrt{\frac{K_{sp}[Cu(OH)_2]}{[Cu^{2+}]}} = \sqrt{\frac{2.2\times 10^{-20}}{1}} = 1.5\times 10^{-10}\,\text{mol·L}^{-1}$$

$$pH = 14 - pOH = 14 - [-\lg(1.5\times 10^{-10})] = 4.2$$

同理，沉淀 Fe^{3+} 所需最低 pH 为：

$$[OH^-] = \sqrt[3]{\frac{K_{sp}[Fe(OH)_3]}{[Fe^{3+}]}} = \sqrt[3]{\frac{4\times 10^{-38}}{0.01}} = 1.6\times 10^{-12}\,\text{mol·L}^{-1}$$

$$pH = 14 - pOH = 14 - [-\lg(1.6\times 10^{-12})] = 2.2$$

故当混合溶液中加入 OH^- 时，$Fe(OH)_3$ 首先沉淀。

当溶液中剩余的 $[Fe^{3+}] = 1\times 10^{-5}\,\text{mol·L}^{-1}$ 时，pH 为：

$$[OH^-] = \sqrt[3]{\frac{K_{sp}[Fe(OH)_3]}{[Fe^{3+}]}} = \sqrt[3]{\frac{4\times 10^{-38}}{1\times 10^{-5}}}$$
$$= 1.6\times 10^{-11}\,\text{mol·L}^{-1}$$

则 $pH = 14 - pOH = 14 - [-\lg(1.6 \times 10^{-11})] = 3.2$

此时，$Fe(OH)_3$ 已沉淀完全，而 $Cu(OH)_2$ 仍未发生沉淀。

答：控制溶液的 $3.2 < pH < 4.2$，就能实现除去杂质 Fe^{3+} 的目的。

许多金属离子都能形成难溶氢氧化物，并且它们所要求的 pH 不同（见表 7-6）。化工生产和实验中，常利用控制溶液 pH 的方法对金属离子进行分离、提纯。

表 7-6　一些难溶氢氧化物在不同浓度下沉淀的 pH

离子	离子浓度/mol·L⁻¹						K_{sp}
	1	10^{-1}	10^{-2}	10^{-3}	10^{-4}	10^{-5}	
Fe^{3+}	1.5	1.9	2.2	2.5	2.8	3.2	4×10^{-38}
Al^{3+}	3.0	3.3	3.7	4.0	4.3	4.6	1.3×10^{-33}
Cr^{3+}	3.9	4.3	4.6	4.9	5.3	5.6	6.3×10^{-31}
Cu^{2+}	4.2	4.7	5.1	5.6	6.1	6.7	2.2×10^{-20}
Zn^{2+}	5.5	6.0	6.5	7.0	7.5	7.8	1.2×10^{-17}
Ni^{2+}	6.7	7.2	7.6	8.1	8.6	9.1	2.0×10^{-15}
Co^{2+}	6.6	7.1	7.6	8.1	8.6	9.1	1.6×10^{-15}
Fe^{2+}	6.5	7.0	7.5	8.0	8.5	9.0	8.0×10^{-16}
Mn^{2+}	7.7	8.2	8.7	9.2	9.7	10.2	1.9×10^{-13}
Mg^{2+}	8.6	9.1	9.6	10.1	10.6	11.1	1.8×10^{-11}

此外，通过 pH 来控制 H_2S 溶液中 S^{2-} 浓度，使金属离子形成难溶硫化物而进行分离、提纯的方法，也是实际工作中常用的方法。

习　题

1. 举例说明什么叫电解质、非电解质、强电解质和弱电解质。

2. 填表

电解质	类别（强、弱）	化合物类型	溶液中的电离程度	电离方程式	溶液中电解质存在形式
$NH_3 \cdot H_2O$					
HF					
$HClO_3$					
Na_2S					

3. 什么叫稀释定律？使用条件如何？它有什么意义？

4. 求常温下，下列电解质溶液的电离度。

　(1) 0.01 mol·L⁻¹ HCN　(2) 0.5 mol·L⁻¹ HClO　(3) 0.2 mol·L⁻¹ HF

5. 什么是水的离子积？常温下为何值？水中加入少量酸、碱后，水的离子积、[H⁺] 及 pH 有无变化？怎样变化？

6. 计算下列各溶液的 pH。

　(1) 0.1 mol·L⁻¹ HNO_3　(2) 0.1 mol·L⁻¹ $Ba(OH)_2$

　(3) 溶有 8.5 g NH_3 的 250 mL $NH_3 \cdot H_2O$ 溶液；

　(4) 质量分数为 5%、密度为 1.007 g·cm⁻³ 的白醋（HAc）溶液；

　(5) 常温下，饱和 H_2S 溶液（浓度为 0.1 mol·L⁻¹）。

7. 将 0.1 mol·L⁻¹ HCl 溶液冲稀至 10 倍、100 倍、1000 倍时，计算溶液的 pH。如果继续冲稀下去，pH 能否大于 7？为什么？

8. 计算下列混合溶液中 [H⁺] 和 pH。并指出甲基橙、酚酞、石蕊各在混合液中呈什么颜色。

(1) 等体积混合 pH＝2 和 pH＝4 的 HCl 溶液；

(2) 20mL 1mol·L^{-1} HNO$_3$ 和 30mL 1mol·L^{-1} NaOH 的混合溶液；

(3) 等体积混合 pH＝9 和 pH＝10 的 KOH 溶液。

9. 什么叫同离子效应？在 NH$_3$·H$_2$O 中加入下列物质时，NH$_3$·H$_2$O 的电离平衡向什么方向移动？

(1) NH$_4$Cl　　(2) NaOH　　(3) HCl　　(4) NH$_3$

10. 缓冲溶液 NH$_3$-NH$_4$Cl 的组成特点是什么？它是怎样起缓冲作用的？

11. 根据水解规律，判断下列溶液的酸碱性。

(1) BaCl$_2$　　(2) Na$_2$CO$_3$　　(3) NaBr

(4) CuSO$_4$　　(5) NH$_4$Ac　　(6) MgCl$_2$

12. 写出下列各种盐水解的离子方程式。

(1) NH$_4$Cl　　(2) Na$_2$S　　(3) NaHCO$_3$

(4) NaClO　　(5) Al$_2$(SO$_4$)$_3$　　(6) NH$_4$CN

13. 配制 Al$_2$(SO$_4$)$_3$、ZnCl$_2$、SnCl$_2$ 等溶液时，为什么不用蒸馏水，而要用相应的酸溶液？

14. 计算 PbI$_2$ 在水中及在 0.01mol·L^{-1} KI 溶液中的溶解度，根据计算结果可得出什么结论？

15. 在 10mL 0.0015mol·L^{-1} MnSO$_4$ 溶液中，加入 5mL 0.15mol·L^{-1} NH$_3$·H$_2$O 溶液，是否有 Mn(OH)$_2$ 沉淀生成？

*16. 某溶液中含有 0.01mol·L^{-1} Ba^{2+} 和 0.1mol·L^{-1} Ag$^+$，若滴加 Na$_2$SO$_4$ 溶液（忽略体积变化），哪种离子先产生沉淀？继续滴加 Na$_2$SO$_4$ 溶液，能否实现 Ag$^+$、Ba^{2+} 的分离？

第八章 铝和碳、硅、锡、铅

能力目标

1. 会书写 Al_2O_3、$Al(OH)_3$ 与强酸、强碱作用的化学方程式。
2. 会根据化合物的性质,进行相关离子的检验。

知识目标

1. 了解硼族元素的通性,掌握铝及其重要化合物的性质和应用。
2. 了解碳族元素的通性,掌握碳、硅、锡、铅及其重要化合物的性质。

第一节 硼族元素

一、硼族元素的通性

周期表中ⅢA族包括硼(B)、铝(Al)、镓(Ga)、铟(In)和铊(Tl)五种元素,统称为硼族元素。

硼族元素随着原子序数增大,原子半径相应增大,元素的电负性趋于减小,元素的非金属性减弱,金属性增强。由于B与Al的原子半径差别很大,导致了它们的电负性差别很大,因此本族元素由非金属到金属的过渡发生在B和Al之间,从B到Al在性质上有较大的突跃。

硼族元素中最重要的是B和Al,它们在成键时显示出以下特点。

(1) **具有强烈的形成共价键的倾向** B原子半径很小,电负性较大,因而容易形成共价键。单质硼的熔点、沸点高,硬度大,化学性质稳定,表明硼原子间的共价键相当牢固。常见的B的二元化合物也都是通过共价键形成的。Al的电负性较小,容易失去电子形成 Al^{3+},但 Al^{3+} 电荷较多,半径较小,它和许多简单阴离子结合时也形成共价化合物。常见的Al的二元化合物中,除了氧化铝(Al_2O_3)、氟化铝(AlF_3)是离子化合物外,其他如氯化铝($AlCl_3$)、溴化铝($AlBr_3$)都是共价化合物。从Al到Tl,随着原子半径的增大,形成共价键的趋势逐渐减弱,而形成离子键的趋势逐渐增强。

(2) **具有强烈的亲氧性** B和Al与O之间有很强的结合能力。B、Al与 O_2 反应时,放出大量的热,形成牢固的化学键,表现出亲氧的特性。例如,在标准状况下由B和 O_2 作用生成1mol三氧化二硼(B_2O_3),放热1273kJ。因此B、Al称为亲氧元素。

(3) **原子的价电子层显示出缺电子特征** B和Al都有4个价电子轨道,但只有3个价电子,当它们形成共价键时,原子的价层上形成3对共用电子,还剩1个空轨道。**这种价电子数少于价电子轨道数的原子称为缺电子原子,具有缺电子原子的共价化合物称为缺电子化合物**。缺电子化合物具有较强的接受电子对的能力,容易与具有孤对电子的分子或离子通过配位键形成配位化合物。从Ga到Tl,随着原子半径的增大,这一趋势逐渐减弱。

想一想

硼族元素由非金属元素过渡到金属元素发生在哪两个元素之间?为什么?

二、铝及其重要化合物

铝在地壳中含量达 7.73%，仅次于氧和硅，是地壳中含量最高的金属。铝在自然界主要以复杂的铝硅酸盐形式存在，主要矿石有铝矾土（$Al_2O_3 \cdot xH_2O$）、黏土 [$H_2Al_2(SiO_4)_2 \cdot H_2O$]、长石（$KAlSi_3O_8$）、云母 [$H_2KAl_3(SiO_4)_3$]、冰晶石（$Na_3AlF_6$）等。

1. 金属铝

Al 是银白色轻金属，密度为 $2.7 g \cdot cm^{-3}$，熔点 660℃，硬度较小。Al 具有良好的导电性和导热性，因而可用于制造电线、高压电缆及各种炊具。Al 具有优良的延展性，可拉伸成丝及加工成很薄的铝箔。

Al 与 Mg、Cu、Zn、Mn、Si、Li 等制得的合金通常具有较高的强度和较小的密度，化学稳定性好，力学性能优良，广泛应用于航空工业、汽车工业及建筑业。Cu-Zn-Al 或 Cu-Al-Ni 合金具有形状记忆功能，广泛用于卫星、航空、生物工程和自动化等方面。

Al 是活泼金属，具有强还原性，主要化学性质如下：

（1）与氧反应 Al 是亲氧元素，**常温下被空气中的 O_2 氧化，表面生成一层致密的 Al_2O_3 薄膜（厚约 10^{-5} mm），阻止 Al 与 O_2 继续作用**。因此 Al 在空气中和水中都很稳定。高温下，Al 在 O_2 或空气中燃烧，发出耀眼的白光，并放出大量的热：

$$4Al(s) + 3O_2(g) == 2Al_2O_3(s); \Delta H = -3340 kJ \cdot mol^{-1}$$

Al 不但能与 O_2 直接化合，还能夺取一些金属氧化物（如 Fe_3O_4、Mn_3O_4、MnO_2、V_2O_5、Cr_2O_3）中的氧，将这些金属还原出来。反应放出大量的热，可使生成的金属单质熔化。例如：

$$8Al(s) + 3Fe_3O_4(s) \xrightarrow{高温} 4Al_2O_3(s) + 9Fe(s); \Delta H = -3329 kJ \cdot mol^{-1}$$

因此 Al 常用作冶金还原剂，冶炼高熔点金属（如 Cr、Mn）、无碳合金和低碳合金，以及作炼钢的脱氧剂。**用 Al 从金属氧化物中还原出金属的方法叫铝热法**（也叫铝热还原法、铝热冶金法）。**Al 粉与四氧化三铁（Fe_3O_4）粉或氧化铁（Fe_2O_3）粉的混合物叫铝热剂，可用于焊接钢轨、器材及制备许多难溶金属。**

将铝粉、石墨和二氧化钛（TiO_2）按一定比例均匀混合抹在金属上，高温煅烧，则在金属表面生成一层金属陶瓷：

$$4Al + 3TiO_2 + 3C \xrightarrow{高温} 2Al_2O_3 + 3TiC$$

这种涂层可耐高温，被应用在导弹和航天业中。

（2）与非金属反应 在适当温度下，Al 还能与 S、卤素等发生反应。例如：

$$2Al + 3S \xrightarrow{\Delta} Al_2S_3$$

$$2Al + 3Cl_2 \xrightarrow{\Delta} 2AlCl_3$$

（3）与酸、碱反应

[演示实验 8-1] 将铝片分别浸入浓硝酸、浓硫酸、$2 mol \cdot L^{-1} H_2SO_4$、$2 mol \cdot L^{-1} HCl$ 及 $6 mol \cdot L^{-1} NaOH$ 溶液中，观察现象，并检验 H_2 的生成。

实验表明，**Al 在盐酸、稀硫酸及 NaOH 溶液中迅速反应，放出 H_2；而 Al 在浓硝酸、浓硫酸中没有溶解，也无气体产生。**

Al 与盐酸、稀硫酸因发生置换反应而溶解：

$$2Al + 6H^+ == 2Al^{3+} + 3H_2 \uparrow$$

在 NaOH 溶液中，Al 表面的 Al_2O_3 被 NaOH 溶解后，Al 与水反应生成氢氧化铝

[Al(OH)$_3$]和 H$_2$，Al(OH)$_3$ 又被 NaOH 溶解。因此 Al 可溶于强碱溶液中，生成偏铝酸钠（NaAlO$_2$）和 H$_2$。上述各步反应方程式为：

$$Al_2O_3 + 2NaOH = 2NaAlO_2 + H_2O$$
$$2Al + 6H_2O = 2Al(OH)_3 \downarrow + 3H_2 \uparrow$$
$$Al(OH)_3 + NaOH = NaAlO_2 + 2H_2O$$

总反应方程式为：

$$2Al + 2NaOH + 2H_2O = 2NaAlO_2 + 3H_2 \uparrow$$

可见 Al 能溶于强碱溶液的根本原因是其表面的 Al$_2$O$_3$ 被强碱溶解，从而有利于 Al 置换水中的氢。

Al 在冷的浓硫酸或浓硝酸中亦可被氧化，但 Al 表面由于氧化作用而迅速生成一层致密的**氧化膜**[1]。这种膜性质稳定，使 Al 与酸隔离而不再反应，这一现象称为金属的钝化。因此可用铝制容器贮运浓硫酸和浓硝酸。

2. 氧化铝和氢氧化铝

(1) **氧化铝** Al$_2$O$_3$ 是白色难溶于水的物质，熔点约 2050℃，是**典型的两性氧化物**。

$$Al_2O_3 + 6H^+ \longrightarrow 2Al^{3+} + 3H_2O$$
$$Al_2O_3 + 2OH^- \longrightarrow 2AlO_2^- + H_2O$$

Al$_2$O$_3$ 有多种变体，常见的有 α-Al$_2$O$_3$ 和 γ-Al$_2$O$_3$。在 450~500℃ 条件下，加热分解 Al(OH)$_3$ 或铝铵矾 [(NH$_4$)$_2$SO$_4$·Al$_2$(SO$_4$)$_3$·24H$_2$O] 得 γ-Al$_2$O$_3$。它是白色粉末，**既溶于酸，又溶于强碱溶液**。经活化处理的 Al$_2$O$_3$ 具有多孔性及巨大的比表面积[2]，吸附能力强，称为活性氧化铝，常用作实验室中的吸附剂或工业上催化剂的载体。

Al 在空气中煅烧或者灼烧 Al(OH)$_3$、硝酸铝 [Al(NO$_3$)$_3$] 或硫酸铝 [Al$_2$(SO$_4$)$_3$] 可得 α-Al$_2$O$_3$；γ-Al$_2$O$_3$ 强热至 1000℃ 也转化为 α-Al$_2$O$_3$。α-Al$_2$O$_3$ 又称刚玉，其硬度仅次于金刚石，化学性质很稳定，除高温下与熔融碱反应外，与其他试剂均不反应。刚玉中含不同杂质时显不同颜色，例如含微量 Cr 的氧化物时显红色，称红宝石；含 Ti、Fe 的氧化物则显蓝色，称蓝宝石。它们可用作装饰品和仪表中的轴承，红宝石还是优良的激光材料。人造刚玉广泛用作研磨材料、高温耐火材料等。

(2) **氢氧化铝** 实验室常用可溶的铝盐与氨水作用制取 Al(OH)$_3$。

[演示实验 8-2] 在两支试管中各加 1mL 0.5mol·L^{-1} Al$_2$(SO$_4$)$_3$ 溶液，滴加 6mol·L^{-1} NH$_3$·H$_2$O，振荡，观察现象。然后向其中一支试管中滴加 2mol·L^{-1} HCl 溶液，向另一支试管中滴加 2mol·L^{-1} NaOH 溶液，振荡，观察现象。

NH$_3$·H$_2$O 与 Al^{3+} 作用，生成白色胶状沉淀。反应如下：

$$Al^{3+} + 3NH_3·H_2O = Al(OH)_3 \downarrow + 3NH_4^+$$

Al(OH)$_3$ 具有两性，其碱性略强于酸性，因此，它可溶于酸和强碱溶液，但不溶于 NH$_3$·H$_2$O。

$$Al(OH)_3 + 3H^+ = Al^{3+} + 3H_2O$$
$$Al(OH)_3 + OH^- = AlO_2^- + 2H_2O$$

这是因为 Al(OH)$_3$ 在水中存在如下的电离平衡：

$$Al^{3+} + 3OH^- \rightleftharpoons Al(OH)_3 \rightleftharpoons H_2O + AlO_2^- + H^+$$

加酸平衡向左移动（即进行碱式电离），加碱平衡向右移动（即进行酸式电离）。

---

[1] 这种氧化膜结构比较复杂，不同于普通的 Al$_2$O$_3$。
[2] 比表面积指单位质量的物质所具有的表面积。

$Al(OH)_3$ 可用来制取铝盐及纯 Al_2O_3，它还是一些胃药的主要成分。

3. 铝盐

最重要的铝盐有 $AlCl_3$、$Al_2(SO_4)_3$、$Al(NO_3)_3$ 及明矾 $[K_2SO_4 \cdot Al_2(SO_4)_3 \cdot 24H_2O]$ 等。

(1) 氯化铝　卤化铝中最重要的是 $AlCl_3$。浓缩 $AlCl_3$ 溶液可得 $AlCl_3 \cdot 6H_2O$ 晶体，进一步加热则因 Al^{3+} 强烈水解而得不到无水氯化铝。工业上采用干法制取无水氯化铝：

$$2Al + 3Cl_2 \xrightarrow{\text{强热}} 2AlCl_3$$

$$Al_2O_3 + 3C + 3Cl_2 \xrightarrow{\text{强热}} 2AlCl_3 + 3CO$$

$AlCl_3$ 是共价化合物，常温下为白色晶体，易挥发，178℃时升华。它易溶于水，在水中强烈水解，甚至遇到空气中的水汽也猛烈冒烟。它也能溶于乙醇、乙醚、CCl_4 等有机溶剂中。由于无水 $AlCl_3$ 易形成配位化合物，因此常用在有机合成及石油化工中作催化剂，也可用作净水剂。

(2) 硫酸铝和明矾　$Al_2(SO_4)_3$ 是白色粉末，常温下从溶液中析出的是无色针状晶体 $Al_2(SO_4)_3 \cdot 18H_2O$。工业上用 H_2SO_4 与 $Al(OH)_3$ 反应或用 H_2SO_4 处理铝矾土或高岭土制取 $Al_2(SO_4)_3$。

$$2Al(OH)_3 + 3H_2SO_4 =\!=\!= Al_2(SO_4)_3 + 6H_2O$$

$$Al_2O_3 + 3H_2SO_4 =\!=\!= Al_2(SO_4)_3 + 3H_2O$$

$Al_2(SO_4)_3$ 及 $Al_2(SO_4)_3 \cdot 18H_2O$ 均易溶于水，由于 Al^{3+} 的水解而使溶液呈酸性。

将等物质的量的 $Al_2(SO_4)_3$ 与 K_2SO_4 溶于水，蒸发、结晶，析出硫酸铝钾 $[K_2SO_4 \cdot Al_2(SO_4)_3 \cdot 24H_2O$，或写成 $KAl(SO_4)_2 \cdot 12H_2O]$，俗称明矾。明矾是一种复盐，是无色晶体，易溶于水，在水中完全电离：

$$KAl(SO_4)_2 \cdot 12H_2O =\!=\!= K^+ + Al^{3+} + 2SO_4^{2-} + 12H_2O$$

在 $Al_2(SO_4)_3$ 或明矾的水溶液中，Al^{3+} 水解产生的 $Al(OH)_3$ 胶体具有强烈的吸附能力，可吸附悬浮在水中的杂质而沉淀下来，**因此过去常用 $Al_2(SO_4)_3$ 或明矾作净水剂**。明矾还可作媒染剂或用于澄清油脂、石油脱臭等。$Al_2(SO_4)_3$ 溶液在泡沫灭火器中常用作酸性反应液。

(3) 硝酸铝　$Al(NO_3)_3 \cdot 9H_2O$ 为无色晶体，易溶于水，易潮解，也易溶于乙醇、CS_2 等溶剂中。$Al(NO_3)_3$ 具有较强氧化能力，与一般有机物接触能燃烧和爆炸。工业上主要采用 Al 与稀硝酸反应制 $Al(NO_3)_3$。它可用作催化剂、媒染剂、溶剂萃取法回收废核燃料时的盐析剂，也是制取其他铝盐的原料。

*4. Al^{3+} 的鉴定

在 pH 为 4~9 的介质中，Al^{3+} 与茜素磺酸钠（简称茜素 S）生成红色沉淀，这一反应常用来鉴定溶液中 Al^{3+} 的存在。通常的操作方法是：在滤纸上加试液和 0.1% 茜素 S 各 1 滴，再加 1 滴 $6 mol \cdot L^{-1} NH_3 \cdot H_2O$，若生成红色斑点（茜素铝），表明试液中含有 Al^{3+}。

*5. 铝的冶炼

工业上主要以铝矾土为原料，用电解法生产 Al。由于铝矾土不纯，须将其经过适当处理，制得符合电解要求的 Al_2O_3，然后于 1000℃ 电解 Al_2O_3 与 $Na_3AlF_6$❶ 的混合物。

---

❶ Na_3AlF_6 作为助熔剂，可降低电解温度，增强熔态物料的导电能力。

$$2Al_2O_3\text{（熔融）} \xrightarrow[1000℃]{\text{电解}} \underset{\text{（阴极）}}{4Al} + \underset{\text{（阳极）}}{3O_2\uparrow}$$

知识拓展

铝是人体非必需元素，大量资料表明铝是人类潜在的神经毒物，虽然人体对铝元素吸收力不强，但长期超量摄入则会产生积累。铝的过量摄入会引起神经系统病变，会影响人的记忆功能，增加老年性痴呆风险；对生长发育期的儿童，如长期大量食用铝含量超标的食品，可能造成神经发育受损，导致智力发育障碍；过多的铝作用于骨组织，还可导致沉积在骨质中的钙流失，同时抑制骨生成，加速骨质疏松；此外铝对造血系统和免疫系统有一定毒性，同时妨碍钙、锌、铁、镁等多种元素的吸收。

铝是地壳中最多的金属元素，在环境中广泛存在。过去曾认为铝对人体是无害的，又因其具有优良的理化性质，被广泛应用于人们的日常生活，如临床抗胃酸药、各种铝制炊具和容器、含铝食品添加剂、水处理剂等。但是随着科学技术的进步和人们生活水平的提高，环境意识和自我保健意识的增强，人们对铝的认识也逐步深化，其生物毒性效应也被人们逐渐认识。世界卫生组织和联合国粮农组织已于1989年正式将铝确定为食品污染物加以控制，提出人体铝的暂定摄入量标准为 $7mg·kg^{-1}$。我国《生活饮用水卫生标准》（GB 5749—2006）规定生活饮用水中铝的限值为 $0.2mL·L^{-1}$。

研究表明，铝常常出现在面粉、馒头、油条、面条、麻花、油饼、炸糕、面包、粉条、膨化食品等中。因此，建议不食用含铝量多的食物，如含铝较高的油条、油饼等油炸食品和粉条、粉丝等淀粉类制品，要注意食物多样化，改变以面食为主的生活习惯。此外还应尽量不使用铝制炊具，以减少铝的摄入，降低其带来的健康风险。

第二节 碳族元素

一、碳族元素的通性

元素周期表ⅣA族包括碳（C）、硅（Si）、锗（Ge）、锡（Sn）和铅（Pb）五种元素，统称为碳族元素。其中C、Si、Sn、Pb是人们发现和应用较早的元素，Ge是分散稀有元素。

碳族元素随着原子序数的增大，原子半径逐渐增大，元素的电负性逐渐减小，非金属性减弱，金属性增强。本族元素从非金属向金属的过渡比硼族缓慢。C是比较典型的非金属元素。Si也是非金属元素，但其晶体具有光泽，能导电。Ge是金属元素，但其单质也显出一些非金属性质，因此**Si、Ge又称为"半金属"，是半导体材料**。Sn、Pb则是比较典型的金属元素。

同碱金属、碱土金属、硼族元素相比，碳族元素电负性较大，原子半径较小，因而更容易形成共价键。

碳族元素价层电子构型为 ns^2np^2，可形成化合价为+2和+4的氧化物，它们对应的水化物的酸碱性情况见表8-1。

从表8-1可以看出，C、Si是成酸元素，而Ge、Sn、Pb的氢氧化物均有两性。这些氧化物的水化物酸碱性变化具有如下规律：化合价相同时，随着原子序数增大，氧化物的水化物酸性减弱，碱性增强；同一元素形成的不同氧化物的水化物，化合价越高，酸性越强；化合价越低，碱性越强。

表 8-1 碳族元素氧化物的水化物的酸碱性

CO_2	SiO_2	GeO_2	SnO_2	PbO_2
H_2CO_3	H_2SiO_3	H_2GeO_3	$Sn(OH)_4$	$Pb(OH)_4$
弱酸	弱酸	两性偏酸	两性偏酸	两性
CO	SiO	GeO	SnO	PbO
—	—	$Ge(OH)_2$	$Sn(OH)_2$	$Pb(OH)_2$
—	—	两性	两性	两性偏碱

由于从 C 到 Pb,ns^2 电子对稳定性相对增强,所以它们+2 价化合物稳定性增强,+4 价化合物氧化性增强。本族元素气态氢化物的热稳定性依 $CH_4 \rightarrow SiH_4 \rightarrow SnH_4 \rightarrow PbH_4$ 的顺序递减,还原性依次增强。

二、碳酸和碳酸盐

碳在自然界含量约为 0.4%,含碳化合物近千万种,仅有少数如 CO、CO_2、碳酸盐、碳化物、氰化物等属无机物。

1. 碳酸

25℃时,1 体积水可以溶解 0.9 体积的 CO_2。CO_2 溶于水生成碳酸(H_2CO_3)。H_2CO_3 很不稳定,只能存在于稀溶液中,浓度升高或受热时会分解为 CO_2 和水:

$$H_2CO_3 \rightleftharpoons H_2O + CO_2$$

H_2CO_3 是二元弱酸,其溶液中存在着下列平衡:

$$H_2CO_3 \rightleftharpoons H^+ + HCO_3^- \quad K_{a1} = 4.2 \times 10^{-7}$$
$$HCO_3^- \rightleftharpoons H^+ + CO_3^{2-} \quad K_{a2} = 5.6 \times 10^{-11}$$

2. 碳酸盐

H_2CO_3 可形成两类盐:酸式盐(又称碳酸氢盐);正盐(又称碳酸盐)。它们主要性质如下:

(1) **溶解性** 碳酸盐中,钾、钠、铵盐易溶于水,锂盐微溶于水,其他金属的盐难溶于水。大多数酸式碳酸盐易溶于水。但钾、钠、铵的酸式碳酸盐的溶解度比相应的碳酸盐小,例如,向 Na_2CO_3 浓溶液中通 CO_2 至饱和,可析出 $NaHCO_3$:

$$Na_2CO_3 + CO_2 + H_2O \rightleftharpoons 2NaHCO_3 \downarrow$$

难溶碳酸盐及其酸式碳酸盐能相互转化,其转化关系为

$$\text{碳酸盐} \underset{\text{碱}}{\overset{CO_2 + H_2O}{\rightleftharpoons}} \text{酸式碳酸盐}$$

例如:

$$CaCO_3 + CO_2 + H_2O \rightleftharpoons Ca(HCO_3)_2$$
$$Ca(HCO_3)_2 + Ca(OH)_2 \rightleftharpoons 2CaCO_3 \downarrow + 2H_2O$$

钾、钠、铵的碳酸盐或酸式碳酸盐可由碱液吸收 CO_2 制得(反应物物质的量之比不同,生成物也不同),其他金属的碳酸盐可由其可溶性盐与 Na_2CO_3 溶液反应制得。例如:

$$2NaOH + CO_2 \rightleftharpoons Na_2CO_3 + H_2O$$
$$NaOH + CO_2 \rightleftharpoons NaHCO_3$$
$$BaCl_2 + Na_2CO_3 \rightleftharpoons 2NaCl + BaCO_3 \downarrow$$

(2) **水解性** 碱金属的碳酸盐和酸式碳酸盐溶液因水解而显碱性:

$$CO_3^{2-} + H_2O \rightleftharpoons HCO_3^- + OH^-$$
$$HCO_3^- + H_2O \rightleftharpoons H_2CO_3 + OH^-$$

例如 0.1mol·L^{-1}Na$_2$CO$_3$ 溶液的 pH 约为 11.6，0.1mol·L^{-1}NaHCO$_3$ 溶液 pH 约为 8.3，因此 **Na$_2$CO$_3$ 称为纯碱**，可作碱使用。

碳酸盐溶液中，有 CO$_3^{2-}$、HCO$_3^-$、OH$^-$ 三种阴离子，因此当向其中加入可溶的金属盐溶液时，可能生成碳酸盐沉淀（如向 Na$_2$CO$_3$ 溶液中加 BaCl$_2$ 溶液），也可能生成氢氧化物沉淀［如向 Na$_2$CO$_3$ 溶液中加入 Al$_2$(SO$_4$)$_3$ 溶液］或碱式碳酸盐沉淀（如向 Na$_2$CO$_3$ 溶液中加入 MgSO$_4$ 或 CuSO$_4$ 溶液），但反应总的趋势应是向金属离子浓度降低的方向进行。

弱碱与碳酸形成的正盐发生水解更完全，例如：

$$2Al^{3+} + 3CO_3^{2-} + 3H_2O \Longrightarrow 2Al(OH)_3\downarrow + 3CO_2\uparrow$$

$$2Cu^{2+} + 2CO_3^{2-} + H_2O \Longrightarrow Cu_2(OH)_2CO_3\downarrow + CO_2\uparrow$$

(3) **热稳定性** H$_2$CO$_3$ 及其盐的热稳定性依碳酸→酸式碳酸盐→碳酸盐的顺序增强。

酸式碳酸盐受热时分解为碳酸盐、二氧化碳和水。钙、镁的碳酸氢盐在溶液中即可分解。例如：

$$Mg(HCO_3)_2 \xrightarrow{\triangle} MgCO_3\downarrow + CO_2\uparrow + H_2O$$

碳酸盐的热稳定性比相应的酸式碳酸盐高，但略低于相应的硫酸盐、氯化物。碳酸盐的热稳定性一般按过渡金属盐→碱土金属盐→碱金属盐的顺序递增，即金属越不活泼，其碳酸盐越不稳定。表 8-2 列出了一些碳酸盐的分解温度。

表 8-2 一些碳酸盐的分解温度

碳酸盐	Na$_2$CO$_3$	Li$_2$CO$_3$	BaCO$_3$	CaCO$_3$	MgCO$_3$	PbCO$_3$	FeCO$_3$	(NH$_4$)$_2$CO$_3$
分解温度/℃	1800	1100	1450	825	350	315	282	58

碳酸盐分解时，生成相应的金属氧化物和 CO$_2$。例如：

$$MgCO_3 \xrightarrow{\triangle} MgO + CO_2\uparrow$$

碳酸盐和酸式碳酸盐均能与酸发生复分解反应放出 CO$_2$，例如：

$$Na_2CO_3 + 2HCl \Longrightarrow 2NaCl + H_2O + CO_2\uparrow$$

$$NaHCO_3 + HCl \Longrightarrow NaCl + H_2O + CO_2\uparrow$$

利用这一性质可检验某种盐是否为 H$_2$CO$_3$ 的盐。

碳酸盐在自然界广泛存在。重要的碳酸盐有 Na$_2$CO$_3$、K$_2$CO$_3$、(NH$_4$)$_2$CO$_3$、CaCO$_3$ 等，它们在化工、冶金、建材、食品工业和农业上有广泛的用途。(NH$_4$)$_2$CO$_3$ 可作肥料，还可用于医药、橡胶、发酵等方面。CaCO$_3$ 用于生产水泥、石灰、陶瓷、粉笔等。

想一想

下列说法是否正确？为什么？
(1) 酸式碳酸盐均比碳酸盐有较大的溶解度。
(2) 酸式碳酸盐与碳酸盐均能与盐酸反应生成盐和二氧化碳。

*三、硅及其重要化合物

1. 硅和二氧化硅

(1) **硅** 硅占地壳总质量的 26.3%，仅次于氧，是构成岩石矿物的一种主要元素。硅在自然界主要以氧化物和硅酸盐形式存在。

单质硅有晶体和无定形体两种。晶体硅是结构与金刚石相似的原子晶体，呈灰色或黑色，有金属光泽，熔点 1410℃，沸点 2355℃，硬度大。硅的导电性能介于金属和绝缘体之间，所以高纯度晶体硅（纯度＞99.9999999%）是重要的半导体材料。

硅在常温下性质不活泼，不与水、硝酸、盐酸等反应，但可与 F_2、氢氟酸及强碱溶液反应。

$$4HF + Si = SiF_4\uparrow + 2H_2\uparrow$$

$$Si + 2F_2 = SiF_4\uparrow$$

$$Si + 2NaOH + H_2O \xrightarrow{\triangle} Na_2SiO_3 + 2H_2\uparrow$$

在高温下，硅可与 O_2、N_2、C 及其他卤素反应，分别生成 SiO_2、氮化硅（Si_3N_4）、SiC、四卤化硅（SiX_4）。赤热温度下，硅还可与水蒸气反应，生成 SiO_2 和 H_2。

工业上，在电炉中用焦炭还原石英砂（SiO_2）制得粗硅，提纯后得纯硅。

$$SiO_2 + 2C \xrightarrow{高温} Si + 2CO$$

硅常用作半导体材料，用于电子及电器工业。硅也用来制合金，例如高硅铸铁（含Si15%）能抵抗各种强酸腐蚀，用于制耐酸器件。硅的有机高分子化合物具有耐高、低温，耐辐射，化学稳定性好，难燃，无毒无味等特性，广泛应用于日用化工、航空、食品工业及电子工业等领域。

（2）二氧化硅（SiO_2） 又称**硅石**，在地壳中分布很广，构成各种矿物和岩石。它有晶体和非晶体两种，前者如石英，后者如硅藻土、燧石和石英玻璃。

石英是比较纯净的 SiO_2 晶体，无色透明的石英是最纯的 SiO_2，叫水晶。含微量杂质的水晶常显不同的颜色，如紫水晶、烟晶（淡黄、金黄或褐色）及黑色几乎不透明的墨晶。

普通砂粒是细小的石英颗粒，呈白色或无色，含铁量较高时呈淡黄色。

硅藻土是硅藻的硅质细胞壁组成的一种生物化学沉积岩，呈浅黄色或浅灰色，质软多孔，真密度 1.9～2.35g·cm^{-3}，表观密度 0.15～0.45g·cm^{-3}。它的比表面积大，吸附能力强，常用作吸附剂和催化剂载体及保温、隔音材料。

SiO_2 是原子晶体，熔点 1710℃，沸点 2230℃，硬度大，化学性质很稳定，常温下不与水、酸反应，但可溶于氢氟酸，也能缓慢溶于强碱溶液。高温下，SiO_2 可与强碱或熔融态 Na_2CO_3 反应，生成可溶性硅酸盐。

$$SiO_2 + 2KOH \xrightarrow{\triangle} K_2SiO_3 + H_2O$$

$$SiO_2 + Na_2CO_3 \xrightarrow{熔融} Na_2SiO_3 + CO_2\uparrow$$

SiO_2 用途很广。水晶可制光学仪器、石英钟表及滤波器。石英块、石英砂可作硅酸盐工业的原料及冶金工业的助熔剂和铸钢砂模。**较纯石英制造的石英玻璃膨胀系数小，耐高温**（石英玻璃 1400℃仍不软化，普通玻璃 600～900℃软化），**并可透过紫外光，是制造光学仪器和高级化学器皿的优良材料**。SiO_2 还可用于陶器、搪瓷、耐火材料、耐酸材料的生产以及生产晶体硅。

2. 硅酸和硅酸盐

（1）硅酸 硅可形成多种含氧酸，其组成可用 $xSiO_2 \cdot yH_2O$ 表示。已知有偏硅酸 [H_2SiO_3（$x=y=1$）]、正硅酸 [H_4SiO_4（$x=1$，$y=2$）]、焦硅酸 [$H_6Si_2O_7$（$x=2$，$y=3$）]。通常以组成最简单的 H_2SiO_3 来代表硅酸。

H_2SiO_3 是极弱的二元酸（$K_{a_1} = 2.0 \times 10^{-10}$），溶解度很小。实验室常用可溶的硅酸盐溶液与盐酸反应制得硅酸凝胶。

$$SiO_3^{2-} + 2H^+ = \underset{(白色胶状)}{H_2SiO_3\downarrow}$$

将硅酸凝胶洗涤、干燥并脱去大部分水,得到一种白色稍透明的固体物质——硅胶。硅胶有高度的多孔性,比表面积大（800～900$m^2 \cdot g^{-1}$）,吸附能力强,可作吸附剂、干燥剂和催化剂载体。在硅胶中加入氯化钴（$CoCl_2$）,可制得变色硅胶。它在无水时呈蓝色,吸水后由于形成水合离子$[Co(H_2O)_6]^{2+}$呈粉红色,根据颜色变化可指示硅胶的吸湿情况。变色硅胶常用作精密仪器（如天平）的干燥剂。

（2）**硅酸盐** 除碱金属外,其他金属的硅酸盐均不溶于水。Na_2SiO_3是最重要的硅酸盐,工业上常用SiO_2与Na_2CO_3共熔,或以新沉淀的H_2SiO_3与NaOH反应来制取Na_2SiO_3。它是无定形玻璃状物质,可溶于水,在水中强烈水解而使溶液呈碱性。

$$SiO_3^{2-} + 2H_2O \rightleftharpoons H_2SiO_3 + 2OH^-$$

Na_2SiO_3的浓溶液俗称"水玻璃"或"泡花碱",是无色（或青绿色、棕色）黏稠液体,可用于木材和织物的防火处理以及作黏合剂。Na_2SiO_3还可作肥皂填充剂、发泡剂,也可用来制硅胶、硅酸盐类和分子筛。

地壳的95%为硅酸盐矿,它们的组成复杂,通常将它们看作SiO_2与金属氧化物相结合的化合物。例如：

正长石　$K_2O \cdot Al_2O_3 \cdot 6SiO_2$

白云母　$K_2O \cdot 3Al_2O_3 \cdot 6SiO_2 \cdot 2H_2O$

高岭土　$Al_2O_3 \cdot 2SiO_2 \cdot 2H_2O$

石　棉　$CaO \cdot 3MgO \cdot 4SiO_2$

滑　石　$3MgO \cdot 4SiO_2 \cdot H_2O$

泡沸石（沸石）　$Na_2O \cdot Al_2O_3 \cdot 2SiO_2 \cdot xH_2O$

天然的泡沸石具有许多孔径均匀的孔道,它能吸附某些分子,即具有筛选分子的性能,故称做"分子筛"。天然分子筛由沸石除去结晶水加工而成,人工合成的分子筛以Na_2SiO_3、偏铝酸钠（$NaAlO_2$）、NaOH为原料在适当条件下制得。分子筛为白色或灰白色粉末或颗粒,溶于强碱强酸,不溶于水和有机溶剂,具有优异的高效选择性吸附能力,广泛用作吸附剂、干燥剂、催化剂及催化剂载体。

以天然硅酸盐为基本原料可制陶瓷、玻璃、搪瓷、水泥、耐火材料等,这类工业叫硅酸盐工业,是无机化学工业的一个重要部门。硅酸盐材料与金属材料、高分子材料往往并列为现代三大重要材料。

*四、锡、铅及其重要化合物

锡、铅在地壳中含量均较少,但有富集矿,如锡石矿（SnO_2）、方铅矿（PbS）。我国云南的锡矿、湖南的铅矿比较闻名。

1. 锡和铅

锡有白锡、灰锡、脆锡三种同素异形体,常见的是白锡,它是银白色软金属,熔点231℃,密度7.3$g \cdot cm^{-3}$,富有延展性。白锡遇剧冷时变为粉末状灰锡而毁坏。铅也是银白色软金属,熔点327℃,密度11.4$g \cdot cm^{-3}$,延性弱,展性强。**铅对人能产生积累性中毒**。

锡的化学性质比较稳定,常温下与空气几乎没有反应,强热时Sn与O_2反应生成二氧化锡（SnO_2）。铅在空气中迅速被氧化,表面形成一层氧化铅（PbO）保护膜,若在O_2、CO_2和H_2O的作用下铅表面则形成碱式碳酸铅$[Pb(OH)_2 \cdot 2PbCO_3]$保护膜。锡、铅与酸和碱反应情况见表8-3。

表 8-3　锡、铅与酸和碱的反应

酸	锡（Sn）	铅（Pb）
HCl	与稀盐酸反应缓慢 $Sn+2HCl(浓) \xrightarrow{\triangle} SnCl_2+H_2\uparrow$	因生成 $PbCl_2$ 难溶物覆盖表面，反应很快终止
H_2SO_4	与稀硫酸难反应 $Sn+4H_2SO_4(浓) \xrightarrow{\triangle} Sn(SO_4)_2+2SO_2\uparrow+4H_2O$	与稀硫酸难反应 $Pb+3H_2SO_4(浓) \xrightarrow{\triangle} Pb(HSO_4)_2+SO_2\uparrow+2H_2O$
HNO_3	$4Sn+10HNO_3(稀)== 4Sn(NO_3)_2+NH_4NO_3+3H_2O$ $3Sn+4HNO_3(浓)==3SnO_2+4NO\uparrow+2H_2O$	$3Pb+8HNO_3(稀)==3Pb(NO_3)_2+2NO\uparrow+4H_2O$ $Pb+4HNO_3(浓)==Pb(NO_3)_2+2NO_2\uparrow+2H_2O$
NaOH	$Sn+2NaOH(浓)+2H_2O==Na_2[Sn(OH)_4]+H_2\uparrow$	$Pb+2NaOH(浓)+2H_2O==Na_2[Pb(OH)_4]+H_2\uparrow$

锡主要用于制马口铁（镀锡铁）、轴承合金、青铜等，并用于镀锡、制软管和家用器皿等，锡箔是优良的包装材料。铅主要用作电缆、蓄电池、耐酸管道、铸字合金和防X射线的材料。

* **2. 锡、铅的氧化物和氢氧化物**

锡和铅可形成氧化物 MO 及 MO_2，相应的水化物为 $M(OH)_2$ 和 $M(OH)_4$，它们都难溶于水，具有两性。其中 MO 及 $M(OH)_2$ 以碱性为主，MO_2 及 $M(OH)_4$ 以酸性为主，它们的酸碱性变化规律如下：

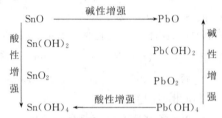

此外，铅还有两种氧化物：四氧化三铅（Pb_3O_4）❶、三氧化二铅（Pb_2O_3）❷，它们没有对应的水化物。

锡、铅的氢氧化物与 $Al(OH)_3$ 相似，具有两性，因此，它们既溶于酸，又溶于碱。例如：

$$Sn(OH)_2+2HCl == SnCl_2+2H_2O$$
$$Pb(OH)_2+2NaOH == Na_2[Pb(OH)_4]$$

锡、铅的氢氧化物受热脱水，生成相应的氧化物。例如：

$$Pb(OH)_2 \xrightarrow{\triangle} PbO+H_2O$$

比较重要的氧化物有：

(1) 二氧化锡（SnO_2）　是白色或微带灰色的粉末状物质，熔点 1127℃。它可用于制备锡盐、陶瓷、搪瓷着色剂以及玻璃磨光剂、织物媒染剂、有机合成催化剂等，也可作分析化学试剂。

(2) 氧化铅（PbO）　又称黄铅丹或密陀僧，是带黄色的晶体或粉末，熔点 888℃，有毒！它可用作铅玻璃及铅盐的原料、冶金助熔剂、油漆催干剂和陶瓷原料，也用于蓄电池工业。

---

❶ Pb_3O_4 可看作复合氧化物 $2PbO·PbO_2$，或正铅酸的铅盐 $Pb_2^{+2}Pb^{+4}O_4$。

❷ Pb_2O_3 可看作复合氧化物 $PbO·PbO_2$ 或偏铅酸的铅盐 $Pb^{+2}Pb^{+4}O_3$。

(3) **四氧化三铅（Pb_3O_4）** 又名铅丹或红丹，是橘红色粉末，500℃分解为 PbO、O_2。Pb_3O_4 不溶于水，有氧化性，有毒！它用作染料和有机合成氧化剂、防锈漆颜料，还用于制蓄电池、玻璃、陶瓷、搪瓷等。

(4) **二氧化铅（PbO_2）** 是暗褐色或棕黑色粉末，有毒！290℃以上分解为 PbO、O_2。PbO_2 是强氧化剂，在酸性条件下有很强的氧化能力，可将 Cl^- 氧化为 Cl_2，也可发生分子内氧化还原反应。

$$PbO_2 + 4HCl(浓) \xrightarrow{\triangle} PbCl_2 + Cl_2 \uparrow + 2H_2O$$

$$2PbO_2 + 2H_2SO_4(浓) \xrightarrow{\triangle} 2PbSO_4 + O_2 \uparrow + 2H_2O$$

PbO_2 主要用于制染料、火柴、焰火、合成橡胶及高氯酸盐，也可代替铂阳极。

3. 锡和铅的盐类

由于锡、铅的氢氧化物有两性，因此它们可形成四类盐：含 MO_2^{2-} 和 MO_3^{2-} 的盐，含 M^{2+} 和 M^{4+} 的盐。

(1) **锡（Ⅱ）盐的还原性和 Pb（Ⅳ）盐的氧化性** 锡（Ⅱ）盐有较强的还原性，在碱性条件下还原性更强。因此，**氯化亚锡（$SnCl_2$）是常用的还原剂。**

[演示实验8-3] 在试管中加入 1mL 0.01mol·L^{-1} $KMnO_4$ 溶液及 1mL 2mol·L^{-1} HCl 溶液，再滴加 0.1mol·L^{-1} $SnCl_2$ 溶液，振荡，观察溶液的颜色逐渐褪去。

在酸性溶液中，$KMnO_4$ 被 $SnCl_2$ 还原为 Mn^{2+}。

$$2KMnO_4 + 5SnCl_2 + 16HCl = 2KCl + 2MnCl_2 + 5SnCl_4 + 8H_2O$$

[演示实验8-4] 在试管中加入约 1mL 0.1mol·L^{-1} $SnCl_2$ 溶液，滴加 6mol·L^{-1} NaOH 溶液至生成的沉淀溶解。再加 2 滴 0.1mol·L^{-1} $Bi(NO_3)_3$ 溶液，观察黑色沉淀生成。

在碱性条件下，Bi(Ⅲ)被 Sn(Ⅱ)还原为 Bi。

$$2Bi(OH)_3 + 3Na_2[Sn(OH)_4] = 2Bi \downarrow + 3Na_2[Sn(OH)_6]$$

这是**定量测定铋(Ⅲ)盐的一种方法。**

$SnCl_2$ 还能将氯化汞（$HgCl_2$）还原为白色的氯化亚汞（Hg_2Cl_2），过量 $SnCl_2$ 可进一步将 Hg_2Cl_2 还原为 Hg。

$$2HgCl_2 + SnCl_2(适量) = SnCl_4 + Hg_2Cl_2 \downarrow$$

$$Hg_2Cl_2 + SnCl_2(过量) = SnCl_4 + 2Hg \downarrow$$

分析化学中常利用上述反应鉴定溶液中的 Sn^{2+} 或 Hg^{2+}、Hg_2^{2+}。

$SnCl_2$ 溶液在空气中易被氧化。

$$2Sn^{2+} + O_2 + 4H^+ = 2Sn^{4+} + 2H_2O$$

因此，常在 $SnCl_2$ 溶液中加入锡粒防止 Sn(Ⅱ)被氧化。

Pb(Ⅳ)的化合物有较强氧化性。Pb^{4+} 在溶液中会水解生成 PbO_2，前已述及它有强氧化性，除了可将 Cl^- 氧化外，在酸性条件下它还可将 Mn^{2+} 氧化为 MnO_4^-。

$$5PbO_2 + 2Mn^{2+} + 4H^+ = 2MnO_4^- + 5Pb^{2+} + 2H_2O$$

(2) **锡、铅盐的水解性** 锡、铅的四类盐都能水解。含 M(Ⅳ) 的盐在水中强烈水解，如 $PbCl_4$、$SnCl_4$ 在潮湿空气中即可水解而冒烟。

$$MCl_4 + 2H_2O = MO_2 + 4HCl \quad (M=Sn、Pb)$$

$SnCl_4$ 溶液充分稀释，可水解为锡酸（H_2SnO_3）的胶体溶液。

Pb^{2+} 在水中有一定程度的水解，例如：

$$Pb(NO_3)_2 + H_2O \rightleftharpoons Pb(OH)NO_3 \downarrow + HNO_3$$

因此，配制 $Pb(NO_3)_2$ 溶液时，是将 $Pb(NO_3)_2$ 溶于适量 HNO_3 溶液中，再稀释到所需浓度。

$SnCl_2$ 在溶液中强烈水解生成碱式盐沉淀。

$$SnCl_2 + H_2O \rightleftharpoons Sn(OH)Cl\downarrow + HCl$$

因此，配制 $SnCl_2$ 溶液时，应将 $SnCl_2$ 溶于盐酸中以抑制其水解，待 $SnCl_2$ 溶解后，再用水稀释到所需浓度。

(3) 溶解性　铅盐的可溶盐不多，大多数铅盐难溶且有颜色。一些铅盐的溶解性和颜色见表 8-4。

表 8-4　一些铅盐的溶解性和颜色

铅盐	$Pb(NO_3)_2$	$Pb(Ac)_2$	$PbCl_2$	$PbSO_4$	PbI_2	$PbCrO_4$	PbS
溶解性	易溶	易溶	微溶	微溶	难溶	难溶	难溶
颜色	白色	无色	白色	白色	黄色	黄色	黑色

由于醋酸铅 $[Pb(Ac)_2]$ 是弱电解质，所以硫酸铅 ($PbSO_4$)、氯化铅 ($PbCl_2$) 可溶于饱和 NaAc 溶液中：

$$PbSO_4 + 2Ac^- \rightleftharpoons Pb(Ac)_2 + SO_4^{2-}$$

$$PbCl_2 + 2Ac^- \rightleftharpoons Pb(Ac)_2 + 2Cl^-$$

难溶的铅盐有些可作颜料，如 $Pb(OH)_2 \cdot 2PbCO_3$ 是一种覆盖力很强的白色颜料，俗称铅白或白铅粉。铬酸铅 ($PbCrO_4$) 是一种黄色颜料，俗称铬黄。

(4) Sn^{2+}、Pb^{2+} 的鉴定　Sn^{2+} 的鉴定除了可用 $HgCl_2$ 外，还可采用磷钼酸铵法。在酸性条件下，Sn^{2+} 可将磷钼酸铵 $[(NH_4)_3P(Mo_3O_{10})_4]$ 还原为钼蓝 $[(NH_4)_3PO_4 \cdot 10MoO_3 \cdot Mo_2O_5]$：

$$(NH_4)_3P(Mo_3O_{10})_4 + SnCl_2 + 2HCl = (NH_4)_3PO_4 \cdot 10MoO_3 \cdot Mo_2O_5 + SnCl_4 + H_2O$$

Pb^{2+} 的鉴定方法通常有以下两种：

① K_2CrO_4 法　Pb^{2+} 与 CrO_4^{2-} 反应，生成黄色 $PbCrO_4$ 沉淀。

$$Pb^{2+} + CrO_4^{2-} = PbCrO_4\downarrow$$

$PbCrO_4$ 可溶于强酸、强碱溶液，但不溶于 HAc 溶液。Ba^{2+} 虽然也可与 CrO_4^{2-} 反应生成黄色 $BaCrO_4$ 沉淀，但它不溶于强碱溶液。

② H_2SO_4-Na_2S 法　Pb^{2+} 与 SO_4^{2-} 反应生成白色的 $PbSO_4$ 沉淀，$PbSO_4$ 遇 Na_2S 溶液变为黑色硫化铅 (PbS)。

$$Pb^{2+} + SO_4^{2-} = PbSO_4\downarrow$$

$$PbSO_4 + S^{2-} = PbS\downarrow + SO_4^{2-}$$

Ag^+、Hg^{2+} 的存在有干扰，应事先除去。

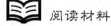
想一想

(1) 配制 $SnCl_2$ 及 $Pb(NO_3)_2$ 溶液时，分别采取哪些措施来防止金属离子水解？

(2) 鉴定 Sn^{2+}、Pb^{2+} 时，分别使用哪种试剂，各自发生哪些现象？

阅读材料　　　　科学家侯德榜生平简介

侯德榜 (1890—1974) 于 1890 年 8 月出生于福建省福州市的一个农民家里，从小受到艰苦朴实的家庭环境的熏陶，青少年时期奋发学习，有强烈的献身科学事业的愿望。他先后在福州英华书院、上海闽皖铁路学堂就读,成绩优异。1910年考取清华大学出国留学预备生。1913年被保送到美国麻省理工学院留学,攻读化学工程;毕业后又到哥伦比亚大学研究院深造,先后获得硕士、博士学位。

1921年10月,侯德榜学成回国,出任永利化学公司塘沽碱厂总工程师。面对西方对先进的索尔维制碱法和刚刚崛起的合成氨关键技术的封锁,侯德榜以科学的态度和广大技术人员一起改革了设备和工艺,提高了纯碱的质量。1923年该厂生产的"红三角"牌纯碱荣获巴拿马博览会金质奖章,1926年又在美国费城的博览会上荣获金质奖章。此后,塘沽碱厂克服重重困难,扩建为当时亚洲第一大碱厂。

侯德榜是面向生产勇于创新的科学家,他针对索尔维制碱法的缺点,经数百次试验,决心把制碱与合成氨联为一体,创建联合制碱法。在实施这一科学理想时,遭到日本侵华战火的威胁和国民党当局不予投资的阻挠等,幸赖爱国企业家范旭东的鼎力支持,于1942年在四川成都的五通桥建立永利川厂,联合制碱开始试生产。所获纯碱和氯化铵皆为优质产品,食盐利用率达97%以上,没有废渣污染,世界上新的纯碱制法成功了!1943年12月,在中国化学会第十一届年会上,侯德榜博士公布了他的"侯氏制碱法",在世界引起重大反响,为祖国争得荣誉。他应邀到印度、巴西等国讲学、办厂,受到欢迎。

新中国成立后,侯德榜应周总理之邀,历经曲折毅然回到祖国。在党的领导下,他振兴祖国化工事业的夙愿得以实现。他建议并设计、改建了永利沽厂和宁厂,许多天然碱厂、联碱厂、化肥厂也相继投产。1959年9月,侯德榜光荣加入了中国共产党,后任化学工业部副部长,为我国的化学工业做出了巨大贡献。

侯德榜还是中国化学、化工学会理事长,中国科学院学部委员(即现在的中科院院士)。他是我国现代工业的开拓者之一、著名的科学家、化工专家、制碱工业权威。这位德高望重的科学家虽然离开了我们,但他的名字在化学工业史上将永远闪光。

 阅读材料　　　　　　　　纯碱的生产

1. 氨碱法

氨碱法又称苏尔维法,是比利时科学家苏尔维(Ernest Solvay)发明的。它采用食盐、石灰石及NH_3为基本原料,其中NH_3可循环使用。氨碱法生产过程包括以下步骤。

(1) 制取生石灰和CO_2

$$CaCO_3 \xrightarrow{煅烧} CaO + CO_2 \uparrow$$

(2) 制备石灰乳,与铵盐共热制取NH_3

$$CaO + H_2O = Ca(OH)_2$$

$$Ca(OH)_2 + 2NH_4Cl \xrightarrow{\triangle} CaCl_2 + 2H_2O + 2NH_3 \uparrow$$

(3) 制取$NaHCO_3$　　由原盐制得饱和食盐水,经加石灰乳除去Mg^{2+},再用CO_2除去Ca^{2+},即得精制饱和食盐水。将NH_3和CO_2通入精制饱和食盐水中,制得$NaHCO_3$。

$$Mg^{2+} + 2OH^- = Mg(OH)_2 \downarrow$$

$$Ca^{2+} + 2OH^- + CO_2 = H_2O + CaCO_3 \downarrow$$

$$NH_3 + CO_2 + H_2O = NH_4HCO_3$$

$$NH_4HCO_3 + NaCl \xrightarrow{冷却} NaHCO_3 \downarrow + NH_4Cl$$

由于常温下$NaHCO_3$的溶解度比NH_4HCO_3的小,所以冷却时析出$NaHCO_3$。

(4) 制取纯碱　将 $NaHCO_3$ 滤出,再经洗涤、加热分解,即得 Na_2CO_3。

$$2NaHCO_3 \xrightleftharpoons{270℃} Na_2CO_3 + CO_2\uparrow + H_2O$$

副产物 CO_2 可循环使用。

滤出 $NaHCO_3$ 晶体后的溶液称母液,其中含有大量的 NH_4Cl,可与石灰乳混合加热蒸出 NH_3 送回生产系统循环使用。

氨碱法使用较广,其优点是原料经济,产品质量高,适于连续生产。但该法工艺繁琐,食盐利用率仅为72%~74%,而且产生大量难以利用的 $CaCl_2$ 造成环境污染。

2. 联合制碱法

联合制碱法是我国化工专家侯德榜在氨碱法的基础上加以改进,于1942年创立的,它将合成氨厂和制碱厂联合起来,同时生产 Na_2CO_3 和 NH_4Cl,因此又称侯氏联合制碱法。联合制碱法制得 Na_2CO_3 的原理与氨碱法相同,但在处理含 NH_4Cl 的母液时不是加石灰乳蒸出 NH_3,而是应用同离子效应原理,加入精制食盐使 NH_4Cl 析出。联合制碱法的生产过程包括以下步骤。

(1) 制取 $NaHCO_3$　NH_3 和 CO_2 由合成氨厂提供,过滤 NH_4Cl 后的母液作为精制饱和食盐水。

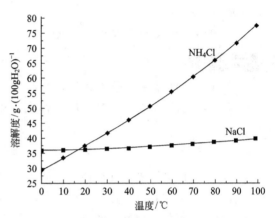

图 8-1　NaCl 和 NH_4Cl 的溶解度曲线

$$NH_3 + CO_2 + NaCl + H_2O \xrightleftharpoons{冷却} NaHCO_3\downarrow + NH_4Cl$$

(2) 制取纯碱　滤出 $NaHCO_3$ 晶体,洗涤、加热分解,得 Na_2CO_3。

(3) 处理母液　向含 NH_4Cl 的母液中通入 NH_3,中和饱和 $NaHCO_3$ 溶液,然后在低温下加入精制食盐,使 NH_4Cl 结晶析出(见图8-1)。其反应如下:

$$NH_4Cl(溶液) + NaCl(固体) \xrightleftharpoons{10\sim15℃} NH_4Cl(固体) + NaCl(溶液)$$

滤出的 NH_4Cl 干燥后即成为成品,母液可作为饱和精制食盐水循环使用。

与氨碱法相比,侯氏联合制碱法的优点是成本低,在制碱的同时可多得 NH_4Cl,NaCl 的利用率可达96%以上,综合利用了合成氨厂的 CO_2,节省了蒸氨塔、石灰窑等设备,不产生难以利用的 $CaCl_2$。

习　题

1. 工业上以硼镁矿为原料生产 $Na_2B_4O_7$。问 1t 含 $Mg_2B_2O_5 \cdot H_2O$ 95%的硼镁矿可生产 $Na_2B_4O_7$ 多少吨?
2. $1m^3$ 标准状况下的 B_2H_6 完全水解,产生的 H_2 在标准状况下占多少体积?
3. 往 $AlCl_3$ 溶液中滴加 NaOH 溶液,随着 NaOH 的加入,白色沉淀逐渐增多,然后又逐渐减少;而往 NaOH 溶液中滴加 $AlCl_3$ 溶液,开始并无沉淀生成,加入一定量 $AlCl_3$ 溶液后,才产生白色沉淀。试加以解释。
4. 比较 SiO_2 与 CO_2 的主要性质,并说明它们的性质为何显著不同。
5. 用联碱法生产 Na_2CO_3,问 1t 含 NaCl 95%的粗食盐可制取 Na_2CO_3 多少吨?同时生产 NH_4Cl 多少吨?
6. 现有三种黑色或接近黑色的粉末状物质,分别是 PbO_2、CuO、C,如何通过实验鉴别?

第九章　电化学基础

能力目标

1. 会配平氧化还原反应方程式。
2. 会应用标准电极电势比较氧化剂、还原剂的氧化还原能力相对强弱及判断氧化还原反应方向、次序。
*3. 会书写电解反应方程式。

知识目标

1. 掌握离子电子法配平氧化还原反应方程式的原则、方法。
2. 了解原电池的工作原理，理解标准电极电势的概念、意义，掌握标准电极电势的意义。
*3. 了解电解的工作原理，了解金属的腐蚀与防腐原理。

氧化还原反应是一类参加反应的物质之间有电子得失的反应，而电化学就是研究有电解质存在的系统中电流和氧化还原反应关系的一门学科。

在溶液中，氧化还原反应的方向、次序及程度如何，氧化剂、还原剂的相对强弱等，都可用电极电势来说明。本章将以电极电势为核心，学习电化学的基础知识和规律，为今后的学习和解决实际问题提供必要的基本知识。

第一节　氧化还原反应方程式的配平

配平氧化还原反应方程式的方法很多，如观察法、奇偶数法、电子法等，本节介绍两种最常用的方法，即氧化数法和离子-电子法。

*一、氧化数法

1. 氧化数

根据分子结构的有关知识可知，不同元素的原子相互化合后，不论是形成离子化合物还是共价化合物，原子在化合物中都处于某种带电状态。为了表示元素的原子在化合物中所处的带电状态，无机化学中引入了氧化数（又称氧化值）这一概念。

氧化数是指某元素的一个原子表观上所带的电荷数，这种电荷数是由假设将每个键中的电子指定给电负性更大的元素的原子而求得的。

确定氧化数的规则如下：

① 离子化合物中，元素的氧化数等于相应的离子电荷数。如 $CaCl_2$ 中，Ca^{2+} 带 2 个单位正电荷，钙的氧化数为 +2；Cl^- 带 1 个单位负电荷，氯的氧化数为 -1，即 $\overset{+2}{Ca}\overset{-1}{Cl_2}$。❶

② 共价化合物中，将共用电子对看作归电负性较大的元素的原子单独所有，再比照离

---

❶ 氧化数可用带"+""-"号的阿拉伯数字表示，通常将其标在有关化学式中元素符号的正上方，有时也用罗马数字来表示，如 $FeCl_3$ 中的 Fe(Ⅲ)。

子化合物确定氧化数。例如 HCl 分子中，氯的电负性比氢大，一对共用电子全部归氯原子所有，氢原子表观上带 1 个单位正电荷，氯原子表观上带 1 个单位负电荷，因此氢的氧化数为 +1，氯的氧化数为 -1，即 $\overset{+1}{H}\overset{-1}{Cl}$。

③ 复杂离子中，各元素原子氧化数的代数和等于离子电荷数。分子中各元素原子氧化数的代数和为零。

如果按上述规则来确定氧化数，往往因涉及分子的结构而感到不便，因此对氧化数又作出以下规定：

① 单质中元素的氧化数为零。例如 $\overset{0}{H_2}$。

② 氢原子与电负性比它大的元素的原子结合时，氢的氧化数为 +1，反之氢的氧化数为 -1。例如 $\overset{+1}{H_2}\overset{-2}{O}$，$\overset{-1}{Na}\overset{+1}{H}$。

③ 氧在过氧化物中氧化数为 -1，与 F 结合时氧化数为 +2，其余情况下氧的氧化数一般为 -2。例如 $\overset{+1}{Na_2}\overset{-1}{O_2}$，$\overset{+2}{O}\overset{-1}{F_2}$，$\overset{+4}{C}\overset{-2}{O_2}$。

④ 碱金属和碱土金属在化合物中的氧化数分别为 +1、+2；卤素通常在二元卤化物中的氧化数为 -1，如果生成含氧化合物（OF_2 等除外），则卤素的氧化数为正值。例如 $\overset{+7}{Cl_2}\overset{-2}{O_7}$，$\overset{+2}{Ca}\overset{-1}{Cl_2}$，$\overset{+1}{Na}\overset{-1}{I}$，$\overset{+1}{H}\overset{+1}{Br}\overset{-2}{O}$。

【例 9-1】 求 $KMnO_4$ 中锰的氧化数。

解 设 $KMnO_4$ 中锰的氧化数为 x

因为 $KMnO_4$ 中钾的氧化数为 +1，氧的氧化数为 -2，所以

$$(+1)+x+4\times(-2)=0$$
$$x=+7$$

答：$KMnO_4$ 中锰的氧化数为 +7。

【例 9-2】 求 $Cr_2O_7^{2-}$ 中铬的氧化数。

解 设 $Cr_2O_7^{2-}$ 中铬的氧化数为 x

因为 $Cr_2O_7^{2-}$ 中氧的氧化数为 -2，所以

$$2x+7\times(-2)=-2$$
$$x=+6$$

答：$Cr_2O_7^{2-}$ 中铬的氧化数为 +6。

【例 9-3】 求 Fe_3O_4 中铁的氧化数。

解 设 Fe_3O_4 中铁的氧化数为 x

因为 Fe_3O_4 中氧的氧化数为 -2，所以

$$3x+4\times(-2)=0$$
$$x=+\frac{8}{3}$$

答：Fe_3O_4 中铁的氧化数为 $+\frac{8}{3}$。

氧化数与化合价是两个不同的概念。从定义上看，氧化数是指某元素的一个原子表观上所带的电荷数，是一个平均值；化合价是指某元素的一定数目的原子与其他元素的一定数目的原子相化合的性质。从数值上看，氧化数有整数、零、负数和分数，而化合价不能为分数（因为原子是化学反应中的基本微粒），只能是整数。化合价有离子价（电价）和共价之分，离子价指元素的一个原子在形成离子化合物时得到或失去的电子数，即相应的离子电荷数，

有正负之分；共价指元素的一个原子在共价化合物中形成的共价键数目，无正负之分。

对于离子化合物而言，氧化数与化合价（电价）的数值一般相同，但有时也不一致。例如在 Fe_3O_4 中铁的氧化数为 $+\frac{8}{3}$，而 X 射线研究表明其组成为 $Fe^{3+} \cdot Fe^{2+}[Fe^{3+}O_4]$，铁的电价分别为 2 和 3。在共价化合物中氧化数与化合价则完全不同，例如在 H_2O_2 中，氧的氧化数为 -1，而其化合价（共价）为 2。又如在 CH_4、C_2H_4、$CHCl_3$、CCl_4 中，碳的共价数均为 4，但氧化数依次为 -4，-2，+2，+4。

练一练

标出下列各物质中带 "·" 元素的氧化数。
(1) $Mn O_2$　　(2) HNO_3　　(3) $KMnO_4$　　(4) $NaClO_3$　　(5) K_2SO_4

2. 配平方法

氧化还原反应是有电子转移的反应，也即有元素的氧化数发生变化的反应。氧化剂得电子后其氧化数下降，还原剂失电子后其氧化数上升，而且氧化数升、降值就是电子失、得数。因此，根据反应前后元素氧化数的变化就可以配平氧化还原反应，这种配平方法就称氧化数法，其配平的基本原则为：①氧化数升高总数与氧化数降低的数相等；②反应前后各元素的原子总数相等。

现以 MnO_2 与浓盐酸共热制取 Cl_2 为例，说明氧化数法配平氧化还原反应的一般步骤。

① 写出反应物和生成物的化学式。反应物在左，生成物在右，中间用短线相隔。

$$MnO_2 + HCl(浓) \longrightarrow MnCl_2 + Cl_2 + H_2O$$

② 标出反应前后有变化的元素氧化数。

$$\overset{+4}{Mn}O_2 + H\overset{-1}{Cl}(浓) \longrightarrow \overset{+2}{Mn}Cl_2 + \overset{0}{Cl_2} + H_2O$$

③ 调整化学计量数。有时需根据物质实际存在形式调整化学计量数（通常指含有元素氧化数有变化的物质），并以对应关系中偶数原子数目为基准。

$$\overset{+4}{Mn}O_2 + 2H\overset{-1}{Cl}(浓) \longrightarrow \overset{+2}{Mn}Cl_2 + \overset{0}{Cl_2} + H_2O$$

④ 计算元素氧化数的升降值。比较反应前后的氧化数，确定元素氧化数的升降值。根据氧化数升降总值相等，

Mn 的氧化数降低：$(+2)-(+4)=-2$

Cl 的氧化数升高：$2[0-(-1)]=+2$

即

$$\overset{+4}{Mn}O_2 + 2H\overset{-1}{Cl}(浓) \longrightarrow \overset{+2}{Mn}Cl_2 + \overset{0}{Cl_2} + H_2O$$

（降低：2；升高：2×1）

⑤ 计算氧化剂、还原剂的化学计量数。先求出氧化数升、降值的最小公倍数，再用最小公倍数分别除以氧化数的降低值及氧化数的升高值，即得出氧化剂、还原剂的化学计量数及对应的还原产物、氧化产物的化学计量数。此时将 "2HCl" 看作一个化学式。

$$\overset{+4}{Mn}O_2 + 2H\overset{-1}{Cl}(浓) \longrightarrow \overset{+2}{Mn}Cl_2 + \overset{0}{Cl_2} + H_2O$$

（降低：2×1；升高：2×1×1）

⑥ 用观察法配平反应前后氧化数没有变化的元素原子数目，并注明必要的反应条件（如↑、↓、△、催化剂等），同时，把短线改成等号。

$$MnO_2 + 4HCl(浓) \xrightarrow{\triangle} MnCl_2 + Cl_2\uparrow + 2H_2O$$

【例 9-4】 配平 Zn 与稀 HNO_3 作用生成 $Zn(NO_3)_2$、N_2O 和水的化学方程式。

解 按步骤①、②写出反应物与生成物，并标出有变化的元素的氧化数。

$$\overset{0}{Zn} + H\overset{+5}{N}O_3(稀) \longrightarrow \overset{+2}{Zn}(NO_3)_2 + \overset{+1}{N_2}O + H_2O$$

按步骤③调整化学计量数。由于 N_2O 中 N 原子为偶数，因此需将 HNO_3 的化学计算数调整为 2。此时就把"$2HNO_3$"视为一个化学式。

$$\overset{0}{Zn} + 2H\overset{+5}{N}O_3(稀) \longrightarrow \overset{+2}{Zn}(NO_3)_2 + \overset{+1}{N_2}O + H_2O$$

按步骤④、⑤计算元素氧化数变化值，再求出氧化剂、还原剂的化学计量数。

$$\overset{0}{Zn} + 2H\overset{+5}{N}O_3(稀) \longrightarrow \overset{+2}{Zn}(NO_3)_2 + \overset{+1}{N_2}O + H_2O$$

（升高：2×4；降低：4×2×1）

$$4Zn + 2HNO_3(稀) =\!=\!= 4Zn(NO_3)_2 + N_2O + H_2O$$

按步骤⑥，$Zn(NO_3)_2$ 中的 NO_3^- 没有氧化数变化，这样的 NO_3^- 共有 8 个，因此反应物 HNO_3 前的化学计量数应为（8+2），生成物 H_2O 的化学计量数应为 5。

$$4Zn + 10HNO_3(稀) \longrightarrow 4Zn(NO_3)_2 + N_2O\uparrow + 5H_2O$$

从配平过程可知，氧化剂与还原剂的化学计量数比为 1∶2（物质的量之比），其他的 HNO_3 没有发生还原反应。

【例 9-5】 配平 Cl_2 与热浓氢氧化钠溶液的反应。

解 按步骤①、②，写出反应物和生成物的化学式并标出反应前后元素氧化数的变化。

$$\overset{0}{Cl_2} + NaOH(浓) \longrightarrow Na\overset{-1}{Cl} + Na\overset{+5}{Cl}O_3 + H_2O$$

（升高：5×1；降低：1×5）

由于不需调整化学计量数，因此按步骤④、⑤求出氧化数的升降值的最小公倍数为 5。作氧化剂的氯原子的化学计量数为 5，作还原剂的氯原子的化学计量数为 1，即每 6 个氯原子就有 5 个被还原，1 个被氧化。因此，Cl_2 的化学计量数应为 3。

$$3Cl_2 + NaOH(浓) \longrightarrow 5NaCl + NaClO_3 + H_2O$$

按步骤⑥，NaOH 的化学计量数为 6，H_2O 的化学计量数为 3。配平后的化学方程式为：

$$3Cl_2 + 6NaOH(浓) \xrightarrow{\triangle} 5NaCl + NaClO_3 + 3H_2O$$

【例 9-6】 配平化学方程式

$$KMnO_4 + K_2SO_3 + H_2SO_4(稀) \longrightarrow MnSO_4 + K_2SO_4 + H_2O$$

解 按步骤②、④、⑤标出反应前后元素氧化数的变化；并计算元素氧化数的升、降值和化学计量数。

$$\overset{+7}{K}MnO_4 + K_2\overset{+4}{S}O_3 + H_2SO_4(稀) \longrightarrow \overset{+2}{Mn}SO_4 + K_2\overset{+6}{S}O_4 + H_2O$$

（升高：2×5；降低：5×2）

$$2KMnO_4 + 5K_2SO_3 + H_2SO_4(稀) \longrightarrow 2MnSO_4 + 5K_2SO_4 + H_2O$$

按步骤⑥，得：
$$2KMnO_4 + 5K_2SO_3 + 3H_2SO_4(稀) = 2MnSO_4 + 6K_2SO_4 + 3H_2O$$

用氧化数法配平氧化还原反应方程式具有简单、快速的特点。它既适用于水溶液中的氧化还原反应，也适用于非水体系的氧化还原反应，因此用氧化数法配平氧化还原反应具有普遍意义。

如果［例 9-6］以如下形式给出：
$$KMnO_4 + K_2SO_3 \xrightarrow{酸性溶液} MnSO_4 + K_2SO_4$$

则用氧化数法难以将其配平，此时常用离子-电子法配平。

练一练

用氧化数法配平下列化学反应式。

(1) $Fe_2O_3 + CO \xrightarrow{高温} Fe + CO_2 \uparrow$

(2) $KClO_3 \xrightarrow[\triangle]{MnO_2} KCl + O_2 \uparrow$

二、离子-电子法

离子-电子法是根据对应的氧化剂和还原剂的半反应方程式来配平氧化还原反应方程式的方法。

1. 配平原则

① 反应过程中氧化剂得电子总数与还原剂失电子总数相等；

② 原子守恒　反应前后各元素的原子总数相等；

③ 电荷守恒　反应式两边离子电荷总数相等。

2. 配平方法

现以酸性条件下 PbO_2 氧化 Mn^{2+} 的反应为例，说明离子-电子法配平氧化还原方程式的步骤。

$$PbO_2 + Mn(NO_3)_2 + HNO_3 \longrightarrow Pb(NO_3)_2 + HMnO_4 + H_2O$$

① 将反应式中主要反应物、生成物改写成离子符号：
$$PbO_2 + Mn^{2+} \longrightarrow Pb^{2+} + MnO_4^-$$

② 将上述反应分解成两个半反应，一个是还原剂的氧化反应，一个是氧化剂的还原反应。

还原反应　　　　　$PbO_2 \longrightarrow Pb^{2+}$

氧化反应　　　　　$Mn^{2+} \longrightarrow MnO_4^-$

③ 分别配平两个半反应，使每个半反应两边的各元素原子数目及电荷数目分别相等。

还原反应　　　　　$PbO_2 + 4H^+ + 2e = Pb^{2+} + 2H_2O$

氧化反应　　　　　$Mn^{2+} + 4H_2O - 5e = MnO_4^- + 8H^+$

应用原子守恒原则：配平半反应时，如果两边氧原子数目不等，应根据溶液的酸碱性，在半反应方程式的左右两边加上 H^+、OH^- 或 H_2O，使半反应两边的氧原子数相等具体方法如表 9-1 所示。例如，对半反应 $PbO_2 \longrightarrow Pb^{2+}$，由于介质是酸性的，反应物的氧原子数比生成物多 2 个，它们应与 H^+ 结合为 H_2O，因此在左边加入 $4H^+$，右边加入 $2H_2O$；同

理对半反应 Mn^{2+}——MnO_4^-,生成物比反应物多 4 个氧原子,因此在左边加入 $4H_2O$,右边加入 $8H^+$。

表 9-1　根据介质条件配平半反应氧原子数的方法

介质条件	左边氧原子数	配平时左边加入物质	生成的物质
酸性	多1	$2H^+$	H_2O
	少1	H_2O	$2H^+$
碱性	多1	H_2O	$2OH^-$
	少1	$2OH^-$	H_2O
中性	多1	H_2O	$2OH^-$
	少1	H_2O	$2H^+$

电荷数的配平,可以通过在半反应式的左边加减一定数目的电子来实现。如上述配平原子数后的还原反应左边比右边多 2 个正电荷,则在左边加 2e;配平原子数后的氧化反应左边比右边少 5 个正电荷,则在左边减 5e。

④ 根据得、失电子总数相等的原则,将两个半反应合并为一个配平的离子反应。用得、失电子数的最小公倍数分别除以得电子总数和失电子总数,得到两个半反应的系数,再将两个半反应相加,就能消去电子:

$$\begin{array}{r} PbO_2 + 4H^+ + 2e = Pb^{2+} + 2H_2O \quad \times 5 \\ +)\ Mn^{2+} + 4H_2O - 5e = MnO_4^- + 8H^+ \quad \times 2 \\ \hline 2Mn^{2+} + 5PbO_2 + 4H^+ = 5Pb^{2+} + 2MnO_4^- + 2H_2O \end{array}$$

⑤ 补入合适的阴、阳离子,把离子方程式改成分子方程式:

$$2Mn(NO_3)_2 + 5PbO_2 + 6HNO_3 = 5Pb(NO_3)_2 + 2HMnO_4 + 2H_2O$$

【例 9-7】　配平反应 $CrO_2^- + H_2O_2 + OH^-$——$H_2O + CrO_4^{2-}$

解　按步骤②、③分解为半反应并配平:

氧化反应　　　　　　　　CrO_2^- —— CrO_4^{2-}

由于左边比右边少 2 个氧原子且介质是碱性的,因此左边加入 $4OH^-$,右边加入 $2H_2O$,并在左边减去 3e,得

$$CrO_2^- + 4OH^- - 3e = CrO_4^{2-} + 2H_2O$$

还原反应　　　　　　　　H_2O_2 —— H_2O

由于左边比右边多 1 个氧原子,介质是碱性的,因此左边加 H_2O,右边加 $2OH^-$,并在左边加 2e,得

$$H_2O_2 + H_2O + 2e = H_2O + 2OH^-$$

即

$$H_2O_2 + 2e = 2OH^-$$

按步骤④,得

$$\begin{array}{r} CrO_2^- + 4OH^- - 3e = CrO_4^{2-} + 2H_2O \quad \times 2 \\ +)\ H_2O_2 + 2e = 2OH^- \quad \times 3 \\ \hline 2CrO_2^- + 3H_2O_2 + 2OH^- = 2CrO_4^{2-} + 4H_2O \end{array}$$

【例 9-8】　完成并配平反应 $KMnO_4 + Na_2SO_3 \xrightarrow{\text{中性溶液}} MnO_2 + Na_2SO_4$

解　按步骤①得

$$MnO_4^- + SO_3^{2-} \longrightarrow MnO_2 + SO_4^{2-}$$

按步骤②得

还原反应 $\qquad MnO_4^- \longrightarrow MnO_2$

氧化反应 $\qquad SO_3^{2-} \longrightarrow SO_4^{2-}$

按步骤③，还原反应中左边比右边多 2 个氧原子，介质为中性，因此左边加入 $2H_2O$，右边加入 $4OH^-$，左边再加 3e，得

$$MnO_4^- + 2H_2O + 3e = MnO_2 + 4OH^-$$

氧化反应中左边比右边少 1 个氧原子，因此在左边加 H_2O，右边加 $2H^+$，左边减 2e，得

$$SO_3^{2-} + H_2O - 2e = SO_4^{2-} + 2H^+$$

按步骤④得：

$$\begin{array}{r} SO_3^{2-} + H_2O - 2e = SO_4^{2-} + 2H^+ \quad \times 3 \\ +) \; MnO_4^- + 2H_2O + 3e = MnO_2 + 4OH^- \quad \times 2 \\ \hline 2MnO_4^- + 3SO_3^{2-} + H_2O = 2MnO_2 + 3SO_4^{2-} + 2OH^- \end{array}$$

按步骤⑤，得：

$$2KMnO_4 + 3Na_2SO_3 + H_2O = 2MnO_2 \downarrow + 3Na_2SO_4 + 2KOH$$

离子-电子法配平氧化还原反应方程式有其特点，它在配平过程中自然地把水及介质等添入反应式中，而且能直接写出离子方程式，因此能反映出水溶液中氧化还原反应的本质。但它也有局限性，只适用于水溶液中的氧化还原反应。

练一练

用离子-电子法配平下列化学反应式。

(1) $KMnO_4 + HCl \longrightarrow MnCl_2 + Cl_2 \uparrow$

(2) $Cu + HNO_3(浓) \longrightarrow Cu(NO_3)_2 + NO_2 \uparrow$

(3) $Cl_2 + NaOH \longrightarrow NaCl + NaClO$

第二节 电极电势

一、原电池

在溶液中，Br_2 能把 Fe^{2+} 氧化为 Fe^{3+}，而 I_2 则不能，这说明 Br_2 的氧化能力比 I_2 强。溶液中不同物质氧化能力的相对大小，可以通过实验来确定，也可借助有关电极电势的高低来判断。为了说明电极电势的概念，先要了解原电池的有关知识。

1. 原电池的工作原理

如果把 Zn 放入 $CuSO_4$ 溶液中，会发生如下反应：

$$\overset{2e}{\underset{\text{还原剂} \quad \text{氧化剂}}{Zn + Cu^{2+}}} = Zn^{2+} + Cu$$

此时，电子转移是直接进行的，电子的流动是无序的，因此没有电流产生。随着反应的进行，溶液的温度会升高，即化学能转变成了热能。

通过设计一种装置，使 Zn 与 Cu^{2+} 不直接接触，让 Zn 丢失的电子通过导线转移给 Cu^{2+}。这样，电子的转移是定向的，就会产生电流。

[演示实验 9-1] 按图 9-1 所示，将锌片插入盛有 50mL 1mol·L^{-1} ZnSO$_4$ 溶液的烧杯

中，将铜片插入盛有 50mL 1mol·L⁻¹CuSO₄ 溶液的烧杯中，用盐桥❶将两烧杯中的溶液联通，再用安培计将两金属片接通。观察现象。

可以发现，安培计指针发生偏转，说明有电流通过，电流的方向是从铜片流向锌片。铜在铜片上逐渐沉积，而锌片逐渐溶解。若取出盐桥，则安培计指针回到零点；再放回盐桥，安培计指针又发生偏转，说明盐桥起了使整个装置构成通路的作用。

上述装置之所以能够产生电流，是因为 Zn 比 Cu 易失去电子，而 Cu^{2+} 比 Zn^{2+} 易得电子。因此，当锌片插入 $ZnSO_4$ 溶液中时，锌原子失去 2 个电子生成 Zn^{2+} 并进入溶液，即锌片上发生了氧化反应：

$$Zn - 2e = Zn^{2+}$$

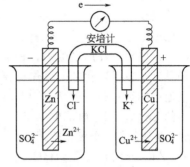

图 9-1　铜锌原电池

锌原子失去的电子经导线流到铜片时，被铜片附近的 Cu^{2+} 获得，即铜片上发生了还原反应：

$$Cu^{2+} + 2e = Cu$$

Cu^{2+} 被还原为单质铜而析出。

当上述反应进行了一瞬间后，$ZnSO_4$ 溶液中由于 Zn^{2+} 增多而使溶液带正电，这将阻止 Zn 的溶解；$CuSO_4$ 溶液由于 Cu^{2+} 获得电子后以 Cu 的形式析出而使 SO_4^{2-} 过剩，溶液带负电而阻止 Cu^{2+} 继续得电子，这样电子不能继续从锌片流向铜片。有盐桥存在时，K^+ 可向 $CuSO_4$ 溶液中移动，Cl^- 可向 $ZnSO_4$ 溶液中移动，以平衡减少的 Cu^{2+} 和生成的 Zn^{2+} 引起的电荷变化，即盐桥可沟通原电池的内电路，使反应能继续进行。

上述装置称铜-锌原电池，也称丹尼尔❷电池。**这种借助氧化还原反应产生电流的装置叫原电池。原电池将化学能转变为电能。**

2. 原电池的几个基本概念

(1) **半电池**　除内、外电路（盐桥、导线）外，每个原电池都可看作由两个"半电池"组成。例如铜-锌原电池中，锌片与 $ZnSO_4$ 溶液构成锌半电池，铜片与 $CuSO_4$ 溶液构成铜半电池。

(2) **电极**　构成原电池的导体称为原电池的**电极**❸。上述原电池中的铜片、锌片均是电极。对电极的极性规定如下。

① **正极**：流出电流（流入电子）的电极，符号"＋"，如铜-锌原电池中铜片为正极。

② **负极**：流入电流（流出电子）的电极，符号"－"。如铜-锌原电池中锌片为负极。

有些电极材料本身是参与得失电子的，如上述原电池中的铜片与锌片。有些电极只传递电子而不参与得失电子，这样的电极称作惰性电极。铂（Pt）、石墨是常用的惰性电极。

(3) **电极反应和电池反应**　在电极上发生的氧化反应或还原反应称为电极反应，或称原电池的半反应。两个电极反应合并起来即为原电池的总反应，或称电池反应。根据原电池的正、负极的定义可知，**正极反应是还原反应，负极反应是氧化反应**。

---

❶ 盐桥：在一两端开口的 U 形玻璃管内装入不与电解质溶液反应的 KCl 饱和溶液与琼脂形成的胶冻。
❷ 丹尼尔（J. F. Daniell, 1790—1849），英国科学家，1836 年首先制成了铜-锌原电池。
❸ 广义的电极不但指导体，还包括该导体所在半电池的其他物质。

铜-锌原电池中有关反应如下：
负极反应　　　　　　$Zn - 2e = Zn^{2+}$　　　氧化反应
正极反应　　　　　　$Cu^{2+} + 2e = Cu$　　　还原反应
电池反应　　　　　　$Zn + Cu^{2+} = Zn^{2+} + Cu$

（4）**电对**　在原电池中，每个半电池都含有同一种元素的不同氧化数的两种物质，其中一种是处于较低氧化数的可作还原剂的物质，称为**还原型物质**，如上述锌半电池中的锌和铜半电池中的铜；另一种是处于较高氧化数的可作氧化剂的物质，称为**氧化型物质**，如锌半电池中的 Zn^{2+} 及铜半电池中的 Cu^{2+}。通常把由同一种元素的氧化型物质和相应的还原型物质构成的整体称作一个氧化还原电对，简称电对，以"氧化型/还原型"形式表示。如 Cu^{2+}/Cu、Zn^{2+}/Zn、H^+/H_2、O_2/OH^-。

3. 原电池符号

原电池装置可按一定的规则用符号将其组成表示出来。例如，铜-锌原电池的原电池符号为❶

$$(-)Zn|ZnSO_4 \parallel CuSO_4|Cu(+)$$

其中，"｜"表示导体与电解质溶液接触的界面，"‖"表示盐桥，"（－）"、"（＋）"表示电极极性。习惯上将负极（－）写在左边，正极（＋）写在右边。

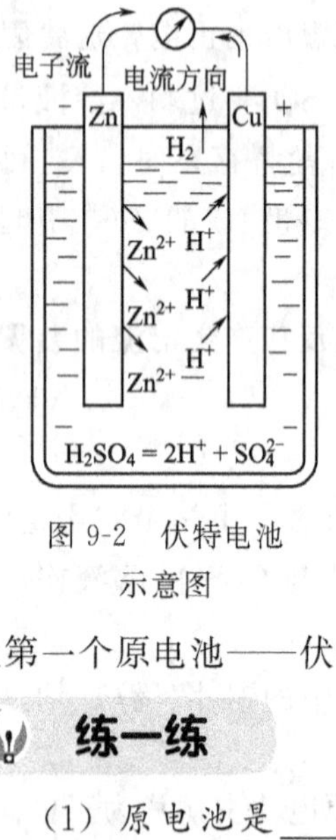

又如，反应 $2Fe^{3+} + Cu = 2Fe^{2+} + Cu^{2+}$ 组成原电池后，其电极反应、电池反应及原电池符号分别为：

负极反应　　　　　$Cu - 2e = Cu^{2+}$　　　氧化反应
正极反应　　　　　$Fe^{3+} + e = Fe^{2+}$　　　还原反应
电池反应　　　　　$2Fe^{3+} + Cu = 2Fe^{2+} + Cu^{2+}$
原电池符号　　　　$(-)Cu|Cu^{2+} \parallel Fe^{2+}, Fe^{3+}|Pt(+)$

其中，Pt 为惰性电极（又称辅助电极）。当电对中没有固态物质时，通常需要另加惰性电极，这种电极只起导体作用。

理论上任何一个自发进行的氧化还原反应都能组成一个原电池，而且也不一定要使用盐桥，可以使用素烧瓷筒、半透膜❷等代替盐桥，或将两种电极材料插入同一份电解质溶液中。例如，世界上第一个原电池——伏特❸电池（图 9-2），就是将锌片和铜片插入稀硫酸中制成的。

图 9-2　伏特电池示意图

练一练

（1）原电池是_____的装置。在原电池中，电子从_____极流向_____极；外线路中，电流从_____极流向_____极。

（2）已知铜锌原电池的电池总反应为：$Cu^{2+} + Zn = Cu + Zn^{2+}$，其负极发生_____反应，反应方程式为_____；正极发生_____反应，反应方程式为_____。

二、电极电势

接通原电池的外电路即有电流产生。说明两个不同电极之间存在着电势差，或者说两个

---

❶ 按要求，电解质溶液应注明浓度，气体要注明压力。
❷ 素烧瓷筒与半透膜对于质点的渗透具有选择性。
❸ 伏特（C. A. Volta，1745—1827），意大利物理学家，1800 年制成世界上第一个原电池，称伏特电池。

电极具有各自的电势。这种每个电极所具有的电势叫电极电势。电极电势的绝对值无法测出，但可测出其相对值。

1. 标准氢电极

正如海拔高度是以海平面的高度为参考标准一样，确定电极电势的相对大小也要选取一个比较标准。通常以标准氢电极作为比较标准。

标准氢电极的构成如图 9-3 所示。将一片由铂丝连接的镀有蓬松铂黑的铂片浸入 H^+ 浓度为 $1mol·L^{-1}$ 的 H_2SO_4 溶液中，在 25℃ 时，从玻璃管上部侧口不断通入压力为 100kPa 的纯 H_2，H_2 即被铂黑吸附并达到饱和，铂片就像是用 H_2 制成的电极一样。在铂黑上达到了饱和的 H_2 与溶液中的 H^+ 之间建立起如下动态平衡：

$$2H^+ + 2e \rightleftharpoons H_2$$

上述饱和了 H_2 的铂片与酸溶液构成的电极就叫标准氢电极。**规定 25℃ 时标准氢电极的电极电势值为零**，记为：

$$\varphi^{\ominus}(H^+/H_2)=0 \qquad (9-1)$$

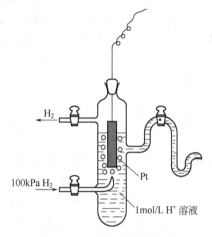

图 9-3 标准氢电极的构成

2. 标准电极电势的概念

电极电势的高低，主要由电对的本性决定，但也受体系的温度、浓度、压力的影响。为了便于比较，电化学中引入标准态的概念：**一定温度下电极反应有关的离子浓度为 $1mol·L^{-1}$，有关气体压力为 100kPa 的状态称标准状态**。处于标准状态的电极称作标准电极，其电极电势称为标准电极电势，用 $\varphi^{\ominus}$（氧化型/还原型）表示。非标准电极的电极电势用 φ（氧化型/还原型）表示。

想一想

"25℃ 时，测得标准氢电极的电极电势为零"这种说法对吗？为什么？

*3. 标准电极电势的测定

测定标准电极电势的方法及步骤如下：

① 将待测电极与标准氢电极组成原电池；

② 测出该原电池的标准电动势❶ $E^{\ominus}$。$E^{\ominus}$ 是组成原电池的两电极均处于标准态时测得的**电动势**。$E^{\ominus}$ 与该原电池中两个电极的标准电极电势之间的关系为：

$$E^{\ominus} = \varphi^{\ominus}_{(+)} - \varphi^{\ominus}_{(-)}$$

③ 由电流流动方向确定原电池的正、负极，根据 $\varphi^{\ominus}(H^+/H_2)=0V$，求出待测电极的标准电极电势。

例如，要测定标准锌电极（$Zn^{2+}+2e \rightleftharpoons Zn$）的电极电势，可将其与标准氢电极组成原电池。由电位计读数得知，该原电池的标准电动势 $\varphi^{\ominus}$ 为 0.763V，由电位计的指针偏转方向可知锌电极为负极，氢电极为正极。电池符号为：

$$(-)Zn|Zn^{2+}(1mol·L^{-1}) \| H^+ (1mol·L^{-1}) | H_2 (100kPa), Pt (+)$$

锌电极标准电极电势计算过程如下：

---

❶ 电动势是外电路电流为零时，两极之间的电势差，可用电位计测得，它总是正值。

$$E^{\ominus}=\varphi^{\ominus}_{(+)}-\varphi^{\ominus}_{(-)}=\varphi^{\ominus}(H^+/H_2)-\varphi^{\ominus}(Zn^{2+}/Zn)=0.763V$$
$$E^{\ominus}(Zn^{2+}/Zn)=\varphi^{\ominus}(H^+/H_2)-E^{\ominus}=0V-0.763V=-0.763V$$

负值表示标准锌电极在上述原电池中作负极，或者说，Zn 比 H_2 更易失去电子，该原电池的电池反应为：

$$Zn+2H^+ \rightleftharpoons Zn^{2+}+H_2\uparrow$$

同样可以测出，$\varphi^{\ominus}(Cu^{2+}/Cu)=0.34V$。正值表示标准铜电极在它与标准氢电极组成的原电池中作正极，也就是说 Cu^{2+} 得电子能力比 H^+ 的强。

测出各电对的标准电极电势后，将它们按代数值由小到大的顺序排列，得到标准电极电势表（见附录五）。使用标准电极电势表时应注意以下几点：

① 电极反应及电极电势值往往与溶液的酸碱性有关。例如 Fe(Ⅲ) 被还原时：

酸性介质
$$Fe^{3+}+e \rightleftharpoons Fe^{2+}$$
$$\varphi^{\ominus}(Fe^{3+}/Fe^{2+})=0.771V$$

碱性介质
$$Fe(OH)_3+e \rightleftharpoons Fe(OH)_2+OH^-$$
$$\varphi^{\ominus}[Fe(OH)_3/Fe(OH)_2]=-0.56V$$

因此，标准电极电势表通常又分为"酸表"（$\varphi^{\ominus}_A$）和"碱表"（$\varphi^{\ominus}_B$）两部分。当电极反应中出现 OH^- 时（如 $SO_3^{2-}+2OH^--2e \rightleftharpoons SO_4^{2-}+H_2O$）或在碱性溶液中进行的反应，电对的标准电极电势从"碱表"中查得；其余电对的标准电极电势均列于"酸表"中。

② 使用电极电势时，应注明相应的电对。例如：

$$Fe^{2+}+2e \rightleftharpoons Fe \qquad \varphi^{\ominus}(Fe^{2+}/Fe)=-0.440V$$
$$Fe^{3+}+e \rightleftharpoons Fe^{2+} \qquad \varphi^{\ominus}(Fe^{3+}/Fe^{2+})=0.771V$$

二者相差很大，如不注明电对则容易出现混淆。

③ 标准电极电势只与电极反应的电对有关，而与其书写方向无关，因为标准电极电势是电极反应达到动态平衡时的电势。此外，改变电极反应的化学计量数时，标准电极电势值也不变。例如：

$$Zn^{2+}+2e \rightleftharpoons Zn \qquad \varphi^{\ominus}(Zn^{2+}/Zn)=-0.763V$$
$$Zn \rightleftharpoons Zn^{2+}+2e \qquad \varphi^{\ominus}(Zn^{2+}/Zn)=-0.763V$$
$$2Zn^{2+}+4e \rightleftharpoons 2Zn \qquad \varphi^{\ominus}(Zn^{2+}/Zn)=-0.763V$$

想一想

下列说法正确吗？

（1）在原电池组成中，标准电极电势大的电极作正极，标准电极电势小的电极作负极。

（2）由附录五查取标准电极电势时，通常当电极反应中出现 OH^- 或在碱性溶液中进行的反应需查取"碱表"，否则应查"酸表"。

4. 标准电极电势的意义

标准电极电势值的大小，定量反映了标准状态下不同电对中氧化型物质和还原型物质得失电子的能力，即氧化型物质的氧化能力和还原型物质的还原能力的相对强弱。例如：

电对	K^+/K	Na^+/Na	Mg^{2+}/Mg	H^+/H_2	Cu^{2+}/Cu
$\varphi^{\ominus}/V$	-2.925	-2.714	-2.37	0	0.34

$\varphi^{\ominus}$ 逐渐升高

氧化型物质氧化能力逐渐增强

还原型物质还原能力逐渐减弱

因此，根据标准电极电势的大小，就能比较出标准状态金属单质在水溶液中失电子能力（还原能力）的相对强弱，此即金属活动顺序表的由来。

总之，**标准电极电势值越大，表明标准状态下电对中氧化型物质的氧化能力越强，对应的还原型物质的还原能力越弱；反之，值越小，表明电对中氧化型物质的氧化能力越弱，对应还原型物质的还原能力越强。**

应当注意，如果电极反应不是标准状态或不在水溶液中进行，则不能用标准电极电势直接比较物质的氧化能力或还原能力的相对强弱。

三、标准电极电势的应用

1. 比较氧化剂、还原剂的相对强弱

【例 9-9】 在 Cl_2/Cl^- 和 O_2/H_2O 两个电对中，哪个是较强的氧化剂？哪个是较强的还原剂？

解 从附录五中查得：$\varphi^{\ominus}(Cl_2/Cl^-)=1.36V$，$\varphi^{\ominus}(O_2/H_2O)=1.229V$

因为 $\varphi^{\ominus}(Cl_2/Cl^-)>\varphi^{\ominus}(O_2/H_2O)$

所以氧化能力 $Cl_2>O_2$，即 Cl_2 是较强的氧化剂；还原能力 $H_2O>Cl^-$，即 H_2O 是较强的还原剂。

【例 9-10】 比较 Fe^{3+}、Ag^+、Au^{3+} 的氧化能力

解 上述物质作氧化剂时，分别被还原为 Fe^{2+}、Ag、Au^+。从附录五中查出有关 $\varphi^{\ominus}$ 值：

电对	Fe^{3+}/Fe^{2+}	Ag^+/Ag	Au^{3+}/Au^+
$\varphi^{\ominus}/V$	0.771	0.799	1.41

因为 $\varphi^{\ominus}(Au^{3+}/Au^+)>\varphi^{\ominus}(Ag^+/Ag)>\varphi^{\ominus}(Fe^{3+}/Fe^{2+})$

所以氧化能力 $Au^{3+}>Ag^+>Fe^{3+}$

> **练一练**
>
> 已知 $\varphi^{\ominus}(Cu^{2+}/Cu)=+0.34V$，$\varphi^{\ominus}(Zn^{2+}/Zn)=-0.763V$，则下列粒子中氧化性最强的是_____。
>
> A. Cu^{2+}　　B. Cu　　C. Zn^{2+}　　D. Zn

2. 判断氧化还原反应的方向

当两个电对中的物质进行反应时，反应的自发方向是由较强的氧化剂与较强的还原剂作用，生成较弱的还原剂与较弱的氧化剂，即：

$$氧化型_1+还原型_2 \rightleftharpoons 还原型_1+氧化型_2$$

电对的标准电极电势 $\varphi^{\ominus}$（氧化型$_1$/还原型$_1$）$>\varphi^{\ominus}$（氧化型$_2$/还原型$_2$）。当把上述两个电对组成原电池时，电对氧化型$_1$/还原型$_1$处于正极，这样原电池的电动势大于零。因此可以下个结论：要判断一个给定的氧化还原反应自发进行的方向，可以通过相应的原电池的电动势来判断。一般步骤是：

① 按给定的反应方向找出氧化剂、还原剂；

② 以氧化剂电对作正极，还原剂电对作负极，组成原电池；

③ 由式(9-2)求出给定原电池的标准电动势 $E^{\ominus}$。若 $E^{\ominus}>0$，则在标准状态下反应自发正向（向右）进行；若 $E^{\ominus}<0$，则在标准状态下反应自发逆向（向左）进行；若 $E^{\ominus}=0$，则在标准状态下体系处于平衡状态。

【例 9-11】 判断反应 $Fe+Cu^{2+} \rightleftharpoons Cu+Fe^{2+}$ 在标准状态下自发进行的方向。

解 从给定的反应方向（从左到右）看，Cu^{2+} 是氧化剂，Fe 是还原剂。当组成原电池时，电对 Cu^{2+}/Cu 在正极，Fe^{2+}/Fe 在负极。从附录五查得：

$$\varphi^{\ominus}(Cu^{2+}/Cu) = +0.34V, \quad \varphi^{\ominus}(Fe^{2+}/Fe) = -0.44V。$$

$$E^{\ominus} = \varphi^{\ominus}(Cu^{2+}/Cu) - \varphi^{\ominus}(Fe^{2+}/Fe) = 0.34V - (-0.44)V = 0.78V$$

因为 $E^{\ominus} > 0$，所以在标准状态下所给反应自发正向进行。

【例 9-12】 判断在标准状态下，MnO_2 能否与盐酸反应。

解 要判断 MnO_2 能否与盐酸反应，实际上是要判断反应 $MnO_2 + 4HCl \rightleftharpoons MnCl_2 + Cl_2 + H_2O$ 在标准状态下能否正向进行。按所给反应方向，MnO_2 作氧化剂，HCl 作还原剂，组成原电池时：

负极 $2Cl^- - 2e \rightleftharpoons Cl_2$ $\varphi^{\ominus}(Cl_2/Cl^-) = 1.36V$

正极 $MnO_2 + 4H^+ + 2e \rightleftharpoons Mn^{2+} + 2H_2O$ $\varphi^{\ominus}(MnO_2/Mn^{2+}) = 1.23V$

$$E^{\ominus} = \varphi^{\ominus}(MnO_2/Mn^{2+}) - \varphi^{\ominus}(Cl_2/Cl^-) = 1.23V - 1.36V = -0.13V$$

因为 $E^{\ominus} < 0$，所以在标准状态下，所给反应不能自发正向进行。

如果反应不在标准状态下进行，则一般不能用 $E^{\ominus}$ 直接判断反应方向。但当 $|E^{\ominus}| > 0.2V$ 时，反应正向或逆向进行得比较完全，可以认为是不可逆反应，即使改变浓度也不会改变其反应方向，此时可用 $E^{\ominus}$ 判断；而当 $0 < |E^{\ominus}| < 0.2V$ 时，应该用非标准电动势 E[①] 判断反应方向，因为此时反应方向可能因浓度变化而逆转。例如在［例 9-12］中，增大 HCl 浓度，会增大 H^+ 浓度及 Cl^- 浓度，根据平衡移动原理，在电极反应中，MnO_2 的氧化（得电子）能力增强，$\varphi(MnO_2/Mn^{2+})$ 升高；而 Cl^- 的还原（失电子）能力增强，$\varphi(Cl_2/Cl^-)$ 下降，因此可以使 $E > 0$，即反应方向发生逆转。实验室中就是用 MnO_2 与浓盐酸反应来制备 Cl_2。

💡 查一查

查一查，反应 $I_2 + Sn^{2+} \rightleftharpoons 2I^- + Sn^{4+}$ 中相关电对的标准电极电势，并判断在标准状态下反应自发进行的方向。

3. 判断氧化还原反应进行的次序

［演示实验 9-2］ 在一支大试管中加入 1mL $0.1mol·L^{-1}$ KI 溶液、1mL 饱和 H_2S 溶液和适量的 CCl_4，再逐滴加入 $0.1mol·L^{-1}$ $FeCl_3$ 溶液，并不断振荡，观察现象。

可以发现水层首先出现浑浊，随着 $FeCl_3$ 溶液不断加入，CCl_4 层逐渐由无色变为紫红色。这说明 Fe^{3+} 与 H_2S 及 I^- 的反应不是同时进行的。

从附录五查出：$\varphi^{\ominus}(S/H_2S) = 0.14V$，$\varphi^{\ominus}(I_2/I^-) = 0.535V$，$\varphi^{\ominus}(Fe^{3+}/Fe^{2+}) = 0.771V$。

由于 $\varphi^{\ominus}(Fe^{3+}/Fe^{2+})$ 与 $\varphi^{\ominus}(S/H_2S)$ 之间的差值较大，因此，当加入 $FeCl_3$ 时，首先发生的反应是：

$$H_2S + 2Fe^{3+} \rightleftharpoons 2Fe^{2+} + S\downarrow + 2H^+$$

S 不溶于水而使水层出现浑浊。当 H_2S 几乎被全部氧化时，继续加入 $FeCl_3$，则发生下列反应：

$$2Fe^{3+} + 2I^- \rightleftharpoons 2Fe^{2+} + I_2$$

I_2 溶于 CCl_4 而使 CCl_4 层显紫红色。

由此可见，**当一种氧化剂与几种还原剂作用时，氧化剂首先氧化最强的还原剂；当一种**

[①] 非标准状态下电池的电动势 E 可由能斯特方程式计算，这将在《物理化学》中叙述。

还原剂与几种氧化剂作用时，还原剂首先还原最强的氧化剂。概括起来，电极电势差值最大的两个电对之间首先发生氧化还原反应。

在化工生产中常利用上述原理来达到生产目的。例如从卤水中提取 Br_2 和 I_2 时，将氧化剂 Cl_2 通入卤水中，Cl_2 首先将 I^- 氧化为 I_2。控制 Cl_2 流量，可使 I^- 几乎全部被氧化后，Br^- 才被氧化，从而达到了分离 Br_2 和 I_2 的目的。

*第三节　电解及其应用

一、电解

电流通过电解质溶液或熔融态离子化合物时引起氧化还原反应的过程叫电解。电解是一种将电能转变为化学能的过程。

1. 电解原理

进行电解的装置称电解槽或电解池。在电解池中，与外电源正极相连的极叫阳极，发生氧化反应；与外电源负极相连的极叫阴极，发生还原反应。

电解的原理可通过电解 NaCl 水溶液来说明。

[演示实验9-3]　在图 9-4 所示的装置中加入 NaCl 溶液，往阴极附近的溶液中加入 1 滴酚酞试液，往阳极附近的溶液中加入 2～3 滴淀粉碘化钾试液，接通电源，观察实验现象。

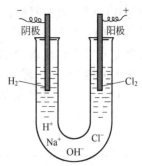

图 9-4　电解饱和食盐水实验装置

片刻后发现，阴极附近溶液变红，阳极附近溶液变蓝。

通电前，NaCl 水溶液中存在四种离子，即 Na^+、Cl^-、H^+、OH^-。通直流电后，它们发生定向移动，Cl^-、OH^- 移向阳极，Na^+、H^+ 移向阴极，并发生反应：

阳极	$2Cl^- - 2e = Cl_2 \uparrow$	氧化反应
阴极	$2H^+ + 2e = H_2 \uparrow$	还原反应
电解总反应	$2NaCl + 2H_2O \xrightarrow{电解} 2NaOH + H_2 \uparrow + Cl_2 \uparrow$	
	(阴极)　(阳极)	

电解时，离子在电极上得到或失去电子的过程叫离子的放电。

在上述电解过程中，由于 H^+ 在阴极放电，破坏了水的电离平衡，使阴极附近的溶液中 OH^- 浓度相对增大，溶液呈碱性，因而使酚酞变红；阳极由于有 Cl_2 产生，将 I^- 氧化为 I_2，I_2 遇淀粉显蓝色。

在电解过程中，电子从电源负极沿导线流入电解池的阴极，被从溶液中移向阴极的离子获得；另一方面，一部分离子移向阳极并给出电子，这些电子从阳极沿导线流入电源正极。电解过程中电子和电流流动情况如图 9-5 所示。

实际电解 NaCl 水溶液时，为防止生成的 Cl_2 与 H_2 混合及 Cl_2 溶入 NaOH 溶液发生歧化反应，采用了特制的隔膜将阴极与阳极隔开。

2. 放电次序

在水溶液中电解时，移向阴极或阳极的离子往往不止一种，这就需要考虑离子的放电次序。例如在 [演示实验9-3] 中，H^+ 和 Na^+ 移向阴极，由于 $\varphi^{\ominus}(H_2/H^+) > \varphi^{\ominus}(Na^+/Na)$，且两者相差很大，即 H^+ 得电子能力远大于 Na^+，因此尽管 H^+ 浓度很小（约为 1×10^{-7} mol·

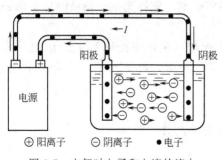

图 9-5 电解时电子和电流的流向

L^{-1}），但仍是 H^+ 先放电（得电子）。同样 OH^- 和 Cl^- 移向阳极，$\varphi^{\ominus}(O_2/OH^-) < \varphi^{\ominus}(Cl_2/Cl^-)$，即标准状态下还原性 $OH^- > Cl^-$，但由于 $\varphi^{\ominus}(O_2/OH^-)$ 与 $\varphi^{\ominus}(Cl_2/Cl^-)$ 相差较小以及 Cl^- 浓度比 OH^- 浓度高得多等原因，此时是 Cl^- 先放电（失电子）。

通常，在阴、阳两极的放电次序主要由离子的氧化能力或还原能力所决定。在阴极，氧化能力最强的离子首先放电；在阳极，还原能力最强的物质首先放电。离子或单质得失电子的能力既与有关的标准电极电势有关，也与溶液中离子浓度以及电极材料有关，特别是当放电产物为气体时，电极材料的影响更加显著。一般，电解位于金属活动顺序表中 Al 之前（包括 Al）的金属盐溶液时，阴极总是得到 H_2，而电解活泼性比 Al 差的金属的盐溶液时，阴极上一般得相应的金属。在阳极上，如果是比较浓的酸或盐溶液，电解时无氧酸根将首先失去电子（F^- 除外），其次是 OH^-；一些活泼性不太差的金属（如 Zn、Fe、Ni、Cu）做阳极时，通常是阳极被氧化。为方便应用，将盐类水溶液电解放电的一般规律归纳于表 9-2 中。

表 9-2 盐类水溶液电解放电一般规律①

电极	可能放电的物质		放 电 次 序
阴极	金属离子 M^{n+}；H^+		1. 氧化性 $>Al^{3+}$（或金属活动性 $<Al$）的 M^{n+} 首先放电： $M^{n+} + ne \Longrightarrow M$ 2. 氧化性 $\leqslant Al^{3+}$（或金属活动性 $\geqslant Al$）的 M^{n+} 不放电，而 H^+ 放电： $2H^+ + 2e \Longrightarrow H_2 \uparrow$
阳极	金属材料做阳极	金属（除 Au、Pt 外）阳极 M；酸根阴离子；OH^-	金属阳极放电（阳极溶解） $M - ne \Longrightarrow M^{n+}$
	惰性材料（含 Au、Pt）做阳极	酸根阴离子；OH^-	1. 简单阴离子（如 S^{2-}、I^-、Br^-、Cl^- 等）首先放电，如： $2Cl^- - 2e \Longrightarrow Cl_2 \uparrow$ 2. 其次 OH^- 放电： $4OH^- - 4e \Longrightarrow 2H_2O + O_2 \uparrow$

① 说明：(a) 水溶液中，复杂离子不放电；(b) 电解熔融态离子化合物时，化合物组成离子放电。

【例 9-13】 写出电解下列各物质时的电极反应式和电解总反应式。

电解质		(1) $ZnCl_2$ 溶液	(2) K_2SO_4 溶液	(3) 熔融 $CaCl_2$
电极材料	阴极	Fe	Pt	石墨
	阳极	Zn	Pt	石墨

解 （1）电离 $ZnCl_2 \Longrightarrow Zn^{2+} + 2Cl^-$

$H_2O \Longrightarrow H^+ + OH^-$

电极反应　阴极　$Zn^{2+} + 2e \Longrightarrow Zn$（还原反应）

阳极　$Zn - 2e \Longrightarrow Zn^{2+}$（氧化反应）

即通过电解使金属从阳极转移至阴极。在金属的精炼及电镀中就应用了上述原理。

(2) 电离 $\quad K_2SO_4 \rightleftharpoons 2K^+ + SO_4^{2-}$

$$H_2O \rightleftharpoons H^+ + OH^-$$

电极反应 　阴极 　　$4H^+ + 4e \rightleftharpoons 2H_2\uparrow$ （还原反应）

阳极 　　$4OH^- - 4e \rightleftharpoons 2H_2O + O_2\uparrow$ （氧化反应）

电解总反应 　　$2H_2O \xrightarrow[(K_2SO_4)]{电解} 2H_2\uparrow + O_2\uparrow$

（阴极）（阳极）

(3) 电离 　　$CaCl_2 \rightleftharpoons Ca^{2+} + 2Cl^-$

电极反应 　阴极 　　$Ca^{2+} + 2e \rightleftharpoons Ca$（还原反应）

阳极 　　$2Cl^- - 2e \rightleftharpoons Cl_2\uparrow$（氧化反应）

电解总反应 　　$CaCl_2(熔融) \xrightarrow{电解} Ca + Cl_2\uparrow$

（阴极）（阳极）

练一练

(1) 电解池中与外电源正极相连的称为_____极，发生_____反应；与负极相连的称为_____极，发生_____反应。

(2) 用石墨作电极材料电解饱和 NaCl 溶液时，在阳极发生的反应为_____，在阴极发生的反应为_____，电解总反应为_____。

二、电解的应用

电解在工业上有很重要的意义，它主要应用于以下几个方面。

1. 电化学工业

以电解的方法制取化工产品的工业称为电化学工业。

工业上采用电解饱和食盐水的方法制取烧碱、H_2 和 Cl_2。F_2 的制取也采用电解法［电解三份氟氢化钾（KHF_2）与二份无水 HF 的熔融混合物］。

$$2KHF_2(熔融态) \xrightarrow{电解} 2KF + H_2\uparrow + F_2\uparrow$$

（阴极）（阳极）

用电解法还可制取一些无机盐（如 $KMnO_4$）和有机物。

2. 电冶金工业

应用电解原理从金属化合物中提炼金属的过程称为电冶金，它既可制取不活泼金属，也可制取活泼金属。

电解活泼性不太强的金属盐溶液，即可得到相应的金属单质。如果电解活泼金属（活动性不弱于 Al）的盐溶液，阴极上得到的是 H_2。因此制取 K、Na、Ca、Mg、Al 这样的活泼金属，只能电解它们的熔融化合物。例如电解熔融 NaCl：

阴极 　　$2Na^+ + 2e \rightleftharpoons 2Na$

阳极 　　$2Cl^- - 2e \rightleftharpoons Cl_2\uparrow$

电解方程式 　　$2NaCl(熔融) \xrightarrow{电解} 2Na + Cl_2\uparrow$

（阴极）（阳极）

工业上还常用电解的方法提纯粗金属。例如粗铜的提纯，采用粗铜作阳极，纯铜板作阴极，$CuSO_4$ 溶液作电解液。电解时阳极反应为：

$$Cu - 2e = Cu^{2+}$$

粗铜中的 Au、Ag、Pt 等不能放电而沉淀为阳极泥，可从阳极泥中提炼这些贵金属。而在阴极只有 Cu^{2+} 放电：

$$Cu^{2+} + 2e = Cu$$

这样可将含 Cu 98.5% 的粗铜精炼为含 Cu 99.9% 的精铜，所以，这种方法又称**电精炼**。

3. 电镀

应用电解原理在某些金属制品表面镀上一层其他金属或合金的过程称为电镀。 电镀的主要目的是增强金属的抗腐蚀能力、增加美观和表面硬度。因此，镀层金属通常是一些在空气中或溶液中比较稳定的金属（如 Cr、Cu、Zn、Ni、Ag、Au）和合金（如 Cu-Zn、Cu-Sn）。

现以在铁制品上镀镍为例说明电镀过程。将铁制品（待镀金属或镀件）作阴极，Ni（镀层金属）作阳极，$NiSO_4$（镀层金属盐）溶液作电镀液。电极反应为：

阳极 $\qquad\qquad\qquad Ni - 2e = Ni^{2+}$

阴极 $\qquad\qquad\qquad Ni^{2+} + 2e = Ni$

这样，阳极 Ni 不断溶解，阴极铁制品上镀上了一层镍，溶液中 $NiSO_4$ 浓度保持不变。

必须指出，在实际生产中电镀液的配方是比较复杂的。通常既要加入一定量的表面活性剂等辅助试剂，又要加入合适的配合剂（参见第十二章），以控制金属离子的浓度，从而使镀层均匀、光滑、牢固。

> **想一想**
>
> 电解法精炼金属，作阳极的物质是_____；电镀时，作阳极的物质是_____。

*第四节　金属的腐蚀与防腐

一、金属的腐蚀

在日常生活中可以见到这样的现象：钢铁制品在潮湿空气中会生锈，铜制品在潮湿空气中会产生铜绿，铝制品表面容易变得不光滑、不光亮等，这是因为上述金属与周围的有关物质接触发生了化学反应，从而使得金属的表面甚至内部受到了破坏。**这种金属或合金与周围的介质接触发生化学反应而被破坏的现象，叫做金属的腐蚀。**

金属的腐蚀是普遍存在的，腐蚀造成的危害也是严重的。首先，它造成经济上的巨大损失。有关资料表明，世界上每年因金属腐蚀而损失的金属约占同期金属产量的 10%，直接经济损失约占同期国民生产总值的 1%～4%。其次，金属发生腐蚀后，不仅外形、色泽会发生变化，而且会直接影响其力学性能，降低有关仪器、仪表设备的精密度和灵敏度，缩短其使用寿命，还可能造成产品质量下降、停工减产，甚至引发重大事故。因此，对金属腐蚀的原因进行研究，找出其规律性，从而掌握有效的防止腐蚀的方法是非常重要的。

金属腐蚀的本质是金属原子失去电子被氧化成金属离子的过程。但当金属接触的介质不同时，反应的具体情况不同。通常将金属的腐蚀分为化学腐蚀和电化学腐蚀两大类。

1. 化学腐蚀

单纯由化学反应引起的腐蚀称为化学腐蚀。 化学腐蚀常发生在金属与干燥的气体（如 O_2、SO_2、Cl_2、H_2S 等）之间。如 Fe 在高温下与 O_2 的反应，就属于这类腐蚀。

化学腐蚀的特点之一是腐蚀只发生在金属表面，反应结果使金属表面形成一层相应的化合物（如氧化物、卤化物、硫化物等）。如果这层化合物疏松易脱落，则腐蚀会继续下去；

如果这层化合物能形成致密的膜覆盖在金属表面，则对内部的金属有保护作用。

化学腐蚀的特点之二是腐蚀速率随温度的升高而加快。例如紧密块状的 Fe 在 423K 以下的干燥空气中几乎不被 O_2 所腐蚀，但在高温下很容易被氧化，生成一层由 FeO、Fe_3O_4、Fe_2O_3 组成的氧化皮。因此，化学腐蚀在高温下很常见。

2. 电化学腐蚀

金属与电解质溶液接触发生电化学反应而引起的腐蚀称为电化学腐蚀，它是通过原电池反应而进行的。

［演示实验9-4］ 在试管中加入适量的 $2mol·L^{-1} H_2SO_4$ 溶液，再加入一块纯锌，几乎看不到有 H_2 放出。再往试管中加入几滴 $0.5mol·L^{-1} CuSO_4$ 溶液，片刻后即可观察到有大量气泡产生。

实验表明，像 Zn、Fe 这类中等活泼性的金属，不含杂质时较难被腐蚀，含杂质时较易被腐蚀。现以钢铁生锈为例来说明腐蚀的过程。

钢铁中通常含有杂质碳，还有少量的硅等，这些杂质能导电，比 Fe 难失去电子。钢铁制品在潮湿空气中表面会吸附水汽，形成一层水膜。如果水膜中溶入 CO_2 或其他酸性气体，水溶液中 H^+ 浓度将大为增加，形成电解质溶液。这样，吸附了水膜的钢铁表面就可以形成无数个微小的原电池（也叫微电池）。微电池中杂质作正极，Fe 作负极。负极 Fe 失去电子变成 Fe^{2+} 进入水膜，电子传至正极（如杂质C），被 H^+ 获得形成氢原子，H 原子再结合成 H_2 析出（见图9-6）。

负极（Fe） $\qquad Fe - 2e == Fe^{2+}$

$\qquad\qquad\qquad Fe^{2+} + 2OH^- == Fe(OH)_2 \downarrow$

正极（C） $\qquad 2H^+ + 2e == H_2 \uparrow$

电池反应 $\qquad Fe + 2H_2O == Fe(OH)_2 \downarrow + H_2 \uparrow$

$Fe(OH)_2$ 在空气中被氧化为 $Fe(OH)_3$，反应如下：

$\qquad\qquad 4Fe(OH)_2 + O_2 + 2H_2O == 4Fe(OH)_3$

$Fe(OH)_3$ 可部分脱水，生成红褐色的 $Fe_2O_3·xH_2O$，它疏松易脱落，是铁锈的主要成分。

在上述**腐蚀过程中有 H_2 析出，这样的腐蚀叫析氢腐蚀**，它发生在酸性较强（pH≤4）的溶液中。

一般情况下，水膜是接近中性的，其中 H^+ 浓度很低，H_2 难以析出，此时溶于水膜的 O_2 可以得到还原（见图9-7）。

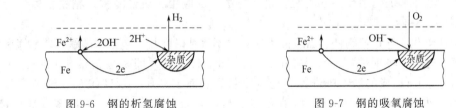

图 9-6　钢的析氢腐蚀　　　　　　图 9-7　钢的吸氧腐蚀

负极（Fe） $\qquad Fe - 2e == Fe^{2+}$

正极（杂质） $\qquad O_2 + 2H_2O + 4e == 4OH^-$

电池反应 $\qquad 2Fe + O_2 + 2H_2O == 2Fe(OH)_2 \downarrow$

$Fe(OH)_2$ 进而被氧化为 $Fe(OH)_3$，再脱水生成 $Fe_2O_3·xH_2O$。

上述**腐蚀过程中，溶于水膜中的 O_2 发生了反应，这样的腐蚀叫吸氧腐蚀**。钢铁腐蚀主要是吸氧腐蚀。

总之，电化学腐蚀的条件有两个，其一要有电解质溶液；其二是接触的金属各部分化学活动性不同。

金属的腐蚀是一个复杂的氧化还原过程，腐蚀的速率和程度与诸多因素有关，例如金属本身的性质、介质的成分等都对腐蚀产生影响。一般情况下，化学腐蚀和电化学腐蚀是同时发生的，但电化学腐蚀更普遍，腐蚀速率更大，它不仅发生在金属表面，而且还可以深入到金属内部。

二、金属的防腐

如前所述，金属的腐蚀是金属与周围介质发生化学反应的结果，因此，防止腐蚀要从金属和介质两方面考虑。通常采用的方法如下。

1. 制成耐腐蚀合金

在钢铁中加入某些其他金属（如 Cr、Mo、Ti、Ni）或非金属制成合金，可以改变金属的抗腐蚀能力。例如，含 Cr 18%的不锈钢能耐硝酸腐蚀，在 Mg 中加入 Se 可增强 Mg 对海水的抗腐蚀能力。

2. 隔离法

即在金属表面覆盖一层保护层，使金属与周围介质隔离。可在金属表面涂上油脂、油漆或覆盖搪瓷、塑料、玻璃钢橡胶、沥青等非金属材料，例如给机器设备的外壳刷上防锈漆、给零部件涂油。也可采用热镀、喷镀或电镀，在金属表面镀上一层耐腐蚀的金属材料或合金。热镀是将一种金属浸入另一种熔化的金属液体中而镀上一层金属保护层，如白铁皮（镀锌铁）、马口铁（镀锡铁）就是这样制成的。热镀适用于镀层金属易熔融、金属制品较小的场合，对巨大的金属制品常用喷镀的方法。喷镀是将镀层金属熔化后用压缩空气喷在被镀金属上。电镀已在前面叙述，它的镀层紧密、坚固、光洁美观，例如自行车钢圈上就是用电镀法镀上了一层既耐腐蚀又耐磨的 Cr 或 Ni。但应注意，这些覆盖的保护层破损后，防腐作用可能消失，有些甚至促进金属的腐蚀（如马口铁的腐蚀）。

3. 化学处理法

用化学方法使金属表面形成一层钝化膜保护层的方法叫化学处理法，常见的有钢铁发蓝和钢铁磷化。

(1) 钢铁发蓝 又称烧蓝和烤蓝。将钢铁制品除去油锈和氧化皮，浸入由 NaOH 和 $NaNO_2$ 配成的碱性氧化性溶液中，在 140～150℃下进行处理，然后经清洗、晾干后用肥皂水处理，再用锭子油或变压器油处理而成。结果钢铁制品表面形成一层蓝黑色或深蓝色 Fe_3O_4 薄膜，增加了抗腐蚀能力和美观。这一方法广泛应用于机器零件、精密仪器、光学仪器、钟表零件、兵器等制造工业中。

(2) 钢铁磷化 它是使钢铁制品表面生成一层不溶性磷酸盐（包括磷酸铁、磷酸锰和磷酸锌）保护膜的过程。将钢铁制品浸入 $Zn(NO_3)_2$ 和马日夫盐〔即磷酸铁锰 $x\,Fe(H_2PO_4)_2 \cdot y\,Mn(H_2PO_4)_2$〕所配成的溶液中进行磷化，使制品表面上形成一层灰黑色、细结晶和多孔性的磷化膜，然后再浸渍 $K_2Cr_2O_7$ 溶液和锭子油，或涂上清漆、磷漆封闭磷化膜的微孔。磷化处理可提高制件的抗腐蚀性和绝缘性，并可作为油漆底层。它操作简单而价廉，广泛用于保护钢铁制品使其免受大气腐蚀。

4. 电化学保护法

当金属制件长期接触电解质溶液时，常采用电化学保护法。根据原电池正极不受腐蚀的原理，可使**被保护的金属作原电池正极以免腐蚀**。例如，在轮船的尾部及船壳水线以下装上一些锌块可防止船壳的腐蚀，在锅炉内壁装上锌块可防止锅炉内壁被腐蚀。也可用外加电流的方法使受保护的金属成为阴极，从而减缓或防止金属的腐蚀。该法通常用于保护贮槽、冷凝器、换热器、熬碱锅，以及船体、电缆、地下管道等。

5. 使用缓蚀剂

缓蚀剂是指能抑制或避免金属腐蚀的物质。在腐蚀介质中加入适量的缓蚀剂，能有效防止金属的腐蚀。例如钢铁制件在质量分数 10% 的 H_2SO_4 中除锈时，加入相当于 H_2SO_4 质量 0.3%～0.6% 的硫化蓖麻油即可阻滞钢铁溶解。

除上述方法外，还可通过正确选材、合理设计、改善环境条件和生产中科学管理来防止腐蚀的发生。

想一想

(1) 常见的金属防腐措施有哪几种？
(2) 电化学保护法是采取哪两种措施来保护金属的？

阅读材料　　　　化 学 电 源

借助氧化还原反应把化学能直接转变为电能的装置叫**化学电源**，简称电池。从理论上来说，任何一个能自发进行的氧化还原反应都可组成电池而产生电流，但从实用的角度考虑，化学电源应具备以下特点：供电方便，电压稳定，设备简单，使用寿命较长，造价较便宜，应用广泛等。目前常用的化学电源有干电池、蓄电池、微型电池。此外，对燃料电池的研究也不断取得进展。

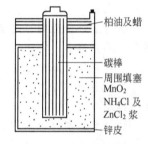

图 9-8　干电池的构造

一、干电池

干电池的构造如图 9-8 所示。它以锌片制成的圆筒为负极，以插在中间的碳棒为正极，以 NH_4Cl、$ZnCl_2$、淀粉、MnO_2 及石墨粉等调制的糊状物作电解质，然后加以密封制成。其电池符号为：

$$(-)Zn\,|\,NH_4Cl,ZnCl_2\,|\,MnO_2,C(+)$$

当接通线路后，干电池中发生的反应是：

负极（锌筒）　　　　　$Zn-2e = Zn^{2+}$　　　　氧化反应

正极 $[MnO_2(C)]$　　　$2NH_4^+ + 2e = 2NH_3 + H_2$　　还原反应

正极上生成的 H_2 和 NH_3 都会阻止 NH_4^+ 的继续放电。电池中加入 MnO_2 可将 H_2 氧化成 H_2O 而消除 H_2 对 NH_4^+ 放电的阻碍作用。

$$2MnO_2 + H_2 = Mn_2O_3 + H_2O$$

而 NH_3 可与 Zn^{2+} 反应生成配离子 $[Zn(NH_3)_2]^{2+}$，抑制 Zn^{2+} 浓度的增大，使负极电极电势保持相对稳定，同时也消除 NH_3 对 NH_4^+ 放电的阻碍作用。

$$Zn^{2+} + 2NH_3 = [Zn(NH_3)_2]^{2+}$$

因此电池反应为：

$$Zn + 2MnO_2 + 2NH_4^+ = [Zn(NH_3)_2]^{2+} + Mn_2O_3 + H_2O$$

干电池的电动势约为 1.5V。当它使用一段时间后，电阻逐渐增大，电动势逐渐下降，因此它不宜长时间连续使用。它主要应用于使用电池的时间较短的器件（如电铃、手电筒）中，当电动势降到 0.75V 左右时就不能继续使用了。这样的电池称一次性电池或不可逆电池。

二、铅蓄电池

凡能用充电的方法使反应物复原后重新放电，并能反复使用的电池，称为蓄电池。它的电极反应是可逆的,借助于可逆的电极反应实现化学能与电能的相互转化。

根据电解质溶液的不同,蓄电池分为酸性蓄电池和碱性蓄电池两类。铅蓄电池是其中最常用的一种酸性蓄电池。

铅蓄电池的电极是两组栅状的 Pb-Sb 合金板,负极填有海绵状的 Pb,正极填有疏松型的 PbO_2[❶],采用密度为 $1.24\sim1.28 g\cdot cm^{-3}$ 的 H_2SO_4 溶液(质量分数为 30% 左右)作电解质溶液。

放电时,它相当于原电池,有关反应为:

负极 $Pb-2e+SO_4^{2-} = PbSO_4$

正极 $PbO_2+4H^++SO_4^{2-}+2e = PbSO_4+2H_2O$

电池反应 $Pb+PbO_2+4H^++2SO_4^{2-} = 2PbSO_4+2H_2O$

在进行上述反应时,**化学能转变成了电能**,产生的电流可供外电路使用,因此上述过程叫铅蓄电池的放电。

铅蓄电池的放电初始电压在 2.2V 以上。当放电至电压为 1.9V(硫酸密度降到 $1.05 g\cdot cm^{-3}$)时,不宜再继续放电,此时应给它充电。充电时,将原正极接外电源正极,原负极接外电源负极,使两极上的 $PbSO_4$ 分别转化为 PbO_2、Pb。

原负极(阴极) $PbSO_4+2e = Pb+SO_4^{2-}$

原正极(阳极) $PbSO_4+2H_2O-2e = PbO_2+4H^++SO_4^{2-}$

总反应 $2PbSO_4+2H_2O = Pb+PbO_2+4H^++2SO_4^{2-}$

进行上述反应时,外电源提供的电能被蓄电池转变为化学能而储蓄起来,这一过程叫铅蓄电池的充电。

当充电到电压增至 2.5V 时,阴极上开始析出 H_2,阳极上开始析出 O_2,此时应停止充电,否则会损坏极板。另外,充电时必须通风良好,并禁止明火,以防止析出的 H_2-O_2 混合气体爆炸。

从以上分析可以看出,蓄电池的两极发生的反应是可逆的,因此它可反复充电、放电。可以用一个反应方程式来表示其反应:

$$2PbSO_4+2H_2O \underset{放电}{\overset{充电}{\rightleftharpoons}} Pb+PbO_2+2H_2SO_4$$

铅蓄电池充电、放电有关变化如图9-9所示。

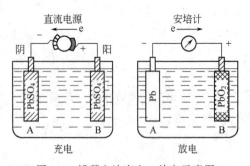

图9-9 铅蓄电池充电、放电示意图

铅蓄电池具有电压高、放电稳定、输出功率高、价格便宜等优点,因此得到广泛的应用。但它体积笨重,抗震性差,只适用于相对固定的设备(如汽车、轮船、火车)上。

三、微型电池

微型电池也是一种蓄电池,因其体积很小,形状像纽扣,又称为纽扣电池。它由正极壳、负极盖、绝缘密封圈、隔离膜、负极活性材料和正极活性材料共六部分组成。例如电子手表中使用的银-锌电池,其正极壳和负极盖都是由不锈钢制成;正极活性材料是 Ag_2O 和少量石墨的混合物(石墨的作用是导电剂);负极活性材料是锌-汞齐;电解质溶液采用氢氧化钾

---

❶ 也可正、负极均先填充 $PbSO_4$,这样它须先充电,后放电。

浓溶液；绝缘密封圈系由尼龙注塑成型并涂上密封剂；隔离膜是一种有机高分子材料（如羧甲基纤维素等）。银-锌微型电池的电压可达 1.56V，其有关反应为：

负极 $\quad Zn+2OH^--2e \Longrightarrow Zn(OH)_2$

$$\varphi^{\ominus}(ZnO_2^{2-}/Zn)=-1.216V$$

正极 $\quad Ag_2O+H_2O+2e \Longrightarrow 2Ag+2OH^-$

$$\varphi^{\ominus}(Ag_2O/Ag)=0.34V$$

总反应 $\quad Zn+Ag_2O+H_2O \Longrightarrow Zn(OH)_2+2Ag$

常用的微型电池还有 $Zn\text{-}MnO_2$ 电池、$Li\text{-}MnO_2$ 电池等。它们具有电压平稳、使用寿命长及贮存性好等优点，因此广泛应用在电子手表、液晶显示的计算器、小型助听器上。大型纽扣电池昂贵，但高能，用于人造卫星、宇宙火箭、空间电视转播站等。锂-碘电池寿命达十年，可应用在心脏起搏器中。

习 题

1. 求下列各物质中带"·"元素的氧化值：

$Na_2\overset{\cdot}{S}_2O_4 \quad K_2\overset{\cdot}{S}_2O_7 \quad Na_2\overset{\cdot}{B}_4O_7 \quad \overset{\cdot}{N}O_3^- \quad \overset{\cdot}{Hg}_2Cl_2 \quad H_3\overset{\cdot}{P}O_3$

2. 分别用氧化数法和离子-电子法配平下列反应式：

(1) $K_2Cr_2O_7+H_2O_2+H_2SO_4 \longrightarrow K_2SO_4+Cr_2(SO_4)_3+H_2O$

(2) $KI+NaNO_2+H_2SO_4 \longrightarrow I_2+NO\uparrow+Na_2SO_4+K_2SO_4+H_2O$

(3) $Br_2+NaOH \longrightarrow NaBr+NaBrO+H_2O$

(4) $KMnO_4+FeSO_4+H_2SO_4 \longrightarrow MnSO_4+Fe_2(SO_4)_3+K_2SO_4+H_2O$

3. 将镍片插入 $1mol\cdot L^{-1} NiSO_4$ 溶液中，铁片插入 $1mol\cdot L^{-1} FeSO_4$ 溶液中，用盐桥组成原电池。写出该原电池的符号、电极反应和电池反应，并求其标准电动势。

4. 试用标准电极电势说明 Fe 与稀硫酸发生置换反应时，生成的是 Fe^{2+} 而不是 Fe^{3+}。

5. 如果溶液中同时含有 Cl^-、Br^-、I^-，现欲氧化 I^-，问在 $KMnO_4$ 和 $Fe_2(SO_4)_3$ 两种氧化剂中，选择哪一种？为什么？

6. 铁片、锌片分别插入稀硫酸中时两者都溶解，但如果同时插入稀硫酸中并用导线连接，则只有 Zn 溶解，而铁片上冒气泡，为什么？

7. 写出以石墨作电极，电解 NaOH 水溶液的电极反应与总反应。

8. 从原电池和电解池的概念、电极名称、电子流动方向、电极反应类型及所起的作用等方面列表比较它们有什么不同？

9. 以石墨为电极电解 $AgNO_3$ 水溶液时，如果阳极生成的 O_2 在标准状况下占体积 11.2L，问阴极生成的物质是什么？质量有多少？

*10. 分析马口铁和白铁皮的镀层破损后，哪一个更容易被腐蚀。

*11. 自来水龙头为什么常用铁质的而不用铜质的？

第十章 氮 和 磷

能力目标

1. 能说明氮族元素的特性。
2. 会保存 HNO_3 及其盐，能在实验室制备 NH_3 及检验 NH_4^+。
3. 会保存使用磷，能检验溶液中的 PO_4^{3-}。

知识目标

1. 了解氮族元素的通性。
2. 掌握 NH_3 和铵盐、HNO_3 及其盐的重要性质和应用。
3. 了解磷、H_3PO_4 及其盐的重要性质和应用。

第一节 氮族元素的通性

周期表中 ⅤA 族包括氮(N)、磷(P)、砷(As)、锑(Sb) 和铋(Bi) 五种元素，统称为氮族元素，其中最重要的是氮和磷。

一、氮族元素的基本性质

氮族元素随着原子序数增大，原子半径随之增大，电负性随之减小。本族元素由非金属到金属的过渡很有规律，原子半径较小的 N、P 是典型的非金属元素；As 虽为非金属元素，但其单质却表现出某些金属的性质；Sb 是金属元素，其单质也有一些非金属的性质（如单质易碎，无延展性）；Bi 则是比较典型的金属元素。由于 N 与 P 之间原子半径相差较大，因而 N 的性质表现出特殊性。

氮族元素价层电子构型为 ns^2np^3，主要氧化数有 -3、$+3$ 和 $+5$。由于氮族元素的电负性小于同周期相应的ⅥA、ⅦA 族元素，因此氮族的单质与 X_2 或 S、O_2 反应主要形成氧化数为 $+3$、$+5$ 的共价化合物，而且原子半径越小，形成共价键的倾向越强；与 H_2 反应形成氧化数为 -3 或 $+3$ 的共价化合物，其热稳定性按 $NH_3 \rightarrow PH_3 \rightarrow AsH_3 \rightarrow SbH_3 \rightarrow BiH_3$ 的顺序依次减弱，还原性依次增强。总之，**形成共价化合物是氮族元素的特征**。

氮、磷的电负性较大，可和极少数活泼金属形成氧化数为 -3 的固态离子化合物（如 Mg_3N_2、Li_3N、Na_3P、Ca_3P_2 等），它们遇水会强烈水解，放出 NH_3 或 PH_3，因此它们不能存在于溶液中。电负性较小的 Sb 和 Bi 能形成氧化数为 $+3$ 的离子化合物［如 BiF_3、$Sb_2(SO_4)_3$］，它们都极易水解。

本族元素有较强的形成正氧化数化合物的趋势，都可形成氧化数为 $+3$ 和 $+5$ 的化合物。但从 P 到 Bi，ns^2 电子参与成键的能力减弱，因而 $+5$ 化合物的稳定性逐渐减弱，$+3$ 化合物的稳定性逐渐增强❶。例如，P(Ⅴ) 很稳定，几乎不具有氧化性，而 Bi(Ⅴ) 是最强的氧化剂之一；Bi(Ⅲ) 很稳定，几乎没有还原性，P(Ⅲ) 的还原性则很明显。

---

❶ 这种同族元素自上而下，低氧化数的化合物稳定性逐渐增强，高氧化数的化合物稳定性逐渐减弱的现象，叫做惰性电子对效应。ⅢA、ⅣA、ⅤA 族均有此现象。

二、氮族元素氧化物及其水化物的酸碱性

氮族元素可形成两类氧化物：氧化数为 +3 的 R_2O_3 及氧化数为 +5 的 R_2O_5，它们的水化物及其酸碱性变化情况见表 10-1。

表 10-1　氮族元素氧化物及其水化物酸碱性

氧化物 R_2O_3	N_2O_3	P_2O_3	As_2O_3	Sb_2O_3	Bi_2O_3
氧化物的水化物	HNO_2	H_3PO_3	H_3AsO_3	$Sb(OH)_3$	$Bi(OH)_3$
酸碱性	中强酸	中强酸	两性偏酸	两性	弱碱性
氧化物 R_2O_5	N_2O_5	P_2O_5	As_2O_5	Sb_2O_5	Bi_2O_5
氧化物的水化物	HNO_3	H_3PO_4	H_3AsO_4	H_3SbO_4	铋酸不稳定
酸碱性	强酸	中强酸	中强酸	两性偏酸	—

查一查

由表 10-1 可以看出：从 N 到 Bi，同类氧化物的水化物酸性_____，碱性_____；同一元素的不同氧化物的水化物，氧化数为_____的酸性较强。

第二节　氮的重要化合物

氮在地壳中的含量为 0.03%，绝大部分以单质（N_2）形式存在，N_2 约占空气体积的 78%。氮也以化合状态存在于土壤中（如铵盐、硝酸盐）和动植物体的蛋白质中。工业上用的 N_2 是通过空气液化分离而得到的。本节仅对含氮重要化合物的性质、制备及用途作必要介绍。

一、氨和铵盐

1. 氨

氨（NH_3）是无色有强烈刺激性臭味的气体，比空气轻，标准状况下密度为 $0.76g·L^{-1}$，沸点 $-33.5℃$，熔点 $77.7℃$。

NH_3 是极性较强的分子，而且分子之间可以形成氢键，因此容易液化。 在常压、$-33.5℃$ 或常温、800kPa 下，可凝结成无色液体——液氨。液氨汽化时吸收大量的热，因而在冷库和冷气设备中常用 NH_3 作制冷剂。NH_3 的固体呈雪花状。

NH_3 易溶于水，常温常压下，1 体积水可溶解约 700 体积氨。 氨的水溶液叫氨水（$NH_3·H_2O$），它是 NH_3 与 H_2O 通过氢键形成的加合物——一水合氨。$NH_3·H_2O$ 不稳定，易分解：

$$NH_3·H_2O \rightleftharpoons NH_3 + H_2O$$

$NH_3·H_2O$ 部分电离，产生 NH_4^+、OH^-，因此相当于弱碱：

$$NH_3·H_2O \rightleftharpoons NH_4^+ + OH^- \qquad K_b = 1.8 \times 10^{-5}$$

一般市售商品 $NH_3·H_2O$ 中，NH_3 的质量分数为 28%，密度为 $0.90g·cm^{-3}$，浓度约为 $15mol·L^{-1}$。$NH_3·H_2O$ 中 NH_3 的质量分数越高，其密度越小。

NH_3 的化学性质很活泼，可以与许多物质发生化学反应，通常将它的反应分为加合、氧化与取代三种类型。

（1）**加合反应**　通过 NH_3 分子中 N 原子上的孤对电子发生的反应叫 NH_3 的加合反应。前述 NH_3 与 H_2O 结合成 $NH_3·H_2O$ 就属加合反应。NH_3 与酸作用生成铵盐的反应也是加合反应。

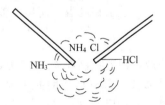

图 10-1　氨和氯化氢反应

[演示实验 10-1]　将一根蘸有浓氨水的玻璃棒和一根蘸有浓盐酸的玻璃棒靠近（见图

10-1），观察大量白烟的生成。

白烟即细小的氯化铵（NH_4Cl）颗粒，它是由 $NH_3 \cdot H_2O$ 挥发出的 NH_3 与浓盐酸挥发出的 HCl 反应生成的：

$$NH_3 + HCl = NH_4Cl$$

NH_4Cl 的电子式可表示为：

$$\left[H \overset{H}{\underset{H}{\overset{\times}{\underset{\times}{N}}}} H \right]^+ \left[\overset{..}{\underset{..}{Cl}} \right]^-$$

NH_3 还能与其他酸作用，生成对应的铵盐。例如：

$$H_3PO_4 + NH_3 = NH_4H_2PO_4$$
$$HNO_3(稀) + NH_3 = NH_4NO_3$$

此外，NH_3 还能与一些过渡金属离子通过配位键生成氨合物，与一些化合物形成加合物（如与 $CaCl_2$ 形成 $CaCl_2 \cdot 8NH_3$）。

(2) 氧化反应 NH_3 分子中 N 的氧化数为 -3，因而具有还原性，在一定条件下可被氧化为 N_2 或一氧化氮（NO）。

NH_3 在空气中不能燃烧，但在纯 O_2 中可燃烧，火焰呈黄色，生成 N_2 和水。

$$4NH_3 + 3O_2 \xrightarrow{点燃} 2N_2 + 6H_2O$$

在有催化剂（如 Pt 等）存在时，NH_3 可被空气氧化，生成 NO 和水。

$$4NH_3 + 5O_2 \xrightarrow[\triangle]{Pt} 4NO + 6H_2O$$

NH_3 及其水溶液可与 Cl_2、Br_2 等强氧化剂发生激烈反应。例如：

$$2NH_3 + 3Cl_2 = N_2\uparrow + 6HCl$$

HCl 继续与 NH_3 反应，可生成 NH_4Cl（白烟），因此**工厂中常用盛有浓 $NH_3 \cdot H_2O$ 的敞口小瓶检查氯气管道的漏点**。

NH_3 通过某些赤热的金属氧化物时，可被氧化为 N_2，而金属氧化物则被还原。例如：

$$3CuO + 2NH_3 \xrightarrow{\triangle} 3Cu + N_2\uparrow + 3H_2O$$

(3) 取代反应 在一定条件下，NH_3 分子中的 H 原子可被其他原子或原子团取代，生成氨基（$-NH_2$）化合物、亚氨基（$=NH$）化合物或氮化物（如 Li_3N）。例如：

$$2NH_3 + 2Na \xrightarrow{\triangle} 2\underset{氨基钠}{NaNH_2} + H_2\uparrow$$

$NaNH_2$ 是有机合成的重要试剂。

工业上在高温、高压、催化剂的条件下，由 N_2 和 H_2 直接合成 NH_3：

$$N_2 + 3H_2 \xrightleftharpoons[催化剂]{高温、高压} 2NH_3$$

一般，温度控制在 450～500℃，压力从 20MPa 到 50MPa 不等，催化剂以 Fe 为主体，以少量 K_2O、Al_2O_3 作助催化剂。由于反应可逆，采用降温液化的方法使 NH_3 从混合物中分离，未反应的 N_2、H_2 可循环使用。

实验室通常采用加热 NH_4Cl 和 $Ca(OH)_2$ 的混合物的方法制取 NH_3。反应方程式为：

$$2NH_4Cl + Ca(OH)_2 \xrightarrow{\triangle} CaCl_2 + 2NH_3\uparrow + 2H_2O$$

[演示实验 10-2] 如图 10-2 所示装好仪器药品，加热。用 pH 试纸检验产生的 NH_3，用向下排气法收集 NH_3。

NH_3 有广泛的用途。它是氮肥工业的基础，也是制造硝酸、铵盐、纯碱等化工产品的基本原料。NH_3 也是有机合成（如合成纤维、塑料、染料、尿素等）常用的原料，也用于医药（如安乃近、氨基比林等）的制取。NH_3 还是常用的制冷剂。

查一查

(1) 一般市售氨水中，NH_3 的质量分数为_____，物质的量浓度为_____。

(2) 常温下，一体积水可溶解_____体积 NH_3。

图 10-2　实验室制氨

2. 铵盐

NH_3 与酸进行加合反应得到的产物叫铵盐，如 NH_4Cl、硫酸铵 $[(NH_4)_2SO_4]$、硝酸铵（NH_4NO_3）等。铵盐是由铵离子（NH_4^+）与酸根离子组成的，均为离子化合物，易溶于水。由于 NH_4^+ 的半径与 K^+ 很接近，使得钾盐与铵盐的晶型、溶解度也很接近。

NH_4^+ 易水解：

$$NH_4^+ + H_2O \rightleftharpoons NH_3 \cdot H_2O + H^+$$

因此，强酸的铵盐溶液呈弱酸性。弱酸的铵盐水解程度大，受热时甚至会完全水解。例如：

$$2NH_4^+ + S^{2-} + 2H_2O \xrightarrow{\triangle} 2NH_3 \cdot H_2O + H_2S \uparrow$$
$$\hookrightarrow 2NH_3 \uparrow + 2H_2O$$

铵盐与碱作用，放出 NH_3 气体，这是铵盐的重要特性之一，可用于 NH_4^+ 的鉴定：

$$NH_4^+ + OH^- \xrightarrow{\triangle} NH_3 \uparrow + H_2O$$

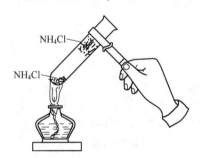

图 10-3　氯化铵受热分解

固态铵盐受热容易分解，分解产物与形成铵盐的酸有关。**由易挥发的非氧化性酸形成的铵盐受热分解时，NH_3 与酸一起挥发。**例如 NH_4Cl 的分解（见图 10-3）：

$$NH_4Cl \xrightarrow{\triangle} NH_3 \uparrow + HCl \uparrow$$

遇冷后，NH_3 与 HCl 又重新结合为 NH_4Cl。因此 NH_4Cl 可用加热的方法提纯。

由难挥发的酸形成的铵盐受热分解时，只有 NH_3 挥发。例如：

$$(NH_4)_2SO_4 \xrightarrow{100℃} NH_3 \uparrow + NH_4HSO_4$$

$$(NH_4)_3PO_4 \xrightarrow{\triangle} 3NH_3 \uparrow + H_3PO_4$$

由易挥发的氧化性酸形成的铵盐受热时，先分解为 NH_3 和酸，NH_3 迅速被酸氧化为 N_2 或 N_2O。例如亚硝酸铵（NH_4NO_2）和 NH_4NO_3 的分解，反应如下：

$$NH_4NO_2 \xrightarrow{\triangle} N_2\uparrow + 2H_2O\uparrow$$

$$(NH_4NO_2 \xrightarrow{\triangle} NH_3\uparrow + HNO_2, \quad NH_3 + HNO_2 \xrightarrow{\triangle} N_2 + 2H_2O\uparrow)$$

$$NH_4NO_3 \xrightarrow{\triangle} N_2O\uparrow + 2H_2O\uparrow$$

$$(NH_4NO_3 \rightleftharpoons NH_3\uparrow + HNO_3\uparrow, \quad NH_3 + HNO_3 \rightleftharpoons N_2O + 2H_2O\uparrow)$$

当温度达到 300℃ 时，N_2O 分解为 N_2 和 O_2，因此 NH_4NO_3 分解反应也可写成：

$$2NH_4NO_3 \xrightarrow{>300℃} 4H_2O\uparrow + 2N_2\uparrow + O_2\uparrow$$

上述反应放出大量的热，使产生的气体体积急剧膨胀。若反应在密封容器中进行，会引起爆炸，故 NH_4NO_3 可用于制炸药。

溶液中的 NH_4^+ 可采用气室法或用奈氏试剂检验。

气室可由两块表面皿组成。**气室法检验 NH_4^+ 的原理是：NH_4^+ 与 OH^- 反应产生 NH_3 逸出，NH_3 遇湿润的红色石蕊试纸变蓝色。**

奈氏试剂是四碘合汞（Ⅱ）酸钾（$K_2[HgI_4]$）的碱性溶液，它与 NH_4^+ 发生如下反应：

$$NH_4^+ + OH^- \rightleftharpoons NH_3 + H_2O$$

$$NH_3 + 2[HgI_4]^{2-} + 3OH^- \rightleftharpoons \left[O\begin{array}{c}Hg\\ \\Hg\end{array}NH_2\right]I\downarrow + 7I^- + 2H_2O$$

（红棕色）

当 NH_3 浓度低时不产生沉淀，但溶液显黄色或棕色。Fe^{3+}、Cr^{3+}、Co^{2+}、Ni^{2+} 等离子的存在会干扰 NH_4^+ 的检验，此时**可以将滴有奈氏试剂的滤纸条贴于表面皿内壁，用气室法检验。**

铵盐在工农业生产中有着重要的用途。常见的铵盐〔如 NH_4NO_3、$(NH_4)_2SO_4$、NH_4Cl 及 NH_4HCO_3 等〕主要用作氮肥，其次还是制造炸药（如 NH_4NO_3 与铝粉、碳粉等可燃性物质的混合物可作炸药）、干电池（如用 NH_4Cl 作电解质的成分）、焊药（如 NH_4Cl 等作为焊接金属时的除锈剂）及印染等方面的重要原料。此外，它们还可用于鞣革、电镀、制冷剂、杀虫剂、医药等方面。

练一练

(1) 下列物质与铵盐反应，能生成氨气的是_____。

A. NaCl　　　　B. KNO_3　　　　C. $BaCl_2$　　　　D. $Ca(OH)_2$

(2) 下列铵盐加热分解生成氨与酸一起挥发，遇冷后可重新生成铵盐的是_____。

A. NH_4Cl　　B. $(NH_4)_2SO_4$　　C. NH_4NO_3　　D. $(NH_4)_3PO_4$

*二、亚硝酸及其盐

1. 亚硝酸的制取及性质

将等物质的量的 NO 和 NO_2 混合气体通入冰水中，可制得亚硝酸（HNO_2）。反应如下：

$$NO + NO_2 + H_2O \xrightarrow{冷冻} 2HNO_2$$

工业上也采用亚硝酸盐与强酸反应制 HNO_2。例如：

$$NaNO_2 + HCl \xrightarrow{冷冻} NaCl + HNO_2$$

$$Ba(NO_2)_2 + H_2SO_4 \xrightarrow{冷冻} BaSO_4\downarrow + 2HNO_2$$

HNO_2 是一种弱酸,酸性比 HAc 略强。

$$HNO_2 \rightleftharpoons H^+ + NO_2^- \qquad K_a = 5.1 \times 10^{-4}$$

它不稳定,只能存在于稀溶液中,当浓度较高或受热时会迅速分解。

$$2HNO_2 \rightleftharpoons \underset{(蓝色)}{N_2O_3} + H_2O \rightleftharpoons H_2O + NO + \underset{(红棕色)}{NO_2}$$

因此,在亚硝酸盐溶液中加酸时,由于生成的 HNO_2 分解出亚硝酐(N_2O_3)会使溶液呈浅蓝色,同时有红棕色气体逸出。可利用这一性质来鉴定 NO_2^-。

HNO_2 可发生歧化反应。

$$3HNO_2 \rightleftharpoons HNO_3 + 2NO + H_2O$$

2. 亚硝酸盐的性质

工业上采用碱液吸收硝酸和硝酸盐生产中排出的尾气(含 NO、NO_2)来生产亚硝酸盐。例如:

$$2NaOH + NO + NO_2 \rightleftharpoons 2NaNO_2 + H_2O$$

$$K_2CO_3 + NO + NO_2 \rightleftharpoons 2KNO_2 + CO_2 \uparrow$$

也可在高温下用金属还原硝酸盐固体制得亚硝酸盐。例如:

$$KNO_3 + Pb(粉) \xrightarrow{\triangle} KNO_2 + PbO$$

$$NaNO_3 + Pb(粉) \xrightarrow{\triangle} NaNO_2 + PbO$$

还可通过硝酸盐的热分解制得亚硝酸盐。

亚硝酸盐的热稳定性远高于 HNO_2。碱金属、碱土金属的亚硝酸盐为离子化合物,热稳定性很好。**亚硝酸盐一般易溶于水,有毒,是致癌物质。**

HNO_2 及其盐中,由于 N 的氧化数为+3,因此既有氧化性又有还原性。有关标准电极电势如下。

作氧化剂时:

酸性介质 $HNO_2 + H^+ + e \rightleftharpoons H_2O + NO \qquad \varphi^{\ominus}(HNO_2/NO) = 0.98V$

碱性介质 $NO_2^- + H_2O + e \rightleftharpoons NO + 2OH^- \qquad \varphi^{\ominus}(NO_2^-/NO) = -0.46V$

作还原剂时:

酸性介质 $NO_3^- + 3H^+ + 2e \rightleftharpoons HNO_2 + H_2O \qquad \varphi^{\ominus}(NO_3^-/HNO_2) = 0.94V$

碱性介质 $NO_3^- + H_2O + 2e \rightleftharpoons NO_2^- + 2OH^- \qquad \varphi^{\ominus}(NO_3^-/NO_2^-) = -0.01V$

可以看出,**HNO_2 及其盐在酸性介质中氧化性较强,还原性较弱**;而在碱性介质中亚硝酸盐还原性很强,几乎无氧化性。因此**亚硝酸盐通常在酸性介质中作氧化剂,在碱性介质中作还原剂**。

在酸性介质中,亚硝酸盐可以氧化 I^-、Fe^{2+},也可被 MnO_4^-、Cl_2 等氧化。

[演示实验 10-3] 在试管中加入 1mL 0.1mol·L^{-1} KI 溶液和 1mL 1mol·L^{-1} H_2SO_4 溶液,再加入几滴 0.5mol·L^{-1} $NaNO_2$ 溶液和 1mL CCl_4,振荡,观察现象。

实验表明:CCl_4 层显紫红色,有气体产生并在试管口变为红棕色。这是因为 HNO_2 将 I^- 氧化为 I_2,本身被还原为 NO(NO 在空气中迅速被氧化为 NO_2)。

$$2NO_2^- + 2I^- + 4H^+ \rightleftharpoons I_2 + 2NO \uparrow + 2H_2O$$

上述反应可用于测定亚硝酸盐的含量。

[演示实验 10-4] 在试管中加入 1mL 1% $KMnO_4$ 溶液和 1mL 1mol·L^{-1} H_2SO_4 溶液,滴加 0.5mol·L^{-1} $NaNO_2$ 溶液并振荡,观察溶液的颜色变化。

从实验中可以看到随着 $NaNO_2$ 溶液的不断加入,溶液的紫红色逐渐褪去。

$KMnO_4$ 将 NO_2^- 氧化为 NO_3^-，本身被还原为 Mn^{2+}。

$$2MnO_4^- + 5NO_2^- + 6H^+ == 2Mn^{2+} + 5NO_3^- + 3H_2O$$

碱性介质中，O_2、H_2O_2、I_2 等都能将亚硝酸盐氧化为硝酸盐。例如：

$$NaNO_2 + H_2O_2 == NaNO_3 + H_2O$$

亚硝酸盐中最重要的是 $NaNO_2$ 和 KNO_2。$NaNO_2$ 为苍黄色斜方晶体，微有咸味，常用于制染料、药物，还大量用作金属热处理剂、电镀缓蚀剂、化学试剂以及用于媒染、漂白。KNO_2 是白色或黄色晶体或棒状体，可用于染料及医药制造和有机化工，还用作分析试剂。

三、硝酸及其盐

*1. 硝酸的制法

HNO_3 是重要的"三酸"之一。工业上生产 HNO_3 主要采用 NH_3 的催化氧化法，它主要包括以下几个步骤：

（1）NH_3 的催化氧化

$$4NH_3 + 5O_2 \xrightarrow[Pt-Rh]{800℃} 4NO + 6H_2O$$

（2）NO 的氧化

$$2NO + O_2 == 2NO_2$$

（3）NO_2 的吸收

$$3NO_2 + H_2O == 2HNO_3 + NO$$

NO 可以再转化为 NO_2 后用水吸收，这样反复进行的结果，可以认为 NO_2 全部转化为 HNO_3，因此 NO_2 的吸收反应也可写成：

$$4NO_2 + O_2 + 2H_2O == 4HNO_3$$

（4）尾气的处理 在 HNO_3 的生产过程中有少量 NO 和 NO_2 未被吸收。如果从吸收塔出来的尾气（主要成分为 N_2，还有少量 O_2、NO、NO_2 等）直接排放到大气中将会造成污染。可采用碱溶液吸收尾气，这样既消除了有害物，又得到了副产品——亚硝酸盐。

用上述方法制得的 HNO_3 质量分数为 50%～55%[①]，将它与脱水剂浓硫酸混合蒸馏，可得浓 HNO_3。

实验室通常用 $NaNO_3$ 与浓硫酸共热制取硝酸：

$$NaNO_3 + H_2SO_4（浓） \xrightarrow{\triangle} NaHSO_4 + HNO_3 \uparrow$$

HNO_3 易挥发，可通过蒸馏将其分离出来。

2. 硝酸的性质

HNO_3 是无色透明液体，密度 $1.50 g·cm^{-3}$（25℃），熔点 $-42℃$，沸点 86℃，易挥发，有刺激性气味，能与水以任意比例互溶。市售 HNO_3 的质量分数约为 68%，密度 $1.42 g·cm^{-3}$，（25℃），浓度约为 $15 mol·L^{-1}$。**当 HNO_3 的质量分数高于 86% 时，挥发出的 HNO_3 在空气中易形成酸雾，因此称为发烟硝酸。**如果在纯硝酸中溶有过量的 NO_2，则形成红棕色的发烟硝酸。

HNO_3 是强酸，除具有酸的通性外，还有以下特性：

（1）不稳定性 HNO_3 受热或见光时易分解。

[①] 如用稀 HNO_3 吸收 NO_2，则得发烟硝酸。

$$4HNO_3 \xrightarrow[\text{或光照}]{\triangle} 4NO_2\uparrow + O_2\uparrow + 2H_2O$$

HNO_3 浓度越高越易分解。由于分解出的 NO_2 溶于 HNO_3 中而使 HNO_3 呈黄棕色。**为防止 HNO_3 分解，必须将其盛于棕色瓶中，置于低温暗处保存。**

（2）**氧化性** HNO_3 是强氧化剂，无论是浓、稀 HNO_3 均具有氧化性，可以将多数非金属单质、绝大多数金属单质及许多化合物氧化。

C、P、S、I_2、B、As 等非金属单质可被 HNO_3 氧化为相应的含氧酸或氧化物，HNO_3 则被还原为 NO（稀硝酸）或 NO_2（浓硝酸）。例如：

$$3P + 5HNO_3(稀) + 2H_2O \xrightarrow{\triangle} 3H_3PO_4 + 5NO\uparrow$$

$$C + 4HNO_3(浓) \xrightarrow{\triangle} CO_2\uparrow + 4NO_2\uparrow + 2H_2O$$

$$3I_2 + 10HNO_3(发烟) \xrightarrow{\triangle} 6HIO_3 + 10NO\uparrow + 2H_2O$$

后一反应可用来制备碘酸。

HNO_3 能将 H_2S 或某些金属硫化物、碘化物、Fe^{2+}、Sn^{2+} 等氧化。例如：

$$2HNO_3(稀) + 3H_2S = 3S\downarrow + 2NO\uparrow + 4H_2O$$

$$ZnS + 8HNO_3(浓) = ZnSO_4 + 8NO_2\uparrow + 4H_2O$$

$$3CuS + 8HNO_3(稀) = 3Cu(NO_3)_2 + 3S\downarrow + 2NO\uparrow + 4H_2O$$

易燃的有机物（如松节油等）遇浓硝酸可燃烧。

HNO_3 与金属反应比较复杂。从金属方面来看，有以下几种情况。

① 多数金属被氧化后，生成可溶性盐，例如 $Cu(NO_3)_2$、$AgNO_3$、$Zn(NO_3)_2$、$Mg(NO_3)_2$ 及 $Pb(NO_3)_2$ 等。

② 一些金属被氧化后，生成不溶于 HNO_3 的氧化物，例如 MoO_3、WO_3、SnO_2 等。

③ 很不活泼的金属（如 Os、Ir、Pt、Au、Zr 等）不与 HNO_3 反应。

④ **Fe、Al、Cr** 等可溶于稀硝酸及热硝酸，但在冷的浓硝酸中因为表面形成致密的氧化膜而钝化，因此浓硝酸常用铝罐（或铁制容器）贮运。

从 HNO_3 方面来看，它可能被还原为一系列氮的较低氧化数的化合物：

$$\overset{+5}{HNO_3} \longrightarrow \overset{+4}{NO_2} \longrightarrow \overset{+3}{HNO_2} \longrightarrow \overset{+2}{NO} \longrightarrow \overset{+1}{N_2O} \longrightarrow \overset{0}{N_2} \longrightarrow \overset{-3}{NH_3}$$

通常 HNO_3 的还原产物是混合物，混合物中各成分的相对含量与 HNO_3 的浓度、金属活泼性、反应速率等有关，不能单从电极电势方面考虑。浓 HNO_3（$\geqslant 12 mol\cdot L^{-1}$）还原的主产物是 NO_2，稀硝酸（$6\sim 8 mol\cdot L^{-1}$）与不活泼金属反应主要被还原为 NO，稀 HNO_3（约 $2 mol\cdot L^{-1}$）与活泼金属（如 Mg、Zn）反应主要被还原为 N_2O，很稀的 HNO_3（$<1 mol\cdot L^{-1}$）与活泼金属反应主要被还原为 NH_3（在 HNO_3 存在时生成 NH_4NO_3）。例如：

$$Cu + 4HNO_3(浓) = Cu(NO_3)_2 + 2NO_2\uparrow + 2H_2O$$

$$3Ag + 4HNO_3(稀) = 3AgNO_3 + NO\uparrow + 2H_2O$$

$$4Zn + 10HNO_3(稀) = 4Zn(NO_3)_2 + N_2O\uparrow + 5H_2O$$

$$4Mg + 10HNO_3(很稀) = 4Mg(NO_3)_2 + NH_4NO_3 + 3H_2O$$

必须注意：HNO_3 的氧化性强弱与氮的氧化数降低多少无直接关系。**HNO_3 浓度越高，其氧化能力越强，相应的反应速率也越大。**

浓硝酸与浓盐酸的混合物（物质的量之比 1∶3）[①] 称为"王水"，其氧化能力极强，可溶解 Au 和 Pt。

$$Au + HNO_3 + 4HCl = \underset{\text{四氯合金(Ⅲ)酸}}{H[AuCl_4]} + NO\uparrow + 2H_2O$$

$$3Pt + 4HNO_3 + 18HCl = \underset{\text{六氯合铂(Ⅳ)酸}}{3H_2[PtCl_6]} + 4NO\uparrow + 8H_2O$$

*（3）硝化反应　HNO_3 与有机化合物作用，将硝基（—NO_2）引入到有机物分子中的反应叫硝化反应。例如苯（C_6H_6）的硝化反应：

$$C_6H_6 + HNO_3 \xrightarrow[\triangle]{\text{浓硫酸}} \underset{\text{硝基苯}}{C_6H_5NO_2} + H_2O$$

硝基化合物多呈黄色。皮肤接触浓硝酸后因为硝化作用的结果而变黄。

HNO_3 是重要的化工产品和化工基本原料，具有广泛的用途。它在无机工业中用于生产各种硝酸盐；在化肥工业中用于生产 NH_4NO_3、硝酸磷肥等单一和复合肥料；在有机工业中用于硝基化合物的制取；在冶金工业中用于贵金属的分离。此外，它还可用于染料、制药等工业，也是常用的化学试剂。

练一练

判断下列说法的正误：

(1) HNO_3 溶液应存放于棕色试剂瓶中，并置于低温暗处。　　　　　　　　　(　　)
(2) Fe、Al 和 Cu 等制备的容器，可以盛放浓 HNO_3。　　　　　　　　　　(　　)
(3) HNO_3 溶液的浓度越高，其氧化能力越强，相应反应的速率越大。　　　　　(　　)
(4) 物质的量之比为 1∶3 的浓 HNO_3 和浓 H_2SO_4 的混合物，称为"王水"。　　(　　)

3. 硝酸盐

硝酸盐通常由金属或金属氧化物与 HNO_3 作用制得。**硝酸盐是离子化合物，多数硝酸盐是无色晶体，极易溶于水。**它们的中性或碱性水溶液几乎无氧化性，而在**酸性溶液中显出较强氧化性**。

硝酸盐热稳定性差，受热会分解，并放出 O_2，因此硝酸盐在高温下都是强氧化剂。

[演示实验10-5]　在试管中加入适量 KNO_3 晶体，加热至熔化，立即投入一小块木炭，继续加热片刻后，观察现象。

木炭在试管内猛烈燃烧，发出耀眼的光。这是因为 KNO_3 受热分解为 KNO_2 和 O_2，O_2 再与 C 反应。反应如下：

$$C + 2KNO_3 \xrightarrow{\triangle} 2KNO_2 + CO_2\uparrow$$

硝酸盐的分解产物与成盐金属的活泼性有关。除 NH_4NO_3 外，硝酸盐的分解有以下三种情况：

活泼性比 Mg 强的金属硝酸盐，受热分解生成亚硝酸盐和 O_2。例如：

$$2NaNO_3 \xrightarrow{\triangle} 2NaNO_2 + O_2\uparrow$$

[①] 在实验室常用 1 体积浓 HNO_3、3 体积浓盐酸来配制。

活泼性介于 Mg 和 Cu 之间（含 Mg 和 Cu）的金属硝酸盐，受热分解生成金属氧化物、NO_2 和 O_2。例如：

$$4Fe(NO_3)_3 \xrightarrow{\triangle} 2Fe_2O_3 + 12NO_2\uparrow + 3O_2\uparrow$$

$$2Cu(NO_3)_2 \xrightarrow{\triangle} 2CuO + 4NO_2\uparrow + O_2\uparrow$$

活泼性在 Cu 之后的金属硝酸盐，受热分解生成金属单质、NO_2 和 O_2。例如：

$$2AgNO_3 \xrightarrow{\triangle} 2Ag + 2NO_2\uparrow + O_2\uparrow$$

由于**硝酸盐受热分解产生 O_2**，因此它们与易燃物相混可能引起燃烧或爆炸，保存硝酸盐时一定要注意。

溶液中 NO_3^- 的鉴定方法通常有以下两种：

（1）**棕色环法** 在浓硫酸介质中，NO_3^- 可被过量的 Fe^{2+} 还原为 NO，NO 与剩余的 Fe^{2+} 作用，生成深棕色的亚硝基合铁（Ⅱ）离子（$[Fe(NO)]^{2+}$）。

$$3Fe^{2+} + NO_3^- + 4H^+ = 3Fe^{3+} + 2H_2O + NO$$

$$Fe^{2+} + NO = \underset{（棕色）}{[Fe(NO)]^{2+}}$$

NO_2^- 也有类似的反应，应预先除去；I^-、Br^-、CrO_4^{2-} 等干扰棕色环的观察，也应预先除去。

（2）**蓝色环法** 将试液用 H_2SO_4 酸化，NO_3^- 转化为 HNO_3，可与二苯胺或醌式化合物反应，生成深蓝色化合物。NO_2^- 存在时有干扰，可事先在试液中加入尿素，加热，破坏 NO_2^- 鉴定。

此外，如果盐的晶体与 Cu 片及浓硫酸共热后能产生有刺激性气味的红棕色气体，也能证明该盐含 NO_3^-。

$$Cu + 2NO_3^- + 4H^+ \xrightarrow{\triangle} Cu^{2+} + 2NO_2\uparrow + 2H_2O$$

最重要的硝酸盐包括 $NaNO_3$、KNO_3、NH_4NO_3、$Ca(NO_3)_2$、$Pb(NO_3)_2$、$Ce(NO_3)_2$ 等，它们广泛用于制炸药（例如，黑火药的主要成分为 KNO_3、S、木炭，其质量分数分别为 75%、10%、15%）、弹药、烟火、火柴等，可作化肥，也用于电镀工业、玻璃制造、染料生产和电子工业。还是常用的化学试剂。

第三节 磷及其化合物

一、磷

磷在地壳中的含量为 0.11%，是自然界比较丰富而富集的元素，在自然界只以化合状态存在。最重要的磷矿是磷灰石 $[Ca_3(PO_4)_2\cdot CaF_2]$、磷酸钙矿 $[Ca_3(PO_4)_2]$。磷是生物体不可缺少的元素，它存在于植物种子的蛋白质中及动物的脑、血液和神经组织的蛋白质中。

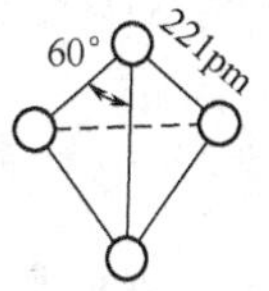

图 10-4 白磷（P_4）的分子结构

1. 白磷和红磷

白磷和红磷都是磷元素形成的单质。**这种由同一种元素组成的物理性质不同的单质叫做同素异形体。** 白磷和红磷是磷的两种重要同素异形体，白磷的分子结构如图 10-4 所示，而红磷的分子更为复杂。

2. 磷的性质

由于白磷和红磷在结构上不同，因而它们在性质上有明显的差异，见表10-2。

表10-2　白磷和红磷的性质比较

性　质	白　磷	红　磷
颜色状态	白色蜡状固体，透明	紫红色粉末，有金属光泽
气味	有蒜臭味	无臭
密度(25℃)/g·cm^{-3}	1.82	2.2
溶解性	不溶于水，易溶于CS_2	不溶于水和CS_2
熔点/℃	44	590（4300kPa）
着火点/℃	34	>200
与O_2的作用	在空气中、常温下迅速被氧化而自燃	在空气中难被氧化
发光性	在暗处发光	不发光
充分氧化的产物	$P_2O_5$①	$P_2O_5$①
毒性	剧毒	无毒
保存方法	隔绝空气，保存于水中	置于空气中，瓶装保存
相互转变	白磷 $\xrightarrow[416℃以上，然后迅速冷却其蒸气]{隔绝空气，维持温度为250\sim300℃}$ 红磷；$\Delta H = -16.73 \text{kJ·mol}^{-1}$	

① P_2O_5 是简式，实际分子式是 P_4O_{10}，它是 H_3PO_4 的酸酐。

💡 查一查

比较表 10-2 中白磷和红磷的性质，并说明两者的气味、毒性和保存方法有哪些不同。

由表 10-2 可以看出，白磷的化学活泼性强于红磷，这是因为白磷分子中 P—P 键的键能比红磷分子中 P—P 键的键能小。

与同主族氮的单质相比，白磷的化学性质要活泼得多，这是因为 N_2 分子中 N≡N 键能为 946kJ·mol^{-1}，远比 P—P 键能大。

磷在发生化学反应时，较多地生成氧化数为+3和+5的化合物，有时也生成氧化数为-3的化合物。从反应产物来看，红磷与白磷没有差别。

[演示实验 10-6] 将白磷溶于 CS_2 中，再用滤纸条蘸取该溶液，在空气中晃动，观察滤纸条上白磷的自燃。

P 在空气中燃烧，生成五氧化二磷（P_2O_5）的细小颗粒，进而吸收空气中的水分生成磷酸（H_3PO_4）的小液滴，因此可以观察到浓密的白色烟雾。其反应如下：

$$4P + 5O_2 \xrightarrow{\text{点燃}} 2P_2O_5$$

$$P_2O_5 + 3H_2O == 2H_3PO_4$$

P_2O_5 是白色雪花状晶体，有强烈的吸水性，是常用的高效干燥剂和脱水剂。

磷不完全氧化则生成三氧化二磷（$P_2O_3$❶）：

$$4P + 3O_2 == 2P_2O_3$$

P_2O_3 是亚磷酸（H_3PO_3）的酸酐，它与水缓慢作用生成 H_3PO_3。

---

❶ P_2O_3 是最简式，实际分子式是 P_4O_6。

$$P_2O_3 + 3H_2O = 2H_3PO_3$$

由于白磷比红磷活泼，因此白磷在潮湿空气中或常温下即可发生缓慢的氧化作用。反应中产生的能量部分以光的形式放出，所以白磷在暗处可发光，这就是"磷光"。当表面聚积的热量使温度达到其自燃点（60℃）时，白磷即自燃。因此，**白磷是危险物品，在使用、保存时均应注意安全，防止着火和灼伤。**

除此之外，磷还能与卤素、硫等非金属直接化合。

磷与一些金属作用，生成金属磷化物。例如：

$$Al(粉) + P(红) \xrightarrow{\triangle} AlP$$

$$3Zn(粉) + 2P(红) \xrightarrow{\triangle} Zn_3P_2$$

这些金属磷化物遇水或遇酸可产生剧毒的磷化氢（PH_3）气体，因此它们可作为粮库和其他仓储器材的熏蒸剂。磷化锌（Zn_3P_2）还是一种优良的灭鼠药。

工业上，制备 P 通常以 $Ca_3(PO_4)_2$、SiO_2 和炭粉为原料，在电炉中进行反应：

$$Ca_3(PO_4)_2 + 3SiO_2 \xrightarrow{\triangle} 3CaSiO_3 + P_2O_5$$

$$P_2O_5 + 5C \xrightarrow{\triangle} 2P\uparrow + 5CO\uparrow$$

总反应式为

$$Ca_3(PO_4)_2 + 3SiO_2 + 5C \xrightarrow{\triangle} 3CaSiO_3 + 2P\uparrow + 5CO\uparrow$$

将生成的气体通入水中，得固态白磷。

白磷主要用于制高纯度的 H_3PO_4 和有机磷农药，在军事上用于制信号弹、燃烧弹和烟幕弹，也用于冶金、医药、有机原料等工业。红磷主要用于制造安全火柴和农药，也可用于冶金和制取 H_3PO_4、P_2O_5 和磷化物。

二、磷酸和磷酸盐

1. 磷酸

通常将正磷酸（H_3PO_4）称为磷酸。H_3PO_4 是无色透明晶体，熔点 42℃，密度 1.834 g·cm^{-3}（25℃），极易溶于水。市售磷酸是无色透明黏稠液体，其中 H_3PO_4 的质量分数为 85%。

H_3PO_4 受热至 213 脱水生成焦磷酸（$H_4P_2O_7$），300℃ 时生成偏磷酸（HPO_3），因此 H_3PO_4 无挥发性，也无沸点，热稳定性强于硝酸。

H_3PO_4 中磷的氧化数为 +5，但不论是 H_3PO_4 的晶体还是水溶液均无氧化性。

H_3PO_4 是三元中强酸，具有酸的通性。

H_3PO_4 可由白磷充分氧化后用热水吸收制得，也可用 HNO_3 与 P 反应制得。工业 H_3PO_4 是用 H_2SO_4 分解磷灰石而制得的。

$$Ca_3(PO_4)_2 + 3H_2SO_4 = 3CaSO_4\downarrow + 2H_3PO_4$$

H_3PO_4 应用广泛。它可用于制造各种磷酸盐和磷肥，在食品工业中作为酸性调味剂，在对金属表面磷化处理时配制磷化液，可作为分析试剂测定钢铁中铬、镍、钒等成分，也是常用的硬水软化剂。此外，它还可应用于医药工业、火柴生产和冶金工业中。

2. 磷酸盐

H_3PO_4 可形成一种正盐，二种酸式盐。例如：

磷酸盐　Na_3PO_4　$(NH_4)_3PO_4$　$Ca_3(PO_4)_2$

磷酸一氢盐　Na_2HPO_4　$(NH_4)_2HPO_4$　$CaHPO_4$

磷酸二氢盐 NaH_2PO_4 $NH_4H_2PO_4$ $Ca(H_2PO_4)_2$

这三类盐的溶解性是不同的。

[演示实验 10-7] 在三支试管中分别加入 1mL 0.1mol·L^{-1} Na_3PO_4、Na_2HPO_4、NaH_2PO_4 溶液,再各滴加 1mL 0.1mol·L^{-1} $CaCl_2$ 溶液,振荡,观察沉淀的生成情况。然后,在三支试管中都滴加 2mol·L^{-1} NaOH 溶液,观察沉淀的增加。再在每支试管中滴加 6mol·L^{-1} HCl 溶液,观察沉淀的溶解。

实验表明:$Ca_3(PO_4)_2$ 难溶于水,$CaHPO_4$ 微溶于水,$Ca(H_2PO_4)_2$ 易溶于水。

$$3Ca^{2+} + 2PO_4^{3-} = Ca_3(PO_4)_2 \downarrow$$
$$Ca^{2+} + HPO_4^{2-} = CaHPO_4 \downarrow$$

加入 NaOH 溶液后,$Ca(H_2PO_4)_2$ 转化为难溶的 $Ca_3(PO_4)_2$ 而产生沉淀;$CaHPO_4$ 也转化为难溶的 $Ca_3(PO_4)_2$ 而使沉淀量增加。

$$3Ca^{2+} + 2H_2PO_4^- + 4OH^- = Ca_3(PO_4)_2 \downarrow + 4H_2O$$
$$3CaHPO_4 + 3OH^- = Ca_3(PO_4)_2 \downarrow + PO_4^{3-} + 3H_2O$$

再加入 HCl,三支试管内沉淀都溶解,是由于难溶的 $Ca_3(PO_4)_2$ 转化为易溶的 $Ca(H_2PO_4)_2$ 和 H_3PO_4 的缘故。

$$Ca_3(PO_4)_2 + 4H^+ = 3Ca^{2+} + 2H_2PO_4^-$$

所有的磷酸二氢盐都易溶于水。而磷酸一氢盐和磷酸盐中,除钾、钠、铵盐易溶外,其余皆为难溶或微溶。这三类盐之间可相互转化,磷酸盐遇酸可转化为酸式磷酸盐,因此许多难溶的磷酸盐可溶于强酸;酸式磷酸盐遇碱转化为磷酸盐。转化关系可表示为:

$$磷酸盐 \underset{碱}{\overset{酸}{\rightleftharpoons}} 磷酸一氢盐 \underset{碱}{\overset{酸}{\rightleftharpoons}} 磷酸二氢盐$$

通常可用 $AgNO_3$ 溶液检验溶液中的 PO_4^{3-}。

[演示实验 10-8] 在盛有 1mL 0.1mol·L^{-1} Na_3PO_4 溶液的试管中,滴加 0.1mol·L^{-1} $AgNO_3$ 溶液,观察沉淀的生成及颜色。再滴加 3mol·L^{-1} HNO_3 溶液,振荡,观察现象。

实验表明 Ag^+ 与 PO_4^{3-} 结合生成黄色沉淀,该沉淀溶于 HNO_3:

$$3Ag^+ + PO_4^{3-} = Ag_3PO_4 \downarrow$$
(黄色)
$$Ag_3PO_4 + 3H^+ = 3Ag^+ + H_3PO_4$$

如果溶液中有 Br^-、I^- 或 CO_3^{2-},它们也能与 Ag^+ 结合生成黄色沉淀 $AgBr$、AgI、Ag_2CO_3,但 $AgBr$、AgI 不溶于稀硝酸,Ag_2CO_3 溶于 HNO_3 并有 CO_2 放出。因此,在中性或微碱性溶液中加入 $AgNO_3$ 溶液有黄色沉淀生成,再加稀硝酸沉淀又溶解,可证明原溶液中有 PO_4^{3-} 存在。

在农业上钙的酸式磷酸盐及 $(NH_4)_3PO_4$ 用作肥料。磷酸盐在工业上应用较广,例如,$(NH_4)_3PO_4$ 可用作木材等的防火剂;$Ca_3(PO_4)_2$ 可用于陶瓷、玻璃和制药,也用作塑料稳定剂、磨光粉、家畜饲料等;$Zn_3(PO_4)_2$ 可用于油漆配制、钢管处理等。此外,磷酸盐还可用作软水剂、发酵剂、洗涤剂等。

习 题

1. 比较下列各组物质的酸碱性强弱,并简述原因:

 (1) H_2SiO_3 H_3PO_4 HNO_3

 (2) $Sn(OH)_4$ H_3SbO_4 H_3AsO_4

 (3) $Sb(OH)_3$ $Bi(OH)_3$ $As(OH)_3$

2. 浓硫酸、NaOH（s）和无水 $CaCl_2$、P_2O_5 都是常用的干燥剂，如果要干燥 NH_3，应选用上述哪种干燥剂？为什么？

3. 下列做法是否正确？为什么？

(1) KNO_3 与铝粉存放在一起；

(2) NH_4NO_3 结块后，用锤子将其击碎；

(3) 用钢制容器贮运浓硝酸；

(4) 农田施用了过磷酸钙 $[Ca(H_2PO_4)_2]$ 后，又施用草木灰（K_2CO_3）。

4. 完成下列化学反应方程式

(1) $Cu + HNO_3$（稀）$\longrightarrow$

(2) $Cu + HNO_3$（浓）$\longrightarrow$

(3) $Zn + HNO_3$（浓）$\longrightarrow$

(4) $KNO_3 \xrightarrow{\triangle}$

(5) $Ag^+ + PO_4^{3+} \longrightarrow$

5. 完成下列各题

(1) 现有 $Zn(NO_3)_2$、$NaNO_3$、$AgNO_3$ 三种颜色相近的晶体，如何将其区分开？

(2) 如何用化学方法证明 NH_4NO_3 既是铵盐又是硝酸盐？

(3) 现有 $NaCl$、$NaNO_2$、$NaNO_3$、Na_2SO_4、Na_3PO_4 几种颜色相近的钠盐，如何鉴别？

6. 用氨催化氧化法生产 HNO_3。假设 NO_2 最后全部转化为 HNO_3，问 $1000m^3$（标准状况）NH_3 能生产密度为 $1.42g·cm^{-3}$、质量分数为 68% 的 HNO_3 多少千克？

第十一章 氧 和 硫

能力目标

1. 能根据氧族元素的价电子构型比较说明其非金属性。
2. 会保存 H_2O_2。
3. 会检验 H_2S 气体。
4. 能正确书写有关浓 H_2SO_4 性质的化学方程式,会检验 SO_4^{2-}。

知识目标

1. 了解氧族元素的通性。
2. 了解 O_3 和 H_2O_2 的性质和应用。
3. 了解 H_2S 和金属硫化物的性质和应用。
4. 了解 SO_2、SO_3、硫代硫酸盐的性质和应用,掌握浓 H_2SO_4 的特性及应用。

第一节 氧族元素的通性

周期表中ⅥA族包括氧(O)、硫(S)、硒(Se)、碲(Te)和钋(Po)五种元素,统称为**氧族元素**。其中 Se、Te 是分散稀有元素,Po 是放射性元素。O、S 是氧族最重要的元素。

氧族元素随着原子序数的增大,原子半径依次增大,而电负性依次减小,元素的非金属性逐渐减弱,金属性逐渐增强。本族元素从典型的非金属元素过渡到金属元素。O、S 是典型的非金属元素;Se、Te 是非金属元素,但它们的单质具有某些金属的性质(如晶体可导电);Po 是金属元素。上述性质的变化趋势与氮族和卤素的情况极为相似。

氧族元素价层电子构型为 ns^2np^4,电负性较大,它们获得 2 个电子达到稀有气体的稳定电子层结构的趋势强于对应的氮族元素而弱于卤族元素。因此,**氧族元素的非金属性很强,仅次于对应的卤族元素**。

氧族元素中,O 的电负性仅次于 F,它能和大多数金属元素形成二元离子化合物。S 也能和一些电负性较小的金属形成离子化合物。氧族元素与非金属化合时,都形成共价化合物,其中 S、Se、Te 与电负性较大的元素化合时可形成氧化数为 +4 和 +6 的化合物,而 O 只有与 F 化合时氧化数才为正值。

从氧到硫原子半径有突跃性增大,而 S、Se、Te 之间原子半径递增较平稳,因此,O 与 S 在性质上差别很大,而 S、Se、Te 之间性质比较接近。

本章重点讨论氧、硫的单质及其重要化合物。

第二节 臭氧及过氧化氢

一、氧和*臭氧

氧是地壳中含量最多的元素,含量达 48.6%,其化合态以水、氧化物及含氧酸盐形式广泛分布在自然界中，游离态的氧约占空气体积的21%。

氧的单质有两种同素异形体：氧（O_2）；臭氧（O_3），它们的一些基本性质见表11-1。

表 11-1 氧和臭氧的性质比较

性　质	O_2	O_3
气味	无味	腥臭味
气态颜色	无色	蓝色
熔点/℃	−218（蓝色晶体）	−193（紫黑色晶体）
沸点/℃	−183（天蓝色液体）	−112（深蓝色液体）
0℃时在水中的溶解度/mL·L^{-1}	49	490
稳定性	较强	受热易分解为O_2
氧化性	强	很强

由于氧分子中键能很大（$4.98 kJ·mol^{-1}$），因此O_2在常温下性质不太活泼。但在**加热或高温时O_2的活泼性增强，能与绝大部分金属单质和非金属单质直接化合，生成相应的氧化物，并放出大量的热**。例如：

$$2Mg(s)+O_2(g) \xrightarrow{\triangle} 2MgO(s); \quad \Delta H=-1204 kJ·mol^{-1}$$

$$S(s)+O_2(g) \xrightarrow{\triangle} SO_2(g); \quad \Delta H=-297 kJ·mol^{-1}$$

O_2还能将一些具有还原性的化合物氧化，在酸性条件下，其氧化能力更强。例如：

$$4Fe^{2+}+O_2+4H^+ = 4Fe^{3+}+2H_2O$$

O_3因其有腥臭味而被称为臭氧。在离地面10～25km高度的同温层中分布的O_3占地球上O_3总量的90%，这就是常说的臭氧层❶，它是由大气中的O_2受太阳紫外线的强烈辐射而形成的。

$$3O_2(g) \xrightarrow{紫外线} 2O_3(g); \quad \Delta H=+285 kJ·mol^{-1}$$

O_2在电火花、电子流、质子流或短波辐射的作用下可以产生O_3，过氧化物（如H_2O_2）在分解过程中也可以产生O_3。实验室可在臭氧发生器中通过无声放电制得O_3。

O_3很不稳定，在常温下能缓慢分解为O_2，200℃以上分解较快，纯的液态O_3容易爆炸。

$$2O_3(g) = 3O_2(g); \quad \Delta H=-285 kJ·mol^{-1}$$

O_3具有强氧化性，在相同条件下氧化能力比O_2强得多。O_2与O_3在酸、碱性介质中的标准电极电势如下：

$$O_2+4H^++4e \rightleftharpoons 2H_2O \quad \varphi^{\ominus}(O_2/H_2O)=1.229V$$

$$O_2+2H_2O+4e \rightleftharpoons 4OH^- \quad \varphi^{\ominus}(O_2/OH^-)=0.41V$$

$$O_3+2H^++2e \rightleftharpoons O_2+H_2O \quad \varphi^{\ominus}(O_3/H_2O)=2.07V$$

$$O_3+H_2O+2e \rightleftharpoons O_2+2OH^- \quad \varphi^{\ominus}(O_3/OH^-)=1.24V$$

由于O_3氧化性很强，因此一些在常温下与O_2不能反应或反应缓慢的物质可与O_3迅速反应。例如，KI在溶液中可被O_3氧化为I_2，此反应常用于O_3的检验。

$$O_3+2I^-+2H^+ = I_2+O_2+H_2O$$

一些易燃物（如煤气、松节油）在O_3中可自燃。

---

❶ 它能吸收太阳光对地球99%的紫外辐射，从而减弱了地球上生命体受紫外辐射的强度，是一个重要的保护层。但其含量极少，在地面压力下其厚度仅为3mm，因此要保护大气臭氧层。

利用 O_3 的强氧化性,化工生产中常用臭氧氧化代替通常的高温氧化和催化氧化,这样既可简化生产工艺,又能提高经济效益。另外,用 O_3 净化废水、废气可不引起二次污染,用 O_3 消毒饮用水不产生异味。O_3 还可作麻、棉、蜡、面粉、纸浆等的漂白剂和皮毛的脱臭剂。

练一练

O_3 是_____味的_____色气体,具有_____氧化性。

二、过氧化氢

1. 过氧化氢的性质

过氧化氢(H_2O_2)俗名双氧水。纯 H_2O_2 是无色黏稠状液体,有腐蚀性,熔点 -0.9℃,沸点 151.4℃,密度 1.44g·cm^{-3}(20℃)。H_2O_2 分子间可以形成氢键,在固态和液态时都发生缔合作用。**由于可与水形成氢键,H_2O_2 可与水互溶,其水溶液亦称双氧水**。市售双氧水常用质量分数 $30\%\sim35\%$ 的试剂和 3% 的稀溶液。

H_2O_2 是极性分子,分子中含有过氧基(—O—O—),四个原子不共平面,其分子结构如图 11-1 所示。

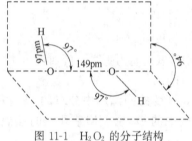

图 11-1 H_2O_2 的分子结构

H_2O_2 的主要化学性质如下。

(1) **热稳定性差** 由于过氧键键能小而不稳定,H_2O_2 易分解为水和 O_2,并放热:

$$2H_2O_2(l) = 2H_2O(l) + O_2(g); \Delta H = -196\text{kJ·mol}^{-1}$$

在较低温度下 H_2O_2 分解缓慢,不易察觉;但温度升高或受强光照射时,或在碱性溶液中,H_2O_2 的分解都会显著加快。质量分数高于 65% 的 H_2O_2 与某些有机物接触时,容易发生爆炸。此外,MnO_2 及许多重金属离子(如 Mn^{2+}、Cu^{2+}、Fe^{3+}、Cr^{3+})对 H_2O_2 的分解有催化作用。**因此,H_2O_2 宜盛于棕色瓶中,置于阴凉处保存,同时可加少许稳定剂(如乙酰苯胺)以抑制其分解。**

(2) **弱酸性** H_2O_2 是一种极弱的酸,其 K_{a1} 约为 2.2×10^{-12},K_{a2} 的数量级为 10^{-25}:

$$H_2O_2 \rightleftharpoons HO_2^- + H^+$$

因此 H_2O_2 可与强碱或一些金属氧化物反应,生成金属过氧化物。例如:

$$H_2O_2 + Ba(OH)_2 = BaO_2\downarrow + 2H_2O$$
$$H_2O_2 + Ca(OH)_2 = CaO_2\downarrow + 2H_2O$$
$$H_2O_2 + MgO = MgO_2\downarrow + H_2O$$

工业上利用上述反应生产 CaO_2、MgO_2 和 BaO_2。金属过氧化物可以看作是 H_2O_2 的盐,因此它们可水解产生 H_2O_2。

(3) **氧化性和还原性** 由于 H_2O_2 分子中 O 的氧化数为 -1,处于 O 的中间氧化态,因此 H_2O_2 既有氧化性,又有还原性。有关标准电极电势如下:

酸性介质　　$H_2O_2 + 2H^+ + 2e \rightleftharpoons 2H_2O$　　　$\varphi^{\ominus}(H_2O_2/H_2O) = 1.77\text{V}$
　　　　　　$O_2 + 2H^+ + 2e \rightleftharpoons H_2O_2$　　　　$\varphi^{\ominus}(O_2/H_2O_2) = 0.69\text{V}$
碱性介质　　$HO_2^- + H_2O + 2e \rightleftharpoons 3OH^-$　　$\varphi^{\ominus}(HO_2^-/OH^-) = 0.88\text{V}$
　　　　　　$O_2 + 2H^+ + 2e \rightleftharpoons HO_2^- + OH^-$　$\varphi^{\ominus}(O_2/HO_2^-) = -0.076\text{V}$

可见 H_2O_2 无论在酸性溶液中还是在碱性溶液中都有较强的氧化性,**在酸性溶液中氧化性更强**。

[演示实验 11-1]　在试管中加入 1mL 0.1mol·L^{-1} KBr 溶液和 1mL 质量分数 3% H_2O_2 溶液，再加入 1mL CCl_4，振荡，观察 CCl_4 层颜色。用 2mol·L^{-1} H_2SO_4 溶液酸化 KBr-H_2O_2 溶液，振荡，观察 CCl_4 层颜色变化。

实验表明：在中性或碱性条件下，H_2O_2 不能将 KBr 氧化。在酸性条件下，KBr 可被 H_2O_2 氧化为 Br_2，Br_2 溶于 CCl_4 显橙红色。

$$2Br^- + H_2O_2 + 2H^+ = Br_2 + 2H_2O$$

H_2O_2 可将黑色的 PbS 氧化为白色的 $PbSO_4$，此反应常用于油画的漂白❶：

$$PbS + 4H_2O_2 = PbSO_4 + 4H_2O$$

H_2O_2 还能将 Fe^{2+}、I^-、SO_3^{2-} 等分别氧化为 Fe^{3+}、I_2 和 SO_4^{2-} 等。

在碱性溶液中，H_2O_2 可将 Cr(Ⅲ) 氧化为 Cr(Ⅵ)。

$$2[Cr(OH)_4]^- + 3H_2O_2 + 2OH^- \xrightarrow{\triangle} 2CrO_4^{2-} + 8H_2O$$

由于 H_2O_2 的还原能力较弱，它仅能被 $KMnO_4$、MnO_2、Cl_2 这样的强氧化剂氧化。

$$2MnO_4^- + 5H_2O_2 + 6H^+ = 2Mn^{2+} + 5O_2\uparrow + 8H_2O \qquad (1)$$

$$MnO_2 + H_2O_2 + 2H^+ = Mn^{2+} + O_2\uparrow + 2H_2O \qquad (2)$$

$$Cl_2 + H_2O_2 = 2HCl + O_2\uparrow \qquad (3)$$

反应（1）可用来测定 H_2O_2 的含量，反应（2）用来清洗附有 MnO_2 污迹的器皿，反应（3）可用来除去剩余的 Cl_2。

2. 过氧化氢的用途

工业上常用 H_2O_2 作氧化剂。由于 H_2O_2 溶液能破坏色素及杀灭细菌，因此还用作漂白剂（如漂白棉织物及羊毛、生丝、皮毛、羽毛、象牙、纸浆等）和消毒剂（如医院用质量分数 3% H_2O_2 消毒杀菌）；此外还可用作脱氯剂。其浓溶液可用于无机或有机过氧化物、泡沫塑料和其他多孔性物质的生产。高浓度或纯 H_2O_2 可用作火箭燃料的氧化剂。它还可用于电镀液中除去无机杂质，提高镀件质量。它也是重要的化学试剂。

由于 H_2O_2 的氧化或还原产物是 O_2 或 H_2O，不会污染反应体系，所以 H_2O_2 有"清净氧化剂（或还原剂）"之称。但 H_2O_2 的浓溶液能烧蚀皮肤，对眼睛的黏膜也有刺激作用，所以使用时要注意。

> **练一练**
>
> 写出下列化学反应方程式
> (1) $H_2O_2 + Ca(OH)_2 \longrightarrow$
> (2) $H_2O_2 + FeSO_4 \longrightarrow$
> (3) $H_2O_2 + KMnO_4 + H_2SO_4 \longrightarrow$

第三节　硫化氢和金属硫化物

一、硫化氢和氢硫酸

1. 硫化氢的制备

实验室常用硫化亚铁（FeS）与稀 H_2SO_4 或稀盐酸反应制取 H_2S 气体。为了控制 H_2S

---

❶ 油画中的白色颜料铅白是 $Pb(OH)_2·2PbCO_3$，在空气中 H_2S 的作用下能转化为 PbS。

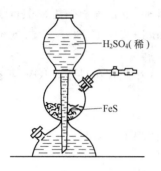

图 11-2 硫化氢的制备

的产生,通常在启普发生器(见图 11-2)中进行反应。

$$FeS + 2H^+ = Fe^{2+} + H_2S\uparrow$$

工业上生产 H_2S,是在 300℃ 以上,由硫黄(S)与 H_2 直接合成。

$$H_2 + S \stackrel{\triangle}{=\!=\!=} H_2S$$

也常用金属硫化物(FeS 或 Na_2S)与非氧化性酸(盐酸或稀硫酸)作用来制取。

2. 硫化氢的性质

H_2S 是无色有臭鸡蛋味的气体,熔点 −86℃,沸点 60℃。常温常压下,1 体积水能溶解 2.6 体积 H_2S。

H_2S 有毒,是大气污染物,吸入后可引起头痛、晕眩,吸入大量会造成昏迷甚至死亡。工业上规定,空气中 H_2S 含量不得超过 $0.01\text{mg}\cdot L^{-1}$。**应在通风橱中制备和使用 H_2S。**

H_2S 的热稳定性较差,在 400℃ 时可以完全分解为 S 和 H_2。

$$H_2S \stackrel{\triangle}{=\!=\!=} H_2 + S$$

H_2S 中的 S 处于其最低氧化数 −2,因此 **H_2S 具有还原性**。例如,它可在空气中燃烧,燃烧时火焰为淡蓝色,在空气充足时生成 SO_2 和水;空气不充足时生成 S 和水:

$$2H_2S + 3O_2 \stackrel{\text{点燃}}{=\!=\!=} 2SO_2\uparrow + 2H_2O$$

$$2H_2S + O_2(\text{不充足}) \stackrel{\text{点燃}}{=\!=\!=} 2S\downarrow + 2H_2O$$

H_2S 还可被 SO_2、卤素等氧化。例如:

$$SO_2 + 2H_2S = 3S + 2H_2O$$

工业上利用此反应从含 H_2S 的废气中回收 S,同时也减少了大气污染。

3. 氢硫酸的性质

H_2S 的水溶液称为氢硫酸,仍用化学式 H_2S 表示,室温下,其饱和溶液的浓度约为 $0.1\text{mol}\cdot L^{-1}$。氢硫酸主要化学性质如下。

(1)**弱酸性** 氢硫酸是易挥发的二元弱酸,具有酸的通性。其溶液中存在以下电离平衡:

$$H_2S \rightleftharpoons H^+ + HS^- \quad K_{a1} = 9.1\times 10^{-8}$$
$$HS^- \rightleftharpoons H^+ + S^{2-} \quad K_{a2} = 1.1\times 10^{-2}$$

(2)**强还原性** 有关 H_2S 的标准电极电势如下:

酸性介质 $\quad S + 2H^+ + 2e \rightleftharpoons H_2S \quad \varphi^\ominus(S/H_2S) = 0.14V$

碱性介质 $\quad S + 2e \rightleftharpoons S^{2-} \quad \varphi^\ominus(S/S^{2-}) = -0.48V$

可见,不论是在酸性介质还是碱性介质中,H_2S 都有较强的还原性。较弱的氧化剂(如 O_2、Fe^{3+}、I_2、Br_2 等)可将 H_2S 氧化为 S,强氧化剂(如 $KMnO_4$、Cl_2 等)可将 H_2S 氧化为 S(Ⅵ)的化合物。例如:

$$H_2S + I_2 = 2HI + S\downarrow$$
$$2H_2S + O_2 = 2H_2O + 2S\downarrow$$
$$H_2S + 4Cl_2 + 4H_2O = 8HCl + H_2SO_4$$

(3)**与重金属离子反应** H_2S 能与许多盐作用,生成金属硫化物沉淀。例如:

$$CuSO_4 + H_2S = H_2SO_4 + CuS\downarrow$$
$$Pb(Ac)_2 + H_2S = 2HAc + PbS\downarrow$$

实验室中,常用湿润的 **$Pb(Ac)_2$** 试纸检验 H_2S 气体的逸出。

> **练一练**

(1) H$_2$S 气体有毒，因此应在_____中制备和使用 H$_2$S。

(2) H$_2$S 和氢硫酸都具有_____性。

(3) 实验室中，常用湿润的_____试纸检验是否有 H$_2$S 气体逸出。

二、金属硫化物

H$_2$S 可形成酸式盐和正盐。例如：

$$H_2S + NaOH = NaHS + H_2O$$
$$H_2S + 2NaOH = Na_2S + 2H_2O$$

H$_2$S 的酸式盐都易溶于水，而其正盐大多数难溶于水且有特征颜色（见表 11-2）。分析化学中常利用不同金属硫化物的溶解性和颜色分离和鉴定金属离子。

表 11-2　硫化物的颜色及溶解性

易溶于水	难溶于水					
	溶于稀盐酸 (0.3mol·L^{-1}HCl)	难溶于稀盐酸				
		溶于浓盐酸	难溶于浓盐酸			
			溶于浓硝酸		溶于王水	
(NH$_4$)$_2$S（白色）	MgS（白色）	Al$_2$S$_3$①（白色）	MnS（肉色）	SnS（褐色）	Sb$_2$S$_3$（棕色）	CuS（黑色）	As$_2$S$_3$（浅黄色）	HgS（黑色）
Na$_2$S（白色）	CaS（白色）	Cr$_2$S$_3$①（黑色）	ZnS（白色）	SnS$_2$（黄色）	Sb$_2$S$_5$（橙色）	Cu$_2$S（黑色）	As$_2$S$_5$（浅黄色）	Hg$_2$S（黑色）
K$_2$S（白色）	SrS（白色）	Fe$_2$S$_3$（黑色）	CoS（黑色）	PbS（黑色）	CdS（黄色）	Ag$_2$S（黑色）	Bi$_2$S$_3$（暗棕色）	
	BaS（白色）	FeS（黑色）	NiS（黑色）					

① Al$_2$S$_3$ 和 Cr$_2$S$_3$ 在水溶液中完全水解，分别生成白色 Al(OH)$_3$ 和灰绿色 Cr(OH)$_3$ 沉淀，并产生 H$_2$S。

根据金属硫化物［包括 (NH$_4$)$_2$S 及 As 的硫化物］在水中或酸中的溶解情况，可将其分成以下五类。

(1) **可溶于水的硫化物**　(NH$_4$)$_2$S 及碱金属、碱土金属的硫化物易溶于水，并因强烈水解而使水溶液显碱性。例如 Na$_2$S 溶液：

$$S^{2-} + H_2O \rightleftharpoons HS^- + OH^-$$

由于水解，溶液的碱性较强（0.1mol·L^{-1}Na$_2$S 溶液的 pH 在 12 以上），因此 Na$_2$S 俗名硫化碱，在生产中有时可用价格便宜的 Na$_2$S 来代替 NaOH。这类硫化物可用相应的碱与 H$_2$S 溶液反应制得。

(2) **不溶于水，可溶于稀酸❶的硫化物**　它们与稀酸反应产生 H$_2$S 气体。例如 ZnS、MnS 溶于稀酸的反应：

$$ZnS + 2H^+ = Zn^{2+} + H_2S\uparrow$$
$$MnS + 2H^+ = Mn^{2+} + H_2S\uparrow$$

这类硫化物通常用它们的可溶盐与 Na$_2$S 或 (NH$_4$)$_2$S 在溶液中反应制得，而不能用 H$_2$S 溶液制取。

还应注意，这类硫化物中包括了 Al$_2$S$_3$、Cr$_2$S$_3$，虽然它们在溶液中完全水解为 Al(OH)$_3$、Cr(OH)$_3$ 和 H$_2$S，但因 Al(OH)$_3$、Cr(OH)$_3$ 都能溶于稀酸，因此它们溶于酸的总反应仍与 ZnS、MnS 溶于酸的反应类似。**Al$_2$S$_3$、Cr$_2$S$_3$ 只能由"干法"制取**。

---

❶ 如果在 1L 酸中可溶 0.1mol MS，则称该 MS 可溶于酸中。稀酸通常指 H$^+$ 浓度为 0.3mol·L^{-1} 的非氧化性酸。

(3) 不溶于水和稀酸，但溶于浓盐酸的硫化物　它们与浓盐酸作用时，除产生 H_2S 外，还生成易溶的氯合物（参见第十二章）。例如：

$$SnS_2 + 6HCl \rightleftharpoons H_2[SnCl_6] + 2H_2S\uparrow$$

$$CdS + 4HCl \rightleftharpoons H_2[CdCl_4] + H_2S\uparrow$$

(4) 不溶于水和盐酸，但溶于浓硝酸的硫化物　它们与浓硝酸发生氧化还原反应，使阳离子转入溶液。例如：

$$CuS + 4HNO_3(浓) \rightleftharpoons Cu(NO_3)_2 + 2NO_2\uparrow + S\downarrow + 2H_2O$$

这类硫化物可以由它们的可溶盐与 H_2S 溶液反应而制得。例如：

$$2AgNO_3 + H_2S \rightleftharpoons Ag_2S\downarrow + 2HNO_3$$

(5) 仅溶于"王水"的硫化物，它们在 HNO_3 的氧化和 Cl^- 的配位的共同作用下，使阳离子形成氯合物而进入溶液。例如：

$$3HgS + 2HNO_3 + 12HCl \rightleftharpoons 3H_2[HgCl_4] + 3S\downarrow + 2NO\uparrow + 4H_2O$$

上述第 (2)、(3)、(4)、(5) 类 MS 的溶解性，可以通过沉淀-溶解平衡的移动加以说明。

$$MS(s) \rightleftharpoons M^{2+} + S^{2-}$$

第 (2) 类 MS 的 K_{sp} 较大（一般 $>10^{-24}$），因此在稀酸中 S^{2-} 与 H^+ 结合成 H_2S 逸出，即可使 MS 溶解。第 (3) 类 MS K_{sp} 较小（一般在 $10^{-25} \sim 10^{-30}$ 之间），此时加稀酸不能使 S^{2-} 浓度降得足够低，因此它们不溶于稀酸。但在浓盐酸中，M^{2+} 与 Cl^- 结合成稳定的氯合物，S^{2-} 生成 H_2S 逸出，由于 M^{2+} 与 S^{2-} 的浓度同时下降，因此它们溶于浓盐酸。第 (4) 类 MS 的 K_{sp} 更小（一般 $<10^{-30}$），其饱和溶液中 M^{2+} 与 S^{2-} 浓度均很小，加入浓盐酸亦不足以有效降低 M^{2+} 与 S^{2-} 浓度，因此它们不溶于浓盐酸。但 HNO_3 可将 S^{2-} 氧化成 S，因而该类 MS 溶于浓硝酸。至于第 (5) 类 MS，其 K_{sp} 极小（一般 $<10^{-47}$），HNO_3 的氧化作用不足以使它们溶解，只能用王水通过氧化与配位反应的双重作用使它们溶解。

金属硫化物按溶解性分组的知识在阳离子的定性分析及提纯、分离等方面有着重要的应用，这将在分析化学中进一步讨论。

查一查

根据金属硫化物的溶解性，可将其分为哪几类？

第四节　硫的含氧酸及其盐

*一、亚硫酸及其盐

1. 亚硫酸的性质

SO_2 与水反应生成亚硫酸（H_2SO_3）。

$$SO_2 + H_2O \rightleftharpoons H_2SO_3$$

上述反应可逆，因此 **H_2SO_3 很不稳定，只能存在于稀溶液中。它是二元中强酸，具有酸的通性**，在水溶液中存在下列平衡：

$$H_2SO_3 \rightleftharpoons H^+ + HSO_3^- \quad K_{a1} = 1.26 \times 10^{-2}$$

$$HSO_3^- \rightleftharpoons H^+ + SO_3^{2-} \quad K_{a2} = 6.3 \times 10^{-8}$$

H_2SO_3 中 S 的氧化数为 +4，处于 S 的中间氧化态，因此 **H_2SO_3 既有氧化性又有还原性，主要显还原性。** Cl_2、Br_2、I_2 及 $KMnO_4$ 等都可将其氧化，甚至空气中的 O_2 也能将其氧化为 H_2SO_4，因此它不能长期保存。

$$H_2SO_3 + I_2 + H_2O = H_2SO_4 + 2HI$$
$$2H_2SO_3 + O_2 = 2H_2SO_4$$

如果遇上很强的还原剂，则 H_2SO_3 显出氧化性。例如它可将 H_2S 氧化：
$$2H_2S + H_2SO_3 = 3S\downarrow + 3H_2O$$

H_2SO_3（或 SO_2）能和色素结合成无色不稳定的化合物，因此可用于漂白羊毛、蚕丝、麦秆等。但这种化合物容易分解，过一段时间后，又逐渐恢复原色。

2. 亚硫酸盐

H_2SO_3 可形成酸式盐和正盐，其酸式盐均易溶，其正盐除钾、钠、铵盐外均难溶。

亚硫酸盐的特性之一是遇酸会分解，产生 SO_2 气体。例如：
$$Na_2SO_3 + H_2SO_4(稀) = Na_2SO_4 + SO_2\uparrow + H_2O$$
这是实验室制备 SO_2 常用的方法。

亚硫酸盐具有较强的还原性，其晶体或水溶液易被氧化为硫酸盐。例如：
$$Na_2SO_3 + Cl_2 + H_2O = Na_2SO_4 + 2HCl$$
$$2Na_2SO_3 + O_2(空气) = 2Na_2SO_4$$
在碱性溶液中，亚硫酸盐还原性更强，可被 I_2 这样的弱氧化剂氧化为硫酸盐。
$$SO_3^{2-} + I_2 + 2OH^- = SO_4^{2-} + 2I^- + H_2O$$
因此，当溶液中不存在其他还原性物质时，用 I_2-淀粉蓝色溶液可检验 SO_3^{2-} 的存在。

亚硫酸盐几乎没有氧化性，只有在酸性溶液中，它们才可将很强的还原剂氧化。例如：
$$Na_2SO_3 + 2HCl + 2H_2S = 2NaCl + 3S\downarrow + 3H_2O$$

亚硫酸盐主要用作印染工业的还原剂、羊毛和蚕丝织物的漂白剂以及照相显影液和定影液的保护剂，也可用于医药、造纸 [如 $Ca(HSO_3)_2$ 能溶解木质素而用于造纸]、食品防腐以及电镀铜等方面，也常用作化学试剂。

练一练

写出下列化学反应方程式
(1) $H_2SO_3 + I_2 + H_2O \longrightarrow$
(2) $Na_2SO_3 + H_2SO_4$（稀）$\longrightarrow$
(3) $Na_2SO_3 + KMnO_4 + H_2SO_4 \longrightarrow$

二、硫酸和硫酸盐

1. 硫酸的性质

纯硫酸是无色难挥发的油状液体，熔点 10.5℃，热至约 340℃ 分解为 SO_3 和 H_2O。H_2SO_4 的密度和熔点随质量分数的下降而下降。市售浓硫酸的质量分数约为 98%，沸点 338℃，密度 1.84g·cm^{-3}，浓度约为 18mol·L^{-1}。

用纯硫酸吸收 SO_3 制得发烟硫酸，它暴露在空气中时，挥发出的 SO_3 能与空气中的水蒸气结合形成"酸雾"而"发烟"。发烟硫酸的组成可表示为 $H_2SO_4 \cdot xSO_3$，它比普通浓硫酸具有更强的腐蚀性和氧化性。

H_2SO_4 能以任意比例与水互溶，形成一系列稳定的水合物（如 $H_2SO_4 \cdot H_2O$、$H_2SO_4 \cdot 2H_2O$、$H_2SO_4 \cdot 4H_2O$），同时放出大量的热，可使水局部沸腾而飞溅。因此**稀释浓硫酸时切不可将水倒入浓硫酸中，应该将浓硫酸沿玻璃棒缓慢注入水中并不断搅拌**。

H_2SO_4 是强酸，它的第一步电离较完全。
$$H_2SO_4 = H^+ + HSO_4^- \qquad K_{a1} = 1 \times 10^3$$
$$HSO_4^- \rightleftharpoons H^+ + SO_4^{2-} \qquad K_{a2} = 1.2 \times 10^{-2}$$

因此 HSO_4^- 相当于中强电解质，但在一般计算时可视其全部电离。

稀硫酸具有酸的通性。浓硫酸除了与活泼金属不发生置换反应外，具有酸的其他通性。此外，浓硫酸还具有以下特性。

(1) **吸水性**　由于 H_2SO_4 可与水形成稳定的水合物，因此浓硫酸能吸收游离的水分。利用这一性质可用**浓硫酸干燥不与它反应的各种气体**（如 Cl_2、CO_2、HCl）。

(2) **脱水性**　浓硫酸能从许多有机化合物（如糖类、木材、棉布、纸张等）中按水的组成夺走氢和氧，这种作用通常叫做脱水作用。因脱水而留下游离炭的现象，称为有机物的炭化。例如蔗糖（$C_{12}H_{22}O_{11}$）的炭化：

$$C_{12}H_{22}O_{11} \xrightarrow{\text{浓}\ H_2SO_4} 12C+11H_2O$$

因此，浓硫酸能严重破坏动植物组织，具有强烈的腐蚀性，使用时应注意安全。万一溅到皮肤上，应立即用布拭去，再用大量水冲洗，最后用质量分数 20% $NaHCO_3$ 溶液或质量分数 2% $NH_3 \cdot H_2O$ 溶液冲洗。

(3) **氧化性**　浓硫酸具有强氧化性，浓度越高或温度越高，其氧化性越强。热的浓硫酸几乎能将所有金属（Os、Ir、Pt、Au 等除外）氧化，生成硫酸盐。在与不太活泼的金属作用时，浓硫酸被还原为 SO_2。例如：

$$Cu+2H_2SO_4(\text{浓}) \xrightarrow{\triangle} CuSO_4+SO_2\uparrow+2H_2O$$

浓硫酸与较活泼的金属反应时，除被还原为 SO_2 外，还可能被还原为 S 甚至 H_2S。例如：

$$Zn+2H_2SO_4(\text{浓}) \xrightarrow{\triangle} ZnSO_4+SO_2\uparrow+2H_2O$$

$$3Zn+4H_2SO_4(\text{浓}) \xrightarrow{\triangle} 3ZnSO_4+S\downarrow+4H_2O$$

$$4Zn+5H_2SO_4(\text{浓}) \xrightarrow{\triangle} 4ZnSO_4+H_2S\uparrow+4H_2O$$

Fe、Al 等金属在冷的浓硫酸（质量分数＞92.5%）中因表面生成致密的氧化膜而钝化，因此可以用铁制容器贮运浓硫酸。

热的浓硫酸还能将一些非金属单质氧化成含氧酸或氧化物，本身被还原为 SO_2。例如：

$$C+2H_2SO_4(\text{浓}) \xrightarrow{\triangle} CO_2\uparrow+2SO_2\uparrow+2H_2O$$

$$2P+5H_2SO_4(\text{浓}) = 2H_3PO_4+5SO_2\uparrow+2H_2O$$

$$S+2H_2SO_4(\text{浓}) = 3SO_2\uparrow+2H_2O$$

练一练

(1) 稀释浓 H_2SO_4 时，应将其沿_____缓慢注入水中，并不断_____。

(2) 浓 H_2SO_4 具有_____、_____和_____三个特性。

H_2SO_4 是非常重要的化工产品和基本化工原料，H_2SO_4 的年产量可以从一个侧面反映一个国家的化工生产能力。H_2SO_4 广泛应用于化工、轻工、纺织、冶金、染料、制药、食品、印染、皮革、国防、电镀等工业。在化肥工业中它用于生产（NH_4）$_2SO_4$、过磷酸钙 [$Ca(H_2PO_4)_2 \cdot CaSO_4 \cdot 2H_2O$] 等无机肥料；冶金工业中用于各种金属表面的净化；电镀工业中用于配制电镀液；无机化工工业中用于生产各种硫酸盐；石油炼制工业中用于精制油品，除去油品中硫化物和不饱和烃类。工业上及实验室中还常用浓硫酸干燥气体。H_2SO_4 也是常用的化学试剂。

2. 硫酸盐

H_2SO_4 可形成硫酸盐（正盐）和硫酸氢盐（酸式盐）。最活泼的碱金属可形成稳定的固态硫酸氢盐。在碱金属硫酸盐溶液中加入过量的 H_2SO_4 即析出其酸式盐晶体。例如：

$$K_2SO_4 + H_2SO_4 = 2KHSO_4$$

酸式硫酸盐大多易溶于水。

硫酸盐中，常见的难溶或微溶盐有 $BaSO_4$、$CaSO_4$、$PbSO_4$、$SrSO_4$、Ag_2SO_4，其他一般易溶于水。由于 $BaSO_4$ 的溶解度很小，**一般用可溶性钡盐来检验溶液中 SO_4^{2-} 的存在**。

[演示实验 11-2] 在 4 支试管中分别加入 1mL 0.1mol·L^{-1} H_2SO_4、0.1mol·L^{-1} Na_2SO_4、0.1mol·L^{-1} Na_2CO_3、0.1mol·L^{-1} Na_2SO_3 溶液，各加入 1mL 0.1mol·L^{-1} $BaCl_2$ 溶液，观察白色沉淀的生成。然后向各试管中滴加稀盐酸或稀 HNO_3，观察沉淀的溶解情况。

加入 $BaCl_2$ 溶液时，4 支试管中均产生白色沉淀。

$$Ba^{2+} + SO_4^{2-} = BaSO_4 \downarrow$$
$$Ba^{2+} + CO_3^{2-} = BaCO_3 \downarrow$$
$$Ba^{2+} + SO_3^{2-} = BaSO_3 \downarrow$$

当加入盐酸或 HNO_3 后，$BaSO_4$ 不溶解，而 $BaCO_3$ 与 $BaSO_3$ 均溶解。

$$BaCO_3 + 2H^+ = Ba^{2+} + CO_2 \uparrow + H_2O$$
$$BaSO_3 + 2H^+ = Ba^{2+} + SO_2 \uparrow + H_2O$$

因此，如果向溶液中加入可溶的钡盐后有白色沉淀生成，再加稀 HNO_3 沉淀不溶，则可证明原溶液中有 SO_4^{2-} 存在。

硫酸盐的热稳定性较对应的碳酸盐和硝酸盐高，但在高温时仍有许多硫酸盐分解，其热稳定性与成盐的阳离子性质有关。

活泼金属（K、Na、Ba、Ca、Mg）的硫酸盐热稳定性很高，高达 1100℃ 时仍不分解。较不活泼的金属（Al、Zn、Fe、Cu）的硫酸盐高温下分解为相应的金属氧化物和 SO_3。如果金属活泼性更差（如 Ag），其硫酸盐分解为金属单质、SO_3 和 O_2。例如：

$$Fe_2(SO_4)_3 \xrightarrow{\geqslant 480℃} Fe_2O_3 + 3SO_3 \uparrow$$
$$ZnSO_4 \xrightarrow{\geqslant 740℃} ZnO + SO_3 \uparrow$$
$$2Ag_2SO_4 \xrightarrow{\geqslant 1085℃} 4Ag + 2SO_3 \uparrow + O_2 \uparrow$$

许多硫酸盐易形成结晶水合物，例如 $ZnSO_4·7H_2O$、$MgSO_4·7H_2O$、$FeSO_4·7H_2O$、$CuSO_4·5H_2O$、$Na_2SO_4·10H_2O$。这些硫酸盐受热时易失去部分或全部结晶水，制备这些带结晶水的盐只能在室温下晾干。硫酸盐还易形成复盐，例如铬钾矾 [$K_2SO_4·Cr_2(SO_4)_3·24H_2O$]、硫酸亚铁铵（莫尔盐）[$(NH_4)_2SO_4·FeSO_4·6H_2O$]、明矾等。制备这些复盐通常是由两种盐按比例直接合成。

想一想

如何检验溶液中是否有 Ba^{2+} 存在？

三、硫的其他含氧酸盐

1. 硫代硫酸钠

将硫粉溶于沸腾的碱性 Na_2SO_3 溶液，可制得硫代硫酸钠（$Na_2S_2O_3$）。

$$Na_2SO_3 + S \xrightarrow{\triangle} Na_2S_2O_3$$

从溶液中析出的是 $Na_2S_2O_3·5H_2O$，俗名海波或大苏打。它是无色晶体，无臭，有清凉带苦的味道，易溶于水，在潮湿空气中潮解，在干燥空气中易风化。

$Na_2S_2O_3$ 是硫代硫酸（$H_2S_2O_3$）的盐。硫代硫酸根（$S_2O_3^{2-}$）可以看作是 SO_4^{2-} 中的一个氧原子被硫原子所代替的产物，$S_2O_3^{2-}$ 的结构与 SO_4^{2-} 的相似。

$Na_2S_2O_3$ 晶体热稳定性较高，在中性或碱性水溶液中也很稳定，但在酸性溶液中易分解。

[演示实验 11-3]　在试管中加入 1mL 0.1mol·L^{-1} $Na_2S_2O_3$ 溶液，再加 5 滴 1mol·L^{-1} H_2SO_4 溶液，振荡，观察现象。用润湿的蓝色石蕊试纸检验生成的气体。

可以观察到溶液中产生乳白色物质而变浑浊，石蕊试纸变红。这是因为 $Na_2S_2O_3$ 与 H_2SO_4 作用生成了不稳定的 $H_2S_2O_3$，$H_2S_2O_3$ 随即分解为水、S 和 SO_2：

$$S_2O_3^{2-} + 2H^+ \Longrightarrow H_2S_2O_3 \longrightarrow H_2O + S\downarrow + SO_2\uparrow$$

$Na_2S_2O_3$ 中硫的氧化数为 +2，因此它具有还原性，是中等强度的还原剂。较强的氧化剂（Cl_2、Br_2 等）可将硫代硫酸盐氧化为硫酸盐。例如：

$$4Cl_2 + Na_2S_2O_3 + 5H_2O \Longrightarrow Na_2SO_4 + H_2SO_4 + 8HCl$$

因此 $Na_2S_2O_3$ 可用于纺织、造纸等工业中作除氯剂。

较弱的氧化剂（如碘水）可将硫代硫酸盐氧化为连四硫酸盐。

[演示实验 11-4]　在盛有 1mL 碘水的试管中加入 2 滴淀粉试液，然后滴加 0.1mol·L^{-1} $Na_2S_2O_3$ 溶液，振荡试管，观察现象。

可以观察到溶液的蓝色逐渐褪去。

$$2S_2O_3^{2-} + I_2 \Longrightarrow 2I^- + S_4O_6^{2-}$$

分析化学中可利用此反应**测定碘的含量**。

$Na_2S_2O_3$ 在印染和造纸工业中用作纤维、棉织物和纸浆漂白后的脱氯剂，在照相行业作定影剂，采矿业中用来从矿石中萃取银，"三废"治理中用于处理含 NaCN 的废水。它还应用于农药、医药（重金属、砷化物、氰化物的解毒剂）、制革、电镀、饮水净化等方面，也是分析化学中常用的试剂。

*2. 过二硫酸盐

分子中含有过氧键（—O—O—）的酸叫过酸，它们都可看作是 H_2O_2 分子中的氢原子被取代后的衍生物。过硫酸可以看作是 H_2O_2 分子中一个氢原子被磺酸基（—SO_3H）取代的衍生物；如果 H_2O_2 中两个氢原子都被—SO_3H 取代，则得到过二硫酸（$H_2S_2O_8$）。

$H_2S_2O_8$ 是无色晶体，有极强的氧化性和脱水性，是强酸。因为它的稳定性差，常用它的钾盐或铵盐。

过二硫酸钾（$K_2S_2O_8$）是无色或略带浅绿色的晶体，溶于水，遇潮或受热分解放出 O_2，与有机物混合后会发生爆炸。过二硫酸铵 [$(NH_4)_2S_2O_8$] 是无色晶体或粉末，易溶于水，具有强氧化性和腐蚀性，稳定性比 $K_2S_2O_8$ 强。

$H_2S_2O_8$ 及其盐都有强氧化性。

$$S_2O_8^{2-} + 2e \Longrightarrow 2SO_4^{2-} \qquad \varphi^{\ominus}(S_2O_8^{2-}/SO_4^{2-}) = 2.0V$$

因此，过二硫酸盐不仅可以将 I^- 氧化为 I_2，还可以在有催化剂时将 Mn^{2+} 氧化为 MnO_4^-。

$$2I^- + S_2O_8^{2-} \Longrightarrow I_2 + 2SO_4^{2-}$$

$$2Mn^{2+} + 5S_2O_8^{2-} + 8H_2O \xrightarrow{Ag^+} 2MnO_4^- + 10SO_4^{2-} + 16H^+$$

后一反应常用在钢铁分析中测定锰的含量。

$K_2S_2O_8$ 可用作氧化剂、漂白剂、消毒剂等，也可用作制 H_2O_2 的原料和作分析试剂。$(NH_4)_2S_2O_8$ 主要用作氧化剂，也用作漂白剂、脱臭剂和分析试剂等。

练一练

化合物 $Na_2S_2O_3$、$K_2S_2O_8$ 分别命名为_____、_____，其中 S 元素在两化合物中的氧化数分别为_____、_____。

习 题

1. 比较 $HClO_4$、H_3PO_4、H_2SO_4、H_3PO_3 的酸性强弱。
2. 在两个集气瓶中分别盛有 O_2 和 O_3 气体，试用化学方法鉴别。
3. 举例说明 H_2O_2 既有氧化性又有还原性。
4. O_2 和 O_3 的混合气体 560mL（标准状况）与足量 PbS 反应后，体积变为 504mL（标准状况）。计算原混合气体中 O_3 的体积分数和质量分数（提示：$PbS+2O_3 = PbSO_4+O_2$）。
5. H_2S 的沸点为 $-71℃$，H_2O 的沸点为 $100℃$，H_2Se 的沸点为 $-43℃$，它们的分子结构类似。试说明它们的沸点为什么 H_2S 的最低？
6. 在 $Pb(NO_3)_2$ 溶液中加入 Na_2S 溶液可以制得 PbS，在 $Al_2(SO_4)_3$ 溶液中加入 Na_2S 溶液是否可以制得 Al_2S_3？为什么？
7. 某 H_2O_2 溶液 20mL 酸化后与足量的 $0.5mol·L^{-1}$ KI 溶液反应，用 $0.5mol·L^{-1}$ 的 $Na_2S_2O_3$ 溶液滴定生成的 I_2，用去 $Na_2S_2O_3$ 溶液 40mL。求 H_2O_2 溶液物质的量浓度。
8. 10kg 含 FeS_2 质量分数 92% 的黄铁矿理论上可制得 98% 的 H_2SO_4 多少千克（假定黄铁矿中其他成分不参与反应，SO_2 催化氧化的转化率为 99.5%）？
9. 为什么实验室不采用硝酸或浓硫酸与 FeS 反应制 H_2S？
10. 有 Na_2SO_4、Na_2S、Na_2SO_3、$Na_2S_2O_3$ 四种晶体，如何鉴别？
11. 有五种气体：H_2S，HCl，NH_3，CO_2，O_2，哪些能用浓 H_2SO_4 干燥？哪些不能？简述原因。
12. $ZnSO_4$ 溶液中含有少量 $CuSO_4$，采用什么方法将 Cu^{2+} 除去而不引进杂质？

第十二章　配位化合物

能力目标

1. 会正确书写、命名配合物，并指出其中心离子、配位体、配位原子和配位数。
2. 能应用平衡移动原理说明配位平衡与溶液的酸碱度、沉淀反应、其他配位反应、氧化还原反应的关系。

知识目标

1. 掌握配合物的概念、组成、命名及化学式的书写方法。
2. 理解配位平衡常数的意义，掌握 $K_稳^\ominus$ 和 $K_{不稳}^\ominus$ 的关系。

配位化合物（简称配合物）是一类组成复杂的化合物。它的种类繁多。配合物的研究在分析化学、生物化学、有机化学、催化动力学、电化学及结构化学等方面都有着重要的理论意义和实际意义。目前配位化学已经发展成为一门独立的学科。本章仅介绍一些有关配合物的基本知识。

第一节　配合物的基本概念

一、配合物的定义

[演示实验12-1]　取三支试管，各加 5mL 0.1mol·L^{-1} CuSO$_4$ 溶液；在第一支试管中滴加几滴 0.1mol·L^{-1} BaCl$_2$ 溶液；在第二支试管中滴加几滴 1mol·L^{-1} NaOH 溶液；在第三支试管中滴加 2mol·L^{-1} NH$_3$·H$_2$O，直到溶液变为深蓝色，然后将溶液分为两份，一份滴加几滴 0.1mol·L^{-1} BaCl$_2$ 溶液，另一份滴加几滴 1mol·L^{-1} NaOH 溶液，观察现象。

实验表明：第一支试管中有白色 BaSO$_4$ 沉淀生成，第二支试管中有蓝色絮状 Cu(OH)$_2$ 沉淀生成。第三支试管分成的两份中，第一份有 BaSO$_4$ 沉淀生成，而第二份却没有 Cu(OH)$_2$ 沉淀生成。

这是由于在第三支试管中加入 NH$_3$·H$_2$O 后，SO$_4^{2-}$ 仍能自由地存在于溶液中，而 Cu^{2+} 与过量的 NH$_3$·H$_2$O 形成了稳定的复杂离子，致使 Cu^{2+} 浓度减少到不足以与 OH$^-$ 结合为 Cu(OH)$_2$（$K_{sp}=2.2\times10^{-20}$）沉淀的程度。

$$Cu^{2+} + 4NH_3 \rightleftharpoons [Cu(NH_3)_4]^{2+}$$

铜氨离子（[Cu(NH$_3$)$_4$]$^{2+}$）在水溶液和晶体（如 [Cu(NH$_3$)$_4$]SO$_4$）中都能稳定存在。它是由 NH$_3$ 中氮原子上的孤对电子进入 Cu^{2+} 的空轨道，以四个配位键结合形成的配离子。

$$\left[\begin{array}{c} NH_3 \\ H_3N:Cu:NH_3 \\ NH_3 \end{array} \right]^{2+} \text{或} \left[\begin{array}{c} NH_3 \\ \downarrow \\ H_3N \rightarrow Cu \leftarrow NH_3 \\ \uparrow \\ NH_3 \end{array} \right]^{2+}$$

这种由一个阳离子（或原子）和一定数目的中性分子或阴离子以配位键结合形成的能稳定存在的复杂离子或分子，叫做配离子或配分子。如 [Cu(NH$_3$)$_4$]$^{2+}$ 是配阳离子，

[HgI$_4$]$^{2-}$是配阴离子；[Ni(CO)$_4$]、[PtCl$_2$(NH$_3$)$_2$]是配分子。**配分子或含有配离子的化合物叫做配合物**❶。习惯上也将配离子称为配合物。配离子与带异种电荷的离子以离子键形成的中性化合物，如配位盐 [Cu(NH$_3$)$_4$]SO$_4$、K$_2$[HgI$_4$]，配位酸 H$_2$[PtCl$_6$]、H$_2$[CuCl$_4$]，配位碱 [Cu(NH$_3$)$_4$](OH)$_2$ 等都是配合物。

大多数复盐，如明矾 [KAl(SO$_4$)$_2$·12H$_2$O]、铬钾矾 [KCr(SO$_4$)$_2$·12H$_2$O] 尽管组成与配合物很相似，但却与其有着本质区别，因为复盐在水溶液中能全部解离为一般离子，因此不属于配合物。

$$KAl(SO_4)_2 \cdot 12H_2O \longrightarrow K^+ + Al^{3+} + 2SO_4^{2-} + 12H_2O$$
$$KCr(SO_4)_2 \cdot 12H_2O \longrightarrow K^+ + Cr^{3+} + 2SO_4^{2-} + 12H_2O$$

二、配合物的组成

配合物一般由内界和外界两部分组成。内界是配合物的特征部分，它是由中心离子（或原子）和配位体组成的配离子（或配分子），写化学式时，要用方括号括起来；外界为一般离子。配分子只有内界，没有外界（见图 12-1）。

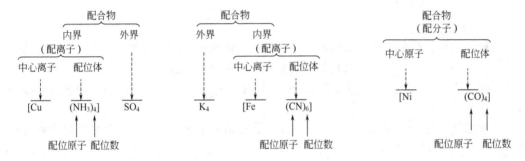

图 12-1 配合物组成示意图

1. 中心离子（或原子）

中心离子（或原子），配合物的核心部分，它能提供空的价电子轨道，是孤对电子的接受体。如 [Cu(NH$_3$)$_4$]$^{2+}$ 中的 Cu^{2+} 就是中心离子。常见的中心离子大都是过渡金属离子，如 Fe^{2+}、Fe^{3+}、Cr^{3+}、Co^{2+}、Co^{3+}、Ni^{2+}、Cu^{2+}、Ag$^+$、Zn^{2+}、Hg^{2+} 等。其特点是半径小，电荷多，吸引孤对电子能力强。少数金属原子和少数高氧化态的非金属元素也可作配合物的形成体，如 [Fe(CO)$_5$]、[Ni(CO)$_4$]中的 Fe、Ni 及 [SiF$_6$]$^{2-}$、[BF$_4$]$^-$ 中的 Si(Ⅳ)、B(Ⅲ) 等。

2. 配位体

在配合物中，与中心离子（或原子）结合的阴离子或中性分子叫做配位体（简称配体）。配位体中直接与中心离子（或原子）结合的原子叫做配位原子。例如，[Cu(NH$_3$)$_4$]$^{2+}$ 中的 NH$_3$ 是配位体，NH$_3$ 中的 N 原子是配位原子；[CoCl$_2$(NH$_3$)$_4$]$^+$ 中的 NH$_3$、Cl$^-$ 是配位体，N、Cl 是配位原子。

在形成配合物时，由配位原子提供孤对电子与中心离子（或原子）形成配位键。因此，

---

❶ 有的书刊把例如 NH$_4^+$、SO$_4^{2-}$ 等含有配位键的复杂离子和含有这些离子的化合物都列为配合物的范畴。它们是广义的配合物。

配位原子是孤对电子的直接给予者。常见的配位原子都是电负性较大的非金属原子，如 C、N、O、S 及卤素原子等。只含有一个配位原子的配位体，称为单齿配位体（见表 12-1）

表 12-1 常见单齿配位体及其名称

配位原子	配体化学式	配体名称	配位原子	配体化学式	配体名称
F	F^-	氟	S	SCN^-	硫氰酸根
Cl	Cl^-	氯	S	$S_2O_3^{2-}$ ①	硫代硫酸根
Br	Br^-	溴	N	NH_3	氨
I	I^-	碘	N	NCS^-	异硫氰酸根
O	OH^-	羟	N	NO_2^-	硝基
O	H_2O	水	N	NH_2^-	氨基
O	ROH	醇	C	CN^-	氰基
O	$O NO^-$	亚硝酸根	C	CO	羰基

① $S_2O_3^{2-}$ 只有一个配位原子，与中心离子的连接方式是 SSO_3^{2-}。

硫为配位原子：SCN^-（硫氰酸根）、$S_2O_3^{2-}$（硫代硫酸根）。

氮为配位原子：NH_3（氨）、NCS^-（异硫氰酸根）、NO_2^-（硝基）、NH_2^-（氨基）。

碳为配位原子：CN^-（氰基）、CO（羰基）。

含有配位体的化合物如 KOH、KSCN 等，叫做配位剂。有时配位剂本身就是配位体，如 NH_3、H_2O、CO 等。

3. 配位数

在配合物中，配位原子的总数称为中心离子（或原子）的配位数。对于单齿配位体：

$$配位体数＝配位原子数＝配位数$$

例如，在 $[Cu(NH_3)_4]^{2+}$ 和 $[CoCl_2(NH_3)_4]^+$ 中，中心离子 Cu^{2+} 与 Co^{3+} 的配位数分别是 4，6。

目前已知，配位数有 2，3，4，…，12。最常见的是 2，4，6。一般常见配位数与中心离子的电荷如表 12-2 所示。

表 12-2 常见配位数与中心离子电荷的关系

中心离子的电荷	+1	+2	+3	+4
常见的配位数	2	4（或 6）	6（或 4）	6（或 8）

中心离子的配位数是可变的，如 $[AlF_6]^{3-}$、$[AlCl_4]^-$、$[BF_4]^-$ 等。配位数的多少主要决定于中心离子和配位体的性质。一般，中心离子电荷多，半径大，配位数就高；配位体电荷少，半径小，配位数也高。其次，增大配位体浓度，降低反应温度都有利于形成高配位数的配合物。

4. 配离子的电荷

带正电荷的配离子叫做配阳离子；带负电荷的配离子叫做配阴离子。配离子电荷等于中心离子电荷与配位体总电荷的代数和。例如 $[CoCl_2(NH_3)_4]Cl$ 中配离子的电荷为：

$$+3+(-1)\times 2+0\times 4=+1$$

$Na_3[Ag(S_2O_3)_2]$ 中配离子的电荷为：

$$+1+(-2)\times 2=-3$$

由于配合物是电中性的，因此根据外界离子的总电荷就能标出配离子的电荷，进而可推知中心离子的氧化数。当中心离子是同一元素的不同氧化态时，应用这种方法推算很方便。例如：

配 合 物	外界离子总电荷	配离子电荷	中心离子氧化数	中心离子
$K_3[Fe(CN)_6]$	+3	−3	+3	Fe^{3+}
$K_4[Fe(CN)_6]$	+4	−4	+2	Fe^{2+}

练一练

填写下表：

配合物	中心离子	配位体	配位原子	配位数	配离子电荷
$[Cu(NH_3)_4]SO_4$					
$K_2[HgI_4]$					
$[CoCl(NH_3)_5]Cl_2$					
$K_3[Ag(SCN)_4]$					

三、配合物的命名

1. 配离子和配分子命名方法

通常，配合物的命名包括两部分：内界与外界。内界的命名是关键，其顺序为：

配位体数目（用二、三……表示）⟶配位体名称⟶"合"⟶中心离子（或原子）名称⟶中心离子氧化数［用（Ⅰ）、（Ⅱ）、（Ⅲ）等罗马数字表示］⟶"离子"。

例如

$[Cu(NH_3)_4]^{2+}$　　　　四氨合铜（Ⅱ）离子

$[HgI_4]^{2-}$　　　　四碘合汞（Ⅱ）离子

如果含有多种配位体，不同的配位体之间要用"·"隔开，命名的顺序是先阴离子（简单离子⟶复杂离子⟶有机酸根离子），再中性分子（NH_3⟶H_2O⟶有机分子）[1]。例如：

$[CoCl_2(NH_3)_4]^+$　　　　二氯·四氨合钴（Ⅲ）离子

$[CoCl_2(NH_3)_3(H_2O)]^+$　　　　二氯·三氨·水合钴（Ⅲ）离子

通常，书写配离子的化学式时，要先写中心离子（或原子），再写配位体。其中，配位体的书写顺序从左至右与命名顺序相同。此外，配分子是电中性的，命名时不必写"离子"二字。例如：

$[Ni(CO)_4]$　　　　四羰基合镍（0）

$[PtCl_2(NH_3)_2]$　　　　二氯·二氨合铂（Ⅱ）

2. 配合物命名方法

配合物按组成特征不同也有"酸""碱""盐"之分。其命名方法遵循一般无机化合物的命名原则。如表12-3所示。

表12-3　配合物的命名方法

配合物	命名	配合物组成特征	实例
配位酸	某酸	内界为配阴离子，外界为H^+	$H_2[PtCl_6]$，$H_2[SiCl_6]$
配位碱	氢氧化某	内界为配阳离子，外界为OH^-	$[Cu(NH_3)_4](OH)_2$，$[Cr(OH)(H_2O)_5](OH)_2$
配位盐	某化某	内界为配阳离子，外界酸根离子为简单离子	$[CoCl_2(NH_3)_3(H_2O)]Cl$，$[Ag(NH_3)_2]Cl$
	某酸某	酸根离子为复杂离子或配阴离子	$[Cu(NH_3)_4]SO_4$，$K_4[Fe(CN)_6]$

---

[1] 同类配体的名称，按代表配位原子的元素符号英文字母顺序排列。

练一练

按配合物命名方法，对表 12-3 中的实例命名。

常见的配合物除系统命名外，往往还沿用习惯命名和俗名。例如，$K_4[Fe(CN)_6]$ 习惯名称为亚铁氰化钾，俗名黄血盐；$K_3[Fe(CN)_6]$ 习惯名称为铁氰化钾，俗名为赤血盐。

四、螯合物

一些酸根和许多有机配位体，往往**含有两个或两个以上配位原子，这样的配位体叫做多齿配位体**。例如乙二胺 $NH_2—CH_2—CH_2—NH_2$（缩写为 en）分子中的两个带孤对电子的氮原子都能作配位原子，因此 en 和 Cu^{2+} 可以形成环状配合物（图 12-2）。

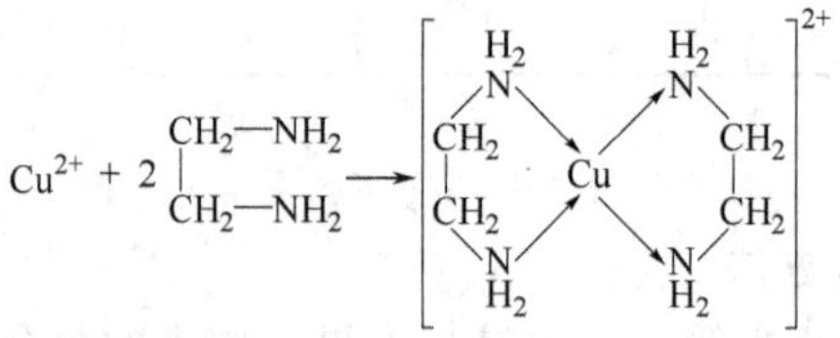

图 12-2 二（乙二胺）合铜（Ⅱ）离子形成示意图

在 $[Cu(en)_2]^{2+}$ 中，有 2 个五元环（五个原子参与成环）。**这种由中心离子与多齿配位体形成的环状配合物称为螯合物**。

环状结构是螯合物的特征。具有五元环或六元环的螯合物最稳定，而且环数越多，螯合物越稳定，这种由**成环作用导致配合物稳定性剧增的现象称为螯合效应**。

能和中心离子形成螯合物的多齿配位体称为螯合剂，相应反应称为螯合反应。乙二胺四乙酸（缩写 EDTA）是常用螯合剂（图 12-3）。

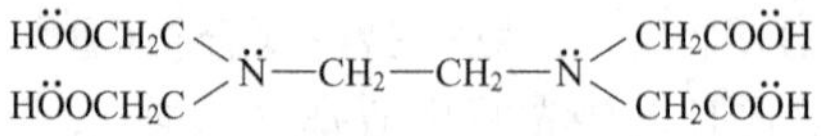

图 12-3 乙二胺四乙酸

EDTA 是具有 6 个配位原子（带孤对电子的 O、N 原子）的四元酸，通常用 H_4Y 表示。由于 H_4Y 微溶于水，因此常用易溶于水的二钠盐（$Na_2H_2Y·2H_2O$，在水中解离为 H_2Y^{2-}）做螯合剂，H_2Y^{2-} 螯合能力极强，几乎能与所有金属离子形成螯合物，螯合比均为 1∶1。例如

$$Ca^{2+} + H_2Y^{2-} \longrightarrow [CaY_2]^{2-} + 2H^+$$

配离子 $[CaY_2]^{2-}$ 具有 5 个五元环（图 12-4），其中心离子 Ca^{2+} 的配位数为 6。

螯合物稳定性极强，难解离，许多不易溶于水，而易溶于有机溶剂，且多具有特征颜色，因此被广泛应用于金属离子的萃取分离、提纯及比色测定、容量分析等方面。

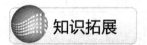

知识拓展

极少数无机物也有螯合能力，如三聚磷酸钠能与 Ca^{2+}、Mg^{2+}、Fe^{2+} 等形成稳定的螯合物，因此常用作锅炉除垢剂，也是汽车水箱内壁高效快速除垢剂的主要成分。由于 Na_3PO_4 能与钢铁反应生成磷酸铁保护膜，因而对锅炉等金属材料又具有一定的防腐作用。

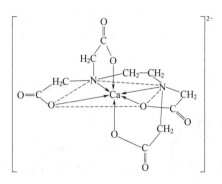

图 12-4 $[CaY_2]^{2-}$ 的结构

第二节 配合物在水溶液中的稳定性

一、配离子的离解平衡

配合物的内界和外界是以离子键相结合的,与强电解质相似,在水溶液中几乎完全电离为配离子和外界离子。例如:

$$[Cu(NH_3)_4]SO_4 \rightleftharpoons [Cu(NH_3)_4]^{2+} + SO_4^{2-}$$

因此,加入 Ba^{2+} 时,会有白色 $BaSO_4$ 沉淀生成(见[演示实验 12-1])。

而配离子则是由中心离子和配位体以配位键结合的,它像弱电解质一样,在水溶液中仅部分离解为中心离子和配位体。**配离子在水溶液中的离解程度,就是配合物在水溶液中的稳定性**。例如,$[Cu(NH_3)_4]^{2+}$ 在水溶液中存在着如下离解-配位平衡:

$$[Cu(NH_3)_4]^{2+} \underset{\text{配位}}{\overset{\text{离解}}{\rightleftharpoons}} Cu^{2+} + 4NH_3$$

其平衡常数表达式为:

$$K_{\text{不稳}} = \frac{[Cu^{2+}][NH_3]^4}{[Cu(NH_3)_4^{2+}]} \tag{12-1}$$

式中 $K_{\text{不稳}}$——配离子离解常数,又称不稳定常数;

[ ]——离子或分子的平衡浓度,$mol \cdot L^{-1}$。

$K_{\text{不稳}}$ 是表示配离子不稳定程度的特征常数。具有相同配位体数目的配离子,$K_{\text{不稳}}$ 越大,表明配离子的离解趋势越大,在水溶液中就越不稳定。例如,$K_{\text{不稳}}$($[Ag(CN)_2]^-$)(1.58×10^{-22})<$K_{\text{不稳}}$($[Ag(NH_3)_2]^+$)(5.88×10^{-8}),表示在溶液中$[Ag(NH_3)_2]^+$ 不如$[Ag(CN)_2]^-$稳定。

从配离子的生成看,配离子的稳定性还可以用配位平衡常数(简称配位常数,又称稳定常数)来表示,符号 $K_{\text{稳}}$。例如:

$$Cu^{2+} + 4NH_3 \rightleftharpoons [Cu(NH_3)_4]^{2+}$$

$$K_{\text{稳}} = \frac{[Cu(NH_3)_4^{2+}]}{[Cu^{2+}][NH_3]^4} \tag{12-2}$$

显然

$$K_{\text{稳}} = \frac{1}{K_{\text{不稳}}} \tag{12-3}$$

具有相同配位体数目的配离子,$K_{\text{稳}}$ 越大、配离子在水溶液中就越稳定。常见配离子的稳定常数见附录六。

配位体数目不同的配离子,$K_{\text{稳}}$(或 $K_{\text{不稳}}$)表达式中浓度的指数不同,不能直接用以比较它们的相对稳定性。例如，$K_{稳}$（$[Cu(NH_3)_4]^{2+}$）（$1.07×10^{12}$）$>K_{稳}$（$[Ag(NH_3)_2]^+$）（$1.7×10^7$），但不能断定$[Cu(NH_3)_4]^{2+}$比$[Ag(NH_3)_2]^+$稳定。

二、配位平衡的移动

配位平衡和其他平衡一样，是有条件的、暂时的动态平衡。当外界条件改变时，配位平衡就会发生移动。

1. 配位平衡与溶液酸度的关系

[演示实验12-2] 在试管中制取 10mL $[FeF_6]^{3-}$ 溶液❶，并均分于两支试管中，在其中一支试管中逐滴加入 $2mol·L^{-1}$ H_2SO_4 溶液；在另一支试管中滴加 $2mol·L^{-1}$ NaOH 溶液，观察实验现象。

实验表明：第一支试管中溶液由无色逐渐变为黄色；第二支试管中有棕红色沉淀生成。

在 $[FeF_6]^{3-}$ 溶液中，存在着如下离解平衡：

当往溶液中加入足量的 H^+ $[c(H^+)>0.5mol·L^{-1}]$ 时，由于生成了弱酸 HF：

$$H^+ + F^- \rightleftharpoons HF$$

破坏了 $[FeF_6]^{3-}$ 的离解平衡，促使其进一步离解出黄色的 Fe^{3+}。酸度越大，转化越完全。反应如下：

$$[FeF_6]^{3-} + 6H^+ \rightleftharpoons Fe^{3+} + 6HF$$

一般，配位体为弱酸根（如 F^-、CN^-、CO_3^{2-} 等）时，增大溶液的酸度，配位平衡向离解方向移动，配合物的稳定性降低。但由强酸根作配位体形成的配离子，如 $[CuCl_4]^{2-}$、$[CuBr_4]^-$ 等，增大溶液的酸度，不影响其稳定性。

在 $[FeF_6]^{3-}$ 溶液中离解出来的 Fe^{3+} 有一定的水解作用：

$$Fe^{3+} + 3H_2O \rightleftharpoons Fe(OH)_3 + 3H^+$$

当溶液中加入 OH^- 时，酸度降低，水解平衡向右移动，则溶液中 Fe^{3+} 的浓度减小，于是 $[FeF_6]^{3-}$ 进一步离解。随着 OH^- 的不断加入，有棕红色的 $Fe(OH)_3$ 沉淀生成。

$$[FeF_6]^{3-} + 3OH^- \rightleftharpoons Fe(OH)_3 + 6F^-$$

从中心离子考虑，溶液的酸度增大，配合物的稳定性则增强。

可见，酸度对配位平衡的影响是多方面的，一般以对配位体的影响为主。在溶液中配离子都有其稳定存在的酸度范围。酸度对配位平衡的影响在分析化学的配位滴定中有重要的应用。

2. 配位平衡与沉淀反应的关系

[演示实验12-3] 在盛有 1mL 含有少量 AgCl 沉淀的饱和溶液中，逐滴加入 $2mol·L^{-1}$ $NH_3·H_2O$，振荡试管，观察现象。

发现白色 AgCl 沉淀能溶于 $NH_3·H_2O$ 中。

在 AgCl 饱和溶液中，存在着溶解平衡：

$$AgCl(s) \rightleftharpoons Ag^+ + Cl^- \qquad K_{sp}=1.8×10^{-10}$$

加入 $NH_3·H_2O$ 后，有配离子 $[Ag(NH_3)_2]^+$ 生成。

$$Ag^+ + 2NH_3 \rightleftharpoons [Ag(NH_3)_2]^+ \qquad K_{稳}=1.7×10^7$$

因而 Ag^+ 的浓度降低，$Q_i(AgCl)<K_{sp}(AgCl)$，则 AgCl 逐渐溶解。随着 $NH_3·H_2O$ 的不断加入，AgCl 几乎完全转化为无色的 $[Ag(NH_3)_2]^+$。即：

$$AgCl + 2NH_3 \rightleftharpoons [Ag(NH_3)_2]^+ + Cl^-$$

---

❶ 往 $0.1mol·L^{-1}$ $FeCl_3$ 溶液中逐滴加入 $1mol·L^{-1}$ NaF 溶液，至溶液变为无色为止。

在难溶电解质的溶液中，加入适当的配位剂，难溶电解质会或多或少地转化为相应的配离子。所生成的配离子越稳定，这种转化就越完全。又如，AgBr($K_{sp}=5.0\times10^{-13}$) 微溶于 $NH_3 \cdot H_2O$，但易溶于 $Na_2S_2O_3$ 溶液而转化为 $[Ag(S_2O_3)_2]^{3-}$（$K_稳=2.88\times10^{13}$），这一反应用于照相底片的定影；AgI($K_{sp}=8.3\times10^{-17}$) 难溶于 $NH_3 \cdot H_2O$，微溶于 $Na_2S_2O_3$ 溶液，但易溶于 KCN 溶液。

[演示实验 12-4] 在上述实验生成的 $[Ag(NH_3)_2]^+$ 溶液中，逐滴加入 $0.1 mol \cdot L^{-1}$ KI 溶液，观察现象。

可以看到，溶液中有黄色沉淀生成。

在 $[Ag(NH_3)_2]^+$ 溶液中，存在着如下离解平衡：

$$[Ag(NH_3)_2]^+ \rightleftharpoons Ag^+ + 2NH_3$$

加入 KI 溶液时，I^- 与 Ag^+ 结合成难溶的 AgI。

$$Ag^+ + I^- \rightleftharpoons AgI$$

促使 $[Ag(NH_3)_2]^+$ 的离解平衡向右移动，当 I^- 的浓度足够大时，$[Ag(NH_3)_2]^+$ 几乎完全转化为 AgI 沉淀。即：

$$[Ag(NH_3)_2]^+ + I^- \rightleftharpoons AgI\downarrow + 2NH_3$$

往含有某种配离子的溶液中，加入适当的沉淀剂，中心离子会或多或少地转化为相应的沉淀。所生成沉淀的溶解度越小转化反应越完全。

总之，配位平衡与沉淀反应的关系，实质上是沉淀剂与配位剂对金属离子的争夺。通过有关计算可以证明，反应总是向着金属离子浓度减小的方向进行。

3. 配位平衡与其他配位反应的关系

[演示实验 12-5] 取少量 $[Fe(SCN)_6]^{3-}$ 溶液于试管中，然后，逐滴加入 $1 mol \cdot L^{-1}$ NaF 溶液，直至溶液的血红色褪去。

在 $[Fe(SCN)_6]^{3-}$ 溶液中存在着如下离解平衡：

$$[Fe(SCN)_6]^{3-} \rightleftharpoons Fe^{3+} + 6SCN^- \quad K_稳=1.48\times10^3$$

加入 NaF 溶液后，有更稳定的 $[FeF_6]^{3-}$ 生成。

$$Fe^{3+} + 6F^- \rightleftharpoons [FeF_6]^{3-} \quad K_稳=2.04\times10^{14}$$

随着 NaF 溶液的加入，转化反应接近完全。

$$[Fe(SCN)_6]^{3-} + 6F^- \rightleftharpoons [FeF_6]^{3-} + 6SCN^-$$
$$\text{（血红色）} \qquad \text{（无色）}$$

在溶液中，配离子间的转化总是向着生成更稳定配离子的方向进行。当配位体数目相同时，$K_稳$ 相差越大，转化得越完全。

4. 配位反应与氧化还原反应的关系

配位反应能改变金属离子的稳定性。如 Pb^{4+} 很不稳定，因此，PbO_2 和浓盐酸反应的产物不是 $PbCl_4$，而是 $PbCl_2$ 和 Cl_2。但是当它形成配离子 $[PbCl_6]^{2-}$ 后，铅就能保持它的 +4 氧化态。又如 Cu^+ 极不稳定，但当形成 $[Cu(CN)_4]^{3-}$ 以后，作为中心离子的 Cu^+ 就能够稳定存在。

不仅如此，配位反应还能影响氧化还原反应的方向。

[演示实验 12-6] 在盛有 1mL $0.1 mol \cdot L^{-1}$ $FeCl_3$ 溶液的试管中，加入少量的 CCl_4，然后逐滴加入 $0.1 mol \cdot L^{-1}$ KI 溶液，振荡；另取一支盛有 1mL $0.1 mol \cdot L^{-1}$ $FeCl_3$ 溶液的试管，先滴加 $1 mol \cdot L^{-1}$ NaF 溶液至无色，再加入少量 CCl_4，然后逐滴加入 $0.1 mol \cdot L^{-1}$ KI 溶液，振荡，比较两支试管中 CCl_4 层的颜色。

第一支试管里 CCl_4 层由无色变为紫色，表明有 I_2 生成：

$$2Fe^{3+} + 2I^- = 2Fe^{2+} + I_2$$

而第二支试管中，CCl_4 层没有变色。这是由于 Fe^{3+} 与 F^- 反应生成了配离子 $[FeF_6]^{3-}$，大大减小了 Fe^{3+} 的浓度，使 $\varphi(Fe^{3+}/Fe^{2+})$ 显著降低，即 Fe^{3+} 的氧化能力下降，因而不能将 I^- 氧化成 I_2。

又如，金属 Pt 不溶于 HNO_3，即反应：

$$16H^+ + 4NO_3^- + 3Pt \rightleftharpoons 3Pt^{4+} + 4NO + 8H_2O$$

难以向右进行。若改用"王水"，由于形成了 $[PtCl_6]^{2-}$，减小了 Pt^{4+} 的浓度，使平衡向右移动，溶解反应就能顺利完成。化学方程式如下：

$$3Pt + 4HNO_3 + 18HCl = 3H_2[PtCl_6] + 4NO\uparrow + 8H_2O$$

总之，配离子的形成能影响氧化还原反应的方向，而且形成的配离子越稳定，这种影响就越大。

第三节 配合物的应用

自然界中大多数化合物是以配合物的形式存在的，由于配合物的形成总是伴随着颜色、溶解度、电对电极电势的变化等特征，因此，它更能明显地表现出各种元素的化学个性。目前，配位化学已渗透到自然科学的多种领域，配合物的应用越来越广泛。简要介绍如下：

1. 在分析化学方面

(1) 离子的鉴定　利用配位剂与金属离子形成难溶有色配合物或有色配合物的特征反应，可以定性鉴定某些金属离子。例如，$K_4[Fe(CN)_6]$ 可分别与 Fe^{3+}、Cu^{2+} 形成蓝色的 $Fe_4[Fe(CN)_6]_3$ 沉淀和红棕色的 $Cu_2[Fe(CN)_6]$ 沉淀，这一性质常用以鉴定 Fe^{3+}、Cu^{2+}；Fe^{3+} 与 KSCN 溶液能形成血红色的 $[Fe(SCN)_n]^{3-n}$ ($n = 1 \sim 6$)，该反应不仅用以定性检验溶液中 Fe^{3+} 的存在，而且还可根据溶液颜色的深浅，用比色的方法定量确定 Fe^{3+} 的含量。

(2) 离子的分离　某些难溶电解质与适当的配位剂作用，可转化为易溶配合物，这一性质常用于某些金属离子的分离。例如，往 AgCl 和 $PbCl_2$ 混合物中加入过量的 $NH_3 \cdot H_2O$，AgCl 会完全转化为易溶的 $[Ag(NH_3)_2]^+$，经过滤即可将 Ag^+ 和 Pb^{2+} 分离。

又如，在含有 Zn^{2+} 和 Al^{3+} 的溶液中，加入 $NH_3 \cdot H_2O$，有如下反应发生：

$$Zn^{2+} + 2NH_3 \cdot H_2O = Zn(OH)_2\downarrow + 2NH_4^+$$

$$Al^{3+} + 3NH_3 \cdot H_2O = Al(OH)_3\downarrow + 3NH_4^+$$

但当 $NH_3 \cdot H_2O$ 过量时，$Zn(OH)_2$ 又能转变为可溶的 $[Zn(NH_3)_4]^{2+}$ 而进入溶液，$Al(OH)_3$ 则不溶。

$$Zn(OH)_2 + 4NH_3 = [Zn(NH_3)_4]^{2+} + 2OH^-$$

过滤，Zn^{2+} 和 Al^{3+} 就得到了分离。

(3) 离子的掩蔽　在含多种金属离子的溶液中，要鉴定某种金属离子，其他金属离子往往会与试剂发生类似的反应而干扰鉴定。**利用配位反应降低干扰离子浓度以消除干扰的方法，叫做配位掩蔽法**。例如，Co^{2+} 能与 KSCN 溶液反应生成蓝色的 $[Co(SCN)_4]^{2-}$：

$$[Co(H_2O)_6]^{2+} + 4SCN^- = [Co(SCN)_4]^{2-} + 6H_2O$$

（粉红色）　　　　　　　　（宝石蓝色）

这一反应是定性检验溶液中 Co^{2+} 存在的特征反应。但是，共同存在的 Fe^{3+} 会产生干扰。如果事先向溶液中加入足够量的 NaF（或 NH_4F），使 Fe^{3+} 形成稳定无色的$[FeF_6]^{3-}$，以降低 Fe^{3+} 的浓度，则干扰就会排除。这种排除干扰的作用叫做掩蔽效应。所用的配位剂 NaF（或 NH_4F）叫做 Fe^{3+} 的掩蔽剂。

2. 在冶金方面

配合物在冶金方面的主要应用是湿法冶金。**湿法冶金就是利用配位剂把金属直接从矿石中浸取出来，再用适当的还原剂还原成金属的方法。**它比火法冶金经济、方便，广泛用于从矿石中提取稀有金属和有色金属。例如，用 KCN 溶液可以从含金量很低的矿石中将金几乎全部浸出，再向浸出液中加入 Zn，就能还原出 Au。

$$4Au+8CN^-+2H_2O+O_2 \Longrightarrow 4[Au(CN)_2]^-+4OH^-$$

$$Zn+2[Au(CN)_2]^- \Longrightarrow 2Au+[Zn(CN)_4]^{2-}$$

在湿法炼汞中，常用强碱性的 Na_2S 溶液处理辰砂（HgS）精矿，使 HgS 形成 $Na_2[HgS_2]$ 而溶解。

$$HgS+Na_2S \Longrightarrow Na_2[HgS_2]$$

HgS 的浸出率可达 99.9%，浸出液经电解还原即可制得 Hg，其纯度高达 99.99%。

又如，N510（2-羟基-5-仲辛基二苯甲酮肟）能与 Cu^{2+} 形成稳定的螯合物：

冶金工业就是利用这个反应富集铜的。它不仅解决了低品位铜矿的利用问题，同时还避免了火法炼铜的 SO_2 公害。

此外，应用配位反应还可以进行金属的分离与提纯。如一些稀土离子的结构和性质十分相似，元素间的分离很困难。但是它们形成某些螯合物的能力不同，这就扩大了元素间的性质差别，因而可以将它们分离。

3. 在电镀工业方面

在电镀工业中，为了得到光滑、致密、牢固的镀层，往往需要降低镀层金属离子的浓度，延长放电时间，使镀层金属在镀件上缓慢的析出。为此，生产中经常采用的方法是，向电镀液中加入某种配位剂，使镀层金属离子形成配合物。例如，镀 Ag、Cu 时，在电镀液中加入 $NaCN$，可形成 $[Ag(CN)_2]^-$、$[Cu(CN)_4]^{2-}$，并存在下列平衡：

$$[Ag(CN)_2]^- \Longrightarrow Ag^+ + 2CN^-$$

$$[Cu(CN)_4]^{2-} \Longrightarrow Cu^{2+} + 4CN^-$$

电镀时银、铜便在镀件上源源不断地析出。但 $NaCN$ 剧毒，严重污染环境。现在提倡无氰电镀，如用 $K_3[Ag(S_2O_3)_2]$ 和 $K_6[Cu(P_2O_7)_2]$ 分别作为镀 Ag、Cu 的配合物，已收到满意效果。

4. 在医药方面

配合物在医药方面的应用也很广泛。如铅中毒的病人可以用柠檬酸钠（$Na_3C_6H_5O_7$）来治疗，它能与积聚在骨骼中的 $Pb_3(PO_4)_2$ 发生配位反应，生成难离解但可溶于水的 $[Pb(C_6H_5O_7)]^-$，经肾脏随尿液排出。柠檬酸钠还是常用的抗凝剂，它能和 Ca^{2+} 形成配合物，因而可防止血液的凝结。又如 EDTA 的钙盐是排除人体内 Pb^{2+}、Hg^{2+} 等重金属离子及铀（U）、钍（Th）、钚（Pu）等放射性元素的高效解毒剂。其他如治疗糖尿病的胰岛素是 Zn^{2+} 的配合物；维生素 B_{12} 是含 Co^{3+} 的配合物；发展中的第一至第三代抗癌药物也分别是含铂和铁的配合物。

此外，配合物对生命活动也起着重要的作用。例如，植物中进行光合作用的叶绿素是 Mg^{2+} 的配合物；能够固定空气中 N_2 的植物固氮酶，实际上是铁钼蛋白，它能在常温、常压下将空气中的 N_2 转化为 NH_3 等，为植物直接吸收。目前，我国在模拟生物固氮方面已经取得一定的成果。又如血液中起输氧作用的血红素是 Fe^{2+} 的螯合物；人体中有特殊生理功能的必需元素（如 Mn、F、Co、Mo、I、Zn、V、Cr、Si、Ni、Se、Sn 等）也多是以配合物形式存在的。

习　　题

1. 下列物质哪些是配分子、配离子、配位酸、配位碱及配位盐？指出中心离子的氧化数及配离子的电荷。

   (1) $[Zn(NH_3)_4]^{2+}$　　(2) $Fe_4[Fe(CN)_6]_3$　　(3) $H[PtCl_3(NH_3)]$
   (4) $[Ag(NH_3)_2]OH$　　(5) $[Fe(SCN)_3]$　　(6) $[Hg(CN)_4]^{2-}$

2. 填表

化　学　式	名　　称	中心离子	配位体	配位原子	配位数
$[Ag(NH_3)_2]NO_3$					
$Na_2[Cu(CN)_4]$					
$[Fe(CO)_5]$					
$[CoCl_2(H_2O)_4]Cl$					
$[PtCl(NO_2)(NH_3)_4]CO_3$					
$[Al(OH)_4]^-$					

3. 写出下列配合物或配离子的化学式：
   (1) 硫酸四氨合铜（Ⅱ）；
   (2) 六氰合铁（Ⅲ）离子；
   (3) 二（硫代硫酸根）合银（Ⅰ）酸钠；
   (4) 氯化二氯·三氨·水合钴（Ⅲ）；
   (5) 六（异硫氰酸根）合铁（Ⅲ）离子。

4. 试说明配合物的内界与外界、中心离子与配位体各以什么键相结合？它在水溶液中的状况如何？

5. 用 $K_稳$ 判断下列反应进行的方向。
   (1) $[Ni(NH_3)_4]^{2+} + 4CN^- \rightleftharpoons [Ni(CN)_4]^{2-} + 4NH_3$
   (2) $[HgI_4]^{2-} + 4Cl^- \rightleftharpoons [HgCl_4]^{2-} + 4I^-$
   (3) $[Cu(NH_3)_4]^{2+} + Zn^{2+} \rightleftharpoons [Zn(NH_3)_4]^{2+} + Cu^{2+}$

6. 用有关离子方程式解释下列过程。
   (1) 用浓 HCl 酸化含 $[Cu(NH_3)_4]^{2+}$ 的溶液时，溶液的颜色变化；
   (2) 用过量 NaOH 溶液将 Zn^{2+} 从含 Mg^{2+} 的溶液中分离出来；
   (3) 用过量 $NH_3 \cdot H_2O$ 溶液，将 Zn^{2+} 与 Al^{3+} 分离。

7. 填写转化产物，并说明原因。

$$AgNO_3 \xrightarrow{NaCl\text{ 溶液}} ? \xrightarrow{\text{浓 }NH_3\cdot H_2O} ? \xrightarrow{KBr\text{ 溶液}} ? \xrightarrow{Na_2S_2O_3\text{ 溶液}} ? \xrightarrow{KI\text{ 溶液}} ? \xrightarrow{KCN\text{ 溶液}} ? \xrightarrow{Na_2S\text{ 溶液}} ?$$

8. 为什么 EDTA 能作 Pb^{2+}、Hg^{2+} 等重金属离子的解毒剂？写出有关离子方程式。

9. 下列化合物中，哪些是配合物？哪些是复盐？并列表说明配合物的中心离子、配离子、配位体、中心离子配位数和外界离子。

(1) $(NH_4)_2SO_4\cdot FeSO_4\cdot 6H_2O$ (2) K_2PtCl_6 (3) $Co(NH_3)_6Cl_3$

(4) $KCl\cdot MgCl_2\cdot 6H_2O$ (5) $Ni(en)_2Cl_2$ (6) Na_2CaY

第十三章 过渡元素

能力目标

1. 能根据过渡元素的原子结构说明其一般性质。
2. 会书写 Cu、Ag、Zn、Hg、Cr、Mn、Fe 及其重要化合物性质及有关离子检验方程式。

知识目标

1. 了解过渡元素的一般性质。
2. 了解ⅠB族、ⅡB族、ⅦB族和ⅧB族元素的通性，掌握 Cu、Ag、Zn、Hg、Cr、Mn、Fe 及其重要化合物性质和应用。

第一节 过渡元素的一般性质

周期表中的第四、五、六周期，从左至右，包括由ⅢB族到ⅡB族的 30 多种元素（不包括镧、锕以外的镧系和锕系元素）统称为过渡元素。

通常按周期把过渡元素分为三个系列：第四周期从 Sc 到 Zn 为第一过渡系；第五周期从 Y 到 Cd 为第二过渡系；第六周期从 La 到 Hg 为第三过渡系。

一、原子的电子层结构和原子半径

1. 原子的电子层结构

过渡元素的原子，在结构上的共同特点是随着核电荷数的增加，电子依次填充在次外层 d 轨道上，而最外层只有 1~2 个 s 电子。其价层电子构型通式为 $(n-1)d^{1\sim10}ns^{1\sim2}$，但 Pd 的价层电子构型为 $4d^{10}5s^0$。

2. 原子半径

在同一周期中，自左至右，过渡元素的原子半径缓慢减小，直到ⅠB前后又略有增大。对于同族的过渡元素，其原子半径自上而下增加不大，但第二和第三过渡系元素的原子半径十分接近。见图 13-1。

二、过渡元素的一般性质

除 Pd、ⅠB族和ⅡB族外，过渡元素原子的最外电子层和次外层电子都没有充满，$(n-1)d$ 和 ns 电子均可以参与反应，这是与主族元素结构的不同之处，因而过渡元素有以下一般性质。

1. 过渡元素均为金属元素

过渡元素的最外层电子数均不超过 2 个，它们都是金属元素。其单质的硬度较大，导电、导热性好，熔点、沸点较高（ⅡB族的 Zn、Cd、Hg 除外）。例如，Os 是所有元素中密度最大的（$\rho=22.48\ \text{g}\cdot\text{cm}^{-3}$），熔点最高的是 W（3410℃）。这种现象与过渡元素的原子半径较小，晶体中有 d 电子参与形成金属键等因素有关。

过渡元素具有金属的一般化学性质，大部分过渡元素的标准电极电势为负值，即还原能力较强，且同一周期自左向右，$\varphi^{\ominus}$ 值逐渐增大，其活泼性逐渐减弱。但由于同一周期过渡

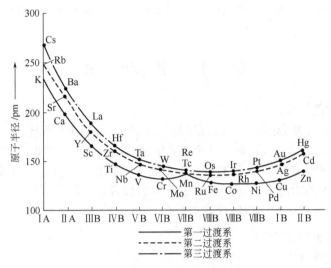

图 13-1　过渡元素的原子半径

元素的最外层电子数几乎相等，且原子半径变化不大，所以其化学活泼性很相似。例如，第一过渡系元素一般都能与非氧化性酸反应置换出 H_2（Cu 除外）。第二、第三过渡系元素较不活泼。虽然同族元素自上而下原子半径增加不显著，但核电荷数却增加较多，核对电子吸引力增强，因而各族都是从上至下活泼性减弱（ⅢB 族除外）。

2. 同一元素存在多种氧化态

由于过渡元素的 ns 电子与 $(n-1)d$ 电子的能级相近，因此除了 ns 电子外，$(n-1)d$ 电子也能部分或全部参与成键，形成多种氧化态（详见元素周期表，ⅢB 族除外）。例如，Mn 在化合物中的氧化数有 +2、+3、+4、+6 和 +7。

3. 水合离子具有特征颜色

过渡元素的水合离子往往具有颜色（见表 13-1）。这些离子的 $(n-1)d$ 轨道未填满，有一定数目的成单 d 电子，这种构型使它们的水合离子在化合物或溶液中显示一定的颜色，而不含成单 d 电子的离子多数是无色的，如 Zn^{2+}、Ti^{4+}、Sc^{3+} 等。

4. 易形成配合物

过渡元素的原子或离子具有 $(n-1)d$、ns、np、nd 等空轨道，可以接受配位体的孤对电子，有较强的形成配合物的倾向。例如，$[Fe(CO)_5]$、$[Ag(NH_3)_2]^+$ 就是 Fe 原子和 Ag^+ 分别接受配位体的孤对电子所形成的配合物。

表 13-1　成单 d 电子数与离子的颜色

离子中成单的 d 电子数	在水溶液中离子的颜色	离子中成单的 d 电子数	在水溶液中离子的颜色
0	Ag^+、Zn^{2+}、Cd^{2+}、Sc^{3+}、Ti^{4+} 等都是无色的	3	Cr^{3+}：蓝紫色；Co^{2+}：桃红色
1	Cu^{2+}：蓝色；Ti^{3+}：紫色	4	Fe^{2+}：淡绿色
2	Ni^{2+}：绿色	5	Mn^{2+}：淡红色；Fe^{3+}：浅紫色①

① Fe^{3+} 在水溶液中由于水解，常呈黄色。

总之，过渡元素之所以有上述特征，其根本原因在于它们次外层的 d 电子常参与成键。

练一练

(1) 过渡元素都是_____元素，其最外层电子均不超过_____个。

(2) 过渡元素的水合离子往往_____颜色，但不含成单 d 电子的离子多数是_____色的。

第二节 铜 和 银

一、铜族元素的通性

铜族（ⅠB族）元素包括铜（Cu）、银（Ag）、金（Au）三种金属元素。

铜族元素的单质都是有一定颜色的金属，铜为紫红色、银为白色、金为黄色，具有优良的导电性、导热性和延展性是该族的特性。铜的导电性很好，在电气工业中有着广泛的应用。银的导电导热性在金属中占第一位，但因其比较贵，应用受到限制。金的延展性最好，1g Au 能抽成 3km 长的金丝，或压成约 0.0001 mm 厚的金箔。

二、铜和银的重要化合物

1. 铜的重要化合物

Cu 通常有氧化数为 +1 和 +2 的两种化合物，其中以 Cu(Ⅱ) 化合物常见，如 CuO、$CuSO_4$、$Cu(NO_3)_2$ 等。Cu(Ⅰ) 常称为亚铜化合物，如氧化亚铜（Cu_2O）、硫化亚铜（Cu_2S）等。

(1) 氧化物和氢氧化物　铜的氧化物和氢氧化物的一些性质见表 13-2。

表 13-2　铜和银的氧化物和氢氧化物的一些性质

氧化态	Cu(Ⅰ)		Cu(Ⅱ)		Ag(Ⅰ)	
氧化物和氢氧化物	Cu_2O	CuOH	CuO	$Cu(OH)_2$	Ag_2O	AgOH
颜色	黄或红	黄	黑	浅蓝	暗棕	白
酸碱性	弱碱性	弱碱	碱性（稍显两性）	稍显两性弱碱	碱性	中强碱
热稳定性	很稳定	很不稳定	稳定	不稳定	较稳定	不稳定
溶解性	难溶	难溶	难溶	难溶	难溶	难溶

① 氧化亚铜　用铜粉和 CuO 的混合物在密闭容器中煅烧，即得 Cu_2O。

$$Cu + CuO \xrightarrow{800\sim900℃} Cu_2O$$

Cu_2O 在潮湿的空气中可缓慢被氧化成 CuO；能溶于稀酸，但立即歧化分解。

$$Cu_2O + 2H^+ = Cu^{2+} + Cu\downarrow + H_2O$$

Cu_2O 还溶于 $NH_3 \cdot H_2O$ 和氢卤酸，分别形成稳定的无色配合物 $[Cu(NH_3)_2]^+$、$[CuX_2]^-$、$[CuX_3]^{2-}$ 等。

Cu_2O 是制造玻璃和搪瓷的红色颜料。它具有半导体性质，常用它和 Cu 装成亚铜整流器。此外，还用作船舶底漆（可杀死低级海生动物）及农业上的杀虫剂。

② 氧化铜　由 $Cu(NO_3)_2$ 或 $CuCO_3 \cdot Cu(OH)_2$ 受热分解可制得 CuO。

CuO 对热较稳定，只有超过 1000℃ 时，才开始分解，生成 Cu_2O。

$$4CuO \xrightarrow{>1000℃} 2Cu_2O + O_2\uparrow$$

高温时 CuO 表现出强氧化性。有机分析中，常应用 CuO 的氧化性来测定有机物中 C 和 H 的含量。

③ 氢氧化铜　在可溶性 Cu(Ⅱ) 盐溶液中，加入适量的碱液，可立即生成淡蓝色的 $Cu(OH)_2$ 沉淀。

$$Cu^{2+} + 2OH^- =\!= Cu(OH)_2\downarrow$$

[演示实验 13-1] 取四支试管，分别加入 0.1mol·L^{-1}CuSO$_4$ 溶液 2mL，再向各试管中滴加 2mol·L^{-1}NaOH 溶液，至生成大量的蓝色 Cu(OH)$_2$ 沉淀，摇匀，分别进行下列实验：(1) 将第一支试管在酒精灯上加热，观察沉淀颜色的变化。(2) 向第二支试管中加入 2mol·L^{-1}H$_2$SO$_4$ 溶液，边加边振荡，观察沉淀的溶解。(3) 向第三支试管中加入 6mol·L^{-1} NaOH 溶液，边加边振荡，观察沉淀的溶解。(4) 向第四支试管中加入 2mol·L^{-1}NH$_3$·H$_2$O，至沉淀完全溶解并转变成深蓝色溶液。

实验表明：Cu(OH)$_2$ 难溶于水，受热易分解，生成黑色的 CuO 和 H$_2$O。

$$Cu(OH)_2 \xrightarrow{\triangle} CuO + H_2O$$

Cu(OH)$_2$ 具有微弱的两性，并以碱性为主，易溶于酸，只溶于浓的强碱中。

$$Cu(OH)_2 + 2H^+ =\!= Cu^{2+} + 2H_2O$$
（蓝色）

$$Cu(OH)_2 + 2OH^- =\!= [Cu(OH)_4]^{2-}$$
（深蓝色）

Cu(OH)$_2$ 易溶于 NH$_3$·H$_2$O，生成深蓝色的 [Cu(NH$_3$)$_4$]$^{2+}$。

$$Cu(OH)_2 + 4NH_3 =\!= [Cu(NH_3)_4]^{2+} + 2OH^-$$

这种铜氨溶液具有溶解纤维的性能，在所得的纤维溶液中再加酸时，纤维又可沉淀析出。工业上利用这种性质来制造人造丝。

(2) 氯化物　铜的氯化物有氯化亚铜和氯化铜两种。

① 氯化亚铜　在热的浓 HCl 中，用 Cu 还原 CuCl$_2$，可制得 CuCl。

$$CuCl_2 + Cu + 2HCl（浓） =\!= 2H[CuCl_2]$$
（土黄色）

$$H[CuCl_2] \xrightarrow{稀释} CuCl\downarrow + HCl$$

总反应式

$$CuCl_2 + Cu \xrightarrow{浓\ HCl} 2CuCl$$

CuCl 为白色晶体，难溶于水，它是共价化合物。CuCl 在潮湿空气中迅速被氧化，由白色而变绿。它能溶于 NH$_3$·H$_2$O、浓 HCl、KCl、NaCl 溶液，分别生成相应的配离子。

CuCl 是亚铜盐中最重要的一种，它是有机合成的催化剂和干燥剂，是石油工业的脱硫剂和脱色剂，是肥皂、脂肪的凝聚剂。还用作杀虫剂和防腐剂。在分析化学中 CuCl 的 HCl 溶液作为 CO 的吸收剂（定量生成 CuCl·CO）。

② 氯化铜　CuCl$_2$ 可用 CuO 和盐酸反应制取。

首先得到 CuCl$_2$·2H$_2$O，当 CuCl$_2$·2H$_2$O 受热时，按下式分解：

$$2CuCl_2·2H_2O \xrightarrow{\triangle} Cu(OH)_2·CuCl_2 + 2HCl\uparrow$$

所以在制备无水 CuCl$_2$ 时，要在 HCl 气流中将 CuCl$_2$·2H$_2$O 加热到 140～150℃的条件下进行。

无水 CuCl$_2$ 为棕黄色固体，有毒，是共价化合物，易溶于水，还易溶于乙醇、丙酮等有机溶剂。CuCl$_2$·2H$_2$O 为绿色结晶，在潮湿空气中潮解，在干燥空气中却易风化。CuCl$_2$ 的溶液中存在着下列平衡：

$$[CuCl_4]^{2-} + 4H_2O \rightleftharpoons [Cu(H_2O)_4]^{2+} + 4Cl^-$$
（黄色）　　　　　　　　　　（蓝色）

所以 CuCl$_2$ 浓溶液为黄绿色或绿色，稀溶液为蓝色。

CuCl$_2$ 受热分解，可得到氯化亚铜。

$$2CuCl_2 \xrightarrow{500℃} 2CuCl + Cl_2\uparrow$$

(3) 硫酸铜　用热浓 H$_2$SO$_4$ 溶解 Cu 屑，或在 O$_2$ 存在时用稀热 H$_2$SO$_4$ 与 Cu 屑反应可得到 CuSO$_4$·5H$_2$O。

$$Cu + 2H_2SO_4(浓) \xrightleftharpoons{\triangle} CuSO_4 + SO_2\uparrow + 2H_2O$$

$$2Cu + 2H_2SO_4(稀) + O_2 \xrightleftharpoons{\triangle} 2CuSO_4 + 2H_2O$$

CuO 与稀 H$_2$SO$_4$ 反应，也可以制得 CuSO$_4$·5H$_2$O。

无水 CuSO$_4$ 为白色粉末，有毒，极易吸水，生成蓝色水合物 [Cu(H$_2$O)$_4$]$^{2+}$。故无水 CuSO$_4$ 可以用来检验或除去有机物（如乙醇、乙醚）**中的微量水分。CuSO$_4$·5H$_2$O 俗称蓝矾或胆矾**，为蓝色晶体，在空气中表面缓慢风化，成为白色粉状物，若加热至 250℃，可失去全部结晶水加热至 650℃，分解为 CuO 和 SO$_3$。

[演示实验 13-2]　向 CuSO$_4$ 溶液中滴加 0.2mol·L^{-1}K$_4$[Fe(CN)$_6$] 溶液，观察沉淀的产生。

Cu^{2+} 与 [Fe(CN)$_6$]$^{4-}$ 反应，生成红棕色沉淀。此反应可用来检验 Cu^{2+} 的存在。

$$2Cu^{2+} + [Fe(CN)_6]^{4-} = Cu_2[Fe(CN)_6]\downarrow$$

CuSO$_4$ 有许多用途，如作媒染剂、蓝色颜料、船舶油漆、电镀液、杀菌剂及防腐剂。它有较强的杀菌能力，在农业上硫酸铜与石灰乳混合得到的波尔多液，它是一种保护性杀菌剂，用于防治苹果、葡萄等植物病害。在医药上用于治疗沙眼、磷中毒，还可用作催吐剂等。

(4) 铜的配位化合物　Cu^{2+} 能与许多阴离子（如 OH$^-$、Cl$^-$、F$^-$、SCN$^-$ 等）和中性分子（如 NH$_3$、H$_2$O 等）形成配合物，配位数大多为 4，且 Cu^{2+} 的配合物都有颜色。

Cu$^+$ 能与 CN$^-$、Cl$^-$、NH$_3$ 等形成配合物，它们在溶液中可以稳定存在，配位数为 2、3、4。例如 [CuCl$_2$]$^-$、[CuCl$_3$]$^{2-}$、[Cu(CN)$_4$]$^{3-}$、[Cu(NH$_3$)$_2$]$^+$ 等。Cu$^+$ 的配合物都没有颜色。

Cu(Ⅰ) 的 CN$^-$ 配合物用来作镀铜的电镀液。氰化物有毒，目前无氰电镀工艺发展很快。

在酸性介质中，Cu$^+$ 易歧化分解为 Cu 和 Cu^{2+}。

$$2Cu^+ = Cu + Cu^{2+}；K_c = 1.2 \times 10^6 \quad (20℃)$$

此反应的平衡常数很大，可见 Cu$^+$ 的歧化分解很彻底。根据平衡移动原理，Cu$^+$ 只有形成难溶物或配合物时，如 Cu$_2$Cl$_2$、Cu$_2$I$_2$、H[CuCl$_2$]、[Cu(NH$_3$)$_2$]$^+$ 等，才能稳定存在。

Cu 是生命体中的必需元素，是酶和蛋白质的关键成分，还影响到核酸的代谢作用。人体内缺铜时，易患白癜风、关节炎等病；人体内铜过多时，易患心肌梗死、肝硬化、低蛋白血症、骨癌等。据研究人员发现，癌症患者血清中 Zn/Cu 比值明显低于正常人。

2. 银的化合物

Ag 通常形成氧化数为 +1 的化合物。在常见化合物中，**只有 AgNO$_3$、AgF 溶于水，其他如 Ag$_2$O、AgCl、AgBr、AgI、Ag$_2$SO$_4$、Ag$_2$CO$_3$ 等均难溶**。

(1) 氧化银

[演示实验 13-3]　向盛有 AgNO$_3$ 溶液的试管中，加入 2mol·L^{-1} 的 NaOH 溶液，观察沉淀的产生和颜色的变化。再向试管中加入 2mol·L^{-1}NH$_3$·H$_2$O，观察沉淀的溶解。

在可溶性 Ag$^+$ 盐溶液中加入 NaOH，首先析出白色的 AgOH 沉淀，AgOH 极不稳定，立即分解为棕黑色的 Ag$_2$O 和水。

$$AgNO_3 + NaOH =\!=\!= AgOH\downarrow + NaNO_3$$
$$2AgOH =\!=\!= Ag_2O + H_2O$$

Ag_2O 微溶于水,可溶于 $NH_3·H_2O$ 中,生成无色溶液[1]。
$$Ag_2O + 4NH_3·H_2O =\!=\!= 2[Ag(NH_3)_2]^+ + 2OH^- + 3H_2O$$

Ag_2O 受热时(300℃)分解为 Ag 和 O_2,也容易被 CO 或 H_2O_2 所还原。
$$Ag_2O + CO =\!=\!= 2Ag + CO_2$$
$$Ag_2O + H_2O_2 =\!=\!= 2Ag + H_2O + O_2\uparrow$$

Ag_2O 与 MnO_2、Co_2O_3、CuO 的混合物能在室温下,将 CO 迅速氧化成 CO_2,可用在防毒面具中。

(2) **硝酸银** $AgNO_3$ 是最重要的一种可溶性银盐。将 Ag 溶于 HNO_3,然后蒸发并结晶即得 $AgNO_3$。

$AgNO_3$ 为无色晶体,易溶于水,受热或光照时容易分解,因此,$AgNO_3$ 应保存于棕色瓶中。$AgNO_3$ 有一定的氧化能力,遇微量有机物即被还原成单质 Ag,皮肤沾上 $AgNO_3$ 溶液后逐渐变成黑色。

$AgNO_3$ 被广泛用于感光材料、制镜、保温瓶胆电镀和电子等工业;质量分数为 10% 的 $AgNO_3$ 溶液在医药上作消毒剂或腐蚀剂。以 $AgNO_3$ 为原料,可制得多种其他银化合物,它也是一种重要的化学试剂。

(3) **卤化银** 在 $AgNO_3$ 溶液中加入卤化物,可生成 AgCl、AgBr 或 AgI 沉淀。卤化银的部分性质见表 13-3。

表 13-3 卤化银的部分性质

性　　质	AgF	AgCl	AgBr	AgI
颜色	白	白	淡黄	黄
溶度积(25℃)	溶于水	1.8×10^{-10}	5.0×10^{-13}	8.3×10^{-17}
熔点/℃	435	455	432	552(分解)
键的类型	离子键	→	→	共价键

AgCl、AgBr、AgI 均不溶于稀硝酸,但能分别与溶液中过量的 Cl^-、Br^-、I^- 形成 $[AgX_2]^-$ 配离子而使沉淀的溶解度增大。
$$AgX + X^- =\!=\!= [AgX_2]^-$$

AgCl、AgBr、AgI 都具有感光性。在光的作用下,AgX 分解。例如照相底片进行曝光时,发生如下反应:
$$2AgBr \xrightarrow{\text{光}} 2Ag + Br_2$$

再经过显影、定影,就可以得到形象清晰的底片了。
$$AgBr + 2S_2O_3^{2-} =\!=\!= [Ag(S_2O_3)_2]^{3-} + Br^-$$

大量的 AgX 用作照相底片和相纸的制造。

(4) **银的配合物** Ag^+ 可与 CN^-、$S_2O_3^{2-}$、NH_3 等形成稳定程度不同的配离子,配位数一般为 2。

银配离子的应用范围很广,广泛用于电镀、照相和保温瓶胆的生产等方面。

练一练

(1) 在 $CuSO_4$ 溶液中滴加入 NaOH 溶液,会生成蓝色的_____沉淀,继续滴加过量

---

[1] 注意:银氨溶液不宜久置,否则会生成一种极易爆炸的物质(Ag_3N)。

的 NaOH 溶液,则沉淀会逐渐溶解,生成深蓝色的_____。

(2) 无水 $CuSO_4$ 为_____色粉末,极易吸水,生成_____色水合物,因此可用来_____或_____乙醇等有机物中的微量水分。

(3) _____和_____的混合溶液称为波尔多液,它是一种保护性杀菌剂,用于防治苹果、葡萄等植物病害。

(4) $AgNO_3$ 受热或光照容易_____,因此应保存在_____色试剂瓶中。

第三节 锌 和 汞

一、锌族元素的通性

锌族（ⅡB族）元素包括锌(Zn)、镉(Cd)、汞(Hg)三种元素。

锌族元素的单质均为银白色金属（锌略带蓝色），它们熔、沸点较低，汞是常温下唯一的液态金属。

Zn 是活泼金属，新制得的锌粉能与水作用，放热甚至能自燃。易溶于酸，也溶于碱，是一种典型的两性金属。

Cd 的活泼性比 Zn 差，镀镉比镀锌更耐腐蚀、耐高温，是常用的电镀材料。Cd 的化合物有毒。

Hg 有许多性质在工业上得到应用。它的流动性好，不润湿玻璃，在 0～200℃ 之间体积膨胀系数很均匀，适用于制造温度计及其他控制仪表；Hg 能溶解许多金属形成液态或固态合金，叫做汞齐。汞齐在化工和冶金中都有重要用途，Hg 和它的化合物都有毒，对生物危害很大。因 Hg 易挥发，贮藏 Hg 必须密封或水封；若撒落在地上，必须尽量收集并以硫黄粉覆盖，使其生成难溶的 HgS；或洒上饱和的 $FeCl_3$ 溶液,使其氧化成 Hg_2Cl_2 而除去。

二、锌和汞的重要化合物

1. 锌的化合物

锌的化合物很多，主要形成氧化数为 +2 的化合物。锌的卤化物（除 ZnF_2 外）、硝酸盐、硫酸盐、醋酸盐均易溶于水，氧化物、氢氧化物、硫化物、碳酸盐等难溶于水。多数锌盐带有结晶水。

(1) 氧化锌和氢氧化锌　锌的氧化物和氢氧化物的一些性质如表 13-4 所列。

表 13-4　锌和汞的氧化物和氢氧化物的一些性质

性　质	ZnO	$Zn(OH)_2$	HgO	$Hg(OH)_2$
颜色	白	白	黄或红色	黄
溶解性	不溶	不溶	不溶	不溶
酸碱性	两性	两性	碱性	中强碱
热稳定性	很稳定	较稳定	稳定	很不稳定

① 氧化锌　ZnO 可由 Zn 在空气中燃烧或 $ZnCO_3$、$Zn(NO_3)_2$ 受热分解而制得。
ZnO 是一种两性氧化物，既溶于酸，又溶于碱。

$$ZnO + 2HCl \!=\!= ZnCl_2 + H_2O$$

$$ZnO + 2NaOH \!=\!= Na_2ZnO_2 + H_2O$$

ZnO（俗称锌白）是一种优良的白色颜料。它是橡胶制品的增强剂。在有机合成工业中作催化剂，也是制备各种锌化合物的基本原料。ZnO 无毒，具有收敛性和一定的杀菌能力，在医药上制造橡皮膏。

② 氢氧化锌

[演示实验13-4] 取一支试管,加入 $0.1\,mol\cdot L^{-1}\,ZnCl_2$ 溶液 1mL,逐滴加入 $0.1\,mol\cdot L^{-1}$ NaOH 溶液至产生大量白色沉淀。将此沉淀分成三份,一份加入 $2\,mol\cdot L^{-1}\,HCl$ 溶液,第二份加入 $2\,mol\cdot L^{-1}\,NaOH$ 溶液,第三份加入 $3\,mol\cdot L^{-1}\,NH_3\cdot H_2O$,观察沉淀的溶解。

$Zn(OH)_2$ 由可溶性锌盐与适量强碱作用来制取。

$$Zn^{2+} + 2OH^- = Zn(OH)_2\downarrow$$

$Zn(OH)_2$ 在水中存在如下平衡:

$$Zn^{2+} + 2OH^- \rightleftharpoons Zn(OH)_2 \xrightleftharpoons{+2H_2O} 2H^+ + [Zn(OH)_4]^{2-}$$

因此,$Zn(OH)_2$ 既可溶于酸,又可溶于碱,表现出两性。

$$Zn(OH)_2 + 2H^+ = Zn^{2+} + 2H_2O$$
$$Zn(OH)_2 + 2OH^- = [Zn(OH)_4]^{2-}$$

$Zn(OH)_2$ 可溶于 $NH_3\cdot H_2O$ 形成配合物,这一点与 $Al(OH)_3$ 不同。

$$Zn(OH)_2 + 4NH_3 = [Zn(NH_3)_4]^{2+} + 2OH^-$$

(2) 氯化锌 将 Zn、ZnO 或 $ZnCO_3$ 与盐酸作用,经过浓缩冷却后,有 $ZnCl_2\cdot H_2O$ 白色晶体析出。欲制备无水 $ZnCl_2$,要在干燥的 HCl 气氛中加热脱水,防止加热时 $ZnCl_2\cdot H_2O$ 转化为碱式盐。

$$ZnCl_2 + H_2O \xrightarrow{\triangle} Zn(OH)Cl + HCl\uparrow$$

$ZnCl_2$ 为白色固体,吸水性强,易潮解,在水中的溶解度很大,在酒精和其他有机溶剂中也能溶解,熔点仅为 283℃,比较低,说明它有明显的共价性。

$ZnCl_2$ 的浓溶液(俗称"熟镪水"或"坏水"),**由于生成配位酸而具有显著的酸性**。

$$ZnCl_2 + H_2O = H[ZnCl_2(OH)]$$

它能将金属氧化物溶解,所以 $ZnCl_2$ 可用作焊药,以清除金属表面的氧化物,便于焊接。大量的 $ZnCl_2$ 还用于印染和染料的制备中。

(3) 硫化锌 在锌盐溶液中加入可溶性硫化物,可析出白色 ZnS 沉淀。

$$Zn^{2+} + S^{2-} = ZnS\downarrow$$

ZnS 不溶于碱和 HAc,但能溶于 HCl 和稀硫酸。

ZnS 在 H_2S 气流中灼烧,即转变为晶体 ZnS。若在 ZnS 晶体中加入微量的 Cu、Mn、Ag 作激活剂,经光照后发出不同颜色的荧光,这种材料叫荧光粉,可制作荧光屏、夜光表、发光油漆等。ZnS 还可作白色颜料,它同 $BaSO_4$ 共沉淀所形成的混合晶体 $ZnS\cdot BaSO_4$ 叫做锌钡白(也叫做立德粉),是一种优良的白色颜料,它的遮盖力比锌白强,仅次于钛白(TiO_2)。制造锌钡白的反应为:

$$ZnS + BaSO_4 = ZnS\cdot BaSO_4\downarrow$$

(4) 锌的配合物 Zn^{2+} 可与 CN^-、SCN^-、NH_3、en 等形成配合物,配位数为 4,其中 $[Zn(NH_3)_4]^{2+}$、$[Zn(en)_2]^{2+}$ 和 $[Zn(CN)_4]^{2-}$ 较稳定。

Zn 在生物体中是一种有益的微量元素,许多锌-蛋白质配合物在生物体内起着非常重要的作用。人体缺锌,会患心肌梗死、原发性高血压、贫血等疾病,还会使生长停滞;人体内锌过多时,可引起动脉硬化和骨癌等。锌的配合物在医药上也有应用,如治疗糖尿病的胰岛素就是锌的配合物。锌还是植物生长必不可少的元素,$ZnSO_4$ 是一种微量元素肥料,芹菜内含锌较多。

2. 汞的化合物

Hg 的氧化数有 +1 和 +2,Hg 的氧化数为 +1 的化合物叫做亚汞化合物,如氯化亚汞

(Hg_2Cl_2)、硝酸亚汞[$Hg_2(NO_3)_2$]等，亚汞离子为 Hg_2^{2+} 而不是 Hg^+。氧化数为 +2 的汞化合物，除硝酸盐、硫酸盐在固态时是离子型外，其余大多数化合物如硫化物、卤化物等都是共价化合物。

(1) 氯化物　汞的氯化物有氯化亚汞和氯化汞两种。

① 氯化亚汞　将 Hg 和 $HgCl_2$ 固体一起研磨，可制得白色的 Hg_2Cl_2。

$$HgCl_2 + Hg = Hg_2Cl_2$$

Hg_2Cl_2 为难溶于水的白色粉末，因味略甜，俗称**甘汞**。Hg_2Cl_2 无毒。

在光的照射下，Hg_2Cl_2 易分解。

$$Hg_2Cl_2 \xrightarrow{光} HgCl_2 + Hg$$

因此应将 Hg_2Cl_2 贮存于棕色瓶中。

[演示实验 13-5]　取一支试管，加入饱和 Hg_2Cl_2 溶液 1mL，然后逐滴加入 $3mol \cdot L^{-1}$ $NH_3 \cdot H_2O$，观察现象。

Hg_2Cl_2 与 $NH_3 \cdot H_2O$ 发生歧化反应，生成氯化氨基汞和金属汞。

$$Hg_2Cl_2 + 2NH_3 = Hg(NH_2)Cl\downarrow + Hg\downarrow + NH_4Cl$$

白色的 $Hg(NH_2)Cl$ 和黑色的 Hg 微粒混合在一起，因而生成的沉淀为灰色。此反应常用于鉴定 Hg_2^{2+} 的存在和 Hg^{2+} 与 Hg_2^{2+} 的鉴别。

Hg_2Cl_2 在医药上用作泻剂，化学上用以制造甘汞电极。

② 氯化汞　将 HgO 溶于 HCl 可以制得 $HgCl_2$。通常将 $HgSO_4$ 与 NaCl 的固体混合物加热，利用 $HgCl_2$ 易升华的特性，将其从混合物中分离出来。

$$HgSO_4 + 2NaCl \xrightarrow{\triangle} HgCl_2\uparrow + Na_2SO_4$$

工业上由金属 Hg 和 Cl_2 直接合成 $HgCl_2$。

$HgCl_2$ 为白色针状晶体，微溶于水，有剧毒，内服 0.2～0.4g 能致命。熔点低 (550℃)，易升华，故俗称**升汞**。

$HgCl_2$ 是弱电解质，在水溶液中很少电离，稍有水解。

[演示实验 13-6]　取一支试管，加入 $0.1mol \cdot L^{-1}$ $HgCl_2$ 溶液 1mL，然后逐滴加入 $6mol \cdot L^{-1}$ 的 $NH_3 \cdot H_2O$，观察现象。

实验表明：$HgCl_2$ 与 $NH_3 \cdot H_2O$ 反应，产生了白色氯化氨基汞沉淀。

$$HgCl_2 + 2NH_3 = Hg(NH_2)Cl\downarrow + NH_4Cl$$

$HgCl_2$ 在酸性溶液中有较强的氧化性，当与适量 $SnCl_2$ 作用时，生成白色的氯化亚汞。

$$2HgCl_2 + SnCl_2 + 2HCl = Hg_2Cl_2\downarrow + H_2[SnCl_6]$$

当 $SnCl_2$ 过量时，Hg_2Cl_2 进一步被还原为金属 Hg，沉淀变黑。

$$Hg_2Cl_2 + SnCl_2(过量) + 2HCl = 2Hg\downarrow + H_2[SnCl_6]$$

利用上述反应，在分析化学中用来检验 Hg^{2+} 或 Sn^{2+}。

$HgCl_2$ 主要用作有机合成的催化剂（如氯乙烯的合成），其他如干电池、染料、农药等也有应用；医药外科用 $HgCl_2$ 的稀溶液 (1:1000) 作手术刀剪等的消毒剂。

(2) 汞的配合物　Hg^{2+} 可与 CN^-、Cl^-、I^-、SCN^- 等形成配离子，一般配位数为 2 或 4。而 Hg_2^{2+} 形成配离子的倾向较小。

$K_2[HgI_4]$ 与 KOH 的混合溶液，称为奈斯勒试剂。当溶液中有微量的 NH_4^+ 存在时，滴入该试剂，立刻生成特殊的红棕色沉淀。此反应用于鉴定 NH_4^+ 的存在。

Hg^{2+} 的氧化能力较 Hg_2^{2+} 强，在水溶液中 Hg^{2+} 能将 Hg 氧化为 Hg_2^{2+}。

$$Hg^{2+} + Hg \rightleftharpoons Hg_2^{2+} \qquad K_c = 160$$

从平衡常数看，反应是可逆的，反应向右进行的倾向大些，Hg_2^{2+} 在溶液中能够稳定存在。当 Hg^{2+} 形成难溶物或配合物时，平衡会向左移动，Hg_2^{2+} 发生歧化反应。例如：

$$Hg_2^{2+} + S^{2-} = HgS\downarrow + Hg\downarrow$$
$$Hg_2I_2 + 2I^- = [HgI_4]^{2-} + Hg\downarrow$$

想一想

下列说法是否正确，为什么？

(1) $Zn(OH)_2$ 和 $Al(OH)_3$ 一样，都是两性氢氧化物，且只溶于强碱溶液，而不溶于 $NH_3 \cdot H_2O$ 溶液。

(2) $ZnSO_4$ 溶液俗称"熟镪水"或"坏水"，可作焊药。

(3) Hg_2Cl_2 为白色粉末，俗称升汞，有剧毒。

第四节 铬和锰的重要化合物

ⅥB 族包括铬(Cr)、钼(Mo)、钨(W)三种元素，其中 Cr 及其化合物应用广泛。铬在地壳中的含量为 0.0083%，在自然界的主要矿物为铬铁矿，组成为 $FeO \cdot Cr_2O_3$ 或 $FeCr_2O_4$。

ⅦB 族包括锰(Mn)、锝(Tc)、铼(Re)三种元素，其中 Mn 及其化合物最重要。锰在地壳中的含量为 0.1%，主要矿石有软锰矿（$MnO_2 \cdot xH_2O$）、黑锰矿（Mn_3O_4）和水锰矿 [$MnO(OH)_2$]。

一、铬的化合物

Cr 能生成多种不同氧化数的化合物，最常见的是 +3 和 +6 氧化态的化合物。

1. 铬(Ⅲ)的化合物

(1) 三氧化二铬 Cr_2O_3 可由重铬酸铵加热分解或用金属 Cr 在 O_2 中燃烧而制得。

$$(NH_4)_2Cr_2O_7 \xrightarrow{\triangle} Cr_2O_3 + N_2 + 4H_2O$$
$$4Cr + 3O_2 \xrightarrow{点燃} 2Cr_2O_3$$

Cr_2O_3 为绿色晶体，难溶于水。与 Al_2O_3 相似，具有两性，溶于酸生成 Cr(Ⅲ) 盐，溶于强碱生成亚铬酸盐。

$$Cr_2O_3 + 3H_2SO_4 = Cr_2(SO_4)_3 + 3H_2O$$
$$Cr_2O_3 + 2NaOH = 2NaCrO_2 + H_2O$$

经过高温灼烧的 Cr_2O_3 不溶于酸碱，但可用熔融法使它变为可溶性的盐。如 Cr_2O_3 与焦硫酸钾在高温下反应：

$$Cr_2O_3 + 3K_2S_2O_7 \xrightarrow{高温} 3K_2SO_4 + Cr_2(SO_4)_3$$

Cr_2O_3 常作为绿色颜料(铬绿)而广泛用于油漆、陶瓷及玻璃工业，还可作有机合成的催化剂，也是制取铬盐和冶炼金属铬的原料。

(2) 氢氧化铬 在铬(Ⅲ)盐溶液中加入适量的 $NH_3 \cdot H_2O$ 或 NaOH 溶液，即有灰蓝色的 $Cr(OH)_3$ 胶状沉淀析出。

$$CrCl_3 + 3NH_3 \cdot H_2O = Cr(OH)_3\downarrow + 3NH_4Cl$$
$$CrCl_3 + 3NaOH = Cr(OH)_3\downarrow + 3NaCl$$

[演示实验 13-7] 在盛有 1mL 0.1mol·L^{-1} 的 $CrCl_3$ 溶液中逐滴加入 2mol·L^{-1} $NH_3 \cdot H_2O$ 至生成大量的灰蓝色沉淀。将沉淀分为两份，并分别加入 2mol·L^{-1} HCl 和 2mol·L^{-1} NaOH 溶液，观察沉淀的溶解。

实验表明：**Cr(OH)₃** 和 **Al(OH)₃** 相似，有明显的两性，在溶液中存在如下平衡：

$$Cr^{3+} + 3OH^- \rightleftharpoons Cr(OH)_3 \rightleftharpoons H_2O + H^+ + CrO_2^-$$
（紫色） （灰蓝色） （绿色）

因此，Cr(OH)₃ 可溶于酸和碱。

$$Cr(OH)_3 + 3HCl = CrCl_3 + 3H_2O$$

$$Cr(OH)_3 + NaOH = NaCrO_2 + 2H_2O \text{ 或 } Na[Cr(OH)_4]$$

与 Al(OH)₃ 不同，**Cr(OH)₃** 还能溶于液氨中，形成相应的配离子。

（3）铬（Ⅲ）盐 常见的 Cr(Ⅲ) 盐有三氯化铬（CrCl₃·6H₂O）（紫色或绿色），硫酸铬 [Cr₂(SO₄)₃·18H₂O]（紫色）以及铬钾矾 [KCr(SO₄)₂·12H₂O]（蓝紫色）。它们都易溶于水。

在碱性介质中，Cr(Ⅲ) 化合物有较强的还原性，可被 H₂O₂ 或 Na₂O₂ 氧化，生成 Cr(Ⅵ) 酸盐。

[演示实验 13-8] 在盛有 1mL 0.1mol·L⁻¹ 铬钾矾溶液的试管中，逐滴加入质量分数 10% 的 NaOH 溶液，至出现 Cr(OH)₃ 沉淀，再继续加入 NaOH 溶液至沉淀全部溶解，变为绿色溶液。然后再加入 1mL NaOH 溶液，1mL 质量分数 3% H₂O₂ 溶液，微热，观察现象。

溶液由绿色变为黄色。反应方程式为：

$$2[Cr(OH)_4]^- + 2OH^- + 3H_2O_2 \xrightarrow{\triangle} 2CrO_4^{2-} + 8H_2O$$
（绿色） （黄色）

常利用此反应鉴定 Cr³⁺ 的存在。

在酸性介质中，铬(Ⅲ)盐的还原性很弱，只有用强氧化剂（如 K₂S₂O₈、KMnO₄ 等）才能将 Cr(Ⅲ) 氧化成 Cr(Ⅵ)。

$$10Cr^{3+} + 6MnO_4^- + 11H_2O = 5Cr_2O_7^{2-} + 6Mn^{2+} + 22H^+$$

Cr³⁺ 常易形成配位数为 6 的配合物，常见配位体有 H₂O、CN⁻、Cl⁻、SCN⁻、NH₃、C₂O₄²⁻ 等。例如，水溶液中的 Cr³⁺ 实际上是以水合离子 [Cr(H₂O)₆]³⁺ 形式存在的，而且，同一组成的配合物还常有多种稳定的异构体，如 CrCl₃·6H₂O 的三种不同颜色的异构体为：

[Cr(H₂O)₄Cl₂]Cl [Cr(H₂O)₅Cl]Cl₂ [Cr(H₂O)₆]Cl₃
（绿色）   （蓝绿色）   （紫色）

CrCl₃·6H₂O 是常见的一种 Cr(Ⅲ) 盐，易潮解，在工业上用作催化剂、媒染剂和防腐剂。铬钾矾常用于鞣革工业和纺织工业。

2. 铬(Ⅵ)的化合物

（1）三氧化铬 向重铬酸钾的溶液中加入浓 H₂SO₄，可以析出 CrO₃ 晶体。

CrO₃ 为暗红色晶体，易潮解，有毒。CrO₃ 遇热不稳定，超过熔点即分解放出 O₂。因此，**CrO₃ 是一种强氧化剂，一些有机物质如酒精等与 CrO₃ 接触时即着火。**

CrO₃ 溶于水中，生成铬酸（H₂CrO₄），因此它是 H₂CrO₄ 的酸酐，称为铬酐。CrO₃ 也可与水反应生成重铬酸（H₂Cr₂O₇）。

$$CrO_3 + H_2O = H_2CrO_4$$
$$2CrO_3 + H_2O = H_2Cr_2O_7$$

H₂CrO₄ 为二元强酸，与 H₂SO₄ 的酸性强度接近，但它不稳定，只能存在于溶液中。

（2）铬酸盐 常见的铬酸盐有铬酸钾（K₂CrO₄）和铬酸钠（Na₂CrO₄），它们都是黄色晶体。碱金属和铵的铬酸盐易溶于水，其他金属的铬酸盐大多难溶于水。例如，在可溶性铬酸盐溶液中，分别加入可溶性的 Pb²⁺、Ba²⁺ 和 Ag⁺ 盐时，得到不同颜色的沉淀。

$$Pb^{2+} + CrO_4^{2-} = PbCrO_4 \downarrow$$
$$\text{(黄色)}$$
$$Ba^{2+} + CrO_4^{2-} = BaCrO_4 \downarrow$$
$$\text{(柠檬黄色)}$$
$$2Ag^+ + CrO_4^{2-} = Ag_2CrO_4 \downarrow$$
$$\text{(砖红色)}$$

实验室常用上述反应鉴定 Pb^{2+}、Ba^{2+}、Ag^+ 及 CrO_4^{2-} 的存在。不同颜色的铬酸盐还常用作颜料。

(3) **重铬酸盐** 钾、钠的重铬酸盐都是橙红色的晶体，$K_2Cr_2O_7$ 俗称红钾矾，$Na_2Cr_2O_7$ 俗称红钠矾。

在重铬酸盐溶液中存在着下列平衡：

$$2CrO_4^{2-} + 2H^+ \rightleftharpoons Cr_2O_7^{2-} + H_2O$$
$$\text{(黄色)} \qquad \text{(橙红色)}$$

溶液中 CrO_4^{2-} 与 $Cr_2O_7^{2-}$ 浓度的比值决定于溶液的 pH。在 pH<2 的酸性溶液中，主要以 $Cr_2O_7^{2-}$ 形式存在，溶液呈橙红色；在 pH>6 的溶液中，主要以 CrO_4^{2-} 形式存在，溶液呈黄色。

重铬酸盐在酸性介质中，显强氧化性。如经酸化的 $K_2Cr_2O_7$ 溶液，能氧化 S^{2-}、SO_3^{2-}、I^-、Fe^{2+}、Sn^{2+} 等离子，本身被还原为绿色的 Cr^{3+}。

[**演示实验13-9**] 取两支试管，各加入 1mL 0.1mol·L^{-1} 的 $K_2Cr_2O_7$ 溶液和 1mL 2mol·L^{-1} H_2SO_4 溶液，再分别加入少许 Na_2SO_3 和 $FeSO_4$ 固体，摇匀，观察现象。

溶液由橙红色变为绿色。反应方程式为：

$$K_2Cr_2O_7 + 3Na_2SO_3 + 4H_2SO_4 = K_2SO_4 + Cr_2(SO_4)_3 + 3Na_2SO_4 + 4H_2O$$
$$K_2Cr_2O_7 + 6FeSO_4 + 7H_2SO_4 = K_2SO_4 + Cr_2(SO_4)_3 + 3Fe_2(SO_4)_3 + 7H_2O$$

利用上述第二个反应，分析化学中可以定量测定 Fe^{2+}。

$K_2Cr_2O_7$ 是分析化学中常用的基准氧化试剂之一。**等体积的 $K_2Cr_2O_7$ 饱和溶液与浓 H_2SO_4 的混合液称为铬酸洗液**，用来洗涤玻璃器皿的油污，当溶液变为暗绿色时，洗液失效。在工业上 $K_2Cr_2O_7$ 大量用于鞣革、印染、电镀和医药等方面。

练一练

(1) CrO_3 是一种_____剂，与酒精接触时即_____。

(2) 往 K_2CrO_4 溶液中加入可溶 Ag^+ 盐时，可得到_____色沉淀，该反应可用于鉴定 Ag^+ 或 CrO_4^{2-} 的存在，其反应离子方程式为_____。

(3) 等体积混合浓_____饱和溶液和浓_____溶液的混合液，称为铬酸洗液，用来洗涤_____器皿的油污。

二、锰的化合物

锰能形成多种氧化态的化合物。其中以氧化数为 +2、+4 和 +7 的化合物最为重要。

1. 锰(Ⅱ)的化合物

最常见的 Mn(Ⅱ)的化合物是锰(Ⅱ)盐，它比较容易制备，金属锰与盐酸、H_2SO_4 甚至 HAc 都能反应制得相应的锰(Ⅱ)盐，同时放出 H_2。也可以用 MnO_2 与浓 H_2SO_4 或浓 HCl 反应来制取 $MnSO_4$ 或 $MnCl_2$：

$$2MnO_2 + 2H_2SO_4(\text{浓}) = 2MnSO_4 + O_2\uparrow + 2H_2O$$
$$MnO_2 + 4HCl(\text{浓}) \xrightarrow{\triangle} MnCl_2 + Cl_2\uparrow + 2H_2O$$

其他一些难溶锰(Ⅱ)盐如 $MnCO_3$、MnS 等，常由复分解反应得到。

从溶液中结晶出来的锰(Ⅱ)盐是带结晶水的粉红色晶体。在溶液中，Mn^{2+} 常以淡红

色的 $[Mn(H_2O)_6]^{2+}$ 水合离子存在。Mn(Ⅱ)的强酸盐都易溶于水，一些弱酸盐如 MnS、$MnCO_3$、$Mn_3(PO_4)_2$ 等难溶于水。

由于 Mn^{2+} 的价层电子构型为 $3d^5$，属于 d 能级半充满的稳定状态，故这类化合物是最稳定的。但 Mn^{2+} 的稳定性还与介质的酸碱性有关。

Mn^{2+} 在酸性溶液中很稳定，只有用强氧化剂[如 $NaBiO_3$、PbO_2、$(NH_4)_2S_2O_8$ 等]才能使之氧化。例如：

$$2Mn^{2+} + 5NaBiO_3(s) + 14H^+ = 2MnO_4^- + 5Bi^{3+} + 5Na^+ + 7H_2O$$

反应产物 MnO_4^- 即使在很稀的溶液中，也能显示出它特征的红色。因此，上述反应常用来鉴定 Mn^{2+} 的存在。

在碱性溶液中，Mn(Ⅱ)极易被氧化成 Mn(Ⅳ)。

[演示实验 13-10] 取 $0.1 mol·L^{-1}$ $MnSO_4$ 溶液 1mL，逐滴加入质量分数 10% NaOH 溶液，观察现象。

实验表明，锰(Ⅱ)盐中加入碱，首先生成白色沉淀，静止片刻，白色沉淀逐渐变成棕色。

$$Mn^{2+} + 2OH^- = \underset{(白色)}{Mn(OH)_2} \downarrow$$

$Mn(OH)_2$ 极易被氧化成棕色的水合 MnO_2 [习惯写成 $MnO(OH)_2$] 沉淀。

$$2Mn(OH)_2 + O_2 = \underset{(棕色)}{2MnO(OH)_2} \downarrow$$

此反应在水质分析中用于测定水中的溶解氧。

2. 锰(Ⅳ)的化合物

MnO_2 是 Mn(Ⅳ) 的重要化合物，它是最稳定的氧化物，是软锰矿的主要成分。

MnO_2 是一种黑色粉末状物质，难溶于水。

MnO_2 在酸性介质中具有强氧化性。与浓 HCl 作用有 Cl_2 生成，和浓 H_2SO_4 作用有 O_2 生成。还可以氧化 H_2O_2 和铁(Ⅱ)盐：

$$MnO_2 + H_2O_2 + H_2SO_4 = MnSO_4 + O_2\uparrow + 2H_2O$$
$$MnO_2 + 2FeSO_4 + 2H_2SO_4 = MnSO_4 + Fe_2(SO_4)_3 + 2H_2O$$

在碱性介质中，MnO_2 可被氧化剂氧化成 Mn(Ⅵ) 的化合物。例如，MnO_2 和 KOH 的混合物于空气中，或者与 $KClO_3$、KNO_3 等氧化剂一起加热熔融，可以得到绿色的锰酸钾（K_2MnO_4）。

$$2MnO_2 + 4KOH + O_2 \xrightarrow{熔融} 2K_2MnO_4 + 2H_2O$$

MnO_2 的氧化、还原性，特别是氧化性，使它在工业上有很重要的用途。在玻璃工业中，将它加入熔态玻璃中以除去带色杂质（硫化物和亚铁盐）；在油漆工业中，将它加入熬制的半干性油中，可以促进这些油在空气中的氧化作用。MnO_2 在干电池中用作去极剂，它也是一种催化剂和制造锰盐的原料。

3. 锰(Ⅶ)的化合物

高锰酸钾是最重要的 Mn(Ⅶ) 的化合物，俗名**灰锰氧**，为深紫色晶体，水溶液为紫红色。

$KMnO_4$ 溶液并不十分稳定，在酸性溶液中缓慢地分解。

$$4MnO_4^- + 4H^+ = 4MnO_2\downarrow + 3O_2\uparrow + 2H_2O$$

在中性或微碱性溶液中，分解较缓慢。但是光对高锰酸盐的分解起催化作用，因此 **$KMnO_4$ 溶液必须保存于棕色瓶中。**

$KMnO_4$ 固体的热稳定性较差，热至 240℃分解，放出 O_2，是实验室制备 O_2 的一种简便方法。

$KMnO_4$ 是最重要和常用的氧化剂之一，粉末状的 $KMnO_4$ 与质量分数为 90% H_2SO_4 反应，生成绿色油状的高锰酸酐（Mn_2O_7），它在 0℃ 以下稳定，在常温下会爆炸分解。Mn_2O_7 有强氧化性，遇有机物就发生燃烧。因此保存固体时应避免与浓 H_2SO_4 及有机物接触。

$KMnO_4$ 是强氧化剂，它的还原产物因介质的酸碱性不同而不同。

[演示实验13-11] 在三支试管中，各滴入 10 滴 0.1mol·L^{-1} $KMnO_4$ 溶液，分别依次加入 1mL 2mol·L^{-1} H_2SO_4、1mL 2mol·L^{-1} NaOH 溶液、1mL H_2O。然后各加入少量 Na_2SO_3 固体，摇匀，观察现象。

第一支试管 溶液紫红色褪去，变为无色；第二支试管 溶液变为深绿色；第三支试管出现棕色沉淀。

在酸性溶液中，MnO_4^- 被还原成 Mn^{2+}，溶液由紫红色变为淡粉红色（稀溶液近无色）。

$$2MnO_4^- + 5SO_3^{2-} + 6H^+ = 2Mn^{2+} + 5SO_4^{2-} + 3H_2O$$

在强碱性溶液中，MnO_4^- 被还原为 MnO_4^{2-}，溶液由紫红色变为深绿色。

$$2MnO_4^- + SO_3^{2-} + 2OH^- = 2MnO_4^{2-} + SO_4^{2-} + H_2O$$

在中性或弱碱性溶液中，MnO_4^- 被还原为 MnO_2，溶液中产生棕色沉淀。

$$2MnO_4^- + 3SO_3^{2-} + H_2O = 2MnO_2\downarrow + 3SO_4^{2-} + 2OH^-$$

$KMnO_4$ 广泛用于定量分析中，测定一些过渡金属离子（如 Ti^{3+}、VO^{2+}、Fe^{2+} 等）以及 H_2O_2、草酸盐、甲酸盐和亚硝酸盐等的含量。质量分数 0.1% 的 $KMnO_4$ 稀溶液可用于浸洗水果和杯碗等用具，起消毒和杀菌作用；质量分数 5% 的 $KMnO_4$ 溶液可治疗轻度烫伤，还用作油脂及蜡的漂白剂，是常用的化学试剂。

练一练

(1) MnO_2 在酸性溶液中具有_____氧化性，实验室可用其与盐酸作用制备 Cl_2，其化学反应方程式为_____。

(2) $KMnO_4$ 俗称_____，是_____氧化剂，在酸性溶液中可被还原为_____，在碱性溶液中被还原为_____，在中性或弱碱性溶液中被还原为_____。

第五节 铁、钴、镍及其重要化合物

第ⅧB族元素包括四、五、六三个周期的九种元素，即铁(Fe)、钴(Co)、镍(Ni)、钌(Ru)、铑(Rh)、钯(Pd)、锇(Os)、铱(Ir)、铂(Pt)。在这九种元素中，虽然也存在着通常的"纵排"的相似性，但"横排"的相似性如 Fe、Co、Ni 则更为突出。因此，称 Fe、Co、Ni 三种元素为铁系元素，并在一起叙述和比较，其余六种元素则称为铂系元素。

一、铁系元素的通性

铁系元素都是银白色金属。Fe、Ni 有良好的延展性，而 Co 则较硬而脆。这三种金属按 Fe、Co、Ni 的顺序，原子半径逐渐减小，密度依次增大，熔点和沸点较接近。它们都有强磁性，许多合金都是优良的磁性材料。

Fe、Co、Ni 通常形成氧化数为 +2 和 +3 两种化合物，Fe 以氧化数为 +3 的化合物较稳定。Co 和 Ni 以氧化数为 +2 的化合物较稳定。

Fe、Co、Ni是中等活泼金属。常温下,在没有水蒸气存在时,它们与氧、硫、氯等非金属单质不起显著作用。但在高温,则容易发生剧烈反应。Fe溶于盐酸、稀硫酸和稀硝酸,但冷的浓硫酸和浓硝酸会使其钝化。Co、Ni在盐酸和稀硫酸中的溶解比Fe缓慢,也可被冷硝酸钝化。浓碱能缓慢侵蚀Fe,而Co、Ni在浓碱中比较稳定,Ni制容器可盛熔融碱。

Fe是人类生活和生产中非常重要的材料,桥梁、铁路、船舰、车辆及各种机械等,都需要Fe。Co和Ni主要用于生产合金钢。Ni是不锈钢的主要成分(含Ni 7%~9%),强磁性合金中含Ni达78%。Co和Ni又是耐高温的合金的主要成分,这些耐高温合金是航空发动机中不可替代的材料。Ni粉还用作有机反应的催化剂,Co的放射性同位素^{60}Co用在放射医疗上。

二、铁、钴、镍的重要化合物

1. 氧化物和氢氧化物

Fe、Co、Ni的氧化物的主要性质、制备见表13-5。

表13-5 Fe、Co、Ni的氧化物

项 目	M(Ⅱ)			M(Ⅲ)		
化学式	FeO	CoO	NiO	Fe_2O_3	Co_2O_3	Ni_2O_3
颜色	黑	灰绿	绿	砖红	褐	灰黑
溶解性	均难溶于水			均难溶于水		
制法	$MC_2O_4 \xrightarrow{\triangle} MO+CO\uparrow+CO_2\uparrow$			$2Fe(OH)_3 \xrightarrow{\triangle} Fe_2O_3+3H_2O$		
				$4M(NO_3)_2 \xrightarrow{\triangle} 2M_2O_3+8NO_2\uparrow+O_2\uparrow$		
主要化学性质	$MO+2H^+ = M^{2+}+H_2O$			⟶氧化性增强		

Fe_2O_3俗称铁红,可与酸反应,生成铁(Ⅲ)盐;而Co_2O_3及Ni_2O_3具有强氧化性,与盐酸作用时,分别被还原成钴(Ⅱ)盐和镍(Ⅱ)盐。例如:

$$Fe_2O_3+6HCl = 2FeCl_3+3H_2O$$
$$M_2O_3+6HCl = 2MCl_2+Cl_2+3H_2O \quad (M=Co、Ni)$$

铁除上述两种氧化物外,还能形成Fe_3O_4,又称为磁性氧化铁。X射线证明,Fe_3O_4的实际分子组成为$Fe^{3+}[Fe^{2+}[Fe^{3+}O_4]]$。

Fe_2O_3有α和γ两种构型,α-Fe_2O_3常作为红色颜料、磨光粉以及某些反应的催化剂。γ-Fe_2O_3是铁磁性的,可作为普通录音磁带的涂料。Mn、Ni、Co、Fe等氧化物按一定比例混合烧结制成热敏电阻,常用作恒温箱和电冰箱的温度控制器件。

Fe、Co、Ni的氢氧化物的主要性质、制备见表13-6。

表13-6 Fe、Co、Ni的氢氧化物

项 目	M(Ⅱ)			M(Ⅲ)		
化学式	$Fe(OH)_2$	$Co(OH)_2$	$Ni(OH)_2$	$Fe(OH)_3$	$Co(OH)_3$	$Ni(OH)_3$
颜色	白	粉红	苹果绿	棕红	棕黑	黑
溶解性	均难溶于水			均难溶于水		
酸碱性	均显弱碱性			两性偏碱		
氧化性与还原性	还原性增强⟵			⟶氧化性增强		
制法	$M^{2+}+2OH^- = M(OH)_2\downarrow$			$M^{3+}+3OH^- = M(OH)_3\downarrow$		

Fe(OH)$_2$ 极不稳定，在空气中被氧化成棕红色的 Fe(OH)$_3$。

$$4Fe(OH)_2 + O_2 + 2H_2O = 4Fe(OH)_3$$

Co(OH)$_2$ 也易被氧化成棕黑色的 Co(OH)$_3$，但比 Fe(OH)$_2$ 缓慢；Ni(OH)$_2$ 只能用强氧化剂（如 Cl$_2$、NaClO 等）氧化。

Fe(OH)$_3$ 与酸反应，生成铁（Ⅲ）盐，但 Co(OH)$_3$、Ni(OH)$_3$ 有极强的氧化性，与盐酸发生氧化还原反应

$$Fe(OH)_3 + 3HCl = FeCl_3 + 3H_2O$$
$$2M(OH)_3 + 6HCl = 2MCl_2 + Cl_2 + 6H_2O \quad (M=Co、Ni)$$

练一练

（1）Fe 有三种氧化物，其化学式分别是_____、_____、_____，前两种是_____性氧化物，后一种结构复杂，又称为_____性氧化铁。

（2）Fe 有两种氢氧化物，其中_____极不稳定，在空气中也被氧化为红棕色的_____。

2. 盐类

（1）M(Ⅱ)的盐　氧化数为 +2 的 Fe、Co、Ni 的盐，在性质上有许多相似之处。它们的强酸盐都易溶于水，并且在水中有微弱的水解而使溶液显酸性。它们的弱酸盐如碳酸盐、硫化物等都难溶于水。它们的可溶性盐从溶液中析出时，常常有相同数目的结晶水。如硫酸盐 MSO$_4$·7H$_2$O(M=Fe、Co、Ni)，硝酸盐 M(NO$_3$)$_2$·6H$_2$O。这些元素的 +2 价水合离子以及从溶液中析出的结晶都显示一定的颜色，[Fe(H$_2$O)$_6$]$^{2+}$ 为浅绿色，[Co(H$_2$O)$_6$]$^{2+}$ 为粉红色，[Ni(H$_2$O)$_6$]$^{2+}$ 为亮绿色。它们的硫酸盐都能与碱金属或铵的硫酸盐形成复盐，如硫酸亚铁铵 [(NH$_4$)$_2$SO$_4$·FeSO$_4$·6H$_2$O]，俗称莫尔盐。重要 M(Ⅱ) 的盐有 FeSO$_4$、CoCl$_2$。

① 硫酸亚铁　由金属 Fe 与稀 H$_2$SO$_4$ 反应可制得 FeSO$_4$。工业上用氧化黄铁矿的方法制取 FeSO$_4$，它是一种副产品。

$$2FeS_2 + 7O_2 + 2H_2O = 2FeSO_4 + 2H_2SO_4$$

FeSO$_4$ 为白色粉末，带有结晶水的 FeSO$_4$·7H$_2$O 为蓝绿色晶体，俗称绿矾。它在空气中可逐渐风化，且表面容易氧化为黄褐色碱式硫酸铁。

$$4FeSO_4 + 2H_2O + O_2 = 4Fe(OH)SO_4$$

这是由于亚铁盐有较强的还原性，易被氧化成铁（Ⅲ）盐。亚铁盐在酸性介质中较稳定，在碱性介质中立即被氧化，因而在保存亚铁盐溶液时，应加入一定量的酸，同时加入少量的铁屑以防止氧化。

$$Fe + 2Fe^{3+} = 3Fe^{2+}$$

在酸性溶液中，只有强氧化剂如 KMnO$_4$、K$_2$Cr$_2$O$_7$、Cl$_2$ 等，才能将 Fe^{2+} 氧化。例如：

$$2FeCl_2 + Cl_2 = 2FeCl_3$$

亚铁盐在分析化学中是常用的还原剂，通常使用的是比绿矾稳定的莫尔盐。常用来标定 K$_2$Cr$_2$O$_7$ 或 KMnO$_4$ 溶液的浓度。例如：

$$2KMnO_4 + 10FeSO_4 + 8H_2SO_4 = K_2SO_4 + 2MnSO_4 + 5Fe_2(SO_4)_3 + 8H_2O$$

FeSO$_4$ 可以用作媒染剂、鞣革剂、木材防腐剂、种子杀虫剂及制备蓝黑墨水。

② 二氯化钴　CoCl$_2$ 是常见的钴（Ⅱ）盐，由于它所含的结晶水的数目不同而呈现多种颜色。随着温度的升高，所含结晶水逐渐减少，颜色同时也发生变化。

$$CoCl_2 \cdot 6H_2O \underset{}{\overset{52℃}{\rightleftharpoons}} CoCl_2 \cdot 2H_2O \underset{}{\overset{90℃}{\rightleftharpoons}} CoCl_2 \cdot H_2O \underset{}{\overset{120℃}{\rightleftharpoons}} CoCl_2$$
（粉红色）　　　　（紫红色）　　　（蓝紫色）　　　（蓝色）

这种性质常用来指示硅胶干燥剂的吸水情况。

（2）M(Ⅲ)的盐　Fe、Co、Ni中只有Fe和Co有氧化数为+3的盐，其中铁(Ⅲ)盐较多，而钴(Ⅲ)盐只能存在于固体，由于有极强的氧化性，溶于水迅速被还原为钴(Ⅱ)盐。

$$4Co^{3+} + 2H_2O == 4Co^{2+} + 4H^+ + O_2\uparrow$$

铁(Ⅲ)盐的氧化能力相对较弱，但在一定条件下，它仍有较强的氧化性。例如，在酸性介质中，Fe^{3+}可将H_2S、KI、$SnCl_2$等物质氧化。

$$Fe_2(SO_4)_3 + SnCl_2 + 2HCl == 2FeSO_4 + SnCl_4 + H_2SO_4$$

$$2FeCl_3 + 2KI == 2FeCl_2 + I_2 + 2KCl$$

铁(Ⅲ)盐容易水解，溶液显酸性。

$$Fe^{3+} + 3H_2O \rightleftharpoons Fe(OH)_3 + 3H^+$$

故配制铁(Ⅲ)盐溶液时，往往需加入一定的酸抑制其水解。在生产中，常用加热的方法，使Fe^{3+}水解析出$Fe(OH)_3$沉淀，用来除去产品中的杂质铁。用$FeCl_3$或$Fe_2(SO_4)_3$作净水剂，也是利用上述性质。

$FeCl_3$是一种重要的铁(Ⅲ)盐，棕黑色的无水$FeCl_3$可由铁屑与Cl_2在高温下直接合成而制得，此反应放热，所生成的$FeCl_3$因升华而分离出来。将铁屑溶于盐酸中，再进行氧化（如通Cl_2），可制得橘黄色的$FeCl_3 \cdot 6H_2O$晶体。

$FeCl_3$主要用于有机染料的生产中。在印刷制版中，它可用作铜版的腐蚀剂。

$$Cu + 2FeCl_3 == CuCl_2 + 2FeCl_2$$

此外，$FeCl_3$能引起蛋白质的迅速凝聚，所以在医疗上用作伤口的止血剂，在有机合成工业中作催化剂等。

> **想一想**
>
> 如何保存亚铁盐溶液，才能防止其水解和氧化？

3. 配合物

铁系元素形成配合物的能力很强，配位数多为6。

（1）氨配合物　Fe^{2+}、Co^{2+}、Ni^{2+}能形成NH_3配合物，但$[Fe(NH_3)_6]^{2+}$极不稳定，遇水即分解；$[Co(NH_3)_6]^{2+}$为土黄色，不稳定（$K_稳=8.0\times10^4$），在空气中将缓慢被氧化成红棕色$[Co(NH_3)_6]^{3+}$（$K_稳=4.6\times10^{33}$）；Ni^{2+}在过量$NH_3 \cdot H_2O$中生成蓝紫色的$[Ni(NH_3)_6]^{2+}$，它不易被氧化。而Fe^{3+}由于水解，在其溶液中加入$NH_3 \cdot H_2O$时，不形成NH_3配合物，而是生成$Fe(OH)_3$沉淀。

（2）硫氰配合物　在Fe^{3+}的溶液中，加入KSCN或NH_4SCN，溶液即出现血红色：

$$Fe^{3+} + nSCN^- \rightleftharpoons [Fe(SCN)_n]^{3-n} \quad (n=1\sim6)$$

这一反应非常灵敏，常用来检验Fe^{3+}的存在和比色分析，以测定Fe^{3+}的浓度。该反应必须在酸性介质中进行，以防Fe^{3+}水解而破坏了硫氰配合物。

Co^{2+}和SCN^-反应生成蓝色$[Co(SCN)_4]^{2-}$。

$$Co^{2+} + 4SCN^- \rightleftharpoons [Co(SCN)_4]^{2-}$$

它在水溶液中不太稳定，易离解。但它在丙酮或戊醇中较稳定，利用这一性质，可鉴定Co^{2+}的存在或进行比色分析，测定Co^{2+}的浓度。

Ni^{2+}的硫氰配合物更不稳定。但Ni^{2+}在氨性溶液中和镍试剂（丁二酮肟）作用生成鲜红色螯合物沉淀，利用此性质可鉴定Ni^{2+}的存在。

（3）氰配合物　铁、钴、镍和CN^-都能形成稳定的配合物，其中Fe(Ⅱ)和Fe(Ⅲ)的氰配合物较重要。

铁(Ⅱ)盐与过量 KCN 溶液作用,生成六氰合铁(Ⅱ)酸钾($K_4[Fe(CN)_6]$),简称亚铁氰化钾,固体为柠檬黄色结晶,俗名黄血盐。

在黄血盐中通入 Cl_2 等氧化剂,可将亚铁氰化钾氧化成 Fe(Ⅲ) 的氰配合物。

$$2K_4[Fe(CN)_6] + Cl_2 = 2K_3[Fe(CN)_6] + 2KCl$$

六氰合铁(Ⅲ)酸钾 ($K_3[Fe(CN)_6]$) 简称铁氰化钾,为深红色晶体,俗名赤血盐。

在含有 Fe^{2+} 的溶液中加入铁氰化钾,或在 Fe^{3+} 溶液中加入亚铁氰化钾,都产生蓝色沉淀:

$$3Fe^{2+} + 2[Fe(CN)_6]^{3-} = \underset{(腾氏蓝)}{Fe_3[Fe(CN)_6]_2} \downarrow$$

$$4Fe^{3+} + 3[Fe(CN)_6]^{4-} = \underset{(普鲁氏蓝)}{Fe_4[Fe(CN)_6]_3} \downarrow$$

以上两反应用来鉴定 Fe^{2+} 和 Fe^{3+} 的存在。近年研究表明,这两种蓝色沉淀的组成相同,都是 $Fe_4^{3+}[Fe^{2+}(CN)_6]_3$。

(4) 羰基配合物 铁、钴、镍的单质能与 CO 作用,生成羰基配合物,如 $[Fe(CO)_5]$、$[Co_2(CO)_8]$、$[Ni(CO)_4]$。它们的化学性质比较活泼,热稳定性较差,受热易分解为金属单质和 CO。利用这一性质可以提纯金属。

Fe、Co、Ni 都是生物体的必需元素。如人体血液中的血红蛋白和肌肉中的肌红蛋白都是 Fe(Ⅱ) 的配合物,具有输送和贮存氧的功能,人体缺铁会引起贫血;人体中维生素 B_{12} 是钴的化合物,维生素 B_{12} 及其衍生物参与生物体内如 DNA 和血红蛋白的合成、氨基酸的代谢等重要的生化反应;镍对促进体内铁的吸收、红细胞的增长、氨基酸的合成均有重要的作用。

鉴定 Fe^{3+} 的试剂有几种?其鉴定反应方程式如何?

阅读材料　　　　　　钛的重要化合物

钛(Ti)位于周期表中第四周期第ⅣB族。钛在地壳中含量为 0.45%,主要矿物有金红石(TiO_2)和钛铁矿($FeTiO_3$),其次是组成复杂的钒钛铁矿。

纯钛是银白色的金属,它具有密度小、强度高、耐高温、抗腐蚀等优点。Ti 的密度比钢小,但机械强度与钢相似;熔点高,特别是在 -253~500℃ 这样宽的温度范围内都能保持高强度,是宇航工业的理想材料,有"空中金属"之称。现代军事上使用的一些军舰、潜艇已经采用了钛合金,1977 年,前苏联曾用 3500 多吨 Ti 建造了当时世界上航行速度最快的核潜艇,且 Ti 无磁性,不怕磁性水雷的攻击。Ti 是化学性质比较活泼的金属,但由于金属表面易生成一层致密的氧化物保护膜而表现出很强的抗腐蚀性,和不锈钢相似,长年在海水中也安然无恙。Ti-Nb 合金是目前使用最广泛的超导材料,在医疗上把 Ti 称为"亲生物金属",用来制造人造骨骼。

在 Ti 的化合物中,以氧化数为 +4 的化合物最稳定。

一、二氧化钛

工业上常用 H_2SO_4 分解钛铁矿($FeTiO_3$)的方法制取 TiO_2。

TiO_2 为白色粉末,俗称**钛白**,难溶于水,也不溶于稀酸,但能溶于热的浓硫酸中,得到硫酸钛$[Ti(SO_4)_2]$和硫酸氧钛($TiOSO_4$)。

$$TiO_2 + 2H_2SO_4 = Ti(SO_4)_2 + 2H_2O$$

$$TiO_2 + H_2SO_4(浓) = \underset{硫酸氧钛}{TiOSO_4} + H_2O$$

TiO_2 的水合物为 H_4TiO_4 [也可写成 $Ti(OH)_4$],称为钛酸,具有两性。与强碱反应可得到偏钛酸盐。如人工制得的偏钛酸钡（$BaTiO_3$）具有高介电常数，由它制成的电容器具有较大的容量。

TiO_2 是一种优良的白色颜料，它具有折射率高、着色力强、遮盖力大、化学性质稳定等优点，优于锌白（ZnO）和铅白［$2PbCO_3·Pb(OH)_2$］，可以制造高级白色油漆。在造纸工业中可用作填充剂，人造纤维中作消光剂。它还可用于生产硬质钛合金、耐热玻璃和可以透过紫外线的玻璃。在陶瓷和搪瓷中，加入 TiO_2 可以增强耐酸性。此外，在许多化学反应中，TiO_2 作为催化剂，如乙醇的脱水和脱氢等；它也是制取金属 Ti 的中间体。

二、四氯化钛

$TiCl_4$ 为无色液体，熔点为 $-30℃$，沸点 $136℃$。它有刺激性气味，在水中或潮湿空气中都极易水解。因此，$TiCl_4$ 暴露在空气中会发烟。根据此性质，可用以制造烟幕。

$$TiCl_4 + 3H_2O = H_2TiO_3 + 4HCl \uparrow$$

$TiCl_4$ 可以与强还原剂如 Na、Mg 等反应，置换出 Ti。工业上利用此反应在氩气中制得金属 Ti。

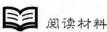

阅读材料　　　　无机有害废物的防治与处理

环境是人类赖以生存和发展的基本条件，是发展生产的物质基础。随着科学技术的不断进步，工业的飞速发展，以及人口的增长，人类在为自己创造日益美好的物质文明和文化生活的活动中，往往违反自然界的运动法则和固有规律，影响和破坏了自然环境，如任意排放废水、废气、废渣，造成了环境的污染。

引起大气污染的物质，有的来自自然界，如火山爆发产生的烟和火山灰，森林火灾所产生的烟尘，台风引起的海水飞沫等。当前引起大气污染的主要原因是人类的活动，如工业、交通运输、饮食业、家庭等燃烧燃料产生的废气，化工、石油、轻工等企业在生产过程中排放的有毒、有害的气体以及工业废渣、垃圾等挥发出的有害气体。水的污染主要来自工业废水、生活污水、溶解或悬浮在水中的固体生产废料和生活垃圾，含有农药的地表水等。工业废渣包括冶金、采矿、燃料、化工废渣等，这些废渣对土壤、水域和大气都能造成污染。

一、废气的处理

1. CO_2 气体

CO_2 在大气中的质量分数约为 0.03%，地面上的植物和海洋中的浮游生物能将 CO_2 转变为 O_2，一直维持着大气中 O_2 和 CO_2 的平衡。但是近几十年来随着全世界工业的高速发展和由此带来的海洋和大气污染，同时森林又滥遭砍伐，在很大程度上影响了生态平衡，使大气中的 CO_2 越来越多。地面上的 CO_2 主要来自煤、石油、天然气及其他含碳化合物的燃烧，碳酸钙矿石的分解，动物的呼吸以及发酵过程。

CO_2 本身无毒，但在空气中含量太高时，空气中含氧量下降，造成人们头痛、呼吸次数增加、头脑不清楚甚至死亡。

大气中 CO_2 含量的增多，是造成地球"温室效应"的主要原因。太阳光中绝大部分的紫外光被大气上空的臭氧层所吸收，其余部分的光进入大气。大气中的水和 CO_2 不吸收可见光，因此可见光可通过大气层而到达地球表面。同时地球也会向外辐射能量，不过此能量是以红外光而辐射出去的，水汽和 CO_2 能吸收红外光，这样就使地球应失去的那部分能量被贮存在大气层中，造成大气温度升高。有人估计，若大气温度升高 $2\sim3℃$，世界气候将发生剧变，会使地球两极的冰山发生部分融化，从而使海平面升高，甚至造成沿海一些城市被海水淹没的危险。

治理的方法是限制 CO_2 的排放量，发展水电、核电，开发寻找新的能源，同时大面积植树造林，绿化环境，来调节大气中的 CO_2 与 O_2 的正常含量，以控制由高浓度 CO_2 影响所形成的温室效应。

2. 含硫气体

大气中的含硫化合物主要是 SO_2、SO_3、H_2S 等，其主要来源为矿物燃料的燃烧、冶金工业的烟气、有机物的分解和燃烧、海洋及火山活动等。

H_2S 有毒，但在大气中能很快被氧化为 SO_2，但在特殊气象条件下，H_2S 也可以聚积，造成烟雾事件。SO_2 是窒息性气体，刺激人的眼睛和呼吸系统，可使这些器官发生炎症，甚至引发死亡。在适当的条件下（如尘埃、水分、日光等），SO_2 可被氧化成 SO_3，遇水便成为 H_2SO_4 酸雾。就各种废气对大气的污染而言，SO_2 居于首位，这是由于产生 SO_2 的污染源广泛，其次，SO_2 与空气中的水分作用成为酸雾，随雨降落，形成酸雨❶。

酸雨危害人体健康，对环境污染的威胁极大。它会毁坏森林、农作物，腐蚀建筑物，酸化湖泊，严重破坏生态平衡。如浓的酸雾具有很强的脱水性，能引起上皮细胞脱水坏死。小的酸雾珠可沉积于人的肺中，导致呼吸系统疾病，进而危及心脏（肺心病）。吸入大量的浓酸雾后，可引起急性肺水肿，导致死亡。1952 年，英国伦敦发生的烟雾事件中，在四天内死亡竟达 4000 余人，可见酸雾的毒性之大。

酸雨可导致水体酸化，使鱼卵不能孵化，幼鱼不能生长，虾类等小生物减少甚至不能生存，破坏了固有的食物链；泥沙中的有毒金属元素会被溶出，毒害鱼类，通过食物链危害人体健康。

SO_2 是污染大气的主要有害气体之一，国内外的治理方法很多，大体分为从燃料中预先脱硫和从烟气中脱硫两大类。例如：

① 将 SO_2 氧化成 SO_3，制成 H_2SO_4；或用碱性物质吸收，使生成 $CaSO_4$、$MgSO_4$、$(NH_4)_2SO_4$ 等有用之物。此法适用于处理 SO_2 含量较高的废气。

② 用石灰乳吸附 SO_2 烟气，可得到 $2CaSO_4 \cdot H_2O$，它是钙塑材料的良好添加剂。这种物质可代替木材做家具、铸造模型等。

$$Ca(OH)_2 + SO_2 = CaSO_3 + H_2O$$

也可以用 $NH_3 \cdot H_2O$ 或 $NaOH$ 吸收，分别得到 NH_4HSO_3 和 Na_2SO_3。

$$2NH_3 + SO_2 + H_2O = (NH_4)_2SO_3$$
$$(NH_4)_2SO_3 + SO_2 + H_2O = 2NH_4HSO_3$$

NH_4HSO_3 再与 H_2SO_4 作用可以得到 $(NH_4)_2SO_4$ 和高浓度的 SO_2。

$$2NH_4HSO_3 + H_2SO_4 = (NH_4)_2SO_4 + 2SO_2\uparrow + 2H_2O$$

3. 氯气

Cl_2 污染主要来源于容器和管道连接部分的泄漏，后者占大多数。

Cl_2 具有刺激性气味，强烈刺激人的眼、鼻、气管等黏膜，吸入较多 Cl_2 会发生严重中毒，甚至造成死亡。

废气中 Cl_2 含量超过 0.1%（体积分数）时，可用吸收法回收；当 Cl_2 含量较低时，可用石灰乳等碱性物质进行中和或用氧化还原法处理。

中和法是用石灰乳、$NaOH$ 溶液或 $NH_3 \cdot H_2O$ 作吸收剂。

$$2Cl_2 + 2Ca(OH)_2 = CaCl_2 + Ca(ClO)_2 + 2H_2O$$
$$Cl_2 + 2NaOH = NaCl + NaClO + H_2O$$

氧化还原法是用 $FeCl_2$ 作吸收剂，但吸收效率较低。

$$2FeCl_2 + Cl_2 = 2FeCl_3$$
$$2FeCl_3 + Fe = 3FeCl_2$$

吸收剂 $FeCl_2$ 可循环使用。

4. 氮氧化物气体

氮的氧化物有七种，NO 和 NO_2 是常见大气污染物。大气中的氮氧化物主要来自高温燃烧（特别是发动机、内燃机所造成的高温）、含氮化合物的燃烧，以及生产和使用 HNO_3 的场所排出的气体。高浓度的 NO_2 呈棕黄色，俗称为"黄龙"。

---

❶ 酸雨是指 pH 明显低于 5.6 的酸性降水（包括雨、雪、雹、霜、雾、露等）。

NO是无色、无味的气体，能刺激呼吸道，还能与血红蛋白结合而引起中毒，可使人产生缺氧症状和中枢神经病变。

NO_2为刺激性气体，毒性比NO更大，长期接触可致慢性中毒，使呼吸器官机能衰退，高浓度时可致人死亡。

大气中的氮氧化物的最大危害在于它是光化学烟雾的引发剂之一。排到大气中的氮氧化物和烃类，在阳光照射下，产生一系列复杂的光化学反应，生成一种具有极大毒性和刺激性的浅蓝色烟雾，称为光化学烟雾。它可刺激人的眼、鼻、气管和肺等器官，产生眼红流泪、支气管发炎、昏迷等症状甚至死亡。1955年洛杉矶的一次光化学烟雾事件中，就有近400人死亡。

减少和预防光化学烟雾的根本途径是减少氮氧化物和烃类的排放。现在人们力求改变燃料的结构、燃烧条件等来抑制氮氧化物的生成，并采用添加剂促使油料燃烧完全，汽车加装尾气处理装置等手段以减少有害气体的排放。

工业上一般用碱液吸收法处理含NO和NO_2的废气，所用碱为NaOH或Na_2CO_3（常用废碱液）。

$$2NO_2 + 2NaOH = NaNO_3 + NaNO_2 + H_2O$$
$$NO + NO_2 + 2NaOH = 2NaNO_2 + H_2O$$

吸收后的溶液为$NaNO_3$和$NaNO_2$的混合物。利用它们溶解度的不同，经重结晶可得到含量为95%～98%的$NaNO_2$。

二、废水的处理

1. 含氰废水

氰化物来源较广，是水体中常见的污染物。它主要来自电镀、煤气、焦化、冶金、金属加工、制革、化纤、农药、化肥等生产部门的废水中。

氰化物主要有氢氰酸（HCN）和NaCN、KCN、$Na_3[Fe(CN)_6]$等，是剧毒污染物。氰化物抑制细胞呼吸，造成机体组织缺氧，使组织细胞不能利用氧而形成内窒息。口服50～100mg NaCN，会立即死亡。因此，国家对工业废水中氰化物的含量控制很严，要求排放标准为（以游离氰根计）$0.5 mg \cdot L^{-1}$以下。

含氰废水的处理方法很多，例如：

(1) 化学氧化法 常用的氧化剂有漂白粉、Cl_2、H_2O_2及O_3等，它们能破坏CN^-。例如，在pH>8.5的碱性条件下用Cl_2氧化。反应如下：

$$CN^- + 2OH^- + Cl_2 = OCN^- + 2Cl^- + H_2O$$
$$2OCN^- + 4OH^- + 3Cl_2 = 2CO_2 + N_2 + 6Cl^- + 2H_2O$$

(2) 配位法 在废水中加入$FeSO_4$和消石灰，在pH为7.5～10.5的范围内，将氰化物转化为无毒的铁氰配合物。

$$Fe^{2+} + 6CN^- = [Fe(CN)_6]^{4-}$$
$$2Ca^{2+} + [Fe(CN)_6]^{4-} = Ca_2[Fe(CN)_6]\downarrow$$
$$2Fe^{2+} + [Fe(CN)_6]^{4-} = Fe_2[Fe(CN)_6]\downarrow$$

还有活性炭法。在活性炭存在下，利用空气将CN^-氧化成OCN^-，OCN^-再水解成无毒的NH_3、HCO_3^-等。还有生物化学法，由活性污泥中的微生物将CN^-分解为无毒物。

2. 含铅废水

含铅废水主要来源于矿山、冶炼、油漆、颜料、蓄电池等工业及排放到大气的铅尘、铅蒸气和使用加铅汽油的汽车尾气，经降水，落尘污染水体。

铅和可溶性铅盐都有毒，铅的中毒很缓慢，但会逐渐积累在体内，一旦表现中毒，较难治疗。铅对人体许多系统都有毒害，突出影响是损害造血和心血管系统、神经系统和肾脏。铅对造血系统和心血管系统的毒害主要表现为抑制血红蛋白的合成、溶血和血管痉挛。因此，国家标准《污水综合排放标准》（GB 8978—1996）允许铅的最高排放浓度为$1.0 mg \cdot L^{-1}$（以Pb计）。

含铅废水一般采用石灰沉淀法，使废水中的铅生成 $Pb(OH)_2 \cdot PbCO_3$ 沉淀而除去。铅的有机化合物可用强酸性阳离子交换树脂除去，此法可使废水中的含铅量由 $126.7 \sim 144.8 mg \cdot L^{-1}$ 降至 $0.02 \sim 0.53 mg \cdot L^{-1}$。

3. 含镉废水

含镉废水主要来源于采矿、冶炼、电镀、合金、镉盐、油漆、颜料、催化剂等工业。

金属镉本身无毒，但其化合物毒性很大，镉化合物能引起积累性中毒，能引起失眠、咳嗽、嗅觉迟钝、高血压、肝肾脏障碍、骨质松软、骨骼变形、骨折等难以治愈的病症，甚至咳嗽、喷嚏也可引起多发性病理骨折。慢性镉中毒最典型的例子就是日本的"骨痛病"。从某死者遗体解剖发现，骨折部位竟达 73 处，身上缩短了几十厘米。镉对人有致癌、致畸形、致突变的远期危害。因此，国家标准（GB 8978—1996）规定含镉废水的排放标准为不大于 $0.1 mg \cdot L^{-1}$。

含镉废水的处理有沉淀法、氧化法、电解法、离子交换法。下面仅简单介绍两种方法。

(1) 沉淀法　在废水中加入石灰、电石渣，使 Cd^{2+} 生成 $Cd(OH)_2$ 沉淀。

$$Cd^{2+} + 2OH^- = Cd(OH)_2 \downarrow$$

操作时，控制溶液的 pH 为 11~12，最好同时加入少量凝聚剂（如聚丙烯酰胺），不仅能加快沉淀速率，并能提高去镉效果。

(2) 漂白粉氧化法　此法常用来处理以配合物形式存在的含镉废水。如电镀厂含 $[Cd(CN)_4]^{2-}$ 的废水，其中所含的 CN^- 也有毒性，漂白粉在除去镉的同时也破坏了 CN^-，CN^- 被氧化成无毒的 N_2 和 CO_3^{2-}。

$$CN^- + ClO^- = OCN^- + Cl^-$$
$$2OCN^- + 3ClO^- + 2OH^- = 2CO_3^{2-} + N_2 \uparrow + 3Cl^- + H_2O$$
$$CO_3^{2-} + Ca^{2+} = CaCO_3 \downarrow$$

Cd^{2+} 则生成 $Cd(OH)_2$ 沉淀。

4. 含汞废水

含汞废水是危害最大的工业废水之一。催化合成聚乙烯、含汞农药、各种汞化合物的制备以及由汞齐电解法制烧碱等都是含汞废水的来源。

汞是剧毒物质，可经呼吸道、消化道和皮肤三条途径侵入人体内，主要积蓄于肾脏，对人体的中枢神经系统有毒害作用，可引起肾脏及其相关的一系列疾病。例如，20 世纪 50 年代日本九州水俣弯一带居民吃了被 $HgCl_2$、有机汞化合物污染的鱼鲜、贝类海产品，使 1000 多人中毒，200 多人死亡，这就是震惊世界的"水俣事件"。因此，国家标准（GB 8978—1996）规定含汞废水的排放标准为小于 $0.05 mg \cdot L^{-1}$。

含汞废水的处理方法也很多，如沉淀法、还原法、活性炭吸附法、离子交换法及微生物法等。

(1) 沉淀法　用 Na_2S 或 H_2S 为沉淀剂，使汞转变为难溶的硫化物。这是经典的方法，除汞效果好，但硫化物易造成二次污染。

$$Hg^{2+} + S^{2-} = HgS \downarrow$$
$$Hg_2^{2+} + S^{2-} = Hg_2S \downarrow$$

也可以在废水中加入明矾或 $FeCl_3$、$Fe_2(SO_4)_3$ 等铁盐，利用其水解产物 $Al(OH)_3$、$Fe(OH)_3$ 胶体，将废水中的汞吸附，一起沉淀除去。

(2) 离子交换法　让废水流经离子交换树脂，汞被交换下来，此法操作简单，去汞效果好，普遍得到采用。但设备投资较大。

对于含汞量较高的废水，可采用沉淀法和离子交换法二级处理的方法，既可以除去大量的汞，又可延长交换柱的使用周期。

5. 含铬废水

含铬废水主要来源于化工、冶金、制药、制革、油漆、颜料、火柴、纺织、航空、电镀、照相制版等工业部门。

铬的化合物中，以铬(Ⅵ)毒性最强。铬盐能降低生化过程的需氧量，从而发生内窒息。它对胃肠有刺激作用，对鼻黏膜的损伤最大，长期吸入会引起鼻膜炎甚至鼻中隔穿孔，并有致癌作用。铬(Ⅲ)是一种微量营养元素，是人体必需的。主要是维持胰岛素发挥正常功能。国家标准(GB 8978—1996)规定工业废水含铬(Ⅵ)的排放量标准为小于 $0.5\ \text{mg·L}^{-1}$。

含铬(Ⅵ)废水的处理方法目前有多种。

(1) 还原法　用 $FeSO_4$、Na_2SO_3、$Na_2S_2O_3$、水合肼 $(N_2H_4·2H_2O)$ 或含 SO_2 烟道废气等作为还原剂，将 Cr(Ⅵ) 还原成 Cr(Ⅲ)，再用石灰乳将其转变为 $Cr(OH)_3$ 沉淀而除去。

$$Cr_2O_7^{2-} + 6Fe^{2+} + 14H^+ \xrightarrow{pH=2\sim3} 2Cr^{3+} + 6Fe^{3+} + 7H_2O$$

$$Cr^{3+} + 3OH^- =\!=\!= Cr(OH)_3 \downarrow$$

(2) 离子交换法　Cr(Ⅵ) 在废水中常以阴离子 $Cr_2O_7^{2-}$ 或 CrO_4^{2-} 形式存在，让废水流经阴离子交换树脂进行离子交换。交换后的树脂用 NaOH 处理，可再生重复使用；洗脱下来的高浓度的 CrO_4^{2-} 溶液，供回收利用。

据报道，利用石油亚砜 ($R-\overset{\overset{O}{\|}}{S}-R$) 萃取电镀含铬废液，效果较好，萃取出的铬也可以回收利用。

习　题

1. 过渡元素有哪些共性？形成这些特性的根本原因是什么？
2. 为什么 Cu^+、Ti^{4+} 离子无色，而 Cu^{2+} 和 Ti^{3+} 离子均有颜色？
3. 比较铜族与碱金属原子结构及性质的异同点。
4. Cu(Ⅰ) 与 Cu(Ⅱ) 如何相互转化？
5. 为什么在 AgCl 饱和溶液中，加入少量的 Cl^- 离子，可以使 AgCl 的溶解度减小；加入大量的 Cl^- 离子，反而使 AgCl 的溶解度增大？
6. Hg(Ⅰ) 与 Hg(Ⅱ) 如何相互转化？
7. Cr(Ⅲ) 与 Cr(Ⅵ) 如何相互转化？
8. 铬的某化合物 A 是橙红色溶于水的固体，将 A 用浓盐酸处理，产生黄绿色刺激性气体 B 和生成暗绿色溶液 C，在 C 中加入 KOH 溶液，先生成灰蓝色沉淀 D，继续加入过量的 KOH 溶液，则沉淀消失，变成绿色溶液 E。在 E 中加入 H_2O_2，加热，则生成黄色溶液 F，F 用稀酸酸化，又变为原来的化合物 A 的溶液。问 A~F 各是什么物质？写出各步变化的化学方程式。
9. Mn^{2+}、MnO_2、MnO_4^{2-}、MnO_4^- 各是什么颜色？如何鉴别 Mn^{2+}？
10. Fe(Ⅱ) 与 Fe(Ⅲ) 如何相互转化？
11. 如何检验 Fe^{2+}、Fe^{3+}、Co^{2+}、Ni^{2+} 的存在？写出化学方程式。
12. 用盐酸处理 $Fe(OH)_3$、$Co(OH)_3$、$Ni(OH)_3$ 三种沉淀，分别有何现象？写出化学方程式。
13. 下列化合物中，哪些物质具有两性？

    (1) $Cu(OH)_2$　(2) MnO_2　(3) $Zn(OH)_2$　(4) $Cr(OH)_3$　(5) $Fe(OH)_3$

14. 现有 $SnCl_2$、$AgNO_3$、$Hg(NO_3)_2$ 三瓶失去标签的无色溶液，不用其他试剂，通过实验贴上标签。
15. 在含有 Fe^{2+}、Co^{2+}、Ni^{2+} 的溶液中，分别加入 NaOH 溶液，各有何现象？在空气中放置一段时间后又有何变化？试解释之。

无机化学实验

无机化学实验须知

一、无机化学实验的任务

无机化学的实验任务是使学生了解化学实验室常识掌握无机化学实验的基本操作，培养学生理论联系实际和分析问题、解决问题的能力，以及实事求是的科学态度和严谨的工作作风。

二、无机化学实验的基本要求

1. 学会选择和使用无机化学实验常用仪器，掌握常用普通玻璃仪器的洗涤方法。
2. 正确掌握加热、溶解、搅拌、沉淀、试剂的取用和称量，气体的制取和收集等基本操作。
3. 学会密度计的使用，掌握溶质的质量分数和物质的量浓度溶液的配制。
4. 学会正确观察和记录实验现象，根据原始记录书写实验报告，并逐步学会分析、解释实验现象。
5. 通过实验印证、巩固并加深理解课堂上所学的理论知识，进一步熟练书写化学方程式。
6. 严格遵守实验室各项规章制度。

三、实验规则

1. 实验前要认真预习，明确实验目的要求，了解实验内容、原理、方法、步骤和有关注意事项，做好预习笔记。
2. 进入实验室要遵守纪律，保持肃静和良好的秩序；实验前，要先检查实验药品、仪器是否齐全。若有缺损，需报指导教师，及时补领，未经教师同意，不准动用他人的仪器。
3. 实验过程中，要虚心接受教师指导，按正确顺序和方法进行操作，仔细观察，如实记录；要爱护仪器（损坏仪器，要报告指导教师），节约药品、水、电和燃料；注意安全，严防事故。
4. 随时保持实验台整洁。取用药品后，要把试剂瓶放回原处；废物、废液要倒入废物箱或废液缸不能乱丢或乱倒。
5. 实验结束，要洗净仪器，整理好实验用品，把实验台和地面打扫干净；关闭水、煤气开关，拔掉电源插头，关好门窗，经教师允许后，方可离开实验室。
6. 实验室的一切物品（仪器、药品、产物等）不得带离实验室。
7. 根据原始记录，认真分析，写出实验报告，按时交指导教师批阅。

四、安全守则

1. 必须熟悉实验室中水、电、煤气的总闸，消防器材及急救箱的位置，万一发生意外事故可随时关闭总闸，采取必要的救护措施。
2. 不要用湿的手或物体接触电器，严防触电。水、电和煤气使用完毕要立即关闭，用过的酒精灯、火柴要立即熄灭。

3．实验室严禁饮食和存放饮食用具。实验完毕，必须把手洗净。

4．严禁做未经教师允许的实验，或任意将药品混合，以免发生意外。

5．一切易燃、易爆物质的操作应该远离火源。点燃氢气前，要先检查纯度。银氨溶液久置后易生成氮化银而引起爆炸，因此要现用现配，剩余溶液必须酸化回收。某些强氧化剂（如 $KClO_3$、KNO_3、$KMnO_4$ 等）或某些混合物（如 $KClO_3$ 与 S 或 C、P 等的混合物）不能研磨，否则易引起爆炸。

6．浓酸或浓碱具有强腐蚀性，使用时切勿溅在眼睛、皮肤和衣服上。稀释浓硫酸时，应将其沿玻璃棒慢慢倒入水中，并不断搅拌，切勿将水倒入浓硫酸中，以免因局部过热而迸溅，引起灼伤。

7．钾、钠不要与水接触或暴露在空气中，应将其保存在煤油中，并用镊子取用。

8．白磷有剧毒，能灼伤皮肤，切勿与人体接触。白磷在空气中还能自燃，因此要保存在水中，使用时在水中切割并用镊子夹取。

9．闻药品气味时，不要把鼻子直接对准容器，应用手轻拂气体，扇向鼻孔。

10．能产生刺激性或有毒气体（如 H_2S、HF、HCl、Cl_2、SO_2、NO_2、Br_2 等）的实验，必须在通风橱中进行。

11．可溶性汞盐、铬（Ⅵ）的化合物、氰化物、砷化物、铅盐和钡盐都有毒，不得入口或接触伤口，其废液要统一回收处理。

12．汞易挥发，能引起人体慢性中毒。如不慎打破水银温度计，使汞撒落，应尽量收集起来，并用硫黄粉盖在撒落的地方，使汞转化为难挥发的硫化汞。保存汞的容器，要加水覆盖。

13．加热试管时，管口不要对人；加热液体、倾注试剂或开启浓氨水等试剂瓶时，不要俯视容器，以防液体溅出伤人。

五、意外事故的处理

1．玻璃割伤。先用镊子将伤口中的玻璃碎片取出。小伤口可用碘伏消毒，必要时涂上百多邦软膏，再用创可贴或用消毒纱布包扎伤口；若受伤严重，应用消毒纱布等包扎止血，并及时送医院医治。

2．烫伤。在伤口上抹上烫伤膏或万花油。

3．酸蚀。立即用大量水冲洗，然后用饱和 $NaHCO_3$ 溶液冲洗，再用水冲洗。若溅入眼内，先用大量水冲洗，再送医院治疗。

4．碱蚀。立即用大量水冲洗，再用 2% HAc 溶液或饱和硼酸（H_3BO_3）溶液冲洗。若溅入眼内，先用 H_3BO_3 溶液冲洗，再用水洗。

5．溴蚀。先用甘油洗，再用水洗。

6．白磷灼伤。用 1% $AgNO_3$ 溶液或 5% $CuSO_4$ 溶液、浓 $KMnO_4$ 溶液洗后，进行包扎。

7．吸入刺激性或有毒气体。吸入 Cl_2、HCl 时，可吸入少量酒精和乙醚的混合蒸气解毒；吸入 H_2S 而感到不适时，立即到室外呼吸新鲜空气。

8．毒物误入口内。将 5~10 mL 5% $CuSO_4$ 溶液加入到一杯温水中，内服后，用手指伸入咽喉部，促使呕吐，然后立即送医院治疗。

9．触电。首先切断电源，必要时进行人工呼吸。

10．起火。既要灭火，又要防止蔓延（如切断电源、关闭煤气门、移走易燃品等）。一般小火,可用湿布、石棉布或沙子覆盖燃烧物,即可灭火。火势大时,可用灭火器。若电器起火,要用四氯化碳灭火器或二氧化碳灭火器灭火,而不能用泡沫灭火器,以免触电。衣服着火应赶快脱下或用石棉布覆盖着火处。若火情较大,应立即报火警。

六、无机化学实验报告的一般格式

实验× ××××××

班级_____指导教师_____学生姓名_____同组人_____实验日期_____成绩_____

一、目的要求❶

1._____;

2._____;

3._____。

二、仪器和药品❶

仪器:

_____

药品:

_____

三、实验内容❶

实验步骤①	实验现象（或结果）		化学方程式	实验结论
	预测	实验		
1._____ (1)_____ (2)_____ 2._____ (1)_____ (2)_____				

① 说明:实验步骤中(1)、(2)等各项可自行设计成图示、符号等简捷形式。

四、习题与讨论

1._____

_____。

2._____

_____。

五、实验体会

_____

_____。

❶ 一、二和三中实验步骤和实验现象（或结果）的"预测",作为预习报告内容,而"实验"为实验记录其他部分在实验结束后完成。

七、无机化学实验的基本仪器

无机化学实验中的基本仪器如实验图-1所示。

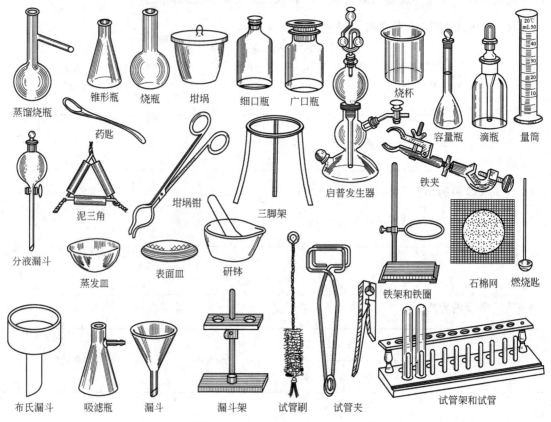

实验图-1　无机化学实验中的基本仪器

实验一　无机化学实验的基本操作与溶液的配制

一、目的要求

1. 了解无机化学实验的基本操作。
2. 认领实验仪器、练习常用玻璃仪器的洗涤。
3. 学会使用酒精灯或煤气灯，练习加热操作。
4. 练习化学试剂的取用和称量。
5. 学会溶液的配制方法。

二、仪器和药品

1. 仪器

常用仪器一套❶，容量瓶，托盘天平。

2. 药品

HCl（浓），NaOH（固），$CuSO_4 \cdot 5H_2O$（固），铬酸洗液。

---

❶ 成套配备的仪器通常有：试管、烧杯、量筒、表面皿、洗瓶、玻璃棒、酒精灯、三脚架、铁架台、铁圈、石棉网、试管刷、试管架、试管夹、滴管、漏斗、镊子、药匙等。

三、无机化学实验的基本操作

1. 玻璃仪器的洗涤和干燥

（1）玻璃仪器的洗涤。做化学实验必须用干净的仪器，根据污物的性质不同，可采用下列洗涤方法：

① 水洗。对于尘土及可溶性污物可采用振荡洗涤，向试管内注入小于1/3容积的自来水，反复振荡［见实验图-2(a)］后把水倒掉，连续几次。若内壁仍附着污物，再用毛刷刷洗，向试管内注入1/2容积的自来水，转动毛刷或来回柔力刷洗［见实验图-2(b)］。

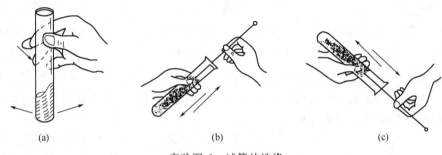

实验图-2　试管的洗涤

② 洗涤剂洗涤。水洗不净时，可采用毛刷蘸去污粉（或肥皂水、洗衣粉）刷洗［实验图-2(c)］，再用自来水冲洗干净。

③ 铬酸洗液洗涤。用上述方法不能洗净的仪器，以及一些口小、管细的仪器常用铬酸洗液洗涤。洗涤时，先把仪器内的水倒尽，再倒入少量洗液，倾斜仪器，并慢慢转动，直至内壁全部被洗液润湿，转几圈后把洗液倒回原瓶，再用自来水冲洗。

当铬酸洗液变绿时，就失去了去污能力，不能继续使用（也可用 $KMnO_4$ 再生后使用）。

用上述方法不能去除的污物，可根据其性质对症下药。例如，MnO_2 污迹，可用浓盐酸洗去；硫黄污迹可用煮沸的石灰水去除。

玻璃仪器洗净的标志是，倒置时，附着在器壁上的水不能聚成水珠。此时，再用蒸馏水冲洗2~3次即可。

凡已洗净的仪器，不可再用布或纸擦拭。

（2）玻璃仪器的干燥

实验图-3　烤干试管

① 晾干。洗净后的仪器，可倒置于干净的仪器柜内或仪器架上自然晾干。

② 烤干。耐热玻璃仪器，可以直接烤干。如烧杯、蒸发皿可置于石棉网上小火烤干；试管可直接用酒精灯或煤气灯烤干（见实验图-3），管口向下倾斜，先从管底加热，来回移动试管，直至无水珠后，再将管口向上，赶尽水汽。

③ 吹干。用吹风机或气流烘干器把洗净的仪器吹干。

④ 有机溶剂干燥。不能加热的厚壁仪器或带有刻度的仪器，可在洗净的仪器内加入适量的易挥发的水溶性有机溶剂（如酒精、丙酮等），倾斜转动润洗后倒出，残留在器壁上的混合物会很快挥发掉，若与③法并用，则更快。

⑤ 烘干。洗净控水的仪器，可以放入电烘箱内烘干，温度控制在378K左右，放置时，仪器要倒置或口向下倾斜。

2. 加热操作

（1）酒精灯的使用。酒精灯是实验室最常用的加热灯具，此外还有酒精喷灯、煤气灯等。

酒精灯的构造和灯焰见实验图-4、实验图-5，外焰的温度最高，可达400～500℃，因此，要用外焰加热。

实验图-4　酒精灯的构造
1—灯帽；2—灯芯；3—灯壶

实验图-5　酒精灯的灯焰
1—外焰；2—内焰；3—焰心

实验图-6　往酒精灯内添加酒精

使用酒精灯时要注意：严禁用燃着的酒精灯点燃另一只酒精灯；必须用灯帽盖灭，不准用嘴吹灭；不得向燃着的酒精灯里添加酒精，可借助漏斗向灯壶中添加酒精（见实验图-6），使用中，酒精应保持在灯壶容量的1/4～2/3。

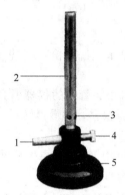

实验图-7　煤气灯的构造
1—煤气入口；2—灯管；
3—空气入口；4—螺旋形针阀
5—底座

（2）煤气灯的使用。煤气灯由灯管和灯座构成（见实验图-7）。灯管下部有螺旋与灯座相连，旋转灯管即可不同程度开启或关闭空气入口，以调节空气的进入量。煤气入口的另一侧（或下方）的螺旋形针阀，用以调节煤气的进入量。

使用时，先关闭空气入口，再开启煤气旋塞并点火，逐渐加大空气量至火焰正常。正常火焰从内到外依次分为焰心、还原焰、氧化焰，温度逐渐升高，最高达800～1000℃。若煤气或空气的进入量控制不当时，会出现"临空火焰"或"侵入火焰"。此时，应把灯关闭，冷却后，重新点燃。

（3）加热操作。烧杯、烧瓶、试管、瓷蒸发皿等常作为加热容器，但不能骤热或骤冷。加热前必须将器皿的外壁擦干；加热后不能立即与湿的物体接触。

① 液体的直接加热。加热烧杯、烧瓶中的液体，必须放在石棉网上（见实验图-8），否则受热不均易破裂；加热试管中的液体，液体量不宜超过试管容积的1/3，用试管夹夹住距管口1/4处，试管倾斜约45°，管口不要对人。加热时先加热液体的中上部，再不停地移动试管，以免局部沸腾使液体溅出（见实验图-9）。

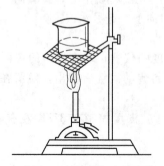

实验图-8　加热烧杯中的液体

实验图-9　加热试管中的液体

② 固体的直接加热。要选择硬质试管，将固体在管底铺匀，管口略向下倾斜固定在铁架台上，夹持位置约距管口 1/4 处（见实验图-10）。加热时先来回移动灯焰预热，再固定加热盛有固体的部位。

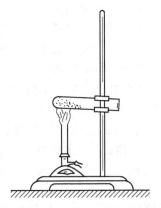

实验图-10　加热试管中的固体

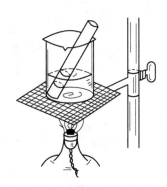

实验图-11　烧杯代替水浴加热

③ 间接加热。为使被加热的物质受热均匀，常使用水浴（此外还有油浴、沙浴）间接加热，它是恒温加热和蒸发的基本方法。水浴可控制小于100℃的温度，常见的有电恒温水浴、铜质水浴锅水浴等，无机化学实验中常用大烧杯代替水浴锅（见实验图-11）。

3. 化学试剂的取用与称量

（1）液体的取用

① 从滴瓶中取液体。提起滴管离开液面，捏紧胶头排出空气，插入试液中松手吸液，再取出滴管垂直悬空地放在盛接容器的上方（见实验图-12），轻捏滴加。

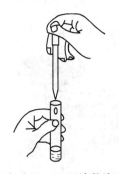

实验图-12　用滴管滴加液体试剂

实验图-13　向试管中倾注液体试剂

实验图-14　向烧杯中倾注液体试剂

应当注意：滴管不能平放或倒置；不要接触接收器及台面；一经用完，应立即把剩余试剂挤回原瓶，随即放回原处；滴管只能专用。

② 从细口瓶中取液体。采用倾注法，取下瓶塞并仰放实验台上，手握试剂瓶贴标签一面，让试剂沿器壁（如试管、量筒等，见实验-13）或玻璃棒（如烧杯、容量瓶等，见实验-14），缓缓流入容器。取出所需量后，将试剂瓶口在容器或玻璃棒上靠一下，再逐渐竖起，以免试剂流出瓶外。

一般试管取液不超过容量的1/2，烧杯不超过2/3。

③ 用量筒量取。需较准确量取试液时，要用量筒。量筒的规格有 10mL、25mL、50mL、100mL 等，可根据需要选用。量液时，量筒要放平，视线与量筒内液体凹液面的最

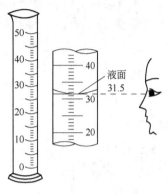

实验图-15 读取量筒内液体的体积

低处保持水平（见实验图-15），再读取体积。

(2) 固体试剂的取用与称量

① 用药匙取试剂。药匙的两端为大小两个匙，较少时用小匙。药匙用后必须洗净擦干才能再用。

往试管中加入固体粉末时，应将试管倾斜，用药匙或纸槽把试剂送入管底部（约2/3处）再竖直试管，让药品全部落入管底（见实验图-16）。块状固体可用镊子夹取，使其沿倾斜的试管管壁缓慢滑下，以免打破试管。多取的试剂不能放回原瓶，可放到指定容器供他人使用。

② 用托盘天平（台秤）称取。托盘天平的构造如实验图-17所示，它用于精度不高的称量，一般能准确到0.1g。

使用前，应将游码拨至标尺"0"处，调节平衡螺母，使台秤平衡。

称量时，要"左物右码"，用镊子按"先大后小"的原则夹取砝码，最后使用游码。台秤平衡时，砝码值与标尺刻度之和，就是所称物质的质量。

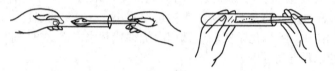

实验图-16 往试管里送入固体试剂

称量时必须注意：不准把试剂直接放在托盘上（可放在纸上）称量，易潮解或腐蚀性试剂应放在已知质量的表面皿或小烧杯中称量；称量完毕，把砝码放回砝码盒，游码退回"0"位，再将托盘放在一侧或用橡皮圈架起，以免台秤摆动；要保持台秤整洁。

四、基本操作练习

1. 认领仪器，熟悉名称规格。

2. 玻璃仪器的洗涤

用水或洗涤剂洗涤两支试管，一个烧杯。

3. 加热操作

(1) 加热试管中的水至沸腾。

(2) 在干燥的试管中放入半匙固体$CuSO_4 \cdot 5H_2O$，将试管固定在铁架台上，按操作规程加热。待晶体变为白色时，缓慢撤火停止加热。当试管冷却至室温时，加入3～5滴水，观察颜色变化。

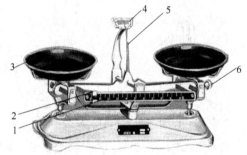

实验图-17 托盘天平
1—标尺；2—游码；3—托盘；
4—分度盘；5—指针；6—平衡螺母

4. 试剂的取用和称量

(1) 用滴管吸取水，试确定1mL相当于几滴？1吸管相当于几毫升？

(2) 选择合适的量筒，量取5mL、15mL水分别倾入试管或沿玻璃棒倾入100mL烧杯中。

(3) 用台秤称量一个表面皿，记录质量。

五、溶液的配制

1. 配制质量分数为10% NaCl溶液

(1) 计算配制 100g 质量分数为 10%NaCl 溶液所需固体 NaCl 的质量和水的质量。

(2) 用台秤称取所需的 NaCl，倒入烧杯中。

实验图-18　溶液的搅拌

(3) 用量筒量取所需的蒸馏水（水的密度按 1g·cm^{-3} 计）倒入同一烧杯中，搅拌（玻璃棒要均匀转动，不要接触烧杯，见实验图-18）使其溶解。

(4) 将冷却至室温的 NaCl 溶液倒入玻璃试剂瓶中，贴上标签备用。

2. 配制 100mL 2mol·L^{-1} H$_2$SO$_4$ 溶液❶

(1) 容量瓶的使用。容量瓶是准确配制一定体积一定浓度溶液的仪器［见实验图-19(a)］。液面凹点与标线相切时体积恰好与瓶上注明的体积相等。常用规格有 50mL、100mL、250mL、1000mL 等几种。

容量瓶在使用前要试漏，往瓶中加注自来水至标线，把口、塞擦干并塞好瓶塞。用食指按住瓶塞，另一只手托住瓶底［见实验图-19(b)］，把瓶倒置 2min，然后用滤纸擦拭瓶口，若不渗水，将瓶塞旋转 180°塞紧，再试一次，不漏才能使用。

配制溶液时，要先将称量（或量取）好的试样在烧杯中溶解（或稀释）；待恢复至室温后才能转移到容量瓶中［见实验图-19(c)］；加注蒸馏水距标线 1～2cm 时，改用滴管定容至标线；盖好瓶塞颠倒摇匀。用毕的容量瓶要及时洗净。

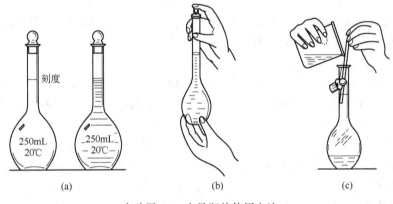

实验图-19　容量瓶的使用方法

(2) 配制方法

① 用密度计测得浓 H$_2$SO$_4$ 的密度，再由附录二查出对应的浓度［或视 c(H$_2$SO$_4$)=18mol·L^{-1}］。

② 计算配制 100mL 2mol·L^{-1} H$_2$SO$_4$ 溶液所需浓 H$_2$SO$_4$ 的体积。用量筒量取所需浓 H$_2$SO$_4$ 的体积，沿玻璃棒缓慢倒入盛有 20～30mL 蒸馏水的烧杯中，边倒边搅拌。冷却至室温后将溶液移入 100mL 的容量瓶中，加少量蒸馏水洗涤烧杯 2～3 次，洗涤液也移入容量瓶中。再小心地加蒸馏水接近标线处 1～2cm 时，改用胶头滴管定容。盖好瓶塞摇匀，即得 2mol·L^{-1} H$_2$SO$_4$ 溶液。将溶液装入试剂瓶中，贴上标签备用。

六、思考题

1. 怎样洗涤试管？洗净的标志是什么？

---

❶ 为安全起见，实验中浓 H$_2$SO$_4$ 可用水样代替。

2. 使用酒精灯时应注意什么？
3. 加热试管中的固体或液体时，应注意什么？
4. 用容量瓶配制溶液时，如何操作？

实验二 碱金属、碱土金属、卤素及其重要化合物的性质

一、目的要求

1. 掌握钠、钾、镁单质的还原性及其性质变化规律。
2. 了解过氧化钠的性质。
3. 了解镁、钙、钡氢氧化物的生成并比较其溶解性。
4. 了解镁、钙、钡盐的溶解性。
5. 练习焰色反应的操作。
6. 比较卤素单质的氧化性及卤离子的还原性。
*7. 掌握氯化氢的实验室制法和性质。
8. 了解次氯酸盐和氯酸盐的氧化性。
9. 掌握卤离子的检验方法。

二、仪器和药品

1. 仪器[1]

镊子，坩埚，小刀，漏斗，砂纸，滤纸，钴玻璃片，铂丝或镍丝，圆底烧瓶（500mL），导气管，分液漏斗，铁架台，集气瓶。

2. 药品[2]

Na，K，Mg，HNO_3（浓，3.0），H_2SO_4（浓），HCl（浓，2.0），HAc（2.0），$NH_3·H_2O$（浓），NaOH（2.0），NaCl（固，0.5，0.1），KCl（0.5），$MgCl_2$（0.5），$CaCl_2$（0.5），$SrCl_2$（0.5），$BaCl_2$（0.5），Na_2SO_4（0.5），Na_2CO_3（0.5），K_2CrO_4（0.5），KBr（固，0.1），KI（固，0.1），$AgNO_3$（0.1），$KClO_3$（饱和），氯水，溴水，淀粉溶液，CCl_4，品红溶液，酚酞试液，石蕊试液，pH 试纸，淀粉-碘化钾试纸，醋酸铅 $[Pb(Ac)_2]$ 试纸。

三、实验内容

1. 钠、钾和镁的性质

(1) Na 与 O_2 的作用。用镊子夹取一小块金属钠，用滤纸吸干其表面的煤油，在表面皿上用小刀切开，观察新断面的颜色变化。写出化学方程式。

除去金属钠表面的氧化层，立即放入坩埚中加热。当 Na 开始燃烧时，停止加热。观察火焰的焰色和产物的颜色、状态。写出化学方程式，产物保留供实验内容 2 用[3]。

(2) Mg 在空气中燃烧。取一小段镁条，用砂纸擦去表面的氧化膜，用镊子夹住一端，点燃，观察燃烧情况和产物的颜色、状态。将燃烧产物收集于试管中，试验其在水中和在 $2mol·L^{-1}$ HCl 溶液中的溶解情况。写出有关的化学方程式。

---

[1] "仪器"项内所列的是除已成套配给学生的仪器以外的仪器及材料，以后的实验与此相同。
[2] "药品"项内，除已指明特定的状态（如固体）外，均为溶液形式，其后面括号内的数字均表示物质的量浓度（单位为 $mol·L^{-1}$）或溶质的质量分数，以后的实验与此相同。
[3] 为防止产物 Na_2O_2 与空气中的 CO_2、H_2O 等气体反应，实验中可接着做实验 2，然后再做其他的实验。

(3) Na、K 与水的作用。分别取绿豆粒大小的金属钠和钾，用滤纸吸干表面的煤油，再分别放入盛有水的小烧杯中（事先滴入 1 滴酚酞），再用一个合适的漏斗倒扣在烧杯口上。观察反应现象有何不同。写出化学方程式并设法检验产生的气体是 H_2。

(4) Mg 与水作用。取一小段镁条，用砂纸擦去表面的氧化膜，放入试管中，加入少量冷水，观察现象。然后，给试管加热，观察镁条在沸水中的反应情况。写出化学方程式，并设法检验产物 $Mg(OH)_2$。

综合实验结果，比较 Na、K、Mg 的活泼性。

2. 过氧化钠的性质

将实验内容 1.(1) 中的反应产物转入干燥的试管中，加入少量水（反应放热，须将试管放入冷水中）。如何检验试管口有 O_2 放出？加入 2 滴酚酞试液检验水溶液是否呈碱性。写出化学方程式。

3. 镁、钙、钡氢氧化物的生成和性质

在三支试管中分别加入 1mL 0.5mol·L^{-1} $MgCl_2$、0.5mol·L^{-1} $CaCl_2$、0.5mol·L^{-1} $BaCl_2$ 溶液，然后各加入 1mL 新配制的 2mol·L^{-1} 的 NaOH 溶液，观察产物的颜色和状态。根据三支试管中生成的沉淀的量，比较三种氢氧化物溶解度的相对大小。

弃去上述试管中的上层清液，并分别试验沉淀与 2mol·L^{-1} NaOH 溶液、2mol·L^{-1} HCl 溶液的作用。写出有关的化学方程式。

4. 镁、钙、钡难溶盐的生成和性质

(1) 取三支试管，分别加入 0.5mL 0.5mol·L^{-1} $MgCl_2$、0.5mol·L^{-1} $CaCl_2$、0.5mol·L^{-1} $BaCl_2$ 溶液，再各加入 0.5mL 0.5mol·L^{-1} Na_2CO_3 溶液，观察现象，然后再逐滴加入 2mol·L^{-1} HAc 溶液，观察现象。写出化学方程式。

(2) 取三支试管，分别加入 0.5mL 0.5mol·L^{-1} $MgCl_2$、0.5mol·L^{-1} $CaCl_2$、0.5mol·L^{-1} $BaCl_2$ 溶液，然后再各加入 0.5mL 0.5mol·L^{-1} Na_2SO_4 溶液，观察产物的颜色和状态。并试验沉淀与浓硝酸的作用，比较三者溶解度的大小。

(3) 在两支试管中分别加入 0.5mL 0.5mol·L^{-1} $CaCl_2$、0.5mol·L^{-1} $BaCl_2$ 溶液，再各加入 0.5mL 0.5mol·L^{-1} K_2CrO_4 溶液，观察现象，并试验产物与 2mol·L^{-1} HAc 溶液和 2mol·L^{-1} HCl 溶液的作用。写出有关的化学方程式。

5. 焰色反应

取一根顶端弯成小圈的铂丝（或镍丝），蘸以浓盐酸，在酒精灯上灼烧至无色；然后分别蘸以 0.5mol·L^{-1} NaCl、0.5mol·L^{-1} KCl、0.5mol·L^{-1} $CaCl_2$、0.5mol·L^{-1} $SrCl_2$ 和 0.5mol·L^{-1} $BaCl_2$ 溶液，放在氧化焰中灼烧。观察、比较它们的焰色有何不同。观察钾盐火焰时，应该透过钴玻璃观察。注意，每做完一个试样，都要用浓盐酸清洗铂丝，并在火焰上灼烧至无色。

6. 卤素间的置换反应

(1) 在试管中加 2 滴 0.1mol·L^{-1} KBr 溶液和 5 滴 CCl_4，然后滴加氯水，边加边振荡，观察 CCl_4 层中的颜色。

(2) 在试管中滴加 2 滴 0.1mol·L^{-1} KI 溶液和 5 滴 CCl_4，然后滴加氯水，边加边振荡。观察 CCl_4 层中的颜色。

(3) 在试管中加 5 滴 0.1mol·L^{-1} KI 溶液，再加入 1～2 滴淀粉试液，然后滴加溴水，观察溶液颜色的变化。

根据以上实验结果，说明卤素的置换次序，并写出有关化学方程式。

* 7. 氯化氢、盐酸的制取和性质

将 15~20g 食盐放入 500mL 圆底烧瓶❶中，按教材中图 3-7 将仪器装配好（在通风橱内）。从分液漏斗内逐次注入 30~40mL 浓硫酸，微热，则有气体产生。用集气瓶收集生成的 HCl 气体，供下面的实验用。

(1) 用试管收集氯化氢气体。用手指堵住管口，将试管倒插入一个盛水的大烧杯中，轻轻地把堵住试管口的手指掀开一道小缝，观察有何现象发生，并用蓝色石蕊试纸检验氯化氢气体吸收装置中溶液的酸碱性，用 pH 试纸测定其 pH。

(2) 取 1mL 吸收装置中的溶液于试管中，滴入几滴 $0.1mol·L^{-1}$ $AgNO_3$ 溶液，观察有何现象，写出化学方程式。

(3) 把滴入几滴浓氨水的集气瓶与充满氯化氢气体的集气瓶口对口靠近，抽去瓶口的玻璃片，观察反应现象并加以解释。

8. 卤离子的还原性

(1) 往盛有少量 KI 固体的试管中加入 0.5mL 浓硫酸，观察 I_2 的析出；把湿润的 $Pb(Ac)_2$ 试纸移近试管口，观察现象（检验硫化氢气体的生成）。写出有关化学方程式。

(2) 往盛有少量 KBr 固体的试管中加入 0.5mL 浓硫酸，观察 Br_2 的析出；把湿润的淀粉-碘化钾试纸移近试管口，观察实验现象。写出有关化学方程式。

(3) 往盛有少量 NaCl 固体的试管中加入 0.5mL 浓硫酸，观察氯化氢气体的产生；用玻璃棒蘸取一些浓氨水，移近试管口，观察现象，写出有关化学方程式。

通过上述实验，比较 I^-、Br^-、Cl^- 的还原能力。

9. 次氯酸钠和氯酸钾的氧化性

(1) 往试管中加入 20 滴氯水，然后逐滴加入 $2mol·L^{-1}$ NaOH 溶液，直至溶液呈碱性（用 pH 试纸检验）。将溶液分成两份：一份滴加 $2mol·L^{-1}$ 的 HCl 溶液，用淀粉-碘化钾试纸检验生成的气体；另一份加入数滴品红溶液，观察品红溶液的颜色变化。写出有关的化学方程式。

(2) 往试管中加入 1mL $KClO_3$ 饱和溶液，然后加入 2 滴 $0.1mol·L^{-1}$ KI 溶液，振荡，有无现象发生？再加入 3~5 滴浓硫酸，观察现象，写出有关反应方程式，并加以说明。另取一支试管，加入 1mL $KClO_3$ 饱和溶液，再加入少量浓盐酸，用淀粉-碘化钾试纸检验生成的气体，有何现象？写出有关的化学方程式。

10. 卤离子的检验

(1) 往试管中加入 1mL $0.1mol·L^{-1}$ NaCl 溶液，然后加入 2 滴 $0.1mol·L^{-1}$ $AgNO_3$ 溶液，观察沉淀的颜色。弃去上层清液，在沉淀中加入 5 滴 $3mol·L^{-1}$ HNO_3 溶液，振荡，观察沉淀是否溶解。写出有关化学方程式。

(2) 往试管中加入 1mL $0.1mol·L^{-1}$ KBr 溶液，然后加入 2 滴 $0.1mol·L^{-1}$ $AgNO_3$ 溶液，观察沉淀的颜色。弃去上层清液，在沉淀中加入 5 滴 $3mol·L^{-1}$ HNO_3 溶液，振荡，观察沉淀是否溶解。写出有关化学方程式。

(3) 往试管中加入 1mL $0.1mol·L^{-1}$ KI 溶液，然后加入 2 滴 $0.1mol·L^{-1}$ $AgNO_3$ 溶液，观察沉淀的颜色。弃去上层清液，在沉淀中加入 5 滴 $3mol·L^{-1}$ HNO_3 溶液，振荡，观察沉淀是否溶解。写出有关化学方程式。

---

❶ 也可以用大试管代替圆底烧瓶，但药品用量要相应减少。可往试管中加入 2g 食盐，滴入几滴水，使食盐湿润。然后加入 2mL 浓硫酸，用带有导管的塞子塞住试管，微热，就会有气体发生。

四、思考题

1. 钠、钾不慎失火，应如何扑灭？
2. 现有 NaOH、NaCl、KCl、Na_2SO_4、Na_2CO_3 五种无色溶液，如何加以鉴别？
3. Na_2O_2 与水作用，为什么必须在冷却条件下进行？
4. 制取钡、钙的氢氧化物时，为什么要加入新配制的氢氧化钠？
5. 卤素单质的氧化性和卤离子的还原性有什么递变规律？如何通过实验来证明？
6. 在盐酸存在下，往 $KClO_3$ 中加入 KI 溶液时有何现象？写出化学方程式。

实验三 化学反应速率和化学平衡

一、目的要求

1. 掌握浓度、温度和催化剂对反应速率的影响。
2. 掌握浓度和温度对化学平衡的影响。
3. 练习水浴中保持恒温的操作。

二、实验原理

化学反应速率是化学反应进行快慢的量度。化学反应的速率首先决定于反应物的本性，其次还受浓度、温度、催化剂等外界条件的影响。

在溶液中，过量的 KIO_3 能与亚硫酸氢钠（$NaHSO_3$）反应生成 I_2。反应如下：

$$2KIO_3 + 5NaHSO_3 = Na_2SO_4 + 3NaHSO_4 + K_2SO_4 + I_2 + H_2O$$

即

$$2IO_3^- + 5HSO_3^- = 5SO_4^{2-} + 3H^+ + I_2 + H_2O$$

如果在溶液中预先加入淀粉指示剂，生成的 I_2 就会与淀粉作用使溶液变蓝。反应物的浓度不同，反应速率就不同，则溶液变蓝所需的时间也不同。因此，该反应被称为"碘钟"反应❶。

在不同的温度下，观察过量的 KIO_3 溶液与 $NaHSO_3$ 溶液的反应，也同样可以根据淀粉指示剂变色的时间来判断温度对反应速率的影响。

MnO_2 对 H_2O_2 的分解有催化作用。

在一定条件下，可逆反应达到 $v_正 = v_逆$ 时，就建立了化学平衡。当外界条件的改变引起 $v_正 \neq v_逆$ 时，化学平衡就发生移动。根据勒夏特列原理，可以判断平衡移动的方向。例如：

$$2CrO_4^{2-} + 2H^+ \rightleftharpoons Cr_2O_7^{2-} + H_2O$$
（黄色）　　　　　　（橙色）

$$2NO_2(g) \rightleftharpoons N_2O_4(g); \Delta H = -58.2 \text{kJ} \cdot \text{mol}^{-1}$$
（红棕色）　　　　（无色）

在前一反应体系中，加入 H_2SO_4 溶液或 NaOH 溶液，就能根据溶液颜色的变化判断出浓度对化学平衡的影响；改变后一反应体系的温度，则可根据气体颜色的变化判断出温度对化学平衡的影响。

三、仪器和药品

1. 仪器

秒表，温度计（100℃），量筒（10mL、25mL、50mL），烧杯（100mL、400mL），

---

❶ "碘钟"反应为非基元反应，反应分三步进行，第一步最慢，是反应的决定步骤：
(1) $3HSO_3^- + IO_3^- = 3SO_4^{2-} + I^- + 3H^+$　　（反应慢）
(2) $IO_3^- + 5I^- + 6H^+ = 3I_2 + 3H_2O$　　（反应快）
(3) $I_2 + HSO_3^- + H_2O = 2I^- + SO_4^{2-} + 3H^+$　　（反应快）
当 IO_3^- 过量，而 HSO_3^- 刚消耗完时，因出现 I_2 并与淀粉作用而使溶液变蓝。

NO_2 平衡仪。

2. 药品

H_2SO_4 (2.0),H_2O_2 (3%),NaOH (2.0),$NaHSO_3$ (0.05)❶,KIO_3 (0.05),K_2CrO_4 (0.1),MnO_2 (粉末)。

四、实验内容

1. 浓度对反应速率的影响❷

用 10mL 量筒❸量取 10mL 0.05mol·L^{-1} $NaHSO_3$ 溶液,倒入小烧杯中,用 50mL 量筒量取 35mL H_2O,也倒入小烧杯中。用 25mL 量筒量取 5mL 0.05mol·L^{-1} KIO_3 溶液。准备好秒表和玻璃棒,将量筒中的 KIO_3 迅速倒入盛有 $NaHSO_3$ 溶液的小烧杯中,立刻计时并不断搅拌,将溶液变蓝所需的时间填入下面的表格中。

用同样的方法依次按下表进行实验。

实验次序	V($NaHSO_3$)/mL	V(H_2O)/mL	V(KIO_3)/mL	t/s
1	10	35	5	
2	10	30	10	
3	10	25	15	
4	10	20	20	

根据实验结果,说明浓度对反应速率的影响。

2. 温度对反应速率的影响

在 100mL 小烧杯中,加入 10mL 0.05mol·L^{-1} $NaHSO_3$ 溶液和 30mL H_2O,用量筒量取 10mL 0.05mol·L^{-1} KIO_3 溶液,加入另一试管中,将小烧杯和试管同时放入热水浴中(400mL 烧杯加入 2/3 容积水,小火加热),加热到比室温高 10℃时,取出,将 KIO_3 溶液倒入 $NaHSO_3$ 溶液中,立即看表计时,记下溶液变蓝所需的时间。并填入到下面的表格中。

用同样的方法,在比室温高 20℃下进行反应。结果填入下表。

实验次序	V($NaHSO_3$)/mL	V(H_2O)/mL	V(KIO_3)/mL	T/℃	t/s
1	10	30	10	室温	
2	10	30	10		
3	10	30	10		

根据实验结果,说明温度对反应速率的影响。

3. 催化剂对反应速率的影响

往试管中加入 3mL 质量分数为 3% H_2O_2 溶液,观察是否有气泡生成。然后加入少量二氧化锰粉末,观察实验现象,并立即将带火星的火柴棍插入试管中,检验 O_2 的生成。写出化学方程式,说明 MnO_2 在反应中的具体作用。

4. 浓度对化学平衡的影响

取 2mL 0.1mol·L^{-1} K_2CrO_4 溶液加入试管中,然后滴加 2mol·L^{-1} H_2SO_4 溶液,当溶液由黄色变为橙色时,再往试管中逐滴加入 2mol·L^{-1} NaOH 溶液,观察溶液的颜色变化。

根据实验的结果,说明溶液颜色变化的原因。

---

❶ 称 5g 淀粉,以少量水调成糊状,然后加入 100~200mL 沸水中,煮沸,冷却后加入 $NaHSO_3$(5.2g $NaHSO_3$ 溶于少量水中),再加水稀释到 1L。

❷ 该实验在同一室温下进行。

❸ 有关反应速率的实验,量筒要专用。

5. 温度对化学平衡的影响

将充有 NO_2 和 N_2O_4 混合气体的 NO_2 平衡仪两端分别置于盛有冷水和热水的烧杯中（见图 6-3），观察平衡仪两端颜色的变化。

根据实验的结果，说明温度对化学平衡的影响。

五、思考题

1. 根据实验说明浓度、温度和催化剂对化学反应速率的影响。
2. 化学平衡在什么情况下发生移动？如何判断平衡移动的方向。
3. 温度对化学平衡移动的影响原因是什么？
4. 根据 NO_2 转化为 N_2O_4 反应的特点，分析在其他条件不变的情况下，将混合气的体积压缩至 1/2 时，平衡将怎样移动？

实验四 电解质溶液

一、目的要求

1. 掌握强电解质、弱电解质的区别；巩固 pH 的概念；会使用 pH 试纸。
2. 掌握同离子效应对弱电解质电离平衡的影响。
3. 熟悉盐类水解及其影响因素。
4. 掌握难溶电解质的沉淀和溶解的条件及规律。

二、实验药品

HCl（0.1，2.0，6.0），HAc（0.1，2.0），NaOH（0.1），$NH_3 \cdot H_2O$（0.1），NaAc（0.1，固），NH_4Cl（0.1，1.0，固），$FeCl_3$（0.1，固），KI（0.1），$AgNO_3$（0.1），K_2CrO_4（0.1），$Pb(NO_3)_2$（0.1），NaCl（0.1），Na_2S（0.1），$MgCl_2$（0.1），NH_4Ac（0.1），$Al_2(SO_4)_3$（饱和），Na_2CO_3（饱和），PbI_2（饱和），$CaCO_3$（固），Zn（颗粒），酚酞试液，甲基橙试液，溴甲酚绿❶，pH 试纸。

三、实验内容

1. 比较醋酸和盐酸的酸性

（1）在两支试管中，分别加入 1mL 0.1mol·L^{-1} HCl 溶液和 1mL 0.1mol·L^{-1} HAc 溶液，再各加 1 滴甲基橙试液，比较两支试管中溶液的颜色有什么不同（如不明显可各加 1mL H_2O 后再观察）。

（2）在两支试管中，分别加入 2mL 2mol·L^{-1} HCl 溶液和 2mL 2mol·L^{-1} HAc 溶液，再各加入一粒锌，在酒精灯上微热，比较两支试管中反应现象的区别，写出离子方程式。

通过上述实验，说明在相同条件下 HCl 与 HAc 的酸性强弱。

2. 溶液 pH 的测定

用 pH 试纸测定下列溶液的 pH❷：0.1mol·L^{-1} NaOH 溶液、0.1mol·L^{-1} $NH_3 \cdot H_2O$ 溶液、0.1mol·L^{-1} HCl 溶液和 0.1mol·L^{-1} HAc 溶液，并与计算值相比较。根据测得的数据，将上述溶液按 pH 由小到大排序。

3. 同离子效应

（1）在试管中加入 3mL 0.1mol·L^{-1} HAc 溶液、2 滴溴甲酚绿试液，观察溶液的颜色；然

---

❶ 溴甲酚绿指示剂的变色范围是 pH=3.8~5.4；酸色：黄；碱色：蓝。

❷ 把干燥的 pH 试纸放入洁净的表面皿中，然后，用玻璃棒蘸取待测液，把液滴点碰在 pH 试纸的中部，显色后与比色卡比较，即可确定溶液的 pH。

后再加入少量固体 NaAc，振荡，并观察溶液颜色的变化。将溶液留作实验内容 4.(1) 用。

(2) 在试管中加入 3mL 0.1mol·L^{-1} NH$_3$·H$_2$O、1 滴酚酞试液，观察溶液颜色；然后再加入少量固体 NH$_4$Cl，振荡，并观察溶液颜色的变化。将溶液留作实验内容 4.(2) 用。

解释上述现象。根据实验结果，总结同离子效应对弱电解质电离平衡的影响。

4. 缓冲溶液

(1) 将实验内容 3.(1) 的溶液分成三份，一份加入 2 滴 0.1mol·L^{-1} HCl 溶液；一份加入 2 滴 0.1mol·L^{-1} NaOH 溶液。比较三份溶液的颜色。

(2) 用实验内容 3.(2) 的溶液重复上述实验。

解释上述实验现象。

5. 盐类的水解

(1) 用 pH 试纸测定 0.1mol·L^{-1} 下列各溶液的 pH。

NaCl、NH$_4$Cl、Na$_2$S、NH$_4$Ac、FeCl$_3$，并解释各种盐溶液的 pH 不同的原因。

(2) 在试管中加入 2mL 0.1mol·L^{-1} NaAc 溶液和 1 滴酚酞试液，观察溶液的颜色；再用小火加热，观察溶液颜色变化。解释原因，写出离子方程式。

(3) 用药匙取少量固体 FeCl$_3$，放入小烧杯中加适量水溶解，观察溶液颜色，是否澄清？然后，将溶液均分于三支试管中，一支试管中加入 2 滴 6mol·L^{-1} HCl 溶液；一支试管用小火加热，观察实验现象，比较三支试管中溶液的颜色与状态。解释原因，并写出离子方程式。

(4) 在试管中，将 1mL 饱和 Al$_2$(SO$_4$)$_3$ 溶液与 1mL 饱和 Na$_2$CO$_3$ 溶液混合，观察现象。解释原因，并写出离子方程式。

6. 沉淀-溶解平衡

(1) 沉淀的生成

① 往试管中加入 2 滴 0.1mol·L^{-1} Pb(NO$_3$)$_2$ 溶液，加水稀释至 1mL，再加入 3 滴 0.1mol·L^{-1} KI 溶液，观察现象。写出离子方程式。

② 往试管中加入 1mL 饱和 PbI$_2$ 溶液，再加几滴 0.1mol·L^{-1} KI 溶液，观察现象。解释原因。

(2) 沉淀的溶解

① 取绿豆粒大小的固体 CaCO$_3$，放入试管中，加入 1mL H$_2$O，CaCO$_3$ 是否溶解？再滴入 1mol·L^{-1} HCl 溶液，振荡，观察现象。解释原因，并写出离子方程式。

② 在试管中加入 2mL 0.1mol·L^{-1} MgCl$_2$ 溶液，滴加 0.1mol·L^{-1} NH$_3$·H$_2$O 至沉淀生成。振荡后均分于两支试管中，一支试管中逐滴加入 2mol·L^{-1} HCl 溶液，另一支试管中加入少量固体 NH$_4$Cl（或 1mol·L^{-1} NH$_4$Cl 溶液），观察现象。解释原因，写出离子方程式。

(3) 沉淀的转化。在试管中加入 3 滴 0.1mol·L^{-1} K$_2$CrO$_4$ 溶液，加水稀释到 1mL，再加 3 滴 0.1mol·L^{-1} AgNO$_3$ 溶液，观察沉淀的颜色。然后，逐滴加入 0.1mol·L^{-1} NaCl 溶液，充分振荡，观察沉淀颜色的变化。解释原因，写出离子方程式。

*(4) 分步沉淀。在试管中加入 2 滴 0.1mol·L^{-1} NaCl 溶液和 1 滴 0.1mol·L^{-1} K$_2$CrO$_4$ 溶液，加水稀释至 5mL，振荡，再逐滴加入 0.1mol·L^{-1} AgNO$_3$ 溶液，每加 1 滴都要充分振荡，观察沉淀颜色的变化，解释原因，并写出离子方程式。

四、思考题

1. 使用 pH 试纸时，可否把试纸投入到待测溶液中？用胶头滴管直接把待测液点碰在 pH 试纸上行吗？为什么要用干燥的试纸？

2. 实验室如何配制 $FeCl_3$、$SnCl_2$ 溶液？

3. 如何证明实验内容 5.(4) 中生成的沉淀是 $Al(OH)_3$，而不是 $Al_2(CO_3)_3$？验证时是否需要对沉淀先进行洗涤？为什么？

实验五　铝、碳、硅重要化合物的性质

一、目的要求

1. 掌握 Al 和 $Al(OH)_3$ 的两性，熟悉铝盐的水解。
2. 掌握 CO_2 的制取和性质，熟悉碳酸盐和碳酸氢盐的相互转化及它们的水解。
3. 了解硅酸盐的水解。

二、仪器和药品

1. 仪器

带有导管的大试管。

2. 药品

HCl (2.0，6.0，浓)，HAc (6.0)，NaOH (6.0)，$Ca(OH)_2$ (饱和)，$NH_3·H_2O$ (6.0)，Na_2CO_3(0.1，0.5)，$NaHCO_3$ (0.1)，Na_2SiO_3 (20%)，$CuSO_4$ (0.5)，$Al_2(SO_4)_3$ (0.5)，NH_4Cl (饱和)，NaAc (饱和)，Na_2S (0.1，0.5)，$CaCO_3$ (固)，铝片，石蕊试液，pH 试纸，醋酸铅试纸。

三、实验内容

1. 铝和氢氧化铝的性质

(1) 在两支试管中各放入一片铝片，分别加入 1mL 2mol·L^{-1} HCl 溶液和 1mL 6mol·L^{-1} NaOH 溶液，观察现象，写出化学方程式。

(2) 在两支试管中各加入 1mL 0.5mol·L^{-1} $Al_2(SO_4)_3$ 溶液，逐滴加入 6mol·L^{-1} $NH_3·H_2O$，观察沉淀的颜色和状态；再向其中一支试管中滴加 2mol·L^{-1} HCl 溶液，向另一支试管中滴加 6mol·L^{-1} NaOH 溶液，观察沉淀的溶解。写出化学方程式。

2. 铝盐的水解

(1) 用 pH 试纸检验 0.5mol·L^{-1} $Al_2(SO_4)_3$ 溶液的酸碱性，并加以说明。

(2) 在试管中加入 1mL 0.5mol·L^{-1} $Al_2(SO_4)_3$ 溶液和 2mL 0.5mol·L^{-1} Na_2S 溶液，振荡，观察现象，用湿润的醋酸铅试纸检验生成的气体。有关反应的离子方程式为：

$$2Al^{3+} + 3S^{2-} + 6H_2O =\!=\!= 2Al(OH)_3\downarrow + 3H_2S\uparrow$$

*3. 二氧化碳的制取和性质

(1) 在带导管的大试管中加少量 $CaCO_3$ 固体，并加入适量 6mol·L^{-1} HCl 溶液，用向上排空气法收集一试管 CO_2，塞好待用。

(2) 将上述大试管的导管插入盛有澄清的饱和石灰水的试管中，观察沉淀的生成。写出化学方程式。

(3) 将收集有 CO_2 的试管倒立于盛水的烧杯中，去掉塞子，观察试管内水面上升的情况。然后轻摇试管，使 CO_2 尽量溶入水中。再在所得溶液中滴入 2 滴石蕊试液，观察溶液的颜色。

*4. 碳酸盐和碳酸氢盐的转化

(1) 将 CO_2 通入新配制的饱和石灰水中，观察沉淀的生成；继续通入 CO_2，有何变化？写出化学方程式。产物待用。

(2) 将上述溶液分成两份，一份加热，另一份滴加饱和石灰水，观察现象，写出化学方程式。

5. 碳酸盐、*硅酸盐的水解

（1）用 pH 试纸检验 $0.1\text{mol}\cdot\text{L}^{-1}$ Na_2CO_3 溶液、$0.1\text{mol}\cdot\text{L}^{-1}$ $NaHCO_3$ 溶液和质量分数为 20% Na_2SiO_3 溶液的酸碱性。

（2）在试管中加入约 2mL $0.5\text{mol}\cdot\text{L}^{-1}$ $CuSO_4$ 溶液，滴加 $0.5\text{mol}\cdot\text{L}^{-1}$ Na_2CO_3 溶液，观察沉淀的生成和气体的产生。写出化学方程式。

（3）在试管中加入 1mL 饱和 NH_4Cl 溶液，再加 1mL 质量分数为 20% Na_2SiO_3 溶液，观察沉淀的颜色和状态。用湿润的石蕊试纸检验产生的气体。反应的离子方程式为：

$$SiO_3^{2-} + 2NH_4^+ \rightleftharpoons H_2SiO_3\downarrow + 2NH_3\uparrow$$

$$(SiO_3^{2-} + 2H_2O \rightleftharpoons H_2SiO_3 + 2OH^-$$

$$2NH_4^+ + 2H_2O \rightleftharpoons 2NH_3\cdot H_2O + 2H^+$$

$$\parallel$$
$$2H_2O)$$

四、思考题

1. 如何通过实验证明 $Al_2(SO_4)_3$ 溶液与 Na_2S 溶液混合后产生的沉淀是 $Al(OH)_3$ 而不是 Al_2S_3？证明时沉淀是否需要洗涤？

2. 根据实验结果，总结出碳酸盐与碳酸氢盐相互转化的条件。

实验六　电化学基础

一、目的要求

1. 掌握电极电势与氧化还原反应的关系。
2. 了解浓度、酸度、介质对氧化还原反应的影响。
3. 熟悉原电池的工作原理。
4. 了解电解原理和电解产物的判断。

二、实验原理

每个氧化还原反应都包含了两个电对，若将它们分别表示为氧化型$_1$/还原型$_1$、氧化型$_2$/还原型$_2$，则氧化还原反应可表示为：

$$\text{氧化型}_1 + \text{还原型}_2 \rightleftharpoons \text{还原型}_1 + \text{氧化型}_2$$

它实际上是氧化型$_1$和氧化型$_2$这两种氧化剂在争夺电子。反应结果，较弱的氧化剂得到电子被还原，较强的还原剂失去电子被氧化。因此，氧化还原反应自发进行的方向是：由较强的氧化剂与较强的还原剂反应，生成较弱的还原剂和较弱的氧化剂。如果从标准电极电势值来看，则是由 $\varphi^\ominus$ 值较高的电对中的氧化型物质作氧化剂，$\varphi^\ominus$ 值较低的电对中的还原型物质作还原剂而进行反应的方向为自发方向。

电极电势除了与电对的本性有关外，还与电极反应涉及的各组分浓度或气体的分压有关。电极反应可表示为以下形式：

$$\text{氧化型} + ne \rightleftharpoons \text{还原型}$$

其中"氧化型"、"还原型"不仅指得失电子的物质，还包括参与电极反应的介质。根据平衡移动原理，在其他条件不变时，如果氧化型的浓度增大或还原型的浓度减小，都会引起上述电极平衡右移，使氧化型的氧化（得电子）能力增强，还原型的还原（失电子）能力减弱，因而电极电势升高；反之，电极电势下降。例如

$$MnO_4^- + 8H^+ + 5e \rightleftharpoons Mn^{2+} + 4H_2O$$

其他条件不变，H^+浓度增大，$\varphi(MnO_4^-/Mn^{2+})$将升高，即MnO_4^-的氧化能力增强。而对电极反应

$$Cu^{2+} + 2e \rightleftharpoons Cu$$

其他条件不变，Cu^{2+}浓度减小，$\varphi(Cu^{2+}/Cu)$将下降。反之对电极反应

$$2Cl^- - 2e \rightleftharpoons Cl_2$$

其他条件不变，Cl^-浓度增大，$\varphi(Cl_2/Cl^-)$将下降。

HNO_3作氧化剂时，它的还原产物与HNO_3本身的浓度及还原剂（特别是金属）的性质有关。一般，浓硝酸与金属反应被还原为NO_2、稀硝酸与不活泼金属反应主要被还原为NO，稀硝酸与活泼金属（如Zn、Mg等）反应主要被还原为N_2O，很稀（$<1mol·L^{-1}$）的HNO_3与活泼金属（如Zn、Mg）反应生成NH_3并立即与HNO_3反应生成NH_4NO_3。

$KMnO_4$作氧化剂时，在不同的介质中被还原为不同的产物。在酸性条件下，被还原为Mn^{2+}；在碱性条件下，被还原为MnO_4^{2-}；在中性及接近中性条件下，被还原为MnO_2。有关电极反应为：

酸性 $\qquad\qquad MnO_4^- + 8H^+ + 5e \rightleftharpoons Mn^{2+} + 4H_2O$

中性 $\qquad\qquad MnO_4^- + 2H_2O + 3e \rightleftharpoons MnO_2 + 4OH^-$

碱性 $\qquad\qquad MnO_4^- + e \rightleftharpoons MnO_4^{2-}$

三、仪器和药品

1. 仪器

伏特计，电解槽（U形玻璃管），水浴，铜片，锌片，碳棒，盐桥。

2. 药品

H_2SO_4（2.0），HNO_3（2.0，浓），HAc（2.0），$NaOH$（6.0），KI（0.1），KBr（0.1），$FeCl_3$（0.1），$(NH_4)_2Fe(SO_4)_2·6H_2O$（固），Na_2SO_3（固），$Pb(NO_3)_2$（0.5），$CuSO_4$（0.5，1.0），$ZnSO_4$（0.5，1.0），Na_2SO_4（0.5），$KMnO_4$（0.01），$NaCl$（饱和），溴水，碘水，铅粒，锌粒，CCl_4，酚酞试液，淀粉试液，红色石蕊试纸。

四、实验内容

1. 电极电势与氧化还原反应的关系

（1）在试管中加入$1mL$ $0.1mol·L^{-1}$ KI溶液，再加几滴$0.1mol·L^{-1}$ $FeCl_3$溶液，振荡，观察现象；再加入$1mL$ CCl_4，充分振荡，观察CCl_4层的颜色和水层颜色变化情况。写出化学方程式。

用$0.1mol·L^{-1}$ KBr溶液代替KI溶液进行上述实验，观察反应是否进行？试说明原因。

（2）在两支试管中各加少许$(NH_4)_2F(SO_4)_2·6H_2O$晶体，用适量水溶解，在其中一支试管中加2滴溴水（不宜多加），另一支试管中加2滴碘水，再各加$1mL$ CCl_4，充分振荡，观察CCl_4层的颜色，判断反应是否进行。写出化学方程式。

根据实验（1）和（2）的结果，比较Br_2/Br^-、I_2/I^-、Fe^{3+}/Fe^{2+}三个电对电极电势的相对大小。

（3）在两支试管中各加一粒擦净表面的锌粒，在其中一支试管中加入$1mL$ $0.5mol·L^{-1}$ $Pb(NO_3)_2$溶液，另一支试管中加入$1mL$ $0.5mol·L^{-1}$ $CuSO_4$溶液，观察现象。写出化学方程式。

（4）在两支试管中各加入一粒擦净表面的铅粒，在其中一支试管中加入$1mL$ $0.5mol·L^{-1}$ $ZnSO_4$溶液，另一支试管中加入$1mL$ $0.5mol·L^{-1}$ $CuSO_4$溶液，观察现象。写出化学方程式。

根据实验（3）和（4）的结果，排出Pb^{2+}/Pb、Zn^{2+}/Zn、Cu^{2+}/Cu三个电对电极电

势的相对高低。

2. 酸度对氧化还原反应的影响

在两支试管中各加入 1mL 0.1mol·L^{-1} KBr 溶液,在其中一支试管中加入 2 滴 2mol·L^{-1} H$_2$SO$_4$ 溶液,另一支试管中加入 4 滴 2mol·L^{-1} HAc 溶液,再各加入 1 滴 0.01mol·L^{-1} KMnO$_4$ 溶液,观察和比较现象,并加以说明。写出化学方程式。

3. 浓度对氧化还原反应的影响

(1) 浓度对产物的影响。在两支试管中各加入一粒锌粒,在其中一支试管中加入 2mL 浓硝酸,在另一支试管中加入 2mL 2mol·L^{-1} HNO$_3$ 溶液,微热。观察第一支试管中有无 NO$_2$ 气体产生,检验第二支试管中有无 NH$_4^+$ 生成❶。

(2) 浓度对电极电势的影响。在两个小烧杯中分别加入约 30mL 1mol·L^{-1} CuSO$_4$ 溶液和 1mol·L^{-1} ZnSO$_4$ 溶液,两烧杯用盐桥连接。将一铜片插于 CuSO$_4$ 溶液中,锌片插于 ZnSO$_4$ 溶液中,组成铜-锌原电池。将铜片接伏特计正极,锌片接伏特计负极,记录下伏特计的读数。用此原电池作电源电解 Na$_2$SO$_4$ 溶液(见实验内容 6)后,继续如下实验。

在 CuSO$_4$ 溶液中滴加 6mol·L^{-1} NaOH 溶液,使 Cu^{2+} 逐渐沉淀,观察伏特计的读数如何变化;再在 ZnSO$_4$ 溶液中滴加 6mol·L^{-1} NaOH 溶液,使 Zn^{2+} 逐渐沉淀,观察伏特计读数又如何变化。说明原因。

4. 介质对氧化还原反应的影响

在三支试管中各加入 1mL 0.01mol·L^{-1} KMnO$_4$ 溶液,然后在第一支试管中加入 3~5 滴 2mol·L^{-1} H$_2$SO$_4$ 溶液,第二支试管中加入 3~5 滴 6mol·L^{-1} NaOH 溶液,第三支试管中加入 1mL H$_2$O,再在三支试管中各加入少许固体 Na$_2$SO$_3$,观察现象。写出有关离子方程式。

5. 电解饱和氯化钠溶液

按实验图-20 组装电解槽,然后在阳极附近的溶液中加 1~2 滴淀粉试液和 1 滴 0.1mol·L^{-1} KI 溶液,在阴极附近溶液中加 1 滴酚酞试液。接通电源,观察现象。写出电极反应和电解

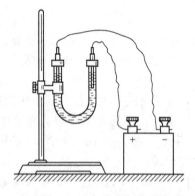

实验图-20 电解饱和氯化钠溶液

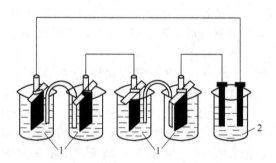

实验图-21 铜-锌原电池作电源
电解硫酸钠溶液
1—铜-锌原电池;2—硫酸钠溶液

---

❶ NH$_4^+$ 的检验:将几滴待检溶液置于一较大表面皿中心,加几滴 6mol·L^{-1} NaOH 溶液混匀,然后在另一块较小的表面皿内壁中心贴一块湿润的红色石蕊试纸,再将其盖在较大的表面皿上做成气室。将此气室用水浴加热,若红色石蕊试纸变蓝,表明待检溶液中有 NH$_4^+$ 存在。

反应方程式。

*6. 以铜-锌原电池为电源电解硫酸钠溶液

如实验图-21所示，将铜-锌原电池的两极分别与碳棒连接，将碳棒插入装有约50mL 0.5mol·L^{-1} Na$_2$SO$_4$溶液和2滴酚酞试液的烧杯中。观察现象。写出电解池中电极反应和电解反应方程式。

五、思考题

1. 在实验内容1（2）中，溴水为什么不能多加？碘水可否多加？
2. 在实验内容4中，不按指定的顺序加药品是否可以？为什么？
3. 在电解Na$_2$SO$_4$溶液的实验中，插入Na$_2$SO$_4$溶液中的碳棒相距太近会对实验现象造成何种影响？

实验七 氮、磷重要化合物的性质

一、目的要求

1. 掌握NH$_3$的制法及性质、铵盐、HNO$_3$及其盐的性质及NH$_4^+$的鉴定方法。
2. 掌握磷酸盐的性质。
3. 了解HNO$_2$及其盐的性质。
4. 了解NO$_3^-$的鉴定方法。

二、仪器和药品

1. 仪器

带塞直角玻璃导管，坩埚，台秤。

2. 药品

HNO$_3$（2.0，浓），HCl（2.0，浓），H$_2$SO$_4$（2.0，12.0），NaOH（2.0），NH$_3$·H$_2$O（浓），Ca(OH)$_2$（固），FeSO$_4$（固），NH$_3$NO$_3$（固），NH$_4$Cl（固），（NH$_4$）$_2$SO$_4$（固），（NH$_4$）$_2$CO$_3$（固），Pb(NO$_3$)$_2$（固），AgNO$_3$（0.1，固），KNO$_3$（0.1，固），NaNO$_2$（饱和，固），CaCl$_2$（0.1），KI（0.1），KMnO$_4$（0.01），Na$_3$PO$_4$（0.1），Na$_2$HPO$_4$（0.1），NaH$_2$PO$_4$（0.1），奈氏试剂，碘水，铜片，木炭，pH试纸。

三、实验内容

1. 氨的制备和性质

（1）称取3g Ca(OH)$_2$和3g NH$_4$Cl固体，混合均匀并研细，装入一支干燥的大试管中（见图10-2）。加热，用向下排气法收集一试管NH$_3$，塞好待用。写出化学方程式。

（2）将盛有NH$_3$的试管倒置于盛水的大烧杯中，在水中打开塞子，观察现象并加以说明。写出化学方程式。

将试管连同其中溶液取出，用pH试纸检验溶液的酸碱性。

（3）在小坩埚内滴几滴浓氨水，在小烧杯内滴几滴浓盐酸，迅速把烧杯扣在坩埚上，观察现象并加以说明。写出化学方程式。

2. 铵盐的性质及NH$_4^+$的鉴定

（1）在三支试管中分别加入黄豆粒大的NH$_4$NO$_3$、（NH$_4$）$_2$SO$_4$、（NH$_4$）$_2$CO$_3$的固体，各加入1～2mL水。振荡，观察溶解情况，再用pH试纸检验溶液的酸碱性，并加以说明〔其中NH$_4$NO$_3$溶液留待实验内容2.（3）用〕。

（2）在试管中加入约1g NH$_4$Cl固体，将其固定于铁架台上，加热试管底部。用pH试纸检验试管口逸出的气体，观察试纸的变色情况，同时观察试管内固体的变化情况。解释原因，写出化学方程式。

(3) 取实验内容 2.(1) 中所得的 NH_4NO_3 溶液，加 1～2mL $2mol \cdot L^{-1}$ NaOH 溶液碱化，再滴入 2～3 滴奈氏试剂，观察现象，写出化学方程式。

*3. 亚硝酸及其盐的性质

(1) 将盛有 10 滴饱和 $NaNO_2$ 溶液的试管置于冷水浴中，加入 10 滴 $2mol \cdot L^{-1}$ H_2SO_4 溶液，先观察溶液颜色有无变化，再观察生成的气体的颜色❶。说明原因，写出化学方程式。

(2) 在试管中加入 10 滴 $0.1mol \cdot L^{-1}$ KI 溶液以及黄豆粒大的 $NaNO_2$ 固体，振荡，观察现象。往溶液中滴加 3～5 滴 $2mol \cdot L^{-1}$ H_2SO_4 后再观察现象（如不明显可加 5～10 滴 CCl_4 并振荡）。解释加入 H_2SO_4 前后现象为何不同。写出离子方程式。

(3) 在试管中加入 1mL $0.01mol \cdot L^{-1}$ $KMnO_4$ 溶液和 3～5 滴 $2mol \cdot L^{-1}$ H_2SO_4，再加入少许 $NaNO_2$ 固体，振荡，观察现象，写出离子方程式。

4. 硝酸及其盐的性质，*NO_3^- 的鉴定

(1) 在试管中加入一铜片并加入 1mL 浓硝酸微热，观察生成气体的颜色；再向试管中加入约 5mL 水，观察气体颜色的变化。写出化学方程式。

(2) 取三支干燥试管，分别加入少许固体的 KNO_3、$Pb(NO_3)_2$、$AgNO_3$，加热。观察它们的分解情况，并进行比较。写出化学方程式。

(3) 在试管中加入 1g KNO_3 固体，加热至其熔化并有气体产生，离开火焰，迅速投入一小块木炭，观察现象（若无现象再微热片刻）。写出化学方程式。

*(4) NO_3^- 的鉴定　在试管中加入 1mL $0.1mol \cdot L^{-1}$ KNO_3 溶液，加少许固体 $FeSO_4$，振荡试管，混合均匀。然后，倾斜试管，缓慢滴入 1mL $12mol \cdot L^{-1}$ H_2SO_4。再将试管慢慢竖直，若两液层间有棕色环生成，证明有 NO_3^- 存在。

5. 磷酸盐的性质

(1) 用 pH 试纸检验 $0.1mol \cdot L^{-1}$ Na_3PO_4、$0.1mol \cdot L^{-1}$ Na_2HPO_4、$0.1mol \cdot L^{-1}$ NaH_2PO_4 溶液的酸碱性。

(2) 取三支试管，在第一支中加入 1mL $0.1mol \cdot L^{-1}$ Na_3PO_4 溶液，第二支中加入 1mL $0.1mol \cdot L^{-1}$ Na_2HPO_4 溶液，第三支中加入 1mL $0.1mol \cdot L^{-1}$ NaH_2PO_4 溶液，再各加入 1mL $0.1mol \cdot L^{-1}$ $CaCl_2$ 溶液，观察有无沉淀生成，并比较沉淀量的多少。

在第二、三支试管中各加入 1mL $2mol \cdot L^{-1}$ NaOH 溶液，观察有无沉淀生成。然后在三支试管中都滴加 $2mol \cdot L^{-1}$ HCl 溶液，振荡，观察现象。写出有关的化学方程式。

(3) 在试管中加入 1mL $0.1mol \cdot L^{-1}$ Na_3PO_4 溶液，滴加 $0.1mol \cdot L^{-1}$ $AgNO_3$ 溶液，观察沉淀的颜色。再滴加 $2mol \cdot L^{-1}$ HNO_3 溶液，观察现象。写出化学方程式。

四、思考题

1. 在试管中加热 $(NH_4)_2SO_4$ 使其分解，观察到的现象与 NH_4Cl 在试管中受热分解的现象是否会相同？为什么？

2. KNO_3 的分解不能从产物的颜色来判断。应怎样观察 KNO_3 的分解情况（即确定分解产物）？

3. 有三瓶标签已失的晶体，分别是 Na_3PO_4、NaCl、Na_2CO_3。采用简便的化学方法将它们区分开。

实验八　氧、硫重要化合物的性质

一、目的要求

1. 掌握 H_2O_2 的氧化性和还原性。

---

❶ 该实验在通风橱内进行。

2. 熟悉 H_2S 的实验室制法和性质,了解金属硫化物的溶解性。

3. 了解 SO_2 的实验室制法及性质。

4. 掌握浓硫酸的特性及 SO_4^{2-} 的鉴定方法。

5. 掌握 $Na_2S_2O_3$ 的基本性质。

6. 了解过二硫酸盐的氧化性。

二、仪器和药品

1. 仪器

带塞导气管,坩埚盖,启普发生器,分液漏斗,圆底烧瓶,铁架台。

2. 药品

H_2SO_4(2.0,浓),HCl(6.0),HNO_3(2.0,浓),H_2O_2(3‰),KBr(0.1),$KMnO_4$(0.01),$FeCl_3$(0.1),Na_2SO_4(0.1),$ZnSO_4$(0.1),$SbCl_3$(0.1),$CuSO_4$(0.1),$BaCl_2$(0.1),$Na_2S_2O_3$(0.1),$AgNO_3$(0.1),$MnSO_4$(0.002),Na_2SO_3(固),FeS(固),$K_2S_2O_8$(固),CCl_4,溴水,碘水,铜片,蔗糖,滤纸条,醋酸铅试纸,pH 试纸,蓝色石蕊试纸,品红试液,淀粉溶液。

三、实验内容

1. 过氧化氢的氧化还原性

(1) 在试管中加入 1mL 0.1mol·L^{-1} KBr 溶液和 1mL 质量分数为 3‰ H_2O_2 溶液,再加入 1mL CCl_4,振荡,观察现象。然后加入 5 滴 2mol·L^{-1} H_2SO_4 溶液,振荡,观察现象并加以说明。写出化学方程式。

(2) 在试管中加入 1mL 0.01mol·L^{-1} $KMnO_4$ 溶液和 5 滴 2mol·L^{-1} H_2SO_4 溶液,滴加质量分数为 3‰ H_2O_2 溶液,观察现象。写出化学方程式。

2. 硫化氢的制备与性质

(1) FeS 和 2mol·L^{-1} H_2SO_4 溶液在启普发生器中反应制 H_2S 气体。用湿润的醋酸铅试纸检验 H_2S 的生成。待排净装置中的空气后❶,在导气管尖嘴处点燃 H_2S 气体,观察火焰的颜色。用一干燥烧杯罩在火焰上,观察烧杯内壁上水珠的产生。将湿润的蓝色石蕊试纸置于火焰上方,观察其变色情况。将一冷的瓷坩埚盖置于火焰中,观察坩埚盖上硫的生成(本实验可由教师演示)。

(2) 将 H_2S 气体通入约 15mL 水中,制成饱和 H_2S 溶液待用。

(3) 用 pH 试纸检验饱和 H_2S 溶液的 pH。

(4) 在试管中加入 1mL 饱和 H_2S 水溶液,滴加溴水,观察现象。写出化学方程式。

(5) 在试管中加入 1mL 0.01mol·L^{-1} $KMnO_4$ 溶液,用 5 滴 2mol·L^{-1} H_2SO_4 溶液酸化,滴加饱和 H_2S 水溶液,观察现象,写出化学方程式。

(6) 在试管中加入 1mL 0.1mol·L^{-1} $FeCl_3$ 溶液和 1mL 饱和 H_2S 溶液,振荡,观察现象。写出化学方程式。

*3. 金属硫化物的溶解性

在 4 支试管中分别加入 1mL 0.1mol·L^{-1} Na_2SO_4 溶液、0.1mol·L^{-1} $ZnSO_4$ 溶液、0.1mol·L^{-1} $SbCl_3$ 溶液、0.1mol·L^{-1} $CuSO_4$ 溶液,然后各加入 1mL 饱和 H_2S 溶液,振荡,观察有无沉淀生成及沉淀的颜色。

待沉淀沉降后,将上层清液倾去,在沉淀上滴加 6mol·L^{-1} HCl 溶液,观察沉淀是否

---

❶ H_2S 与空气的混合气体遇明火容易发生爆炸,实验时要注意排尽气体发生装置中的空气。

溶解。

将仍有沉淀的试管中清液倾去，滴加浓硝酸，可微热，观察沉淀是否溶解。

写出有关的化学方程式。

*4. 二氧化硫的制备与性质

按实验图-22装好仪器，在圆底烧瓶中加入适量 Na_2SO_3 固体，在分液漏斗中装入 $2mol·L^{-1}$ H_2SO_4 溶液。从分液漏斗中滴下 H_2SO_4 溶液，观察现象。写出化学方程式。

(1) 将 SO_2 气体通入试管内的水中，用 pH 试纸测所得溶液的 pH。

(2) 在试管中加入 1mL $0.01mol·L^{-1}$ $KMnO_4$ 溶液，用 5 滴 $2mol·L^{-1}$ H_2SO_4 溶液酸化，通入 SO_2 气体，观察现象。离子方程式为：

$$2MnO_4^- + 5SO_2 + 2H_2O = 2Mn^{2+} + 5SO_4^{2-} + 4H^+$$

(3) 在试管中加入 1mL 饱和 H_2S 溶液，通入 SO_2，观察现象。写出化学方程式。

(4) 在试管中加入 2mL 品红溶液，通入 SO_2，观察溶液颜色变化。然后将溶液加热，又有什么现象？试说明原因。

5. 浓硫酸的特性与 SO_4^{2-} 的鉴定

(1) 在试管中放入一块铜片，加入 1mL 浓硫酸，加热，观察现象。用湿润的蓝色石蕊试纸检验试管口放出的气体。溶液稍冷后用水稀释，观察其颜色。写出有关的化学方程式。

(2) 将一滤纸条投入盛有 1mL 浓硫酸的试管中，观察现象（或在滤纸上滴 1 滴浓硫酸）。

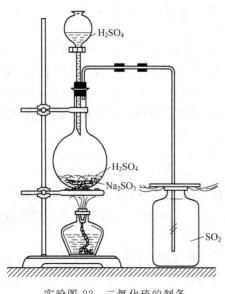

实验图-22 二氧化硫的制备

(3)❶ 在小烧杯中放入约 10g 蔗糖，以少量水调成糊状，加入 5mL 浓硫酸，用玻璃棒迅速搅拌。当反应开始后，立即将玻璃棒垂直立于混合物中。观察现象并加以说明。

(4) 在试管中加入 1mL $0.1mol·L^{-1}$ Na_2SO_4（或 H_2SO_4）溶液，滴加 $0.1mol·L^{-1}$ $BaCl_2$ 溶液，观察沉淀的生成。静置，倾去上层清液，滴加 $2mol·L^{-1}$ HNO_3 溶液，观察沉淀是否溶解。写出有关的化学方程式。

6. 硫代硫酸钠的性质

(1) 在试管中加入 1mL $0.1mol·L^{-1}$ $Na_2S_2O_3$ 溶液，滴加 $2mol·L^{-1}$ H_2SO_4 溶液，振荡，观察现象。写出化学方程式。

(2) 在试管中加入 1mL 碘水和 2 滴淀粉溶液，滴加 $0.1mol·L^{-1}$ $Na_2S_2O_3$ 溶液，振荡，观察现象。写出化学方程式。

*7. 过二硫酸盐的氧化性

(1) 在试管中加入 1mL $2mol·L^{-1}$ HNO_3 溶液，再加 2 滴 $0.002mol·L^{-1}$ $MnSO_4$ 溶液，加 2 滴 $0.1mol·L^{-1}$ $AgNO_3$ 溶液作催化剂，然后加入少许固体 $K_2S_2O_8$，微热，观察现象。写出化学方程式。

(2) 在试管中加入 1mL $0.1mol·L^{-1}$ KI 溶液和 2 滴淀粉溶液，然后加入少许固体 $K_2S_2O_8$，振荡，观察现象。写出化学方程式。

---

❶ 本实验可由教师演示。

四、思考题

1. 如何通过实验将 $Na_2S_2O_3$ 溶液、Na_2SO_3 溶液和 Na_2S 溶液区分开？
2. 在实验内容 7.(1) 中，可否用 $2mol·L^{-1}$ H_2SO_4 或盐酸代替 HNO_3？为什么？
3. $Na_2S_2O_3$ 溶液能否长期保存？为什么？

实验九　配位化合物与过渡元素（铜、银、锌）的重要化合物

一、目的要求

1. 了解配位化合物的生成和组成。
2. 熟悉配位平衡的移动。
3. 了解配位平衡与酸度、氧化还原反应的关系。
4. 熟悉 Cu^{2+}、Ag^+、Zn^{2+} 与氢氧化钠、氨水、硫化氢的反应。
5. 熟悉 Cu^{2+}、Ag^+ 与碘化钾的反应，以及它们的氧化性。

二、仪器和药品

1. 仪器

离心试管，离心机，水浴锅。

2. 药品

H_2SO_4（2.0），HCl（2.0，6.0），HNO_3（6.0），H_2S（饱和），NaOH（0.1，2.0，6.0），$NH_3·H_2O$（2.0，6.0），KI（0.1），$CuSO_4$（0.1），$BaCl_2$（0.1），$FeCl_3$（0.1，1.0），NaF（1.0），KSCN（0.1，0.5），$ZnSO_4$（0.1），$AgNO_3$（0.1），NaCl（0.1），$Na_2S_2O_3$（0.1），淀粉溶液（0.2%），甲醛（HCHO）（2%），CCl_4。

三、实验内容

1. 配位化合物的组成

在试管中加入 1mL $0.1mol·L^{-1}$ $CuSO_4$ 溶液，逐滴加入 $6mol·L^{-1}$ $NH_3·H_2O$，边加边振荡试管，观察蓝色 $Cu_2(OH)_2SO_4$ 沉淀的产生，继续滴加 $NH_3·H_2O$，观察沉淀因深蓝色配离子 $[Cu(NH_3)_4]^{2+}$ 的生成而溶解。写出化学方程式。

将上述所得的 $[Cu(NH_3)_4]^{2+}$ 配离子溶液加入过量的 $NH_3·H_2O$ 后，分成两份。一份滴加少量的 $0.1mol·L^{-1}$ 的 NaOH 溶液，另一份滴加 $0.1mol·L^{-1}$ $BaCl_2$ 溶液，观察现象。说明配位化合物的组成。

2. 配位平衡的移动

在一支大试管中，加入 5 滴 $0.1mol·L^{-1}$ $FeCl_3$ 溶液，然后滴加 20 滴 $0.1mol·L^{-1}$ KSCN 溶液，将血红色溶液以 10mL H_2O 冲稀，分成三份。

第一份溶液中加入 0.5mL $1mol·L^{-1}$ $FeCl_3$ 溶液；

第二份溶液中加入 0.5mL $0.5mol·L^{-1}$ KSCN 溶液；

第三份与实验后的第一、第二份溶液进行比较，说明配位平衡移动的情况。

* 3. 配位平衡与氧化还原反应

在试管中加入 1mL $0.1mol·L^{-1}$ $FeCl_3$ 溶液，滴加 $0.1mol·L^{-1}$ KI 溶液至棕色，加入少量 CCl_4，振荡后观察 CCl_4 层的颜色。写出化学方程式。

另取一支试管，加入 1mL $0.1mol·L^{-1}$ $FeCl_3$ 溶液，滴加 $1mol·L^{-1}$ NaF 溶液至无色，再加入 $0.1mol·L^{-1}$ KI 溶液和少量的 CCl_4，振荡，观察 CCl_4 层的颜色。解释现象并写出有关化学方程式。

*4. 配位平衡与酸度的关系

在试管中加入 1mL 0.1mol·L^{-1} CuSO$_4$ 溶液，逐滴加入 6mol·L^{-1} NH$_3$·H$_2$O 至沉淀刚好溶解，然后将溶液分为两份。一份滴加 6mol·L^{-1} NaOH 溶液，另一份滴加 2mol·L^{-1} H$_2$SO$_4$ 溶液，观察沉淀重新生成。说明配位平衡的移动情况。

5. Cu^{2+}、Zn^{2+}、Ag^+ 与氢氧化钠、氨水、*硫化氢的反应

(1) 取三支试管，均加入 1mL 0.1mol·L^{-1} CuSO$_4$ 溶液，并滴加 2mol·L^{-1} NaOH 溶液，观察 Cu(OH)$_2$ 沉淀的颜色。然后进行下列实验：

第一支试管中滴加 2.0mol·L^{-1} H$_2$SO$_4$ 溶液，观察现象。写出化学方程式；

第二支试管中加入过量的 6mol·L^{-1} NaOH 溶液，振荡试管，观察现象。写出化学方程式。

将第三支试管加热，观察现象。写出化学方程式。

(2) 取两支试管，均加入 1mL 0.1mol·L^{-1} ZnSO$_4$ 溶液，并滴加 2mol·L^{-1} NaOH 溶液（不要过量），观察 Zn(OH)$_2$ 沉淀的颜色。然后在一支试管中滴加 2mol·L^{-1} HCl 溶液，在另一支试管中滴加 2mol·L^{-1} NaOH 溶液，观察现象。写出化学方程式。

比较 Cu(OH)$_2$ 和 Zn(OH)$_2$ 的两性。

(3) 在试管中加入 5 滴 0.1mol·L^{-1} AgNO$_3$ 溶液，然后逐滴加入新配制的 2mol·L^{-1} NaOH 溶液，观察产物的状态和颜色，写出化学方程式。

(4) CuSO$_4$ 与 NH$_3$·H$_2$O 的反应见实验内容 4。

(5) 在试管中加入 1mL 0.1mol·L^{-1} ZnSO$_4$ 溶液，并滴加 2mol·L^{-1} NH$_3$·H$_2$O，观察沉淀的产生。继续滴加 2mol·L^{-1} NH$_3$·H$_2$O 至沉淀溶解。写出化学方程式。

将上述溶液分成两份，一份加热至沸腾，另一份逐滴加入 2mol·L^{-1} HCl 溶液，观察现象。写出化学方程式。

(6) 在试管中加入 5 滴 0.1mol·L^{-1} AgNO$_3$ 溶液，再滴加 5 滴 0.1mol·L^{-1} NaCl 溶液，观察白色沉淀的产生。然后滴加 6mol·L^{-1} NH$_3$·H$_2$O 至沉淀溶解。写出化学方程式。

(7) 取四支试管，分别加入 0.5mL 0.1mol·L^{-1} CuSO$_4$、0.1mol·L^{-1} ZnSO$_4$、0.1mol·L^{-1} AgNO$_3$ 溶液，再各滴加饱和 H$_2$S 水溶液，观察它们反应后生成沉淀的颜色。然后依次试验这些沉淀与 6mol·L^{-1} HCl 溶液和 6mol·L^{-1} HNO$_3$ 溶液作用的情况。❶

6. Cu^{2+}、Ag^+ 与碘化钾溶液的反应

(1) 在离心试管中，加入 5 滴 0.1mol·L^{-1} CuSO$_4$ 溶液和 1mL 0.1mol·L^{-1} KI 溶液，观察沉淀的产生及其颜色，离心分离，在清液中滴加 1 滴淀粉溶液，检查是否有 I$_2$ 存在；在沉淀中滴加 0.1mol·L^{-1} Na$_2$S$_2$O$_3$ 溶液，再观察沉淀的颜色（白色）。有关化学方程式见实验内容 8.(1)。

(2) 在试管中加入 3～5 滴 0.1mol·L^{-1} AgNO$_3$ 溶液，然后滴加 0.1mol·L^{-1} KI 溶液，观察现象。写出化学方程式。

7. Cu^{2+}、Ag^+ 的氧化性

(1) Cu^{2+} 的氧化性见实验内容 7.(1)，其离子方程式为：

$$2Cu^{2+} + 4I^- = Cu_2I_2\downarrow + I_2$$

---

❶ 铜、银、锌的硫化物中，ZnS 可溶于盐酸，Ag$_2$S 和 CuS 不溶于盐酸，可溶于 HNO$_3$。

(2) 银镜反应 取一支洁净试管，加入 1mL 0.1mol·L^{-1} AgNO$_3$ 溶液，逐滴加入 6mol·L^{-1} NH$_3$·H$_2$O 至产生沉淀后又刚好消失，再多加 2 滴。然后加入 1~2 滴质量分数为 2% 甲醛溶液，将试管置于 77~87℃ 的水浴中加热数分钟，观察银镜的产生。其离子方程式为：

$$2Ag^+ + 2NH_3·H_2O = Ag_2O + 2NH_4^+ + H_2O$$
$$Ag_2O + 4NH_3·H_2O = 2[Ag(NH_3)_2]^+ + 2OH^- + 3H_2O$$
$$2[Ag(NH_3)_2]^+ + HCHO + 2OH^- = 2Ag\downarrow + HCOO^- + NH_4^+ + 3NH_3 + H_2O$$

四、思考题

1. 简述影响配位平衡移动的因素。
2. Cu(OH)$_2$ 与 Zn(OH)$_2$ 的两性有何差别？
3. Ag$^+$ 与 NaOH 溶液反应的产物为何不是氢氧化物？
4. Cu^{2+}、Zn^{2+}、Ag$^+$ 与 NH$_3$·H$_2$O 反应有何异同？
5. Cu^{2+}、Ag$^+$ 与 KI 溶液反应有何不同？

实验十 过渡元素（铬、锰、铁）的重要化合物

一、目的要求

1. 熟悉氢氧化铬的两性。
2. 熟悉铬常见氧化态间的相互转化及转化条件。
3. 了解一些难溶的铬酸盐。
4. 熟悉锰（Ⅱ）盐与高锰酸盐的性质。
5. 熟悉 Cr^{3+}、Mn^{2+}、Fe^{3+} 和 Fe^{2+} 离子的鉴定。

二、实验药品

HCl (2.0，浓)，H$_2$SO$_4$ (2.0)，HNO$_3$ (3.0)，NaOH (2.0, 6.0)，H$_2$O$_2$ (3%)，Cr$_2$(SO$_4$)$_3$ (0.1)，K$_2$Cr$_2$O$_7$ (0.1)，AgNO$_3$ (0.1)，BaCl$_2$ (0.1)，Pb(NO$_3$)$_2$ (0.1)，K$_2$CrO$_4$ (0.1)，MnSO$_4$ (0.1)，KMnO$_4$ (0.01)，FeCl$_3$ (0.1)，KI (0.1)，KSCN (0.1)，K$_4$[Fe(CN)$_6$] (0.1)，K$_3$[Fe(CN)$_6$] (0.1)，FeSO$_4$ (0.1)，Na$_2$SO$_3$ (固)，NaBiO$_3$ (固)，(NH$_4$)$_2$Fe(SO$_4$)$_2$·6H$_2$O (固)，CCl$_4$，淀粉-碘化钾试纸。

三、实验内容

*1. 氢氧化铬的生成和性质

在两支试管中均加入 10 滴 0.1mol·L^{-1} Cr$_2$(SO$_4$)$_3$ 溶液，逐滴加入 2mol·L^{-1} NaOH 溶液，观察灰蓝色 Cr(OH)$_3$ 沉淀的生成。然后在一支试管中继续滴加 NaOH 溶液，而在另一支试管中添加 2mol·L^{-1} 的 HCl 溶液，观察现象。写出化学方程式。

*2. Cr(Ⅲ) 与 Cr(Ⅵ) 的相互转化

(1) 在试管中加入 1mL 0.1mol·L^{-1} Cr$_2$(SO$_4$)$_3$ 溶液和过量的 2mol·L^{-1} NaOH 溶液，使之成为 CrO$_2^-$（至生成的沉淀刚好溶解），再加入 5~8 滴质量分数为 3% H$_2$O$_2$ 溶液，在水浴中加热，观察黄色 CrO$_4^{2-}$ 的生成。写出化学方程式。

(2) 在试管中加入 10 滴 0.1mol·L^{-1} K$_2$Cr$_2$O$_7$ 溶液和 1mL 2mol·L^{-1} H$_2$SO$_4$ 溶液，然后滴加质量分数为 3% H$_2$O$_2$ 溶液，振荡，观察现象。写出化学方程式。

(3) 在试管中加入 10 滴 0.1mol·L^{-1} K$_2$Cr$_2$O$_7$ 溶液和 1mL 2mol·L^{-1} H$_2$SO$_4$ 溶液，然后加入黄豆大小的 Na$_2$SO$_3$ 固体，振荡，观察溶液颜色的变化。写出化学方程式。

(4) 在试管中加入 10 滴 0.1mol·L^{-1} K$_2$Cr$_2$O$_7$ 溶液和 3~5mL 浓盐酸，微热，用湿润

的淀粉-碘化钾试纸在试管口检验逸出的气体,观察试纸和溶液颜色的变化。写出化学方程式。

* 3. $Cr_2O_7^{2-}$ 与 CrO_4^{2-} 的相互转化

在试管中加入 1mL 0.1mol·L^{-1} $K_2Cr_2O_7$ 溶液,逐滴加入 2mol·L^{-1} NaOH 溶液,观察溶液由橙黄色变为黄色,然后再用 2mol·L^{-1} H_2SO_4 酸化,观察溶液由黄色转变为橙黄色。写出转化的平衡方程式。

* 4. 难溶铬酸盐的生成

取三支试管,分别加入 10 滴 0.1mol·L^{-1} $AgNO_3$、0.1mol·L^{-1} $BaCl_2$、0.1mol·L^{-1} $Pb(NO_3)_2$ 溶液,然后均滴加 0.1mol·L^{-1} K_2CrO_4 溶液,观察生成沉淀的颜色。写出化学方程式。

5. 锰(Ⅱ)盐与高锰酸盐的性质

(1) 取三支试管,均加入 10 滴 0.1mol·L^{-1} $MnSO_4$ 溶液,再滴加 2mol·L^{-1} NaOH 溶液,观察沉淀的颜色。写出化学方程式。然后,在第一支试管中加入 2mol·L^{-1} NaOH 溶液,观察沉淀是否溶解;在第二支试管中加入 2mol·L^{-1} H_2SO_4 溶液,观察沉淀是否溶解;将第三支试管充分振荡后放置,观察沉淀颜色变化,写出化学方程式。

(2) 在试管中加入 2mL 3mol·L^{-1} HNO_3 溶液和 1~2 滴 0.1mol·L^{-1} $MnSO_4$ 溶液,然后加入绿豆大小的 $NaBiO_3$ 固体,微热,观察紫红色 MnO_4^- 的生成。写出化学方程式。

(3) 取三支试管,均加入 1mL 0.01mol·L^{-1} $KMnO_4$ 溶液,再分别加入 2mol·L^{-1} H_2SO_4 溶液、6mol·L^{-1} NaOH 溶液及水各 1mL,然后均加入少量 Na_2SO_3 固体,振荡试管,观察反应现象,比较它们的产物。写出离子方程式。

6. 铁(Ⅱ)化合物的还原性

(1) 取一支试管,加入 1~2mL H_2O 和 3~5 滴 2mol·L^{-1} H_2SO_4 溶液,煮沸,驱除溶解氧,加入黄豆大小的 $(NH_4)_2Fe(SO_4)_2·6H_2O$ 固体,振荡,使之溶解;另取一支试管,加入 1~2mL 2mol·L^{-1} NaOH 溶液,煮沸,驱除溶解氧,迅速倒入第一支试管中,观察现象。然后振荡试管,放置片刻,观察沉淀颜色的变化。说明原因,写出化学方程式。

(2) 在试管中加入 1mL 0.01mol·L^{-1} $KMnO_4$ 溶液,用 1mL 2mol·L^{-1} H_2SO_4 溶液酸化,然后加入黄豆大小的 $(NH_4)_2Fe(SO_4)_2·6H_2O$ 固体,振荡,观察 $KMnO_4$ 溶液颜色的变化。写出化学方程式。

7. 铁(Ⅲ)化合物的氧化性

(1) 在试管中加入 1mL 0.1mol·L^{-1} $FeCl_3$ 溶液,滴加 2mol·L^{-1} NaOH 溶液,在生成的 $Fe(OH)_3$ 沉淀上滴加浓 HCl,观察是否有气体产生,写出有关的化学方程式。

(2) 在试管中加入 1mL 0.1mol·L^{-1} $FeCl_3$ 溶液,滴加 0.1mol·L^{-1} KI 溶液至红棕色。加入 5 滴左右的 CCl_4,振荡,观察 CCl_4 层的颜色。写出化学方程式。

8. 铁的配合物

(1) 在试管中加入 1mL 0.1mol·L^{-1} $K_4[Fe(CN)_6]$ 溶液,滴加 0.1mol·L^{-1} $FeCl_3$ 溶液,观察蓝色沉淀的产生。写出化学方程式(该反应用于 Fe^{3+} 的鉴定)。

(2) 在试管中加入 1mL 0.1mol·L^{-1} $FeCl_3$ 溶液,滴加 0.1mol·L^{-1} KSCN 溶液,观察现象,写出反应的离子方程式(该反应用于 Fe^{3+} 的鉴定)。

(3) 在试管中加入 1mL 0.1mol·L^{-1} $K_3[Fe(CN)_6]$ 溶液,滴加新配制的

$0.1mol·L^{-1}$ $FeSO_4$ 溶液，观察蓝色沉淀的产生。写出化学方程式（该反应用于 Fe^{2+} 的鉴定）。

四、思考题

1. 如何实现 Cr(Ⅲ) 和 Cr(Ⅵ) 的相互转化？
2. $KMnO_4$ 的还原产物与介质有什么关系？
3. 如何检验 Cr^{3+}、Mn^{2+}、Fe^{3+} 和 Fe^{2+}？

附　录

附录一　酸、碱和盐的溶解性表（20℃）

阳离子＼阴离子	OH^-	NO_3^-	Cl^-	SO_4^{2-}	S^{2-}	SO_3^{2-}	CO_3^{2-}	SiO_3^{2-}	PO_4^{3-}
H^+		溶、挥	溶、挥	溶	溶、挥	溶、挥	溶、挥	微	溶
NH_4^+	溶、挥	溶	溶	溶	溶	溶	溶	溶	溶
K^+	溶	溶	溶	溶	溶	溶	溶	溶	溶
Na^+	溶	溶	溶	溶	溶	溶	溶	溶	溶
Ba^{2+}	溶	溶	溶	不	—	不	不	不	不
Ca^{2+}	微	溶	溶	微	—	不	不	不	不
Mg^{2+}	不	溶	溶	溶	—	微	微	不	不
Al^{3+}	不	溶	溶	溶	—	—	—	不	不
Mn^{2+}	不	溶	溶	溶	不	不	不	不	不
Zn^{2+}	不	溶	溶	溶	不	不	不	不	不
Cr^{3+}	不	溶	溶	溶	—	—	—	不	不
Fe^{2+}	不	溶	溶	溶	不	不	不	不	不
Fe^{3+}	不	溶	溶	溶	—	—	—	不	不
Sn^{2+}	不	溶	溶	溶	不	—	—	—	不
Pb^{2+}	不	溶	微	不	不	不	不	不	不
Bi^{3+}	不	溶	—	溶	不	不	—	—	不
Cu^{2+}	不	溶	溶	溶	不	不	不	—	不
Hg^+	—	溶	不	微	不	不	不	—	不
Hg^{2+}	—	溶	溶	溶	不	不	—	—	不
Ag^+	—	溶	不	微	不	不	不	—	不

注："溶"表示那种物质可溶于水，"不"表示难溶于水，"微"表示微溶于水，"挥"表示挥发性，"—"表示那种物质不存在或遇到水就分解。

附录二　强酸、强碱、氨溶液的质量分数与密度 $[\rho/(g \cdot cm^{-3})]$ 和物质的量浓度 $[c/(mol \cdot L^{-1})]$ 的关系

质量分数/%	H_2SO_4		HNO_3		HCl		KOH		NaOH		氨溶液	
	ρ	c	ρ	c	ρ	c	ρ	c	ρ	c	ρ	c
2	1.013		1.011		1.009		1.016		1.023		0.992	
4	1.027		1.022		1.019		1.033		1.046		0.983	
6	1.040		1.033		1.029		1.048		1.069		0.973	
8	1.055		1.044		1.039		1.065		1.092		0.967	
10	1.069	1.1	1.056	1.7	1.049	2.9	1.082	1.9	1.115	2.8	0.960	5.6
12	1.083		1.068		1.059		1.100		1.137		0.953	
14	1.098		1.080		1.069		1.118		1.159		0.946	

续表

质量分数/%	H$_2$SO$_4$		HNO$_3$		HCl		KOH		NaOH		氨溶液	
	ρ	c	ρ	c	ρ	c	ρ	c	ρ	c	ρ	c
16	1.112		1.093		1.079		1.137		1.181		0.939	
18	1.127		1.106		1.089		1.156		1.213		0.932	
20	1.143	2.3	1.119	3.6	1.100	6	1.176	4.2	1.225	6.1	0.926	10.9
22	1.158		1.132		1.110		1.196		1.247		0.919	
24	1.178		1.145		1.121		1.217		1.268		0.913	12.9
26	1.190		1.158		1.132		1.240		1.289		0.908	13.9
28	1.205		1.171		1.142		1.263		1.310		0.903	
30	1.224	3.7	1.184	5.6	1.152	9.5	1.268	6.8	1.332	10	0.898	15.8
32	1.238		1.198		1.163		1.310		1.352		0.893	
34	1.255		1.211		1.173		1.334		1.374		0.889	
36	1.273		1.225		1.183	11.7	1.358		1.395		0.884	18.7
38	1.290		1.238		1.194	12.4	1.384		1.416			
40	1.307	5.3	1.251	7.9			1.411	10.1	1.437	14.4		
42	1.324		1.264				1.437		1.458			
44	1.342		1.277				1.460		1.478			
46	1.361		1.290				1.485		1.499			
48	1.380		1.303				1.511		1.519			
50	1.399	7.1	1.316	10.4			1.538	13.7	1.540	19.3		
52	1.419		1.328				1.564		1.560			
54	1.439		1.340				1.590		1.580			
56	1.460		1.351				1.616	16.1	1.601			
58	1.482		1.362						1.622			
60	1.503	9.2	1.373	13.3					1.643	24.6		
62	1.525		1.384									
64	1.547		1.394									
66	1.571		1.403	14.6								
68	1.594		1.412	15.2								
70	1.617	11.6	1.421	15.8								
72	1.640		1.429									
74	1.664		1.437									
76	1.687		1.445									
78	1.710		1.453									
80	1.732		1.460	18.5								
82	1.755		1.467									
84	1.776		1.474									
86	1.793		1.480									
88	1.808		1.486									
90	1.819	16.7	1.491	23.1								
92	1.830		1.496									
94	1.837		1.500									
96	1.840		1.504									
98	1.841	18.4	1.510									
100	1.838		1.522	24								

附录三 弱酸、弱碱的电离常数（25℃）

弱 酸	化学式	K_{a_1}	K_{a_2}	K_{a_3}	K_{a_4}
铝酸	H_3AlO_3	6.3×10^{-12}			
砷酸	H_3AsO_4	6.3×10^{-3}	1.05×10^{-7}	3.15×10^{-12}	
亚砷酸	H_3AsO_3	6.0×10^{-10}			
硼酸	H_3BO_3	5.8×10^{-10}			
甲酸	$HCOOH$	1.77×10^{-4}			
醋酸	CH_3COOH	1.8×10^{-5}			
氯代醋酸	$ClCH_2COOH$	1.4×10^{-3}			
草酸	$H_2C_2O_4$	5.4×10^{-2}	5.4×10^{-5}		
酒石酸	$H_2C_4H_4O_6$	1.12×10^{-2}	1.0×10^{-4}		
柠檬酸	$H_3C_6H_5O_7$	7.4×10^{-4}	1.73×10^{-5}	4×10^{-7}	
碳酸	H_2CO_3	4.2×10^{-7}	5.6×10^{-11}		
次氯酸	$HClO$	3.2×10^{-8}			
氢氰酸	HCN	6.2×10^{-10}			
硫氰酸	$HSCN$	1.4×10^{-1}			
铬酸	H_2CrO_4	9.55	3.15×10^{-7}		
氢氟酸	HF	6.6×10^{-4}			
碘酸	HIO_3	1.7×10^{-1}			
亚硝酸	HNO_2	5.1×10^{-4}			
过氧化氢	H_2O_2	2.2×10^{-12}			
磷酸	H_3PO_4	7.6×10^{-3}	6.30×10^{-8}	4.35×10^{-13}	
氢硫酸	H_2S	9.1×0^{-8}	1.1×10^{-12}		
亚硫酸	H_2SO_3	1.26×10^{-2}	6.3×10^{-8}		
硫代硫酸	$H_2S_2O_3$	2.5×10^{-11}	$10^{-1.4 \sim -1.7}$		
乙二胺四乙酸	H_4Y	10^{-2}	2.1×10^{-3}	6.9×10^{-7}	5.9×10^{-11}

弱 碱	化学式	K_{b_1}	K_{b_2}	K_{b_3}	K_{b_4}
氨水	$NH_3 \cdot H_2O$	1.8×10^{-5}			
联氨	$NH_2 \cdot NH_2$	9.8×10^{-7}			
羟氨	NH_2OH	9.1×10^{-9}			

附录四 常见难溶化合物的溶度积常数（25℃）

化合物	溶度积(K_{sp})	化合物	溶度积(K_{sp})
AgAc	4.4×10^{-3}	AgOH	2.0×10^{-8}
AgBr	5.0×10^{-13}	Ag_2S	6.3×10^{-50}
AgCl	1.8×10^{-10}	Ag_2SO_4	1.4×10^{-5}
Ag_2CO_3	8.1×10^{-12}	Ag_2SO_3	1.5×10^{-14}
$Ag_2C_2O_4$	3.4×10^{-11}	$Al(OH)_3$	1.3×10^{-33}
Ag_2CrO_4	1.1×10^{-12}	$BaCO_3$	5.1×10^{-9}
$Ag_2Cr_2O_7$	2.0×10^{-7}	BaC_2O_4	1.6×10^{-7}
AgI	8.3×10^{-17}	$BaCrO_4$	1.2×10^{-10}
$AgIO_3$	3.0×10^{-8}	BaF_2	1.0×10^{-6}
$AgNO_2$	6.0×10^{-4}	$BaSO_4$	1.1×10^{-10}

续表

化 合 物	溶度积(K_{sp})	化 合 物	溶度积(K_{sp})
$BaSO_3$	8×10^{-7}	Hg_2Cl_2	1.3×10^{-18}
$BiOCl$	1.8×10^{-31}	Hg_2CO_3	8.9×10^{-17}
$Bi(OH)_2$	4×10^{-31}	Hg_2CrO_4	2.0×10^{-9}
$BiO(NO_3)$	2.82×10^{-3}	Hg_2S	1.0×10^{-47}
Bi_2S_3	1×10^{-97}	$HgS(红)$	4×10^{-53}
$CaCO_3$	2.8×10^{-9}	$HgS(黑)$	1.6×10^{-52}
$CaC_2O_4 \cdot H_2O$	4×10^{-9}	Hg_2SO_4	7.4×10^{-7}
$CaCrO_4$	7.1×10^{-4}	$KHC_4H_4O_6$	3.0×10^{-4}
CaF_2	2.7×10^{-11}	$K_2NaCo(NO_2)_6\cdot6H_2O$	2.2×10^{-11}
$Ca(OH)_2$	5.5×10^{-6}	K_2PtCl_5	1.1×10^{-5}
$CaSO_4$	9.1×10^{-6}	$MgCO_3$	3.5×10^{-8}
$Ca_3(PO_4)_2$	2.0×10^{-29}	$Mg(OH)_2$	1.8×10^{-11}
$CdCO_3$	5.2×10^{-12}	$MnCO_3$	1.8×10^{-11}
$CdC_2O_4 \cdot 3H_2O$	9.1×10^{-8}	$Mn(OH)_2$	1.9×10^{-13}
$Cd(OH)_2$	2.5×10^{-14}	$MnS(无定形)$	2.5×10^{-10}
CdS	8.0×10^{-27}	$MnS(结晶)$	2.5×10^{-13}
$CoCO_3$	1.4×10^{-13}	$NiCO_3$	6.6×10^{-9}
$Co(OH)_2$	1.6×10^{-15}	$Ni(OH)_2$	2.0×10^{-15}
$Co(OH)_3$	1.6×10^{-44}	α-NiS	3.2×10^{-19}
α-CoS	4×10^{-21}	β-NiS	1×10^{-24}
β-CoS	2×10^{-25}	γ-NiS	2.0×10^{-26}
$Cr(OH)_3$	6.3×10^{-31}	$PbCl_2$	1.6×10^{-5}
$CuBr$	5.3×10^{-9}	$PbCO_3$	7.4×10^{-14}
$CuCl$	1.2×10^{-6}	$PbCrO_4$	2.8×10^{-13}
Cu_2S	2.5×10^{-48}	PbI_2	7.1×10^{-9}
$CuCO_3$	1.4×10^{-10}	PbS	8.0×10^{-28}
$CuCrO_4$	3.6×10^{-6}	$PbSO_4$	1.6×10^{-8}
$Cu(OH)_2$	2.2×10^{-20}	$Sn(OH)_2$	1.4×10^{-28}
$Cu_3(PO_4)_2$	1.3×10^{-37}	$Sn(OH)_4$	1×10^{-56}
$Cu_2P_2O_7$	8.3×10^{-16}	SnS	1.0×10^{-25}
CuS	6.3×10^{-36}	$SrCO_3$	1.1×10^{-10}
$FeCO_3$	3.2×10^{-11}	$SrCrO_4$	2.2×10^{-5}
$FeC_2O_4 \cdot 2H_2O$	3.2×10^{-7}	$SrC_2O_4 \cdot H_2O$	1.6×10^{-7}
$Fe_4[Fe(CN)_6]_3$	3.3×10^{-41}	$SrSO_4$	3.2×10^{-7}
$Fe(OH)_2$	8.0×10^{-16}	$ZnCO_3$	1.4×10^{-11}
$Fe(OH)_3$	4×10^{-38}	$Zn(OH)_2$	1.2×10^{-17}
FeS	6.8×10^{-18}	α-ZnS	1.6×10^{-24}
Fe_2S_3	$\approx10^{-88}$	β-ZnS	2.5×10^{-22}

附录五 标准电极电势（25℃）

一、在酸性溶液中

电 对	电 极 反 应	$\varphi_A^{\ominus}/V$
Li^+/Li	$Li^+ + e \rightleftharpoons Li$	-3.045
Rb^+/Rb	$Rb^+ + e \rightleftharpoons Rb$	-2.93
K^+/K	$K^+ + e \rightleftharpoons K$	-2.925

续表

电对	电极反应	$\varphi_A^\ominus/V$
Cs^+/Cs	$Cs^+ + e \rightleftharpoons Cs$	-2.92
Ba^{2+}/Ba	$Ba^{2+} + 2e \rightleftharpoons Ba$	-2.91
Sr^{2+}/Sr	$Sr^{2+} + 2e \rightleftharpoons Sr$	-2.89
Ca^{2+}/Ca	$Ca^{2+} + 2e \rightleftharpoons Ca$	-2.87
Na^+/Na	$Na^+ + e \rightleftharpoons Na$	-2.714
La^{3+}/La	$La^{3+} + 3e \rightleftharpoons La$	-2.52
Y^{3+}/Y	$Y^{3+} + 3e \rightleftharpoons Y$	-2.37
Mg^{2+}/Mg	$Mg^{2+} + 2e \rightleftharpoons Mg$	-2.37
Ce^{3+}/Ce	$Ce^{3+} + 3e \rightleftharpoons Ce$	-2.33
H_2/H^-	$\frac{1}{2}H_2 + e \rightleftharpoons H^-$	-2.25
Sc^{3+}/Sc	$Sc^{3+} + 3e \rightleftharpoons Sc$	-2.1
Th^{4+}/Th	$Th^{4+} + 4e \rightleftharpoons Th$	-1.9
Be^{2+}/Be	$Be^{2+} + 2e \rightleftharpoons Be$	-1.85
U^{3+}/U	$U^{3+} + 3e \rightleftharpoons U$	-1.80
Al^{3+}/Al	$Al^{3+} + 3e \rightleftharpoons Al$	-1.66
Ti^{2+}/Ti	$Ti^{2+} + 2e \rightleftharpoons Ti$	-1.63
ZrO_2/Zr	$ZrO_2 + 4H^+ + 4e \rightleftharpoons Zr + 2H_2O$	-1.43
V^{2+}/V	$V^{2+} + 2e \rightleftharpoons V$	-1.2
Mn^{2+}/Mn	$Mn^{2+} + 2e \rightleftharpoons Mn$	-1.17
TiO_2/Ti	$TiO_2 + 4H^+ + 4e \rightleftharpoons Ti + 2H_2O$	-0.86
SiO_2/Si	$SiO_2 + 4H^+ + 4e \rightleftharpoons Si + 2H_2O$	-0.86
Cr^{2+}/Cr	$Cr^{2+} + 2e \rightleftharpoons Cr$	-0.86
Zn^{2+}/Zn	$Zn^{2+} + 2e \rightleftharpoons Zn$	-0.763
Cr^{3+}/Cr	$Cr^{3+} + 3e \rightleftharpoons Cr$	-0.74
Ag_2S/Ag	$Ag_2S + 2e \rightleftharpoons 2Ag + S^{2-}$	-0.71
$CO_2/H_2C_2O_4$	$2CO_2 + 2H^+ + 2e \rightleftharpoons H_2C_2O_4$	-0.49
Fe^{2+}/Fe	$Fe^{2+} + 2e \rightleftharpoons Fe$	-0.44
Cr^{3+}/Cr^{2+}	$Cr^{3+} + e \rightleftharpoons Cr^{2+}$	-0.41
Cd^{2+}/Cd	$Cd^{2+} + 2e \rightleftharpoons Cd$	-0.403
Ti^{3+}/Ti^{2+}	$Ti^{3+} + e \rightleftharpoons Ti^{2+}$	-0.37
$PbSO_4/Pb$	$PbSO_4 + 2e \rightleftharpoons Pb + SO_4^{2-}$	-0.356
Co^{2+}/Co	$Co^{2+} + 2e \rightleftharpoons Co$	-0.29
$PbCl_2/Pb$	$PbCl_2 + 2e \rightleftharpoons Pb + 2Cl^-$	-0.266
V^{3+}/V^{2+}	$V^{3+} + e \rightleftharpoons V^{2+}$	-0.255
Ni^{2+}/Ni	$Ni^{2+} + 2e \rightleftharpoons Ni$	-0.25
AgI/Ag	$AgI + e \rightleftharpoons Ag + I^-$	-0.152
Sn^{2+}/Sn	$Sn^{2+} + 2e \rightleftharpoons Sn$	-0.136
Pb^{2+}/Pb	$Pb^{2+} + 2e \rightleftharpoons Pb$	-0.126
$AgCN/Ag$	$AgCN + e \rightleftharpoons Ag + CN^-$	-0.017
H^+/H_2	$2H^+ + 2e \rightleftharpoons H_2$	0.000
$AgBr/Ag$	$AgBr + e \rightleftharpoons Ag + Br^-$	0.071
TiO^{2+}/Ti^{3+}	$TiO^{2+} + 2H^+ + e \rightleftharpoons Ti^{3+} + H_2O$	0.10
S/H_2S	$S + 2H^+ + 2e \rightleftharpoons H_2S(aq)$	0.14
Sb_2O_3/Sb	$Sb_2O_3 + 6H^+ + 6e \rightleftharpoons 2Sb + 3H_2O$	0.15
Sn^{4+}/Sn^{2+}	$Sn^{4+} + 2e \rightleftharpoons Sn^{2+}$	0.154
Cu^{2+}/Cu^+	$Cu^{2+} + e \rightleftharpoons Cu^+$	0.17
$AgCl/Ag$	$AgCl + e \rightleftharpoons Ag + Cl^-$	0.2223
$HAsO_2/As$	$HAsO_2 + 3H^+ + 3e \rightleftharpoons As + 2H_2O$	0.248
Hg_2Cl_2/Hg	$Hg_2Cl_2 + 2e \rightleftharpoons 2Hg + 2Cl^-$	0.268

续表

电对	电极反应	$\varphi_A^\ominus/\text{V}$
BiO^+/Bi	$BiO^+ + 2H^+ + 3e \rightleftharpoons Bi + H_2O$	0.32
UO_2^{2+}/U^{4+}	$UO_2^{2+} + 4H^+ + 2e \rightleftharpoons U^{4+} + 2H_2O$	0.33
VO^{2+}/V^{3+}	$VO^{2+} + 2H^+ + e \rightleftharpoons V^{3+} + H_2O$	0.34
Cu^{2+}/Cu	$Cu^{2+} + 2e \rightleftharpoons Cu$	0.34
$S_2O_3^{2-}/S$	$S_2O_3^{2-} + 6H^+ + 4e \rightleftharpoons 2S + 3H_2O$	0.5
Cu^+/Cu	$Cu^+ + e \rightleftharpoons Cu$	0.52
I_3^-/I^-	$I_3^- + 2e \rightleftharpoons 3I^-$	0.545
I_2/I^-	$I_2 + 2e \rightleftharpoons 2I^-$	0.535
MnO_4^-/MnO_4^{2-}	$MnO_4^- + e \rightleftharpoons MnO_4^{2-}$	0.57
$H_3AsO_4/HAsO_2$	$H_3AsO_4 + 2H^+ + 2e \rightleftharpoons HAsO_2 + 2H_2O$	0.581
$HgCl_2/Hg_2Cl_2$	$2HgCl_2 + 2e \rightleftharpoons Hg_2Cl_2(s) + 2Cl^-$	0.63
Ag_2SO_4/Ag	$Ag_2SO_4 + 2e \rightleftharpoons 2Ag + SO_4^{2-}$	0.653
O_2/H_2O_2	$O_2 + 2H^+ + 2e \rightleftharpoons H_2O_2$	0.69
$[PtCl_4]^{2-}/Pt$	$[PtCl_4]^{2-} + 2e \rightleftharpoons Pt + 4Cl^-$	0.73
Fe^{3+}/Fe^{2+}	$Fe^{3+} + e \rightleftharpoons Fe^{2+}$	0.771
Hg_2^{2+}/Hg	$Hg_2^{2+} + 2e \rightleftharpoons 2Hg$	0.792
Ag^+/Ag	$Ag^+ + e \rightleftharpoons Ag$	0.799
NO_3^-/NO_2	$NO_3^- + 2H^+ + e \rightleftharpoons NO_2 + H_2O$	0.80
Hg^{2+}/Hg	$Hg^{2+} + 2e \rightleftharpoons Hg$	0.854
Cu^{2+}/CuI	$Cu^{2+} + I^- + e \rightleftharpoons CuI$	0.86
Hg^{2+}/Hg_2^{2+}	$2Hg^{2+} + 2e \rightleftharpoons Hg_2^{2+}$	0.907
Pd^{2+}/Pd	$Pd^{2+} + 2e \rightleftharpoons Pd$	0.92
NO_3^-/HNO_2	$NO_3^- + 3H^+ + 2e \rightleftharpoons HNO_2 + H_2O$	0.94
NO_3^-/NO	$NO_3^- + 4H^+ + 3e \rightleftharpoons NO + 2H_2O$	0.96
HNO_2/NO	$HNO_2 + H^+ + e \rightleftharpoons NO + H_2O$	0.98
HIO/I^-	$HIO + H^+ + 2e \rightleftharpoons I^- + H_2O$	0.99
VO_2^+/VO^{2+}	$VO_2^+ + 2H^+ + e \rightleftharpoons VO^{2+} + H_2O$	0.999
$[AuCl_4]^-/Au$	$[AuCl_4]^- + 3e \rightleftharpoons Au + 4Cl^-$	1.00
NO_2/NO	$NO_2 + 2H^+ + 2e \rightleftharpoons NO + H_2O$	1.03
Br_2/Br^-	$Br_2(l) + 2e \rightleftharpoons 2Br^-$	1.065
NO_2/HNO_2	$NO_2 + H^+ + e \rightleftharpoons HNO_2$	1.07
Br_2/Br^-	$Br_2(aq) + 2e \rightleftharpoons 2Br^-$	1.08
$Cu^{2+}/[Cu(CN)_2]^-$	$Cu^{2+} + 2CN^- + e \rightleftharpoons [Cu(CN)_2]^-$	1.12
IO_3^-/HIO	$IO_3^- + 5H^+ + 4e \rightleftharpoons HIO + 2H_2O$	1.14
ClO_3^-/ClO_2	$ClO_3^- + 2H^+ + e \rightleftharpoons ClO_2 + H_2O$	1.15
Ag_2O/Ag	$Ag_2O + 2H^+ + 2e \rightleftharpoons 2Ag + H_2O$	1.17
ClO_4^-/ClO_3^-	$ClO_4^- + 2H^+ + 2e \rightleftharpoons ClO_3^- + H_2O$	1.19
IO_3^-/I_2	$2IO_3^- + 12H^+ + 10e \rightleftharpoons I_2 + 6H_2O$	1.19
$ClO_3^-/HClO_2$	$ClO_3^- + 3H^+ + 2e \rightleftharpoons HClO_2 + H_2O$	1.21
O_2/H_2O	$O_2 + 4H^+ + 4e \rightleftharpoons 2H_2O$	1.229
MnO_2/Mn^{2+}	$MnO_2 + 4H^+ + 2e \rightleftharpoons Mn^{2+} + 2H_2O$	1.23
$ClO_2/HClO_2$	$ClO_2(g) + H^+ + e \rightleftharpoons HClO_2$	1.27
$Cr_2O_7^{2-}/Cr^{3+}$	$Cr_2O_7^{2-} + 14H^+ + 6e \rightleftharpoons 2Cr^{3+} + 7H_2O$	1.33
ClO_4^-/Cl_2	$2ClO_4^- + 16H^+ + 14e \rightleftharpoons Cl_2 + 8H_2O$	1.34
Cl_2/Cl^-	$Cl_2 + 2e \rightleftharpoons 2Cl^-$	1.36
Au^{3+}/Au^+	$Au^{3+} + 2e \rightleftharpoons Au^+$	1.41

续表

电　　对	电　极　反　应	$\varphi_A^{\ominus}/V$
BrO_3^-/Br^-	$BrO_3^- + 6H^+ + 6e \rightleftharpoons Br^- + 3H_2O$	1.44
HIO/I_2	$2HIO + 2H^+ + 2e \rightleftharpoons I_2 + 2H_2O$	1.45
ClO_3^-/Cl^-	$ClO_3^- + 6H^+ + 6e \rightleftharpoons Cl^- + 3H_2O$	1.45
PbO_2/Pb^{2+}	$PbO_2 + 4H^+ + 2e \rightleftharpoons Pb^{2+} + 2H_2O$	1.455
ClO_3^-/Cl_2	$2ClO_3^- + 12H^+ + 10e \rightleftharpoons Cl_2 + 6H_2O$	1.47
Mn^{3+}/Mn^{2+}	$Mn^{3+} + e^- \rightleftharpoons Mn^{2+}$	1.488
$HClO/Cl^-$	$HClO + H^+ + 2e \rightleftharpoons Cl^- + H_2O$	1.49
Au^{3+}/Au	$Au^{3+} + 3e \rightleftharpoons Au$	1.50
BrO_3^-/Br_2	$2BrO_3^- + 12H^+ + 10e \rightleftharpoons Br_2 + 6H_2O$	1.5
MnO_4^-/Mn^{2+}	$MnO_4^- + 8H^+ + 5e \rightleftharpoons Mn^{2+} + 4H_2O$	1.51
$HBrO/Br_2$	$2HBrO + 2H^+ + 2e \rightleftharpoons Br_2 + 2H_2O$	1.6
H_5IO_6/IO_3^-	$H_5IO_6 + H^+ + 2e \rightleftharpoons IO_3^- + 3H_2O$	1.6
$HClO/Cl_2$	$2HClO + 2H^+ + 2e \rightleftharpoons Cl_2 + 2H_2O$	1.63
$HClO_2/HClO$	$HClO_2 + 2H^+ + 2e \rightleftharpoons HClO + H_2O$	1.64
MnO_4^-/MnO_2	$MnO_4^- + 4H^+ + 3e \rightleftharpoons MnO_2 + 2H_2O$	1.68
NiO_2/Ni^{2+}	$NiO_2 + 4H^+ + 2e \rightleftharpoons Ni^{2+} + 2H_2O$	1.68
$PbO_2/PbSO_4$	$PbO_2 + SO_4^{2-} + 4H^+ + 2e \rightleftharpoons PbSO_4 + 2H_2O$	1.69
H_2O_2/H_2O	$H_2O_2 + 2H^+ + 2e \rightleftharpoons 2H_2O$	1.77
Co^{3+}/Co^{2+}	$Co^{3+} + e^- \rightleftharpoons Co^{2+}$	1.80
XeO_3/Xe	$XeO_3 + 6H^+ + 6e \rightleftharpoons Xe + 3H_2O$	1.8
$S_2O_8^{2-}/SO_4^{2-}$	$S_2O_8^{2-} + 2e \rightleftharpoons 2SO_4^{2-}$	2.0
O_3/H_2O	$O_3 + 2H^+ + 2e \rightleftharpoons O_2 + H_2O$	2.07
XeF_2/Xe	$XeF_2 + 2e \rightleftharpoons Xe + 2F^-$	2.2
F_2/F^-	$F_2 + 2e \rightleftharpoons 2F^-$	2.87
H_4XeO_6/XeO_3	$H_4XeO_6 + 2H^+ + 2e \rightleftharpoons XeO_3 + 3H_2O$	3.0
F_2/HF	$F_2(g) + 2H^+ + 2e \rightleftharpoons 2HF$	3.06

二、在碱性溶液中

电　　对	电　极　反　应	$\varphi_B^{\ominus}/V$
$Mg(OH)_2/Mg$	$Mg(OH)_2 + 2e \rightleftharpoons Mg + 2OH^-$	-2.69
$H_2AlO_3^-/Al$	$H_2AlO_3^- + H_2O + 3e \rightleftharpoons Al + 4OH^-$	-2.35
$H_2BO_3^-/B$	$H_2BO_3^- + H_2O + 3e \rightleftharpoons B + 4OH^-$	-1.79
$Mn(OH)_2/Mn$	$Mn(OH)_2 + 2e \rightleftharpoons Mn + 2OH^-$	-1.55
$[Zn(CN)_4]^{2-}/Zn$	$[Zn(CN)_4]^{2-} + 2e \rightleftharpoons Zn + 4CN^-$	-1.26
ZnO_2^{2-}/Zn	$ZnO_2^{2-} + 2H_2O + 2e \rightleftharpoons Zn + 4OH^-$	-1.216
$SO_3^{2-}/S_2O_4^{2-}$	$2SO_3^{2-} + 2H_2O + 2e \rightleftharpoons S_2O_4^{2-} + 4OH^-$	-1.12
$[Zn(NH_3)_4]^{2+}/Zn$	$[Zn(NH_3)_4]^{2+} + 2e \rightleftharpoons Zn + 4NH_3$	-1.04
$[Sn(OH)_6]^{2-}/HSnO_2^-$	$[Sn(OH)_6]^{2-} + 2e \rightleftharpoons HSnO_2^- + 3OH^- + H_2O$	-0.93
SO_4^{2-}/SO_3^{2-}	$SO_4^{2-} + H_2O + 2e \rightleftharpoons SO_3^{2-} + 2OH^-$	-0.93
$HSnO_2^-/Sn$	$HSnO_2^- + H_2O + 2e \rightleftharpoons Sn + 3OH^-$	-0.91
H_2O/H_2	$2H_2O + 2e \rightleftharpoons H_2 + 2OH^-$	-0.828
$Ni(OH)_2/Ni$	$Ni(OH)_2 + 2e \rightleftharpoons Ni + 2OH^-$	-0.72
AsO_4^{3-}/AsO_2^-	$AsO_4^{3-} + 2H_2O + 2e \rightleftharpoons AsO_2^- + 4OH^-$	-0.67
SO_3^{2-}/S	$SO_3^{2-} + 3H_2O + 4e \rightleftharpoons S + 6OH^-$	-0.66
AsO_2^-/As	$AsO_2^- + 2H_2O + 3e \rightleftharpoons As + 4OH^-$	-0.66
$SO_3^{2-}/S_2O_3^{2-}$	$2SO_3^{2-} + 3H_2O + 4e \rightleftharpoons S_2O_3^{2-} + 6OH^-$	-0.58

续表

电对	电极反应	$\varphi_B^{\ominus}/V$
S/S^{2-}	$S+2e \rightleftharpoons S^{2-}$	-0.48
$[Ag(CN)_2]^-/Ag$	$[Ag(CN)_2]^- +e \rightleftharpoons Ag+2CN^-$	-0.31
CrO_4^{2-}/CrO_2^-	$CrO_4^{2-}+2H_2O+3e \rightleftharpoons CrO_2^-+4OH^-$	-0.12
O_2/HO_2^-	$O_2+H_2O+2e \rightleftharpoons HO_2^-+OH^-$	-0.076
NO_3^-/NO_2^-	$NO_3^-+H_2O+2e \rightleftharpoons NO_2^-+2OH^-$	0.01
$S_4O_6^{2-}/S_2O_3^{2-}$	$S_4O_6^{2-}+2e \rightleftharpoons 2S_2O_3^{2-}$	0.09
HgO/Hg	$HgO+H_2O+2e \rightleftharpoons Hg+2OH^-$	0.098
$Mn(OH)_3/Mn(OH)_2$	$Mn(OH)_3+e \rightleftharpoons Mn(OH)_2+OH^-$	0.1
$[Co(NH_3)_6]^{3+}/[Co(NH_3)_6]^{2+}$	$[Co(NH_3)_6]^{3+}+e \rightleftharpoons [Co(NH_3)_6]^{2+}$	0.1
$Co(OH)_3/Co(OH)_2$	$Co(OH)_3+e \rightleftharpoons Co(OH)_2+OH^-$	0.17
Ag_2O/Ag	$Ag_2O+H_2O+2e \rightleftharpoons 2Ag+2OH^-$	0.34
O_2/OH^-	$O_2+2H_2O+4e \rightleftharpoons 4OH^-$	0.41
MnO_4^-/MnO_2	$MnO_4^-+2H_2O+3e \rightleftharpoons MnO_2+4OH^-$	0.588
BrO_3^-/Br^-	$BrO_3^-+3H_2O+6e \rightleftharpoons Br^-+6OH^-$	0.61
BrO^-/Br^-	$BrO^-+H_2O+2e \rightleftharpoons Br^-+2OH^-$	0.76
H_2O_2/OH^-	$H_2O_2+2e^- \rightleftharpoons 2OH^-$	0.88
ClO^-/Cl^-	$ClO^-+H_2O+2e \rightleftharpoons Cl^-+2OH^-$	0.89
$HXeO_6^{3-}/HXeO_4$	$HXeO_6^{3-}+2H_2O+e \rightleftharpoons HXeO_4+4OH^-$	0.9
$HXeO_4/Xe$	$HXeO_4+3H_2O+7e \rightleftharpoons Xe+7OH^-$	0.9
O_3/OH^-	$O_3+H_2O+2e \rightleftharpoons O_2+2OH^-$	1.24

附录六 配离子的稳定常数

配离子	温度/℃	$K_{稳}$	配离子	温度/℃	$K_{稳}$
$[Co(NH_3)_6]^{2+}$	30	2.45×10^4	$[Hg(CN)_4]^{2-}$	25	9.33×10^{38}
$[Co(NH_3)_6]^{3+}$	30	2.29×10^{34}	$[Ti(CN)_4]^-$	25	1.00×10^{35}
$[Ni(NH_3)_6]^{2+}$	30	1.02×10^8	$[Cr(NCS)_6]^{3-}$	50	5.31×10^3
$[Ni(NH_2)_4]^{2+}$	30	9.09×10^7	$[Fe(NCS)_6]^{3-}$	18	1.48×10^3
$[Cu(NH_3)_2]^+$	18	7.24×10^{10}	$[Fe(NCS)]^{2+}$	25	1.07×10^3
$[Cu(NH_3)_4]^{2+}$	30	1.07×10^{12}	$[Co(NCS)_4]^{2-}$	20	1.82×10^2
$[Ag(NH_3)_2]^+$	25	1.70×10^7	$[Ni(NCS)_3]^-$	20	6.46×10^2
$[Zn(NH_3)_4]^{2+}$	30	5.01×10^8	$[Cu(SCN)_2]^-$	18	1.29×10^{12}
$[Cd(NH_3)_6]^{2+}$	30	1.38×10^5	$[Cu(NCS)_4]^{2-}$	18	3.31×10^6
$[Hg(NH_3)_4]^{2+}$	22	2.00×10^{19}	$[Ag(SCN)_2]^-$	25	2.40×10^6
$[Fe(CN)_6]^{4-}$	25	1.00×10^{24}	$[Zn(NCS)_4]^{2-}$	30	2.0×10^1
$[Fe(CN)_6]^{3-}$	25	1.00×10^{31}	$[Cd(SCN)_4]^{2-}$	25	9.55×10^1
$[Co(CN)_6]^{4-}$	—	1.23×10^{19}	$[Hg(SCN)_4]^{2-}$	—	1.32×10^{21}
$[Co(CN)_6]^{3-}$	2	1.00×10^{64}	$[Pb(NCS)_4]^{2-}$	25	7.08
$[Ni(CN)_4]^{2-}$	25	1.00×10^{22}	$[Bi(NCS)_6]^{3-}$	25	1.70×10^4
$[Cu(CN)_2]^-$	25	1.00×10^{24}	$[ScF_4]^-$	25	6.46×10^{20}
$[Ag(CN)_2]^-$	25	6.31×10^{21}	$[ZrF_6]^{2-}$	25	9.77×10^{35}
$[Au(CN)_2]^-$	25	2.00×10^{38}	$[TiOF]^-$	—	2.75×10^6
$[Zn(CN)_4]^{2-}$	21	7.94×10^{16}	$[VOF]^-$	25	1.41×10^3
$[Cd(CN)_4]^{2-}$	25	6.03×10^{12}	$[CrF_3]$	25	1.51×10^{10}

续表

配离子	温度/℃	$K_{稳}$	配离子	温度/℃	$K_{稳}$
$[FeF_3]$	25	7.24×10^{11}	$[Cu(OH)_4]^{2-}$	—	1.32×10^{16}
$[FeF_6]^{3-}$	25	2.04×10^{14}	$[Zn(OH)_4]^{2-}$	25	2.75×10^{15}
$[AlF_6]^{3-}$	25	6.92×10^{19}	$[Al(OH)_4]^{-}$	25	6.03×10^{2}
$[CrCl]^{2+}$	25	3.98	$[Ag(en)_2]^{+}$	25	2.51×10^{7}
$[ZrCl]^{3+}$	25	2.00	$[Cd(en)_2]^{2+}$	30	1.05×10^{10}
$[FeCl]^{+}$	25	2.29	$[Co(en)_3]^{2+}$	30	6.61×10^{13}
$[FeCl]^{2+}$	25	3.02×10^{1}	$[Cu(en)_2]^{2+}$	30	3.98×10^{19}
$[PdCl_4]^{2-}$	25	5.01×10^{15}	$[Cu(en)_2]^{+}$	25	6.31×10^{10}
$[CuCl_2]^{-}$	25	5.37×10^{4}	$[Fe(en)_3]^{2+}$	30	3.31×10^{9}
$[CuCl]^{+}$	25	2.51	$[Hg(en)_2]^{2+}$	25	1.51×10^{23}
$[AgCl_2]^{-}$	25	1.10×10^{5}	$[Mn(en)_3]^{2+}$	30	4.57×10^{5}
$[ZnCl_4]^{2-}$	25	0.1	$[Ni(en)_2]^{2+}$	29	4.07×10^{18}
$[CdCl_4]^{2-}$	25	4.47×10^{1}	$[Zn(en)_2]^{2+}$	30	2.34×10^{10}
$[HgCl_4]^{2-}$	25	1.17×10^{15}	$[NaY]^{3-}$	20	4.57×10^{1}
$[SnCl_4]^{2-}$	25	3.02×10^{1}	$[LiY]^{3-}$	20	6.17×10^{2}
$[PbCl_4]^{2-}$	25	2.40×10^{1}	$[AgY]^{3-}$	20	2.09×10^{7}
$[BiCl_6]^{3-}$	25	3.63×10^{7}	$[MgY]^{2-}$	20	4.90×10^{8}
$[FeBr]^{2+}$	25	3.98	$[CaY]^{2-}$	20	1.26×10^{11}
$[CuBr_2]^{-}$	25	8.32×10^{5}	$[SrY]^{2-}$	20	4.27×10^{8}
$[CuBr]^{+}$	25	0.93	$[BaY]^{2-}$	20	5.75×10^{7}
$[ZnBr]^{+}$	25	0.25	$[MnY]^{2-}$	20	1.10×10^{14}
$[AgBr_2]^{-}$	25	2.19×10^{7}	$[FeY]^{2-}$	20	2.14×10^{14}
$[CdBr_4]^{2-}$	25	3.16×10^{3}	$[FeY]^{-}$	20	1.24×10^{25}
$[HgBr_4]^{2-}$	25	10^{21}	$[CoY]^{2-}$	20	2.04×10^{16}
$[AgI_2]^{-}$	25	5.50×10^{11}	$[CoY]^{-}$	—	36
$[CuI_2]^{-}$	25	7.08×10^{8}	$[NiY]^{2-}$	20	4.17×10^{18}
$[CdI_4]^{2-}$	25	1.26×10^{6}	$[PdY]^{2-}$	25	3.16×10^{18}
$[HgI_4]^{2-}$	25	6.76×10^{29}	$[CuY]^{2-}$	20	6.31×10^{18}
$[Ag(S_2O_3)_2]^{3-}$	25	2.88×10^{13}	$[ZnY]^{2-}$	20	3.16×10^{16}
$[Cu(S_2O_3)_2]^{3-}$	25	1.86×10^{11}	$[CdY]^{2-}$	20	2.88×10^{16}
$[Cd(S_2O_3)_3]^{4-}$	25	5.89×10^{6}	$[HgY]^{2-}$	20	6.31×10^{21}
$[Cd(S_2O_3)_2]^{2-}$	25	5.50×10^{4}	$[PbY]^{2-}$	20	1.10×10^{16}
$[Hg(S_2O_3)_4]^{6-}$	25	1.74×10^{33}	$[SnY]^{2-}$	20	1.29×10^{22}
$[Hg(S_2O_3)_2]^{2-}$	25	2.75×10^{29}	$[VO_2Y]^{2-}$	20	5.89×10^{15}
$[Ag(CSN_2H_4)_2]^{+}$	25	2.51×10	$[VO_2Y]^{3-}$	—	18
$[Cu(CSN_2H_4)_2]^{+}$	25	2.45×10^{15}	$[ScY]^{-}$	20	1.26×10^{23}
$[Cd(CSN_2H_4)_2]^{2+}$	25	3.55×10^{3}	$[BiY]^{-}$	20	8.71×10^{27}
$[Hg(CSN_2H_4)_2]^{2+}$	25	2.00×10^{26}	$[AlY]^{-}$	20	1.35×10^{16}
$[Fe(P_2O_7)_2]^{6-}$	—	3.55×10^{5}	$[GaY]^{-}$	20	1.86×10^{20}
$[Ni(P_2O_7)_2]^{6-}$	25	1.55×10^{7}	$[TiOY]^{2-}$	—	2.00×10^{17}
$[Cu(P_2O_7)_2]^{6-}$	25	7.76×10^{10}	$[ZrOY]^{2-}$	20	3.16×10^{29}
$[Zn(P_2O_7)_2]^{6-}$	18	1.74×10^{7}	$[LaY]^{-}$	20	3.16×10^{18}
$[Cd(P_2O_7)_2]^{6-}$	—	1.51×10^{4}	$[TlY]^{-}$	20	3.16×10^{22}

参 考 文 献

[1] 董敬芳. 无机化学. 第 4 版. 北京：化学工业出版社，2007.
[2] 古国榜，李朴. 无机化学. 第 4 版. 北京：化学工业出版社，2015.
[3] 李朴，古国榜. 无机化学实验. 第 4 版. 北京：化学工业出版社，2015.
[4] 王宝仁. 无机化学（理论篇）. 第 3 版. 大连：大连理工大学出版社，2014.
[5] 王宝仁. 无机化学（实训篇）. 第 3 版. 大连：大连理工大学出版社，2014.
[6] 王宝仁. 基础化学. 第 3 版，大连：大连理工大学出版社，2018.
[7] 旷英姿. 化学基础. 第 2 版. 北京：化学工业出版社，2008.
[8] 林俊杰，王静. 无机化学. 第 3 版. 北京：化学工业出版社，2013.
[9] 王致勇. 简明无机化学教程. 北京：高等教育出版社，1998.
[10] 朱裕贞，顾达，黑恩成. 现代基础化学. 第 3 版，北京：化学工业出版社，2010.
[11] 秦川. 无机化学. 北京：化学工业出版社，2015.
[12] 党信、苏红伟. 无机化学. 第 4 版. 北京：化学工业出版社，2012.
[13] 曾莉、赵美丽. 无机化学基础. 北京：化学工业出版社，2014.
[14] 徐金娟. 化学基础. 北京：化学工业出版社，2013.

元素周期表

IUPAC 2013

氧化态(单质的氧化态为0，未列入；常见的为红色)
以 $^{12}C=12$ 为基准的原子量(注✦的是半衰期最长同位素的原子量)

示例	说明
+2, +3, +4, +5, +6	氧化态
95	原子序数
Am	元素符号(红色的为放射性元素)
镅▲	元素名称(注▲的为人造元素)
$5f^{7}7s^{2}$	价层电子构型
243.06138(2)✦	原子量

s区元素 | p区元素 | d区元素 | ds区元素 | f区元素 | 稀有气体

族 / 周期	1 IA	2 IIA	3 IIIB	4 IVB	5 VB	6 VIB	7 VIIB	8 VIIIB(VIII)	9 VIIIB(VIII)	10 VIIIB(VIII)	11 IB	12 IIB	13 IIIA	14 IVA	15 VA	16 VIA	17 VIIA	18 VIIIA(0)	电子层
1	−1, +1 1 H 氢 $1s^{1}$ 1.008																	2 He 氦 $1s^{2}$ 4.002602(2)	K
2	+1 3 Li 锂 $2s^{1}$ 6.94	+2 4 Be 铍 $2s^{2}$ 9.0121831(5)											+3 5 B 硼 $2s^{2}2p^{1}$ 10.81	−4, +2, +4 6 C 碳 $2s^{2}2p^{2}$ 12.011	−3, −2, −1, +1, +2, +3, +4, +5 7 N 氮 $2s^{2}2p^{3}$ 14.007	−2, −1 8 O 氧 $2s^{2}2p^{4}$ 15.999	−1 9 F 氟 $2s^{2}2p^{5}$ 18.998403163(6)	10 Ne 氖 $2s^{2}2p^{6}$ 20.1797(6)	L K
3	−1, +1 11 Na 钠 $3s^{1}$ 22.98976928(2)	+2 12 Mg 镁 $3s^{2}$ 24.305											+3 13 Al 铝 $3s^{2}3p^{1}$ 26.9815385(7)	−4, +2, +4 14 Si 硅 $3s^{2}3p^{2}$ 28.085	−3, −2, +1, +3, +5 15 P 磷 $3s^{2}3p^{3}$ 30.973761998(5)	−2, +2, +4, +6 16 S 硫 $3s^{2}3p^{4}$ 32.06	−1, +1, +3, +5, +7 17 Cl 氯 $3s^{2}3p^{5}$ 35.45	18 Ar 氩 $3s^{2}3p^{6}$ 39.948(1)	M L K
4	−1, +1 19 K 钾 $4s^{1}$ 39.0983(1)	+2 20 Ca 钙 $4s^{2}$ 40.078(4)	+3 21 Sc 钪 $3d^{1}4s^{2}$ 44.955908(5)	−1, 0, +2, +3, +4 22 Ti 钛 $3d^{2}4s^{2}$ 47.867(1)	0, ±1, +2, +3, +4, +5 23 V 钒 $3d^{3}4s^{2}$ 50.9415(1)	−3, 0, ±1, ±2, +3, +4, +5, +6 24 Cr 铬 $3d^{5}4s^{1}$ 51.9961(6)	−2, 0, ±1, +2, ±3, +4, +5, +6, +7 25 Mn 锰 $3d^{5}4s^{2}$ 54.938044(3)	−2, 0, ±1, +2, +3, +4, +5, +6 26 Fe 铁 $3d^{6}4s^{2}$ 55.845(2)	0, ±1, +2, +3, +4, +5 27 Co 钴 $3d^{7}4s^{2}$ 58.933194(4)	0, ±1, +2, +3, +4 28 Ni 镍 $3d^{8}4s^{2}$ 58.6934(4)	+1, +2, +3, +4 29 Cu 铜 $3d^{10}4s^{1}$ 63.546(3)	+1, +2 30 Zn 锌 $3d^{10}4s^{2}$ 65.38(2)	+1, +3 31 Ga 镓 $4s^{2}4p^{1}$ 69.723(1)	+2, +4 32 Ge 锗 $4s^{2}4p^{2}$ 72.630(8)	−3, +3, +5 33 As 砷 $4s^{2}4p^{3}$ 74.921595(6)	−2, +2, +4, +6 34 Se 硒 $4s^{2}4p^{4}$ 78.971(8)	−1, +1, +3, +5, +7 35 Br 溴 $4s^{2}4p^{5}$ 79.904	+2, +4 36 Kr 氪 $4s^{2}4p^{6}$ 83.798(2)	N M L K
5	−1, +1 37 Rb 铷 $5s^{1}$ 85.4678(3)	+2 38 Sr 锶 $5s^{2}$ 87.62(1)	+3 39 Y 钇 $4d^{1}5s^{2}$ 88.90584(2)	+1, +2, +3, +4 40 Zr 锆 $4d^{2}5s^{2}$ 91.224(2)	0, ±1, +2, +3, +4, +5 41 Nb 铌 $4d^{4}5s^{1}$ 92.90637(2)	0, ±1, ±2, +3, +4, +5, +6 42 Mo 钼 $4d^{5}5s^{1}$ 95.95(1)	0, ±1, +2, +3, +4, +5, +6, +7 43 Tc 锝▲ $4d^{5}5s^{2}$ 97.90721(3)✦	0, +1, ±2, +3, +4, +5, +6, +7, +8 44 Ru 钌 $4d^{7}5s^{1}$ 101.07(2)	0, ±1, +2, +3, +4, +5, +6 45 Rh 铑 $4d^{8}5s^{1}$ 102.90550(2)	0, +1, +2, +3, +4 46 Pd 钯 $4d^{10}$ 106.42(1)	+1, +2, +3 47 Ag 银 $4d^{10}5s^{1}$ 107.8682(2)	+1, +2 48 Cd 镉 $4d^{10}5s^{2}$ 112.414(4)	+1, +3 49 In 铟 $5s^{2}5p^{1}$ 114.818(1)	+2, +4 50 Sn 锡 $5s^{2}5p^{2}$ 118.710(7)	−3, +3, +5 51 Sb 锑 $5s^{2}5p^{3}$ 121.760(1)	−2, +2, +4, +6 52 Te 碲 $5s^{2}5p^{4}$ 127.60(3)	−1, +1, +3, +5, +7 53 I 碘 $5s^{2}5p^{5}$ 126.90447(3)	+2, +4, +6, +8 54 Xe 氙 $5s^{2}5p^{6}$ 131.293(6)	O N M L K
6	−1, +1 55 Cs 铯 $6s^{1}$ 132.90545196(6)	+2 56 Ba 钡 $6s^{2}$ 137.327(7)	57~71 La~Lu 镧系	+1, +2, +3, +4 72 Hf 铪 $5d^{2}6s^{2}$ 178.49(2)	0, ±1, +2, +3, +4, +5 73 Ta 钽 $5d^{3}6s^{2}$ 180.94788(2)	0, ±1, ±2, +3, +4, +5, +6 74 W 钨 $5d^{4}6s^{2}$ 183.84(1)	0, ±1, +2, +3, +4, +5, +6, +7 75 Re 铼 $5d^{5}6s^{2}$ 186.207(1)	0, +1, +2, +3, +4, +5, +6, +7, +8 76 Os 锇 $5d^{6}6s^{2}$ 190.23(3)	0, ±1, +2, +3, +4, +5, +6 77 Ir 铱 $5d^{7}6s^{2}$ 192.217(3)	0, +2, +3, +4, +5, +6 78 Pt 铂 $5d^{9}6s^{1}$ 195.084(9)	+1, +2, +3, +5 79 Au 金 $5d^{10}6s^{1}$ 196.966569(5)	+1, +2, +3 80 Hg 汞 $5d^{10}6s^{2}$ 200.592(3)	+1, +3 81 Tl 铊 $6s^{2}6p^{1}$ 204.38	+2, +4 82 Pb 铅 $6s^{2}6p^{2}$ 207.2(1)	−3, +3, +5 83 Bi 铋 $6s^{2}6p^{3}$ 208.98040(1)	−2, +2, +3, +4, +6 84 Po 钋 $6s^{2}6p^{4}$ 208.98243(2)✦	±1, +5, +7 85 At 砹 $6s^{2}6p^{5}$ 209.98715(5)✦	+2 86 Rn 氡 $6s^{2}6p^{6}$ 222.01758(2)✦	P O N M L K
7	+1 87 Fr 钫▲ $7s^{1}$ 223.01974(2)✦	+2 88 Ra 镭 $7s^{2}$ 226.02541(2)✦	89~103 Ac~Lr 锕系	104 Rf 𬬻▲ $6d^{2}7s^{2}$ 267.122(4)✦	105 Db 𬭊▲ $6d^{3}7s^{2}$ 270.131(4)✦	106 Sg 𬭳▲ $6d^{4}7s^{2}$ 269.129(3)✦	107 Bh 𬭛▲ $6d^{5}7s^{2}$ 270.133(2)✦	108 Hs 𬭶▲ $6d^{6}7s^{2}$ 270.134(2)✦	109 Mt 鿏▲ $6d^{7}7s^{2}$ 278.156(5)✦	110 Ds 𫟼▲ 281.165(4)✦	111 Rg 𬬭▲ 281.166(6)✦	112 Cn 鿔▲ 285.177(4)✦	113 Nh 鿭▲ 286.182(5)✦	114 Fl 𫓧▲ 289.190(4)✦	115 Mc 镆▲ 289.194(6)✦	116 Lv 𫟷▲ 293.204(4)✦	117 Ts 鿬▲ 293.208(6)✦	118 Og 鿫▲ 294.214(5)✦	Q P O N M L K

	57	58	59	60	61	62	63	64	65	66	67	68	69	70	71
★ 镧系	+3 57 La★ 镧 $5d^{1}6s^{2}$ 138.90547(7)	+2, +3, +4 58 Ce 铈 $4f^{1}5d^{1}6s^{2}$ 140.116(1)	+3, +4 59 Pr 镨 $4f^{3}6s^{2}$ 140.90766(2)	+2, +3, +4 60 Nd 钕 $4f^{4}6s^{2}$ 144.242(3)	+3 61 Pm 钷▲ $4f^{5}6s^{2}$ 144.91276(2)✦	+2, +3 62 Sm 钐 $4f^{6}6s^{2}$ 150.36(2)	+2, +3 63 Eu 铕 $4f^{7}6s^{2}$ 151.964(1)	+3 64 Gd 钆 $4f^{7}5d^{1}6s^{2}$ 157.25(3)	+3, +4 65 Tb 铽 $4f^{9}6s^{2}$ 158.92535(2)	+3, +4 66 Dy 镝 $4f^{10}6s^{2}$ 162.500(1)	+3 67 Ho 钬 $4f^{11}6s^{2}$ 164.93033(2)	+3 68 Er 铒 $4f^{12}6s^{2}$ 167.259(3)	+2, +3 69 Tm 铥 $4f^{13}6s^{2}$ 168.93422(2)	+2, +3 70 Yb 镱 $4f^{14}6s^{2}$ 173.045(10)	+3 71 Lu 镥 $4f^{14}5d^{1}6s^{2}$ 174.9668(1)
★ 锕系	+3 89 Ac★ 锕 $6d^{1}7s^{2}$ 227.02775(2)✦	+3, +4 90 Th 钍 $6d^{2}7s^{2}$ 232.0377(4)	+3, +4, +5 91 Pa 镤 $5f^{2}6d^{1}7s^{2}$ 231.03588(2)	+2, +3, +4, +5, +6 92 U 铀 $5f^{3}6d^{1}7s^{2}$ 238.02891(3)	+3, +4, +5, +6, +7 93 Np 镎 $5f^{4}6d^{1}7s^{2}$ 237.04817(2)✦	+3, +4, +5, +6, +7 94 Pu 钚 $5f^{6}7s^{2}$ 244.06421(4)✦	+2, +3, +4, +5, +6 95 Am 镅▲ $5f^{7}7s^{2}$ 243.06138(2)✦	+3, +4 96 Cm 锔▲ $5f^{7}6d^{1}7s^{2}$ 247.07035(3)✦	+3, +4 97 Bk 锫▲ $5f^{9}7s^{2}$ 247.07031(4)✦	+2, +3, +4 98 Cf 锎▲ $5f^{10}7s^{2}$ 251.07959(3)✦	+2, +3 99 Es 锿▲ $5f^{11}7s^{2}$ 252.0830(3)✦	+2, +3 100 Fm 镄▲ $5f^{12}7s^{2}$ 257.09511(5)✦	+2, +3 101 Md 钔▲ $5f^{13}7s^{2}$ 258.09843(3)✦	+2, +3 102 No 锘▲ $5f^{14}7s^{2}$ 259.1010(7)✦	+3 103 Lr 铹▲ $5f^{14}6d^{1}7s^{2}$ 262.110(2)✦

中等职业学校规划教材

无机化学（第四版）	董敬芳	
无机化学（第二版）(二年制)	蒋鉴平	
≫ 无机化学（第三版）	王宝仁	
无机化学实验（第二版）	林俊杰	
无机化学例题与习题	伍承樑	
有机化学（第四版）	邓苏鲁	
有机化学（第二版）	黎春南	
有机化学实验（第二版）	初玉霞	
有机化学例题与习题（第二版）	邓苏鲁	黎春南
物理化学（第二版）	邬宪伟	
物理化学实验（第二版）	马葆富	
分析化学（第三版）	邢文卫	陈艾霞
分析化学实验与实训（第二版）	陈艾霞	杨丽香
分析化学（第四版）	姜洪文	
分析化学实验（第二版）	邢文卫	李炜
分析化学实验（第四版）	李楚芝	王桂芝
分析化学例题与习题（第三版）	辛述元	
化学（通用类）	陈艾霞	

ISBN 978-7-122-32173-2

定价：43.00元

应用型人才培养产教融合创新教材

建设工程项目管理

郝永池 贾 真 杨小辉 主编

JIANSHE GONGCHENG
XIANGMU GUANLI

信息化教学融入
行业新技术应用
微课视频助学习

化学工业出版社